建设工程施工技术与总承包管理系列丛书

超高层建筑关键施工技术与总承包管理

Key Construction Technology and General Contract Management for Ultra High-rise Building

策划　邓伟华　马雪兵

主编　余地华　叶　建

中国建筑工业出版社

图书在版编目（CIP）数据

超高层建筑关键施工技术与总承包管理 ＝ Key
Construction Technology and General Contract
Management for Ultra High-rise Building / 余地华，
叶建主编. — 北京：中国建筑工业出版社，2022.9
（建设工程施工技术与总承包管理系列丛书）
ISBN 978-7-112-27915-9

Ⅰ. ①超… Ⅱ. ①余… ②叶… Ⅲ. ①超高层建筑—
工程施工—施工管理 Ⅳ. ①TU974

中国版本图书馆 CIP 数据核字（2022）第 167649 号

　　本书总结了 300m 级超高层建筑施工关键技术要点及施工总承包管理，包括超高层建筑概述、施工组织、测量控制技术、高承载力桩基工程施工技术、深基坑工程施工技术、基础筏板施工技术、模架工程施工技术、混凝土超高泵送施工技术、钢结构工程施工技术、幕墙工程施工技术、垂直运输技术、给水排水及采暖工程施工技术、电气工程施工技术、通风与空调工程施工技术、总承包管理等方面。

　　本书编写融合了中建三局工程总承包公司多年来在超高层建筑施工突破的技术难题及管理方法，书中所列案例项目的工程技术人员也参与了相关章节的编写，是一部集 300m 及以上超高层建筑施工技术与实践经验总结为一体的专业参考书。可供超高层建筑工程施工人员、技术人员、管理人员、设计人员，工程监理单位，超高层建筑材料供应商，超高层建筑设备供应商以及相关的研究人员参考使用。

　　责任编辑：朱晓瑜
　　责任校对：王　烨

建设工程施工技术与总承包管理系列丛书
超高层建筑关键施工技术与总承包管理
Key Construction Technology and General Contract Management for
Ultra High-rise Building
策划　邓伟华　马雪兵
主编　余地华　叶　建

*

中国建筑工业出版社出版、发行（北京海淀三里河路 9 号）
各地新华书店、建筑书店经销
北京红光制版公司制版
北京中科印刷有限公司印刷

*

开本：787 毫米×1092 毫米　1/16　印张：24¼　字数：559 千字
2022 年 12 月第一版　　2022 年 12 月第一次印刷
定价：**75.00** 元
ISBN 978-7-112-27915-9
（40066）

本书编委会

策　　划：邓伟华　马雪兵

主　　编：余地华　叶　建

执　　笔：黄心颖　黄亚洲　李健强　程　谦

　　　　　邹利群　雷　勇　王　斌　李佳俊

　　　　　杨　菊　魏　恒　石教壁　罗宏煜

　　　　　韩　悦　张宏伟　华海军　王　洁

　　　　　郭　军　田　彬　倪朋刚　黄晓程

　　　　　周　斌　詹其超　杜国尧　白　栋

审　　定：叶　建

封面设计：王芳君

前 言
Foreword

近些年来，随着我国经济与城市快速发展，许多城市都在竞相建设摩天大楼，成为城市的一座座地标，从一定程度上，彰显了城市的经济与发展实力。然而，超高层建筑的弊端也是显而易见的，摩天大楼越多，城市"热岛效应"越明显，产生的光污染也越多。目前，超高层建筑在遇到火灾或地震时的逃生仍然未能解决。超高层建筑的建设，特别是在一线城市中心城区建设超高层建筑，能解决城市中心用地紧张的问题，但是建筑物的高度应适度。2021年4月27日，发布了《住房和城乡建设部 国家发展改革委发布关于进一步加强城市与建筑风貌管理的通知》（建科〔2020〕38号）。该通知严格限制各地盲目规划建设超高层"摩天楼"，要求一般不得新建500m以上建筑。各地新建100m以上建筑要充分论证、集中布局，严格执行超限高层建筑工程抗震设防审批制度，与城市规模、空间尺度相适宜，与消防救援能力相匹配。中小城市要严格控制新建超高层建筑，县城住宅要以多层建筑为主。因此说，"限高令"顺应了时代的发展，顺应了绿色建筑的要求，也从一个方面将房子回归居住属性落到了实处：超高层建筑作为住宅真的不宜居。相信"限高令"的出台，未来300m级超高层建筑将变成城市商业建筑的主流。

本书总结了300m级超高层建筑施工关键技术要点及施工总承包管理，包括超高层建筑概述、施工组织、测量控制技术、高承载力桩基工程施工技术、深基坑工程施工技术、基础筏板施工技术、模架工程施工技术、混凝土超高泵送施工技术、钢结构工程施工技术、幕墙工程施工技术、垂直运输技术、给水排水及采暖工程施工技术、电气工程施工技术、通风与空调工程施工技术、总承包管理等方面。其中第11章比较详细地介绍了垂直运输体系的作用与构成、超高层建筑施工塔式起重机选型、平面定位、安装、爬升及拆除、施工电梯运力分析、布置总体方案、与正式电梯接驳、施工电梯管理等超高层建筑施工期间垂直运输技术。第16章比较全面地介绍了超高层建筑施工管理概述、组织管理、管理体系、配合与协调管理、设计与技术管理、采购与合同管理、施工管理、信息与沟通管理等总承包管理内容。

本书编写融合了中建三局工程总承包公司多年来在超高层建筑施工突破的技术难题及管理方法，书中所列案例项目的工程技术人员也参与了相关章节的编写，是一部集300m及以上超高层建筑施工技术与实践经验总结为一体的专业参考书。可供超高层建筑工程施工人员、技术人员、管理人员、设计人员，工程监理单位，超高层建筑材料供应商，超高层建筑设备供应商以及相关的研究人员参考使用。限于编者经验和学识，本书难免存在不当之处，真诚希望广大读者批评指正！

本书编委会

2022年10月

目 录
Contents

第1章　概述

1.1　超高层建筑的起源与发展

1.1.1　国外超高层建筑的起源与发展

1. 起源

高层建筑的故乡为芝加哥。1871年的芝加哥大火烧毁了几乎全城的建筑，30万人因此无家可归。芝加哥这个在美国经济上具有举足轻重作用的城市重建，吸引了大量的资金投入，大量建筑工程项目等待进行，芝加哥成为美国建筑师密度最高的地区，形成了"芝加哥学派"。芝加哥学派的重大成就为采用新的建筑结构——钢结构来建造高层建筑。芝加哥因此成为世界摩天大楼的摇篮和发源地。

2. 发展历史

1）四个时期

高层建筑发展历史分为四个时期，分别为芝加哥时期（1865～1893年）、古典主义复兴时期（1893至世界资本主义大萧条时期）、现代主义时期（第二次世界大战后至20世纪70年代）、后现代主义时期（至今）。

芝加哥时期是高层建筑处于早期的功能主义时期。当时的高层建筑首先考虑的是经济、效率、速度、面积，功能优先，建筑风格退居次要位置，基本不考虑建筑装饰。体型和风格大都是表达高层建筑骨架结构的内涵，强调横向水平的效果，普遍采用扁平的大窗，即所谓"芝加哥窗"（图1-1为芝加哥保险公司大厦，是世界上第一幢按现代钢框架结构原理建造的高层建筑，开摩天大楼建造之先河，共10层，后加至12层）。

图1-1　芝加哥保险公司大厦

美国高层建筑古典主义复兴时期开始于纽约和东海岸，逐渐向中西部地区与西海岸扩展。与早期的功能主义体现的简洁外观相比，古典主义复兴时期的高层建筑试图在新结构、新材料的基础上将新的建筑功能与传统的建筑风格联系在一起，呈现出一种折中主义的面貌。

现代主义时期在"二战"后，受经济大萧条的影响。现代主义建筑师反对学院派的折中主义和模仿历史样式，要求重新解释建筑艺术，他们拒绝装饰和引进历史样式，而信奉更为技术化和理性主义表现的建筑形式。其建筑形象大多是单纯的"方盒子"，并由建筑的经济性、建筑结构以及内外墙关系的功能性来确定。由基座、楼身与顶部组成的古典三段式几乎不再存在。

后现代主义时期由于环境观念和生态技术的发展，使得高层建筑设计朝人性化、智能化、生态化的方向发展，结构艺术风格、高级派以及生态型的高层设计，在多元化的建筑发展中日益引起关注（图 1-2）。

图 1-2　世界贸易中心

2）三个阶段

按时间可划分为三个阶段。第一阶段是指 19 世纪中叶以前，在这段时间内，主要以砖石为材料，施工技术受到极大的限制，欧美国家的最高建筑只有 6 层，其主要原因是由于当时缺乏垂直运输系统。

第二阶段，是从 19 世纪中叶到 20 世纪中叶一百年的时间内，此时由于电梯的发明、新技术的应用，城市里的高层建筑便不断出现。这时期的建筑采用一种革命性技术：放弃传统的石头承重墙，采用轻型的铸铁结构和石头或陶砖外墙，框架与外墙分离。19 世纪末，美国出现 29 层、118m 高的建筑。到 20 世纪初（1911～1913 年），纽约又建成了屋尔华斯大厦，已达 52 层、高 241m。直到 1931 年纽约帝国大厦建成，102 层、高 381m（它保持最高纪录长达 40 年之久)。纽约帝国大厦成为摩天大楼甚至是纽约的象征。总体来说,这一时期高层建筑飞跃发展,但仍然有许多不足:材料用量大、自重大,而且仅限于框架结构,由于技术不完善,多数建筑的抗震性能普通不好。

第三阶段,20 世纪 60 年代以后,由于资本主义经济状况好转,特别是此时已发展出一系列的先进结构体系,轻质高强建材的应用、钢材的普及、工程机械的进步、计算机的使用、结构抗震性能提升等诸多因素,使高层建筑提升到了一个新的层次。美国经济一直处于领先地位,所以高层建筑在这一阶段出现了新高潮,直到 20 世纪 70 年代中期达到最高峰。自此以后,欧美的高层建筑建设步伐放缓,而其他国家正在兴起。

1.1.2 国内超高层建筑的起源与发展

中国高层建筑的发展,始于 20 世纪二三十年代。中国发展商利用了两次世界大战之间的有利时机,在上海、广州等沿海城市建设了一定数量的高层建筑,形成了上海外滩等高层建筑群,其中最具代表性的当属上海国际饭店(图 1-3)。这座 24 层、高 83.8m 的钢结构高层建筑在技术上属国际第二代高层建筑,雄踞中国第一高楼位置近 50 年。与上海国际饭店同期建造的还有上海大厦、广州爱群大厦等一批知名高层建筑,然而这一趋势由于抗日战争的爆发而终止。

图 1-3　上海国际饭店

中华人民共和国成立以后,迅速转入大规模工业建设,这一时期基本没有高层民用建筑。直至 20 世纪 60 年代末、70 年代初,由于外事工作的需要,在北京、广州等城市建设了少量高层民用建筑,代表性的建筑有 27 层的广州宾馆、17 层的北京饭店新楼以及高度突破百米的广州白云宾馆(图 1-4、图 1-5)。这些高层建筑均为钢筋混凝土框架—剪力墙结构。值得一提的是 20 世纪 80 年代中后期,北京、上海等地建设了一批 20 层以下、钢筋混凝土剪力墙结构的高层住宅，采取了预制与现浇相结合的结构方案。北京称为"内浇外挂"，上海称为"一模三板"，属于高层装配式住宅的早期尝试，代表性工程有北京前三门大街住宅及上海漕溪北路住宅。

图 1-4　北京饭店新楼　　　　　　　　　　图 1-5　广州白云宾馆

　　1978 年党的十一届三中全会确定的改革开放方针，极大地推动了经济建设的发展，也带来了高层建筑的春天。20 世纪 80 年代初在深圳等经济特区及沿海主要城市建成了一批标准较高的高层建筑，其中具有代表性的有深圳国贸大厦、广州白天鹅宾馆、上海华亭宾馆、联谊大厦等（图 1-6、图 1-7），这些项目的设计基本由国内设计师主导。

图 1-6　深圳国贸大厦　　　　　　　　　　图 1-7　广州白天鹅宾馆

　　随着改革开放的深入，设计市场也开始对外开放，一批国外设计事务所进入中国，他们带来了新的设计理念和技术。本土设计师在与境外同行合作设计过程中开阔了视野，设计水平也得到了提高。这个时期建筑高度进一步提升，结构形式更为多样，出现了钢结构和钢-混凝土混合结构的高层建筑，代表性建筑有上海新锦江大酒店、希尔顿大酒店、北京京广中心、京城大厦、深圳发展中心、南京金陵饭店等一批有影响力的高层建筑。

　　1990 年国家宣布开发上海浦东新区，使浦东陆家嘴成为高层及超高层建筑建设的热土（图 1-8）。东方明珠广播电视塔的建设是浦东新区第一个标志性项目（图 1-9）。这个完全由中国工程技术人员设计建造的工程采用"大珠小珠落玉盘"的建筑形态和空间巨型框架结构体系，以及先进的施工方法，成为世界塔桅建筑中的一颗明珠。随后大量金融办公建筑陆续开始建设，这些项目体量大、设计标准高、空间变化复杂、结构体系多样，吸引了大量国际知名设计事务所参与其中。在短短的 10 年左右时间，建筑高度跨越了 400m、500m 两个台阶。我国工程技术人员在参与建设的过程中，其设计水平得到了很大提高。浦东陆家嘴 CBD 代表性建筑有金茂大厦、交银金融大厦、环球金融中心、森茂大厦、信息枢纽大厦等；结构体系中包含了加强层、巨型空间支撑框架、弱联系双塔楼、悬挂结构及部分预制装配结构，体现了当时国际水平的先进结构体系和技术得到比较广泛的应用。

图 1-8　上海陆家嘴三大超高层建筑　　　　　图 1-9　东方明珠广播电视塔

　　进入 21 世纪以来，改革开放的进一步深入和国力增强使我国高层建筑的发展进入了一个新的阶段。地域分布进一步拓展，除一线城市、珠三角、长三角及环渤海地区之外，在很多二、三线城市也开始大量建造高层与超高层建筑，数量比较集中的有武汉、合肥、重庆、成都、西安、沈阳等城市。建筑高度进一步增加，建成了一批 600m 级的超高层建筑。结构体系多样化，当今世界上所有的超高层建筑结构形式，在我国均有建造。混合结构因其比较符合我国国情，继续成为应用最广泛的结构形式。性能化设计逐步应用于设计环节，消能减震技术和振动控制技术也在很多重要工程中得到应用。近 20 年的发展反映了我国在高层结构领域总体上已达到国际先进水平（图 1-10、图 1-11）。

　　世界高层建筑与城市人居协会（CTBUH）的统计资料表明了中国在这个领域中的地位。2018 年全世界范围竣工高度 200m 以上的 143 座高层建筑中，中国有 88 座，占 61.5%，连续 23 年位居世界之首。根据已经建成和在建项目统计，截至 2020 年全球最高的 20 栋超高层建筑中，中国共有 11 栋，中国已经当之无愧地成为世界高层建筑第一大国（图 1-12）。

图 1-10　武汉中心大厦（438m）　　　　　图 1-11　天津 117 大厦（597m）

图 1-12　截至 2020 年全球最高的 20 栋超高层建筑

1.1.3　未来超高层的发展趋势

2021 年 7 月 6 日，发布的《国家发展改革委关于加强基础设施建设项目管理　确保工程安全质量的通知》（发改投资规〔2021〕910 号），提出对 100m 以上建筑应严格执行超限高层建筑工程抗震设防审批制度，与城市规模、空间尺度相适宜，与消防救援能力相匹配；严格限制新建 250m 以上建筑，确需建设的，要结合消防等专题论证进行建筑方案审查，并报住房和城乡建设部备案；不得新建 500m 以上超高层建筑。

超高层建筑很难在高度上有所突破，后续将朝着以下几个方向发展：

1. 功能增多、系统更复杂

超高层建筑被业界称为"垂直城市"，其功能多、体量大、系统复杂、环境影响明显，给建筑设计和运营管理带来极大挑战。超高层建筑必须功能齐全、系统完备，才能有发展的活力和空间。

例如：深圳平安金融中心位于深圳市福田中心区，总用地面积 18931.74m²，总建筑面积 460665.0m²。塔楼地上 118 层，标准层层高 4.5m，塔尖高度为 660m，主体结构屋盖高度为 588m；商业裙楼地上 11 层，高度约 53m，建筑面积约 49785m²；地下室 5 层，深 28m，柱网 9m×9m，建筑面积约 81035m²，总建筑面积约 45 万 m²。建筑功能为办公、交易、会议、商业、观光及餐饮，相当于一个小城镇的建设规模。

2. 建筑造型异形化

近些年，结构理论技术不断完善、发展，超高层建筑也如此，不断向新高度发起挑战，其结构也发生了极大变化，连外形也异化了。

例如：广州新电视塔，其结构由钢筋混凝土、钢结构外筒组成，顶部结构是天线的桅杆，塔身是椭圆形的，是一种渐变的网格结构，其造型空间由两个向上螺旋的椭圆形外壳变化而成，像少女纤细的腰一样，外观线条柔和且优美。

3. 向更高层次的绿色节能发展

像以"安全、绿色、高效"为特点的超高层建筑能效管理领域的领先技术的研发利用，玻璃幕墙等新材料的研发和利用，必将极大改善节能和减少光污染，为超高层建筑的发展带来利好。超高层建筑需要承受更大的地震力、风力、温度变化影响，需要让玻璃有更高的刚度、承载力，即使玻璃发生破损，也不至于导致整块玻璃的坠落，采用 KGP 胶片生产的夹层玻璃更适用于超高、超大建筑，典型应用如广州电视塔、上海中心等。意大利米兰"垂直森林"住宅项目的实施，为环保、绿色建筑带来一个崭新的理念，我国很多地方也跃跃欲试。

4. 超高层建筑的智能化

智能建筑为信息时代下的产物，可适应社会信息化、经济国际化需求，其完美展现了建筑艺术、信息技术的融合。从这样的角度分析，建筑智能化是指综合信息运用及设备管理自动化的能力，如上海的金茂大厦也含有智能化系统，包括系统集成功能、智能化物业管理等。

1.2　300m 级超高层建筑的发展现状与趋势

1.2.1　300m 级超高层建筑的发展现状

近 15 年，中国已经成为全世界摩天大楼最狂热的"建造工地"，各地纷纷抢占摩天大楼排行榜，纪录一再被刷新。根据世界高层建筑与都市人居学会的数据显示，2020 年全球共有 106 座 200m 以上建筑竣工，与 2019 年的 133 座相比下降了 20%，接近于 2014 年的 105 座。截至 2018 年，全球共新建 143 栋 200m 以上的高层建筑，中国独占 88 座，这一数字是第二名美国（13 座）的近 7 倍。在建 200m 及以上的建筑中，中国连续 25 年保持着最高产的地位。截至 2020 年，中国 150m 以上已建成的建筑达到 2395 座，200m 以上建筑达 823 座，300m 以上达 95 座，三项指标均保持全球第一。中国各大主要城市基本情况如下：

1. 北京

200m 以上建筑 23 栋，其中 300m 以上高层建筑 2 栋，分别是 528m 的北京中信大厦和 330m 的国贸三期，二者都位于国贸 CBD。北京国贸 CBD 虽然超高层建筑不多，但建筑外观的统一性、协调性、整体感是一线城市中最好的，而且建筑品质感较高，给人一种沉稳庄重、大气醇厚的视觉感受。北京正严格控制中心城区人口，五环内超高层建筑的审批会越来越严格，未来北京的超高层建筑主场很有可能会转移到通州区。

2. 上海

200m 以上高楼 63 座，其中 300m 以上高层建筑只有 5 栋，但陆家嘴十分震撼。可能是陆家嘴的高层建筑效应太过震撼，导致很多人认为上海是中国摩天大楼第一城，这是一个误区，其实上海的超高层建筑并不算多，目前只有 5 栋 300m 以上高楼，分别是浦东的"三件套"（上海环球金融中心、金茂大厦、上海中心大厦），再加浦西的两栋（北外滩白玉兰广场、上海世茂国际广场）。

3. 广州

200m 以上高楼 40 座，其中 300m 以上高楼 10 栋，300m 以上集中度最高，视觉效应出色。毗邻香港的广州，对摩天大楼当然是非常热衷的，目前拥有 10 座 300m 以上高楼，超过香港、上海，仅次于深圳。需要注意的是，这 10 栋没有包含 600m 高的广州塔，因为它是构筑物，不是建筑物。

值得一提的是，广州的超高层建筑数量虽然不如深圳多，但营造的摩天大楼视觉效应比深圳还要好，因为广州的超高层建筑集聚度更高，这 10 栋超高层建筑，有 9 栋位于天河 CBD 这个弹丸之地。

特别是 1km² 左右的花城广场，两侧分布了 7 栋超 300m 建筑、超过 10 栋 200m 以上建筑，这让珠江新城成为全国 300m 以上超高层建筑最密集的区域。

4. 深圳

200m 以上高层建筑 123 座，其中 300m 以上高层建筑 17 栋，深圳目前拥有 17 栋 300m 以上超高层建筑，远远超过香港、广州、上海，以一骑绝尘的姿态领先全国。

不过，深圳的超高层建筑比较分散，均匀分布在罗湖、福田、南山多个区域，就连福田 CBD 都只有深圳平安金融中心这一栋 300m 以上超高层建筑。也许正因为如此，深圳也一直缺乏一个像陆家嘴、珠江新城这样的超高集中度、极具视觉效应的商务中心区。

5. 其他

除了北上广深，其他城市拥有的 200m 以上高层建筑也不少，比较出色的有南京、天津、南宁、武汉、沈阳、长沙等城市，而杭州、成都、郑州、青岛等热门二线城市，暂时还没有 300m 以上高层建筑。

总体来说，南方城市比北方城市更热衷于建设超高层建筑，但也有例外，天津、沈阳两个北方城市，拥有不少超高层建筑。部分城市 200m 以上高楼的数量排名如表 1-1 所示。

中国 200m 以上建筑统计表　　　　　　　　　　　　　表 1-1

城市	200m	300m	400m	500m	600m	数量合计
深圳	106	15	1	1	0	123
香港	79	5	2	0	0	86
上海	58	2	2	0	1	63
重庆	50	5	0	0	0	55
武汉	42	3	2	0	0	47
广州	40	8	1	1	0	50
沈阳	37	5	0	0	0	42
长沙	33	3	1	0	0	37
天津	31	4	0	2	0	37
南宁	26	4	1	0	0	31
南京	25	6	1	0	0	32
贵阳	24	2	0	0	0	26
成都	24	0	0	0	0	24
大连	23	1	0	0	0	25
杭州	23	0	0	0	0	23
北京	21	1	0	1	0	23
合肥	21	1	0	0	0	22
南昌	20	2	0	0	0	22
青岛	18	0	0	0	0	18
苏州	14	2	1	0	0	17

1.2.2　300m 级超高层建筑的发展趋势

中国虽然各项指标保持领先，但是高层建筑竣工数量自 2019 年持续减少。2021 年 4 月 27 日，发布《住房和城乡建设部　国家发展改革委关于进一步加强城市与建筑风貌管理的通知》（建科〔2020〕38 号，简称《通知》）。《通知》严格限制各地盲目规划建设超高层建筑，要求一般不得新建 500m 以上建筑。各地新建 100m 以上建筑要充分论证、集中布局，严格执行超限高层建筑工程抗震设防审批制度，与城市规模、空间尺度相适宜，与消防救援能力相匹配。中小城市要严格控制新建超高层建筑，县城住宅要以多层建筑为主。

近些年来，随着我国经济与城市快速发展，许多城市都在竞相建设摩天大楼，成为城市的一座座地标，从一定程度上彰显了城市的经济与发展实力。从百姓住房方面，从茅草土坯到砖瓦平房，从胡同杂院到高层单元，不可否认，在不断提高居住空间的同时，普罗大众的居住环境也发生了翻天覆地的改善。

然而，超高层建筑的弊端也是显而易见的，摩天大楼越多，城市"热岛效应"越明显，产生的光污染也越多。目前，超高层建筑在遇到火灾或地震时的逃生仍然未能解决。超高层建筑的建设，特别是在一线城市中心城区建设超高层建筑，能解决城市中心用地紧张的问题，但是建筑物的高度应适度。

因此，"限高令"顺应了时代的发展，顺应了绿色建筑的要求，也从一个方面将房子回归居住属性落到了实处：超高层建筑作为住宅真的不宜居。相信"限高令"的出台，未来300m级超高层建筑将变成城市商业建筑的主流。

1.3 300m 级超高层建筑施工特点与要点

1.3.1 300m 级超高层建筑施工特点

首先，超高层建筑具有工程量大的特点。超高层建筑面积大，工程量巨大，需要数量众多的施工人员和大型施工设备同时进行施工。由于建筑高度较高，给工程设计也带来了较大挑战，在工程设计过程中需要经过长时间的完善才能确保高层建筑的设计质量，一些超高层建筑在施工过程中还需要边设计边施工，这样就给工程施工组织提出了更高的要求，从整体上增加了超高层建筑的施工周期。

其次，超高层建筑具有埋置深度大的特点。超高层建筑需要解决的主要问题之一是保证稳定性，在一些地震设防烈度较高的地区，为了保证超高层建筑的稳定性，需要加大埋置深度。一般来说，对于天然地基，基础埋深不宜小于建筑物高度的 1/12。对于桩基，基础埋深不宜小于建筑物高度的 1/15，并且至少有一层地下室，这样的要求加大了地下部分的施工工程量，因此，超高层建筑的地下施工时间较长，工程量也较大。

再次，超高层建筑具有施工周期长的特点。超高层建筑的施工周期与超高层建筑的工程量成正比，一些超高层建筑甚至需要 7～8 年的时间才能完工。但建设单位为了尽快售楼，尽早收回投资，期望尽量缩短工期，这样的要求对施工技术和施工组织管理都提出了更高的要求。

最后，超高层建筑具有高空作业多的特点。这是超高层建筑的显著特点，大多数超高层建筑施工中所用的建筑材料以及相关建筑设备都需要进行垂直运输，在运输过程中，运输距离与楼层高度也成正比。因此，高空作业过程中，安全问题一直是超高层建筑施工必须重视的重要问题。

此外，超高层建筑施工过程中，还需要考虑施工工况和施工荷载。设计单位未考虑施工工况，即设计单位的所有计算分析是基于建筑物已完工的状态下进行的，在建造过程中建筑物各构件尚未完全形成有效整体，但风荷载和地震作用随时都可能作用在建筑物上，这就需要施工单位对施工工况下的施工荷载、风荷载、地震作用进行计算复核，确保施工期间建筑物安全可靠。

1.3.2 300m 级超高层建筑施工要点

1. 大直径超长桩基工程

随着建筑物高度的不断攀升，桩基承载力要求越来越高，桩长也越来越长，施工难度也越来越大，部分超高层建筑工程桩直径可达 4m，有效桩长可达 80m。

大直径超长桩基工程施工技术主要包括：成孔工艺、清孔工艺、护壁泥浆制备、钢筋笼制作与吊装、水下高强度混凝土配置及浇筑、桩底桩侧后压浆等。其中孔壁稳定性、孔底沉渣厚度控制、桩底桩侧注浆量将直接影响桩基施工质量，即桩基承载力是否满足设计要求。

2. 深大基坑工程

深基坑工程是为满足地下结构的施工要求及保护基坑周边环境的安全，对基坑侧壁采取的支挡、加固与保护措施。300m 级超高层建筑基坑深度普遍为 15～30m，随着基坑深度的增加，对施工提出了更高的要求。

深大基坑工程在施工方法上主要包括：先开挖基坑，后由底板往上施工的顺作法，也有主楼顺作裙楼逆作的半逆作法，以及塔楼和裙房全逆作法。施工部署的选择对施工工期、周边环境、地下水位控制等有较大影响。

以南京青奥中心双塔楼及裙房工程为例，采用全逆作技术，利用地下室的楼盖、梁、板、柱、外墙作为施工的支撑结构，一边从上而下进行地下室结构施工，一边进行地上结构施工，相当于增加了一个施工作业面，上下同步进行施工，大大加快了施工进度，实现了既定建设目标。整个实施过程有效地保护了周边环境，节约了社会资源，取得了良好的社会效益，可为类似工程提供借鉴和参考。

3. 超厚基础筏板

超厚基础筏板在建筑工程中能够充分利用地基承载力，减少了地基基础沉降量，对于地基的不均匀沉降有着非常重要的作用。作为工程应用过程中的主要基础方案必须对其施工技术加以重视。

超厚基础筏板施工技术主要包括：基底清理、垫层及防水施工、钢筋绑扎、钢筋支撑施工、混凝土浇筑及振捣、混凝土养护等。其中，超厚基础筏板混凝土配合比、混凝土浇筑及振捣、混凝土测温及养护将直接影响筏板施工质量，施工过程需要重点关注。

4. 超高结构施工作业平台

作业平台是将结构施工过程所需的各类机械设备、配套设施、操作平台、防护设施以及智能监控等集成于一体，并为不同专业工序的施工同时提供作业面，实现工序间错层流水施工。

施工作业平台主要构成为支承系统、钢框架系统、动力系统、模板系统、挂架系统、监测系统等。根据建筑物特点，满足外立面不断变化、平台自重较轻、使用安全、方便施工作业等要求是平台设计的要点。

5. 超高层建筑塔式起重机及施工电梯配置与运输管理

塔式起重机及施工电梯是超高层建筑材料和人员垂直、水平运输的主要工具。随着结构高度的不断增加，对于后续施工有着愈发重要的影响，极大地影响了后续施工效率。

超高层建筑塔式起重机及施工电梯要重点关注：选用垂直运输设备及型号时，单次运输能力、构件的吊次及垂直运输的运次需经过详细计算。由于专业分包单位多，对垂直运输均有相应的时间需求，要做好协调施工的安排。此外，设备位置的设置，需要综合考虑后期收边收口等问题。

6. 超高混凝土泵送

高层建筑在浇筑混凝土过程中，随着建筑高度的增加，混凝土输送的距离越来越长，对混凝土的强度、泵送性以及泵送设备功率、管道布置等提出了更高的要求。

在高层建筑施工过程中，要对混凝土配合比进行研究，以保证建筑的整体质量。在混凝土配合比调制中，大多数高层建筑所采用的混凝土都是用粉煤灰和化学材料掺杂，以保证混凝土的强度满足高层建筑的施工要求。在泵送混凝土设备输送过程中，要严格控制管道的布设，综合考虑水平管压力损失、垂直管压力损失、特殊管道压力损失和工作效率，做好工程施工的过程控制。

7. 钢结构施工

钢结构在高层建筑中的应用非常普遍，高层建筑施工主要依靠大型塔式起重机进行钢结构施工。

钢结构施工方式主要有两种：一种是采用单件吊装和高空拼装；一种是将一些小的钢结构构件先拼装，再利用塔式起重机起吊。施工过程中需要根据工程特点，以及设备配置情况综合考虑最优的吊装方法。此外，钢结构安装过程中，需要考虑不等高同步吊装问题，选择合适的高度差异，保证施工效率。

8. 大体积混凝土裂缝控制

高层建筑施工过程中，不可避免地会用到裂缝控制技术。随着高度的增加，将会涉及超厚的底板、超大截面尺寸的柱子，裂缝控制就尤为重要了。

大体积混凝土裂缝控制可以从以下几个方面进行：完善冷却和保温措施、提升混凝土的抗拉强度、选择适宜的原料、做好施工期间温度管控、做好养护工作。必须全面掌握大体积混凝土出现裂缝的各种原因，重点关注混凝土配合比、浇筑方法和养护措施，从而最大限度保证大体积混凝土施工质量。

9. 机电安装

一般来说，超高层建筑机电安装施工周期较长，施工技术相对较为复杂，需要考虑到不同专业接口问题较多等问题。

机电安装主要包含消防系统、空调系统、给水排水系统、强弱电系统等安装。其中，需重点关注：空调设备吊装过程中，需要根据超高层建筑实际情况选择合适的吊装设备；正式用水用电与临时用水用电如何接驳以及接驳时间插入的问题；随着高度上升用电压力降低，如何避免压力不够的问题；还要考虑临时消防与正式消防的结合，降低施工成本；如何合理把握机电安装随着主体结构施工插入节奏的问题等。总体而言，把握机电安装施工节奏、技术上选择合适的施工方案、各个专业接口考虑细致并做好相关接驳工作是机电安装的要点。

10. 建筑物健康监测

结构健康监测指在施工现场借助埋入或者粘贴表面传感器的方式，检测神经系统中是否存在损伤性的结构，将建筑结构中检测出的损伤报给控制台。建筑物健康监测贯穿于超高层建筑施工的全过程，是保证各分部分项工程施工及使用过程安全的重要手段。

结构健康监测系统主要包括：数据采集与处理系统、传感系统、通信系统、报警设备、监控中心。健康监测重点在于监测点的选取以及监测内容的确定，监测点一般为受力、变形较大，对结构安全影响大的区域，监测内容包含应力、应变、位移、挠度等相应内容。此外根据建筑物的需要，有针对性地设置局部监测和整体监测。

11. 施工工况计算分析

随着城市建设的发展，人们对建筑功能的要求也越来越高，建筑结构往往会出现底部大空间、错层等复杂形式，其结构高度增加而刚度相对减弱，由此使得超高层建筑施工期的结构稳定性需重点关注。

施工工况计算分析主要包括：作业平台施工工况计算分析、塔式起重机施工工况计算分析、重型运输机械施工荷载工况计算分析。分析中要考虑几何非线性、材料弹塑性、初始几何缺陷、竖向荷载组合、水平风荷载的作用。对于核心筒与外框、楼板的施工存在一定的工期差，以及核心筒是否存在失稳破坏的风险要重点关注。

12. 超高层建筑施工总承包管理

超高层建筑结构形式较复杂，机电专业系统多、分包方多，二次设计工作量大；精装修阶段，各专业立体交叉作业，相互影响。面对不同的专业、不同的分包方队伍、不同的分包方类型、不同的施工素质，实现全方位的总承包管理尤为重要。

施工总承包管理主要包含：安全管理、质量管理、进度管理、技术管理、施工总平面管理、合约招采管理等。为全面履行总承包方职责，需重点协调、管理各个参施分包方及业主指定分包方，实现各项工程管理目标，做到工程质量、工期管理、文明安全施工、设备运行、回访保修等方面让用户满意。

第 2 章　施工组织

超高层建筑主要有工程体量大、基坑深度深、施工周期长、工序穿插多、结构复杂等特点，超高层建筑施工组织是一项庞大的系统工程，施工周期长、施工组织难度大，只有加强统筹规划，才能确保超高层建筑施工顺利进行。

2.1　总体方案

超高层建筑中，建设单位对工程的特殊需求决定总体建设方案，总体建设方案决定基坑支护方案，基坑支护方案的选择直接关系到工程造价、施工进度及周围环境的安全。总体建设方案主要有顺作法和逆作法两大类，它们各自具有鲜明的特点。在同一个基坑工程中，顺作法和逆作法也可以在不同的基坑区域组合使用，从而在特定条件下满足工程的技术经济性要求和建设单位的特殊需求。基坑工程的总体支护方案分类如图 2-1 所示。

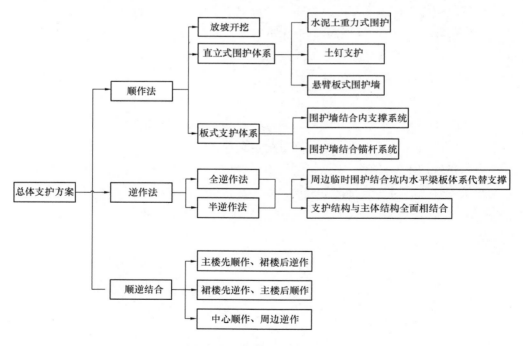

图 2-1　总体支护方案分类图

2.1.1　顺作法方案

基坑支护结构通常由围护墙、止水帷幕、水平内支撑系统（或锚杆系统）以及支撑的竖向支承系统组成。所谓顺作法，是指先施工周边围护结构，然后由上而下分层开挖土方，并依次设置水平支撑（或锚杆系统），开挖至坑底后，再由下而上施工垫层及防水、基础底板、地下室结构，并按一定的顺序拆除水平支撑（若为锚杆则无须拆除），进而完成地下结构施工（图 2-2）。当不设支护结构而直接采用放坡开挖时，则是先直接放坡开挖至坑底，然后自下而上依次施工地下结构。

图 2-2　超高层建筑顺作法施工基坑现场实景图

2.1.2　逆作法方案

逆作法又分全逆作和半逆作两种方法（图 2-3、图 2-4），半逆作是先施工基坑围护体，一般是"两墙合一"的地下连续墙，再施工"一桩一柱"，再施工首层梁板结构，再向下开挖一层土方，施工一层结构，直至基础筏板施工完成，再从二层开始自下而上施工地上结构。而全逆作则是在首层梁板施工完成后，上下结构同步施工。

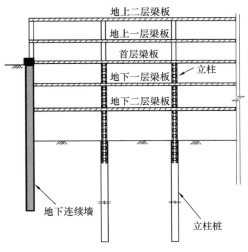

图 2-3　全逆作法示意图

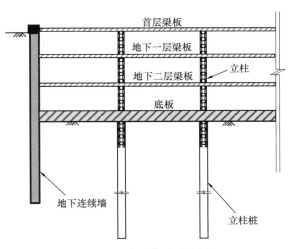

图 2-4　半逆作法示意图

若总体方案选用逆作法，将对施工技术、施工组织管理均提出较高的要求。逆作法伴随的是"两墙合一"地下连续墙施工、"一桩一柱"施工、盖挖土方、梁板逆向施工、劲性柱钢筋混凝土逆向施工，也因此带来一系列技术创新和进步。

当工程具有以下特征或技术经济要求时，可以考虑选用逆作法方案：

（1）大面积的深基坑工程，采用逆作法方案，可节省临时支撑体系费用。

（2）基坑周边环境条件复杂，且对变形敏感，采用逆作法有利于控制基坑的变形。

（3）施工场地紧张，需利用逆作的地下首层楼板作为施工平台。

（4）工期进度要求高，采用上下部结构同时进行的全逆作法设计方案，可缩短施工总工期。

2.1.3 顺逆结合方案

对于某些条件复杂或具有特别技术经济性要求的工程，采用单纯的顺作法或逆作法都难以同时满足经济、技术、工期及环境保护等多方面的要求。在工程实践中，有时为了同时满足多方面的要求，采用了顺作法与逆作法结合的方案，通过充分发挥顺作法与逆作法的优势，取长补短，从而实现工程的建设目标。工程中常用的顺逆结合方案主要有：①主楼先顺作、裙楼后逆作方案；②裙楼先逆作、主楼后顺作方案；③中心顺作、周边逆作方案。

涉及超高层建筑施工总体方案，一般以中心顺作、周边逆作较为普遍，以上海环球金融中心、上海中心大厦为主要代表（图 2-5～图 2-8）。

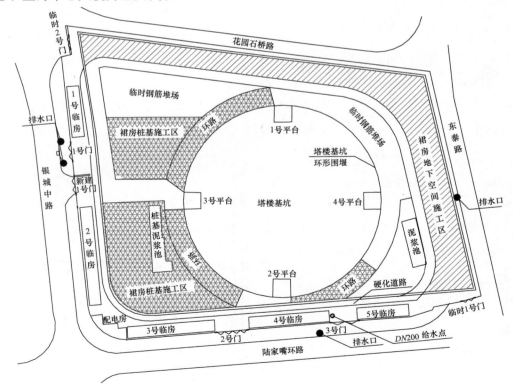

图 2-5　上海中心大厦基坑平面示意图

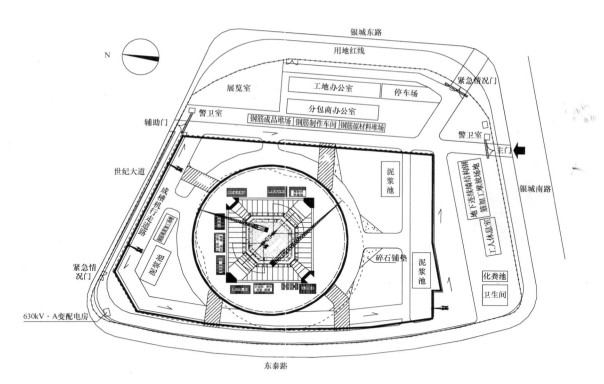

图 2-6　上海环球金融中心基坑平面示意图

图 2-7　上海中心大厦基坑施工阶段实景图

图 2-8　上海环球金融中心基坑施工阶段实景图

2.2　结构形式

2.2.1　结构类型

钢和混凝土是超高层建筑最主要也是最基本的建筑材料，根据所用材料的不同，超高层建筑结构可以划分为三大类型：钢结构、钢筋混凝土结构、混合结构与组合结构。

1. 钢结构

钢结构充分利用了钢材抗拉、抗压、抗弯和抗剪强度高的优良特性，是一种历史悠久、应用广泛的超高层建筑结构类型。钢结构具有自重轻、抗震性能好、工业化程度高、施工速度快和工期比较短等优点，但是也存在钢材消耗量大、建造成本高、抗侧力结构侧向刚度小、体形适应性弱、防火性能差、施工技术和装备要求比较高等缺陷。

2. 钢筋混凝土结构

钢筋混凝土结构充分发挥了混凝土受压和钢筋受拉性能优良的特性，是一种广泛应用的超高层建筑结构类型。钢筋混凝土结构具有原材料来源广、钢材消耗量小、建造成本低、结构抗侧向荷载刚度大、体形适应性强、防火性能优越、施工技术和装备要求比较低等优点，但是也存在自重比较大、现场作业多、施工工期比较长的缺陷。

3. 混合结构与组合结构

钢结构和钢筋混凝土结构各有其优缺点，可以取长补短。在超高层建筑不同部位可以采用不同的结构材料，形成混合结构，在同一个结构部位也可以用不同的结构材料形成组合（复合）结构。钢与钢筋混凝土组合方式多种多样，通过组合形成组合梁、钢骨梁、钢骨柱、钢管混凝土柱、组合墙、组合板和组合薄壳等。这些组合构件充分发挥了钢和钢筋混凝土两种材料的优势，性能优异，性价比高，因此，目前 300m 级超高层建筑多采用此结构类型。

2.2.2　结构体系

超高层建筑抗侧力体系的选择对建筑物经济性影响较大，超高层建筑结构体系一般有：框架－核心筒结构、束筒结构、筒体结构、筒中筒结构和巨型结构等。结合各类结构形式特点分析，目前 300m 级超高层建筑主要采用筒体结构、框架-核心筒结构。

1. 筒体结构

筒体结构体系是利用建筑物筒形结构体作为承受竖向荷载、抵抗水平荷载的结构体系，也是一种承重体系与抗侧力体系合二为一的结构体系。结构筒体可分为实腹筒、框筒和桁架筒。平面剪力墙组成空间薄壁筒体，即为实腹筒；框架通过减小肢距，形成空间密柱筒，即框筒；筒壁若用空间桁架组成，则形成桁架筒。实际结构中除烟囱等构筑物外不可能存在单筒结构，而常常以框架-筒体结构、筒中筒结构、多筒体结构和成束筒结构形式出现。若既设置内筒，又设置外筒，则称为筒中筒结构体系，它的典型代表就是美国世界贸易中心（图 2-9）。世界贸易中心是双塔楼，每幢平面尺寸为 63m×63m，建筑面积约 100 万 m²，高度分别为 415m 和 417m，采用的就是筒中筒结构体系。它的外柱中

图 2-9　美国世界贸易中心实景图

中间距只有 1.02m，柱间以深梁相连，它们焊接在一起后，从整体上看像一片有小洞口的剪力墙，整个外墙围成一个外筒，内筒为钢桁架筒。

2. 框架-核心筒结构

在超高层建筑中，水平荷载较大，框架-核心筒结构是抵抗水平荷载最有效的结构体系之一。它的受力特点是，整个建筑犹如一个固定于基础上的封闭空心筒式悬臂柱来抵抗水平

力。框架-核心筒结构的内筒一般由电梯间、楼梯间组成，外筒为密排柱＋水平梁，其中水平梁根据受力情况可间隔性设置水平桁架结构，并增加斜撑结构，以提高整体稳定性。内筒与外筒由楼盖连接成整体，共同抵抗水平荷载及竖向荷载。

框架-核心筒结构体系中，由于核心筒刚度大，承受大部分水平荷载（有时可达80%～90%），是抗侧力的主体，使整个结构的侧向刚度大大提高。框架则主要承担竖向荷载。框架-核心筒结构体系综合了框架结构体系和筒体结构体系的优点，在超高层建筑中应用较为广泛。与框架结构体系相比，框架-核心筒结构体系的刚度和承载能力都极大地提高，在地震作用下层间变形较小，结构安全性显著提高。框架-核心筒结构施工工艺可根据不同形式的外框梁板及柱进行分类。

（1）外框梁板采用钢梁＋压型钢板组合楼板（钢筋桁架楼承板），其结构外框柱分为钢管混凝土柱或劲性混凝土柱（SRC柱），其核心筒与外框采用不等高同步攀升施工，分为核心筒水平结构与竖向结构同步施工（代表工程有武汉长江中心、深圳城脉，如图2-10所示）、核心筒水平结构与竖向结构分开施工（代表工程有无锡国金，如图2-11所示）。

图2-10　武汉长江中心实景图　　　　　图2-11　无锡国金实景图

（2）外框梁板采用钢筋混凝土梁板，外框柱采用劲性混凝土柱（SRC柱），核心筒与外框采用等高同步攀升施工，代表工程有长沙华创、湖北广电传媒大厦（图2-12）。

图 2-12　湖北广电传媒大厦实景图

2.3　总体施工流程

总体施工流程反映了超高层建筑施工中各专业的施工先后逻辑关系。施工总体流程应根据建筑结构特点、合约要求等因素确定。总体施工流程应包括：

（1）地下室结构施工：土方、降水、防水、基础及地下室结构等。

（2）地上主体结构施工：钢结构、综合安装、电梯及幕墙等预留预埋；钢结构吊装、组合楼板及地上结构施工等。

（3）装饰装修施工：粗装修、精装修等工程。

（4）幕墙工程施工：幕墙工程。

（5）机电工程施工：机电工程。

（6）市政管网及景观施工：室外管网、室外道路、室外园林景观等工程。

（7）综合调试及竣工验收：各专业单项验收、系统综合调试及验收等。

2.3.1　地下、地上结构施工流程

300m 级超高层建筑在地下结构施工阶段，塔楼通常与其他地下室区域通过地下室进行直接连接，相互关系紧密，流水方式变化较多，不同的流水施工方式，产生的效果会不一致。施工流程主要有以下三种：平行施工、依次施工和流水施工，应因地制宜，结合项目特点合理选择。

1）平行施工

超高层建筑地下室阶段所有区域同步平行施工，大面地下室和塔楼地下室同步施工至结

构±0.000。

优势：总体施工速度快，塔楼施工至地上结构时条件优异，临时设施投入有限等。

劣势：施工资源投入大，塔楼施工进度受到一定影响。

2）依次施工

指不同区域在地下结构施工阶段依次施工至±0.000。同时，根据塔楼和裙楼的先后关系，又可以分为塔楼先行和塔楼后做两种类型。

（1）塔楼先行：塔楼区域先施工至结构±0.000，其余地下结构再开始施工。上海环球金融中心、香港环球贸易中心均采用此种塔楼先行的依次施工流水。但这些项目均存在共同点：投资巨大、高度较高、施工工期长、成本较高。通过实行塔楼先行的地下室施工流水方式，塔楼与其他区域之间采用临时分隔，先将塔楼施工至±0.000，再进行其他区域施工，为塔楼施工争取时间。

（2）塔楼后做：塔楼外围区域先施工至±0.000，然后再进行塔楼地下室结构施工。当塔楼高度不是特别突出，塔楼低区和裙楼需要尽快开业进行资金回收时，可采取此种地下室施工流水方式。

3）流水施工

目前国内超高层建筑大多采用主塔楼先行施工，其他区域穿插施工方式。整个地下室分区施工，但重点是塔楼区域，采用流水施工组织方式，通过合理分配资源给塔楼和裙楼地下室，实现兼顾的效果。

以武汉长江中心项目为例，该项目包含一座386m办公塔楼及7F商业裙楼，采用顺作法施工，整体工程施工原则为：先地下后地上，先基础后主体，充分利用平面、空间和时间，组织平面立体流水交叉作业，为及早插入装修和各专业施工创造条件，做到科学管理、均衡施工。施工顺序上，采用先塔楼后裙楼的安排，将主楼的整体施工作为主线，其他区域施工穿插进行，优先保证主楼的组织安排。

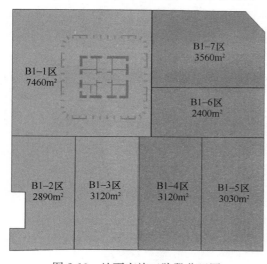

图 2-13　地下室施工阶段分区图

该项目采用流水施工形式，主塔楼先行，其余区域穿插施工。地下室结构施工阶段以土建施工为主线，根据塔楼、裙楼定位及面积分为七个大区，分区图如图2-13所示。

塔楼所在B1-1区优先土方开挖施工，依次分区开挖其他区域，考虑到塔楼区域地下室夹层及塔楼结构形式均为组合形式，塔楼核心筒剪力墙施工进度快于地下室其他区域结构，期间根据总体部署，穿插塔式起重机安拆，钢结构安装。地下室结构施工流程如图2-14所示。

地上结构施工时作业面狭小，但包含施

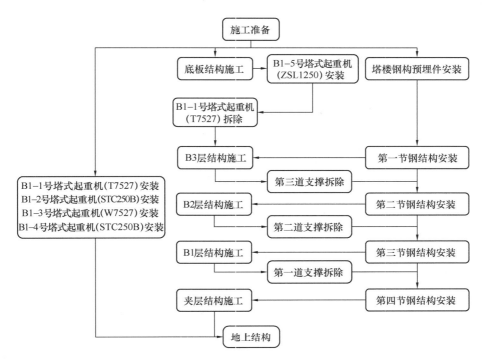

图 2-14 地下室施工阶段流程图

工工序及专业繁多，各专业相互穿插，仅结构工程施工就包含核心筒剪力墙结构施工、核心筒劲性钢柱吊装、外框钢柱吊装、水平楼板结构施工等，每一道施工工艺都需要操作空间和施工时间，因此，如何合理地进行塔楼施工空间、时间分配及划分是超高层建筑施工的一个核心要素。

对于外框楼板是组合结构时，即桁架楼承板（压型钢板）＋钢梁＋钢柱，通常采用不等高同步攀升施工工艺。对于该类结构而言，钢结构是整体工程进度控制主线，土建与钢结构同步施工。而在钢结构施工中，外筒又是其进度控制的主线，内筒施工速度会较外筒更快，而外筒由于结构复杂，大型构件众多，施工进度又同时关系到机电、幕墙、装修等工作面的提供，因此外筒施工进度是整体工程进度控制的重中之重。在外筒结构施工中，外框柱领先并影响着钢梁、桁架等结构的施工。因此，外框柱的施工进度又是外筒进度控制的重点。

武汉长江中心项目地上结构施工阶段核心筒结构、外框钢结构、核心筒外楼面结构按不等高同步攀升组织流水施工。核心筒剪力墙结构先施工，外框及楼板结构紧随其后施工，同时主体结构采用分段验收，提前穿插砌体、粗装修、幕墙、精装修等工序，提高整体施工进度。内筒领先外框钢柱 8F，外框钢柱领先于外框水平楼层板 3F，楼层板领先于砌体施工 10F，砌体施工领先于精装修 10F。不等高同步攀升施工工艺如图 2-15 所示。地上施工阶段流程如图 2-16 所示。

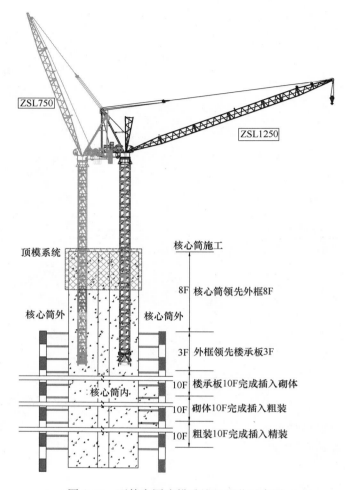

图 2-15　不等高同步攀升施工工艺示意图

2.3.2　装饰装修工程施工流程

装饰装修工程包括砌体工程、抹灰工程、精装修工程等。在工程整体流程上，采用精益建造工序穿插思想，以主体结构施工为主线，合理进行砌体、抹灰、精装修等工程的穿插，结合机电工程同时跟进，全面控制施工节奏。在施工安排中采取"空间占满"做法：在施工的平面和立面方向上，同时展开施工，尽可能利用施工空间，时间上统一协调、合理安排。

典型装饰装修工程施工流程如图 2-17 所示。

2.3.3　幕墙工程施工流程

室外幕墙工程施工图纸需提前进行深化设计，幕墙结构预埋件随结构一同预埋安装，待结构施工至足够高楼层后（针对超高层一般为 50 层左右），即可插入幕墙单元式板块安装施工。此外，室外幕墙装饰工程优先于室内装饰工程施工，待相应楼层室外玻璃幕墙板安装完

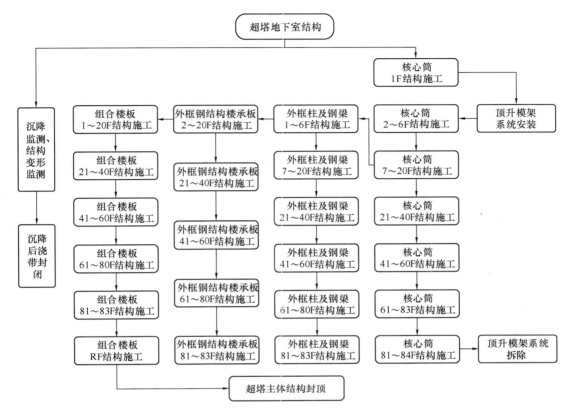

图 2-16 地上施工阶段流程图

成后，方可进行室内装饰施工。

典型幕墙工程施工流程如图 2-18 所示。

2.3.4 机电工程施工流程

根据超高层建筑特点及常规部署，超高层建筑机电工程整体施工流程如图 2-19 所示。

在机电工程分包进场后，即可进行机电 BIM 图纸深化及会审，随土建工程施工一起进行一次结构管线、套管、洞口、接地系统预埋等前期工作，同步进行设备基础、二构留洞图深化设计。

随后即进行专业安装，跟砌体工程同步进行通风空调、电气、给水排水系统设备安装，随后各系统、各区域电气管线接驳。随后移交精装修单位施工界面，并配合精装修工程进行专业末端安装。

2.3.5 市政管网及景观施工流程

市政管网及景观在外部施工电梯拆除，顶板及外墙后浇带、洞口封闭后，低区幕墙工程完成后进行，竣工验收前完成。先进行地下室顶板回填，接着进行市政管网和化粪池类附属工程施工，最后施工园林景观。

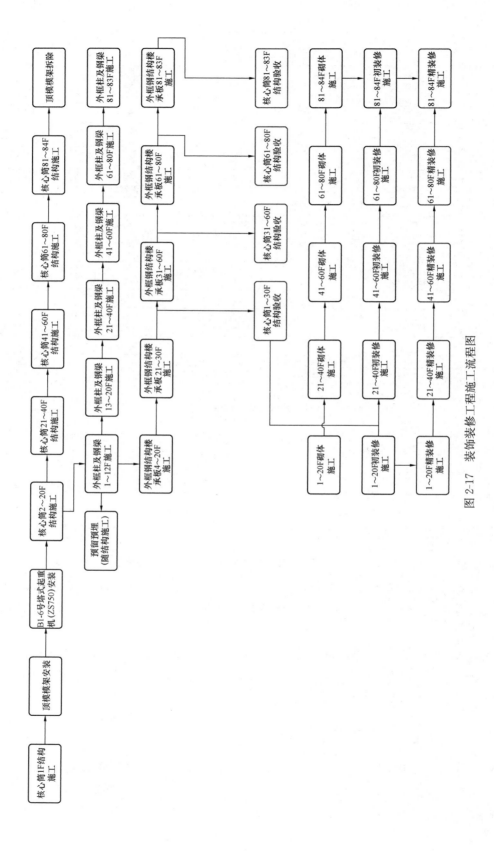

图 2-17 装饰装修工程施工流程图

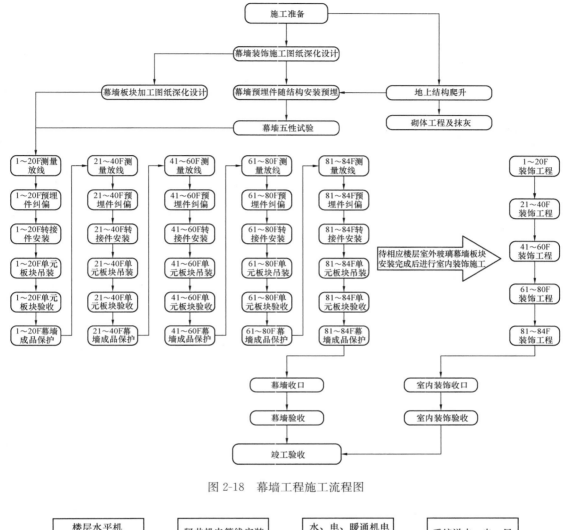

图 2-18　幕墙工程施工流程图

图 2-19　机电工程整体施工流程图

2.4 项目策划

2.4.1 项目策划重要性

工程前期策划是在工程施工前，对整个项目实施过程进行战略性的总体规划。从而使施工总平面布置、工程项目进度、实体工程质量、安全文明施工等工程管控内容有据可依、有章可循，使整个工程项目的管控更规范、高效、经济。项目的前期策划明确了项目的系统框架，明确了项目管理的方向，对项目的管理目标做了清晰的阐述，使项目的管理工作规范化、系统化、标准化，有效控制项目的各项管理工作，确保过程质量，以最低的成本实现管理目标，为项目实施计划制定提供指导和依据。项目前期策划是项目开展的起始阶段，项目构成、实施的策划对项目后期的实施、成败具有决定性的作用。

2.4.2 项目策划要点

1. 项目启动会

项目中标 7d 内，组织召开项目进场启动会，部署项目前期相关工作；启动会上，组织投标交底；项目前期管理领导小组明确项目定位、项目组织架构，明确项目经理及主要班子成员等。

2. 项目前期临时授权

合约法务部授权项目临建设施启动，以及临时劳务用工机械设备租赁、小班组进场等前期紧急工作安排等。

3. 项目管理机构

提前构建项目组织架构，在项目进场后，根据项目组织架构，第一时间督办主要管理人员进场，各业务口着手准备前期工作。

4. 项目策划编制

启动会后，由工程、技术、商务等各部门组织项目策划编制任务分工，形成项目策划任务分工表。

5. 资源摸排

根据项目特点，将现有资源与当地摸排资源整合利用，尽快梳理周边水泥拌合站、沥青拌合站、预制梁场、商品混凝土站、材料租赁等生产资源及产能，形成资源摸排清单，提供后备资源储备；调查项目特殊资源需求情况，周边地材、土方、主材等供应情况分析，资源位置、产量、储存量、运距等情况，形成初步方案；按照工作包划分要求，组织对工程所在地分包资源进行调查，形成合格分包商清单，适当引进新专业工程资源。

6. 项目启动资金

根据项目规模、特点及项目定位，确定项目启动资金额度，主要用于临建设施建设、前期办公、生活、企业形象识别系统费用，前期需紧急启动的准备工作费用等。

7. 技术准备

技术部组织施工技术方案编制及交底，组织施工图审核、导线点交接与复测等；制定检测试验计划，明确质量标准和检验、试验工作内容，组织原材料取样、配合比选定等前期试验工作。

8. 现场施工准备

工程部牵头组织规划现场道路、临水、临电、办公生活设施、总平面布局等并组织实施，组织前期人员、机械等进场。

9. 业务对接

项目部与业主、监理等单位对接，了解相关需求、工作流程、其他要求等，做好客户服务工作；项目部与行政主管部门对接，提前了解相关手续办理流程，做好沟通协调工作。

2.4.3 资源保障

超高层建筑是一项资源投入巨大的生产活动，巨大的资源需求量与狭小的施工场地及作业面之间的矛盾，是影响施工进度和现场管理的主要原因之一。通过信息化管理优化施工流程、提高生产效率的空间很大。超高层建筑的资源计划是施工组织的一大要点，超高层建筑所需的人力、材料、机械设备等需要提前组织，尤其是部分需要进口或市场需求量不大的材料和设备，需进行深入的市场调研。

1. 人力资源保障

超高层项目普遍施工空间狭小，施工人员数量大，高峰期人员可达 2000 人以上，因此，需通过空间上的合理组织来保障人员的高效施工。为了便于集中统一管理，施工时为保证工人能够及时上下班，可采取分阶段上下班，避免同一时间上下班出现垂直运输紧张的现象。另外，根据施工区域划分及工期计划可要求投入两套施工班组，分别独立组织塔楼区和非塔楼区结构的施工。

2. 材料资源保障

超高层项目所需的各类主、辅材料种类通常能达到 300 多种，因此，需通过配套的材料计划、采购及管理流程来保障材料资源满足现场施工需求。通过编制施工图预算，对工程施工所用工程材料总量进行汇总，使用部门根据施工进度计划编制材料使用总计划、月计划，每月定期向物资部门提交下月各种材料、设备需用计划，确定现场所需各种材料设备的最迟进场时间。对于采购周期较长的物资，提前提交需用计划，以便物资部门根据各种需用计划编制采购计划，并做好物资采购前的各项准备工作，包括询价、报批、订货加工等。

3. 机械设备资源保障

超高层项目所需各类大小设备能达到 100 多种，其中大型设备多用于竖向结构施工及垂直运输。而所有大型设备从计划购买（或租赁）到进场及安装都需要数月时间，中间还要经历政府设备管理部门的检验，进口设备还需海关报备检验。因此，机械设备的计划应优先考虑。在施工过程中需定期对大型设备进行检查和维护，并在周边做好相应的防护措施。

4. 社会资源保障

超高层施工需要大量的社会资源，技术资源、经济资源、信息资源等均属于社会资源，对总承包单位的协调组织是个严峻的考验。施工现场的每一个生产任务都包含着各种社会资源的高度整合，如大体积混凝土浇筑期间，需要协调好劳动力、汽车泵、混凝土罐车运输路线、周边道路、扰民影响等多种资源。此外，环保、安全、消防以及与之配套的各项应急预案等均包含了多种社会资源的协调，共同为超高层项目服务。

2.4.4 关键方案选择

方案选择的基本原则：

（1）确保工程质量和施工安全。

（2）施工方案应满足先进、成熟、经济、适用、可靠的要求。对选用的新技术应通过生产性试验进行鉴定。

（3）利于先后作业之间、建筑工程与安装工程之间、各道工序之间的协调均衡，减少交叉干扰。

（4）施工强度和施工装备、材料、劳动力等资源需求均衡。

（5）满足劳动保护、环境保护及水土保持等方面的要求。

1. 基础工程方案的选择

在研究深基坑工程施工技术路线时，必须重点解决深基坑工程施工工艺的问题。目前超高层建筑深基坑工程施工工艺主要有三种：顺作法、逆作法和顺逆结合法，三种工艺各有优缺点和适用范围，详见 2.1 节。

超高层建筑桩基形式的选择，不仅要考虑建筑物自身高度、荷载、结构等因素，还要考虑建筑场地地质条件的影响。随着我国高层建筑的发展，桩基础日益增多，桩基础施工技术日趋完善。目前我国应用较多的为混凝土预制桩（预制方桩、预应力混凝土管桩）、钢桩（钢管桩、型钢桩）和混凝土灌注桩（钻孔灌注桩、沉管灌注桩、挖孔桩等）。

（1）混凝土预制桩的施工多用锤击（多为柴油锤）打入法和静力压入法，已可打入长70m 以上的预制混凝土方桩。混凝土预制桩已逐步扩大应用范围，但由于桩壁薄及其配筋特点，在打设和挖土过程中，如处理不当易产生裂缝或断桩。混凝土预制桩属于挤土桩，在沉桩过程中会挤土振动并产生超静水压力，同时会对周围环境和已沉入的桩基产生危害，为防止或减轻这些危害需采取一些技术措施。

（2）钢桩目前应用较多的仍为钢管桩，造价虽然高，但由于其施工速度快、承载力大、可靠性强和挤土少的特点，在一些大城市的超高层建筑桩基中应用依然不少，如上海金茂大厦即采用直径 914.4mm、长 65m、送桩 17.5m 的钢管桩。钢桩施工在沉桩和土中钢桩切割技术方面都有发展。

（3）混凝土灌注桩包括钻孔灌注桩、沉管灌注桩、挖孔桩等，钻孔混凝土灌注桩由于是非挤土桩，对周围环境保护有利，因此在建筑物密集的城市中应用较多。近年来，在施工机械、成孔工艺、水下混凝土浇筑等方面都有进一步发展，目前已可施工孔深超过 100m、桩径超过 3m、承载力超过 10000kN 的大型钢筋混凝土灌注桩。为提高灌注桩的承载力还发展了桩底注浆、扩底和挤压分支技术等；为改善施工工艺，还成功研究出了钻孔压浆成桩法，可施工桩径达 1m、深度达 50m 的桩。与以上几种桩相比，灌注桩以其单桩承载力高、沉降小、适应性强、成本适中、施工简便等特点，在工程界得到了广泛的应用。随着高层建筑的增多、建筑高度的增大，对桩基承载力要求也越来越高，超长钻孔灌注桩、超大直径承压桩等在超高层建筑中的应用受到越来越广泛的关注。

2. 结构施工方案选择

超高层结构施工占据了工程整体工期的多半时间，选择好的施工方法和设备往往可以达到 5～7d 一个结构层，为后续施工提供了充足的时间。超高层结构施工的核心是模板工程、混凝土工程、钢结构工程的方案选择。

1）模板工程

目前超高层建筑核心筒以钢筋混凝土结构为主，外框架以钢结构为主，水平结构（楼板）一般采用压型钢板作模板，因此，在超高层建筑结构施工中，核心筒的模板工程量最大。核心筒施工速度对其他部位结构施工甚至整个超高层建筑施工速度都有显著影响，因此，超高层建筑模板工程必须以竖向模板为重点，施工计划亦以加快竖向结构施工为目标。超高层建筑施工有赖于先进的模板工程技术，同时超高层建筑的蓬勃发展又极大地促进了模板工程技术的进步。随着超高层建筑的大规模兴起，模板工程技术呈现出百花齐放、丰富多彩的发展局面，液压滑升模板体系、液压自动爬升模板体系、整体提升钢平台体系、低位顶升模架体系、超高层集成平台等已经成为当今超高层建筑结构施工主流模板工程技术，其中300m 级超高层建筑普遍使用的模板工程有液压爬模、低位顶模和集成平台三种（图 2-20～图 2-22）。

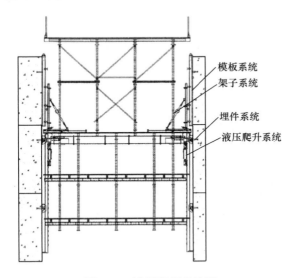

图 2-20　液压爬模系统图

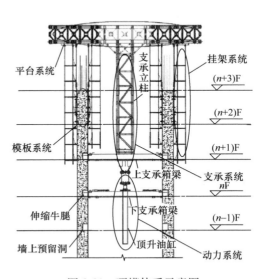

图 2-21　顶模体系示意图

2）混凝土工程

（1）高强混凝土

高强混凝土是降低结构自重，提高使用空间的重要手段。超高强混凝土强度甚至高于低

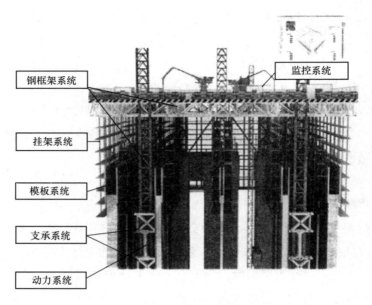

图 2-22   集成平台系统图

碳钢，由此可见其在超高层建筑中的应用意义，高强混凝土主要需要解决的问题是降低黏度，提高可泵性能、抗裂性能和耐火性能。

（2）轻集料混凝土

轻集料混凝土表观密度较普通混凝土低 30％～50％，不仅可大幅度降低结构自重，同时兼有隔热保温、耐火抗震的作用，在高层建筑中具有巨大的应用前景。目前，轻集料混凝土强度普遍偏低，且振捣易分层、泌水，多孔的特性也容易在泵送过程中吸入水分导致泵送性能降低，尤其是在超高层建筑施工中，轻集料混凝土泵送极易堵泵，从而限制了轻集料混凝土的推广应用。

（3）自密实混凝土

自密实混凝土具有高流动性、黏聚性好，不会产生离析与泌水现象，能够在不需要振捣或少许振捣的情况下自行流平，并自行流动通过钢筋及充满模具的特点。在施工过程中仅靠自身重量就能填充到复杂模型的各个角落，并且具有均内自密成型的工作特性。超高层建筑的平面、立面设计越来越复杂多样，构成核心筒和巨型结构柱之间相互作用的伸臂钢桁架等越来越多地被采用，例如上海环球金融中心、深圳平安金融中心等。该类结构作为重要的承重结构，形式复杂，不易振捣，要求施工混凝土具备良好的自密实填充性能；剪力墙结构中的钢钉、预埋钢筋、暗梁和暗柱对所用混凝土约束作用极强，混凝土极易开裂，一旦开裂，裂缝会在地震力、风荷载等往复荷载作用下慢慢加宽并贯通至整个结构，从而严重影响剪力墙结构的稳定与安全。因此，对于复杂结构的填充多采用自密实混凝土。

3）钢结构工程

钢结构施工主要包含钢结构的制作、钢结构的安装、钢结构的测量、钢结构的焊接等专项方案。钢结构的加工制作全部在工厂完成，现场施工作业少，现场作业机械化程度高，施工速度快，施工工期短，满足了业主对工期的需求，因此，在超高层及各类复杂结构中广泛应用。随着超高层建筑高度不断突破、结构体系更加复杂，使得其对钢结构的依赖越来越大。

钢结构桁架安装是超高层建筑钢结构安装的一大难题，具有构件重量大、厚板焊接难、作业条件差等特点。安装时主要采用支架散拼安装工艺、整体提升安装工艺、悬臂散拼安装工艺这三种主要安装工艺。

（1）支架散拼安装工艺是最常用的钢结构桁架安装工艺，依托下部结构或临时支架，将钢结构桁架全部构件直接在高空设计位置拼装成整体。该工艺设备配置要求低，设备投入小，但是高空作业量大，施工工效低。适合临空高度比较小的钢结构桁架安装。

（2）整体提升安装工艺是在地面或设计位置将钢结构拼装成整体，再整体提升到指定高度的方法。该工艺将大量的高空作业（拼装、校正、连接）转化为地面或低空作业，降低了安全风险，具有明显的技术和经济优势，在超高层项目中广泛应用。

（3）悬臂散拼安装工艺是以塔楼为依托，利用塔式起重机自支座向跨中逐流水段拼装钢结构的方法。在拼装过程中构件不依赖支架，而是依靠自身承载能力承受自重作用，在合龙前成悬臂状，如央视新台址大厦就采用了该工艺。该工艺因安全风险大、结构控制难等特点应用范围较小。

3. 垂直运输方案选择

垂直运输方案主要包括垂直运输设备的选型、布置及设备基础施工方案。超高层垂直运输体系任务重、投入大、效益高，在超高层施工中占有极为重要的地位。超高层建筑施工所需的大型机械设备主要用于垂直运输，包括塔式起重机和施工电梯。垂直运输体系的合理配置对加快超高层建筑施工速度、降低施工成本具有非常重要的作用。

1）塔式起重机选型及布置

塔式起重机选型及布置原则：

（1）塔式起重机尽量覆盖整个施工区域，减少盲区。

（2）塔式起重机最大起重量能满足施工要求。

（3）保证每台塔式起重机的工作效率，既不闲置又能满足施工吊次要求。

（4）充分考虑塔式起重机安装和拆除所需空间，满足塔式起重机安拆的要求。

（5）充分考虑到塔式起重机在高度和平面位置上的避让，满足设备安全运行的要求。

塔式起重机选型是一项技术经济要求很高的工作，必须遵循技术可行、经济合理的原则。塔式起重机选型必须首先保证技术可行，选型过程中应重点从起重幅度、起升高度、起重量、起重力矩、起重效率和环境影响等方面进行评价，以确保塔式起重机能够满足超高层建筑施工能力、效率和作业安全要求。在技术可行的基础上，进行经济可行性分析，兼顾投入与产出，力争效益最大化。

2）施工电梯选型及布置

（1）常规电梯选型及布置

施工电梯的垂直运输通常采用临时施工电梯和正式电梯相结合，保证垂直运输的顺利转换。施工前期主要为临时施工电梯，施工中后期主要采用正式电梯提前投入使用配合垂直运输施工。

（2）垂直运输通道塔

常规超高层建筑施工电梯多分散布置于结构外立面或电梯井道内，影响后期幕墙封闭及正式电梯施工，施工工期大幅延长。传统的施工电梯支撑体系在高度和稳定性方面已经难以满足日益发展的超高层建筑的施工要求。通道塔是一种新型支撑体系，通道塔的应用把室外施工电梯集中起来，减少了室外施工电梯对施工的影响，有效提高了管理效率和运输效率。

（3）单塔多笼循环运行施工电梯

目前建筑施工所使用的施工电梯，一般最多只能运行两部电梯梯笼。在超高层建筑施工时，为满足施工人员及材料运输的需要，常需要配置多部施工电梯，并随着建筑物高度和体量的增加，施工电梯的配置数量越来越多。这样一来，配置的多台施工电梯不仅占用了较大的施工平面位置，同时相应部位的外墙及相关工序的施工需待电梯拆除后进行，使施工现场工序管理复杂并延长了施工工期。同时，适用于超高层建筑的施工电梯的导轨架往往有几百米甚至更高，但只能运行两部梯笼，利用率很低。

单塔多笼循环运行施工电梯（简称"循环电梯"）是一种新型施工电梯，可以实现单根导轨上同时运行多个梯笼。循环电梯主要包括旋转换轨技术、滑触线供电技术、群控调度控制技术和安全控制技术等。其原理为：施工电梯梯笼在单根垂直的导轨架上的一侧轨道上只向上运行，在另一侧轨道上只向下运行，通过设置在导轨架的顶部、底部及其他需要的部位的旋转节，旋转180°变换导轨（从上行轨道变换到下行轨道或从下行轨道变换到上行轨道），实现循环运行，进而实现在单根垂直导轨架上循环运行多部施工电梯，并分段设置旋转节实现高低区分段运行，一部电梯的投入可实现数部电梯的运力。

3）超高泵送

混凝土超高泵送的顺利进行有赖于混凝土材料，我国现有的技术已能够配制出满足超高层结构施工的各种强度规格的高效混凝土。此外，超高泵送还需要施工单位先进的施工技术作为保障，如泵送设备的选择、泵送工艺的选择、泵送管路系统设计等。天津117项目、深圳平安金融中心项目分别进行了泵送模拟试验，通过试验模拟了千米级建筑的泵送，验证了千米级超高泵送的可行性。

（1）泵送工艺

超高层建筑混凝土泵送工艺主要有两种：接力泵送和一泵到顶。

接力泵送就是通过一台商品混凝土泵将商品混凝土输送到事先放置于一定高度的另一台商品混凝土泵料斗内，然后通过第二台输送泵将商品混凝土泵送到施工高度；该方案比较经济、可靠；相对而言，对泵的要求也不太高，与此同时，工程完成后，这些泵能够经济地使用于其他一般工程。该泵送方法在早期商品混凝土泵送机械发展初期使用较多。

一泵到顶就是利用一台超高压商品混凝土泵直接将商品混凝土泵送到施工高度，具有工效高、施工组织比较简单等优点，因此，成为应用最广泛的超高层建筑混凝土泵送工艺，一泵到顶工艺已经成为超高层建筑混凝土泵送工艺发展的主流。但该方案泵送压力过高，容易产生泄漏导致商品混凝土离析、堵管等诸多问题，因而对泵送设备、商品混凝土输送管道以及泵送施工工艺都要求极高。

（2）混凝土泵选型

超高压混凝土泵选型一般是根据工况要求，估算管道的阻力，根据所计算压力值初选混凝土泵型号，最后根据厂家提供的施工方量需求，确认泵送压力（决定了泵送高度）、理论方量（决定了泵送时间）是否满足施工需求。如果满足需求，型号确定；如果不满足需求则重新选型号。如此反复，直至所选型号满足要求为止。

4. 机电工程方案选择

超高层建筑在使用过程中，依赖于可靠的机电安装新技术。机电安装能否达到预期的效果，将会对超高层建筑的服务功能造成一定的影响。而超高层机电工程包含的系统繁多，安装、调试工作量相当大，目前机电工程中的新技术主要围绕预制组合技术和基于 BIM 技术的应用。

1）预制组合立管安装

预制组合立管安装工艺改变了超高层建筑建造过程中垂直立管单根管道逐层安装的传统做法，提出了整体单元组合、竖向高度分段的设计方法；采用了工厂生产、装配，到现场后分单元与结构同步安装的施工方法，大幅减少了塔式起重机吊装次数，加快了施工速度，减少了现场焊接作业量 70% 以上。实现了设计施工一体化、现场作业工厂化、分散作业集中化。

2）机电工程 BIM 技术应用

机电工程规模越来越大，系统功能越来越复杂，同时 BIM 技术在建筑工程中的应用已经越来越多，同时 BIM 技术对施工管理品质提升起到不可忽视的作用，许多单位都在探索 BIM 技术与施工管理的结合。BIM 技术在机电工程应用中主要有管道碰撞检查、综合管线分布、深化设计、模拟数据分析、二维出图指导施工现场、BIM 整体预制加工技术等。

5. 幕墙工程方案选择

常规幕墙在普通超高层建筑中的技术体系已相当成熟，但是随着建筑高度的不断攀升，幕墙的抗风、抗剪及对稳定性的要求都需要进一步考虑。此外，建筑的结构误差和幕墙施工的测量放线误差控制、高空风力影响下幕墙板块吊装、定位安装的影响以及安装完成后的安全稳定性和维护保养等方面会随着高度增加发生较大程度的变化。因此，在常规成熟技术的基础上要综合考虑这些因素，选择合适的幕墙施工方案。

幕墙施工的难度在于吊运和安装。幕墙单元板块的垂直运输通常采用施工电梯运输，当单元板块过大时须采用塔式起重机进行板块的垂直运输。幕墙单元板块的安装系统通常有单轨吊系统和双轨吊系统。

1) 单轨吊系统

一般吊玻璃板块，有操作平台的选用单轨吊系统。单轨吊系统分为附着单轨吊系统和悬挑单轨吊系统，附着单轨吊系统悬挂在建筑物外周边，悬挑单轨吊系统安装在屋面钢桁架上，是超高层或高层幕墙单元板块吊装的专用设备。单轨吊系统一般每隔10层安装在楼层周边供此下楼层安装幕墙单元板块。

单元板块安装前利用单轨吊系统和起吊平台，把单元板块从贮存的楼层调运出结构外，首先水平转运至安装位置的上方，在确认待安装楼层的人员已经就位并采取相应的防风及安全措施后（避免在恶劣的风雨天气施工），把待安装的单元板块平稳、匀速下降至目标楼层。

2) 双轨吊系统

单元板块安装时没有操作平台的通常选用双轨吊系统。这种情况通常发生在巨型柱处，巨型柱处的幕墙，依附在巨型钢结构柱体上，安装程序复杂且没有操作面，考虑到安装质量及进度等因素，通常采用捯链与吊篮交替施工的双轨吊系统。

2.5　总平面布置

2.5.1　总平面布置内容

施工总平面图应对施工机械设备布置、材料和构配件的堆场、现场加工场地，以及现场临时运输道路、临时供水供电线路和其他临时设施进行合理布置，重点反映以下内容：

（1）建筑总平面上已建和拟建的地上和地下房屋、构筑物及其他设施的位置和尺寸。

（2）建筑现场的红线，可临时占用的地区，场外和场内交通道路，现场主要入口和次要入口，现场临时供水供电的接驳位置。

（3）测量放线的标桩、现场地面的大致标高。地形复杂的大型现场应有地形等高线，以及现场临时平整的标高设计。

（4）现场主要施工机械如塔式起重机、施工电梯或垂直运输龙门架的位置。塔式起重机应按最大臂杆长度绘出有效工作范围。移动式塔式起重机应给出轨道位置。

（5）各种材料、半成品、构件以及工业设备等的仓库和堆场。

（6）为施工服务的一切临时设施的布置（包括搅拌站、加工棚、仓库、办公室、供水供电线路、施工道路等）。

（7）消防入口、消防道路和消火栓的位置。

2.5.2　总平面布置原则

施工总平面布置是施工方案和进度在空间上的全面安排，它把投入的各项资源、材料、构件、机械、运输、工人的生产、生活活动场地及各种临时工程设施合理地布置在施工现场，使整个现场能有组织地进行文明施工。超高层建筑施工平面布置的重点就是构建高效的垂直运输体系，并随施工进程实现垂直运输体系的有序转换。

施工平面布置应遵循以下原则：①动态调整原则。超高层建筑施工周期长，且具有明显的阶段性特点，因此施工平面布置应动态调整，以满足各阶段施工工艺的要求。在编制施工总平面图前应当首先确定施工步骤，然后根据工程进度的不同阶段编制按阶段区分的施工平面图，一般可划分为土方开挖、基础施工、上部结构施工和机电安装与装修等阶段，并编制相应的施工平面图。为了减少施工投入，施工平面布置动态调整中应注意有序转换，尽可能避免主要施工临时设施（如主干道路、仓库、办公室和临时水电线路）的调整，实现主要施工临时设施在各阶段的高度共享。②文明施工原则。充分考虑水文、气象条件，满足施工场地防洪、排涝要求，符合有关安全、防火、防震、环境保护和卫生等方面的规定。③经济合理原则。合理布置起重机械和各项施工设施，科学规划施工道路和材料设备堆场，减少二次驳运，降低运输费用；尽量利用永久性建筑物、构筑物或现有设施为施工服务，降低施工设施费用，比如利用永久消防电梯和货运电梯作为建筑装饰阶段的人货运输工具。

2.5.3 总平面布置要点

1. 大门及出入口

大门及出入口的布置应与规划总平面图中大门及出入口的位置一致。如另外开设出入口需破坏原有市政道路，必须先向当地市政管理部门申请，得到批准后方可进行。工地大门是企业的形象窗口，具体标准应满足企业及当地行政主管部门有关文明施工的规定。大门及出入口处还应设有保安亭（门卫室）。

2. 施工围墙（围挡）

施工围墙（围挡）的布置一般应与用地红线一致。如新建工程规划有永久围墙，可与建设单位协商，提早确定围墙方案并进行施工，用永久围墙替代施工围墙（围挡）以节约成本。

3. 施工道路及排水沟

施工道路尽量与总平面图中的规划道路一致，优先利用永久性道路，或者先建永久性道路路基作为施工道路使用。施工道路要沿生产性和生活性设施布置，保持畅通，并尽可能形成环形道路。不能形成环形道路时，应设置不小于 12m×12m 的回车坪。施工道路可以分主要道路和次要道路。主要道路一般为通往工地大门及各主要材料场地的道路，其宽度不小于 4m，满足重车通行。次要道路设置可简单一些。道路两侧要设排水沟，保持路面排水畅通。施工道路通往工地大门处还应设置洗车槽，以满足驶出工地的车辆清洗轮胎使用。修筑施工道路前应弄清现有地下管线位置及规划图中的管线位置，尽量做到预留预埋，避免二次开挖。

4. 材料加工及堆放场

材料加工及堆放场应尽量布置在靠近使用地点的道路两侧。需要垂直运输设备吊运的材料，其场地还应尽量靠近垂直运输设备。工地范围较大或布置有多台塔式起重机时，钢筋及木工等材料加工堆放场可根据不同的使用地点及不同塔式起重机的覆盖范围布置多个，以方便吊运。

5. 办公及生活区

办公及生活区应布置在工地较空旷的位置，也可以设置在开工时间较晚或本期工程施工期内暂不开工建设的工程位置上。设置数量应满足施工高峰期工地人员的工作生活需求，同时还应考虑招标文件要求提供甲方及监理等单位人员办公及生活设施数量。如场地有限，可考虑就近租房。办公及生活区四周应设置围墙，与作业区分开，并保持足够的安全距离，以满足消防要求。

6. 垂直运输设备

垂直运输设备主要是指塔式起重机、施工电梯及物料提升机等。塔式起重机布置主要考虑应同时覆盖拟建建筑物及材料堆放场地，尽量减少死角。同时还要考虑塔式起重机拆除时大臂能否顺利落下。需附墙的，应方便附墙。布置多塔时，还需满足安全距离要求。施工电梯及物料提升机尽可能布置在靠近建筑物中部有大开间阳台、窗口的地方，以方便上下料，这样可减少墙体的留槎和拆除后的修补工作。布置数量应结合水平运输距离及周边场地情况综合考虑。需附墙的，还应考虑附墙方便。

7. 临时用水用电

临时用水用电布置主要依据建设单位提供水源、电源位置和现场施工及办公生活用水用电情况，办公及生活区用水、用电应尽量与作业区分开设置。配电房位置应尽量靠近变压器，且远离作业现场，便于安全管理。水电线路应沿施工道路敷设，满足安全及消防规定。

8. 安全标识

在施工现场的建筑机械、临时用电设施、脚手架、"四口、五临边"、有毒危险气体和液体存放处等危险部位，应设置明显的安全警示标志，以满足警示要求。

9. 消防设施

在施工现场的生活区、楼层、仓库、材料堆场、模板加工棚、焊工棚等区域应配备相应类型的灭火器材。并应在明显部位设置消防设施集中点，配备消防器材。

10. 图牌及宣传设施

在施工现场主出入口位置设置"五牌一图"，图牌可结合实际情况增加。施工现场还应结合实际情况，设置安全标语及宣传栏、读报栏、黑板报等，宣传有关安全文明施工管理的规定和标准，以增强员工的安全文明施工意识。

2.5.4 分阶段总平面布置

以武汉长江中心项目为例，采用顺作法施工，场内有较好的行车道路，便于总平面布置，设置重型栈桥板进行材料堆放及基坑施工。各阶段总平面布置如下：

1. 土方施工阶段总平面布置

土方施工阶段材料用量较少，架料及机械沿坑边布置即可，主要考虑施工马道、取土点及施工栈桥的布置与相互转换。合理利用基坑中庭区，有效开挖基坑内部土方，当基坑深度过深，通过放坡马道无法实现深部土体开挖时，需要考虑布置施工栈桥（表 2-1）。

土方施工阶段总平面布置　　　　　　　　　　　　　　　　表 2-1

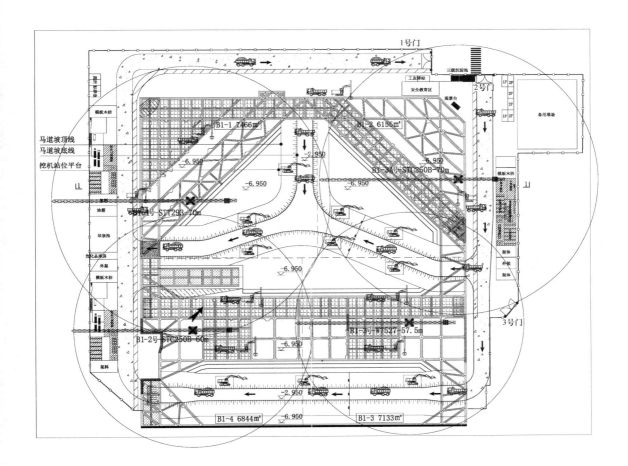

第一、二层土方施工阶段总平面图

第一层土方开挖为第一道内支撑施工提供作业面，待支撑强度达到要求后开挖第二层土方。根据基坑形式，中部核心区设置人字形道路，南部对撑区设置一字形道路，整体与坑顶道路形成环路

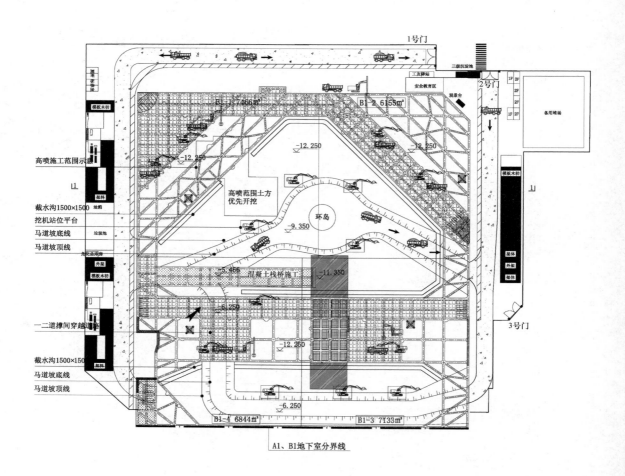

第三层土方施工阶段总平面图

第三层土方开挖在中部核心区设置环岛，南部对撑区在两层支撑之间设置便道通行。四处下坡点中两处保持不变，土坡底部支撑暂不施工，但需确保各区支撑受力杆件成型。一处下坡点设置在斜坡栈桥，通过斜坡栈桥斜向分支进行出土，以此保证斜坡栈桥后端可以继续施工浇筑。此阶段在平面栈桥增加伸缩臂挖机取土，可增加多处取土点

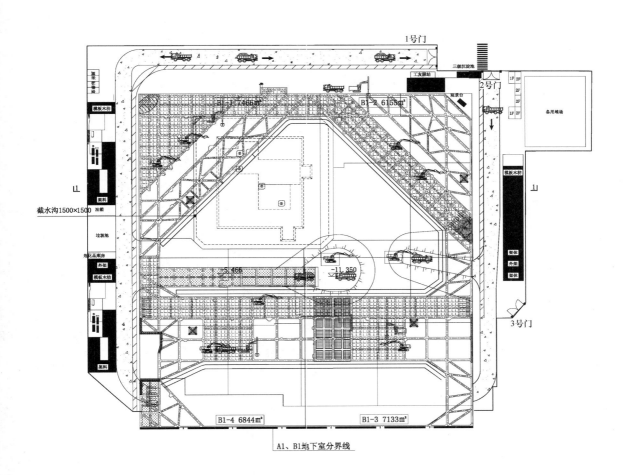

第四层土方施工阶段总平面图

第四层土方开挖仍然确保在中部核心区设置环岛,南部对撑区在第三道内支撑设置平面栈桥保障穿行效率。三处下坡点减为两处,受基坑开挖深度影响,临时土马道坡度已无法满足上车要求,所以东侧土马道只作为下坑通行,西侧斜坡栈桥则双向通行。此阶段受开挖深度影响不再设置伸缩臂挖机,改为局部增加抓斗,坑内增加普通挖机的方式增加挖方能力

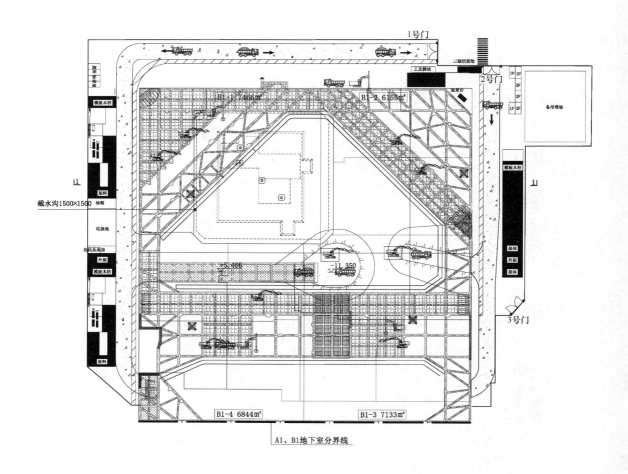

坑中坑土方收尾阶段总平面图

受作业面减小影响，中部核心区已无空间设置环岛，车辆通行改为西侧栈桥单侧上下。东侧土马道分层开挖，补充完善前期未施工局部支撑，并向斜坡栈桥处退挖。南部对撑区在第三道内支撑平面栈桥上进行土方开挖收尾，同样向斜坡栈桥处退挖，最终收尾完成

2. 地下室结构施工阶段

地下室结构施工阶段主要考虑架体材料堆场布置，过程中可能要考虑钢结构插入施工，因此，该阶段还需要考虑钢结构材料堆场。另外，该阶段会有大量材料转运，需要合理布置塔式起重机。

地下室施工阶段，架料堆场布置在基坑东西两侧，北侧邻塔楼需吊运外框柱，因此将钢结构堆场布置在基坑北侧。现场裙楼布置三台平臂塔式起重机，两台 TC7020 塔式起重机（配置臂长 70m 和 60m），一台 TC7527 塔式起重机（配置臂长 57.5m），塔楼区域布置一套 ZSL1250 动臂塔式起重机，主要用于塔楼区域材料吊运（图 2-23）。

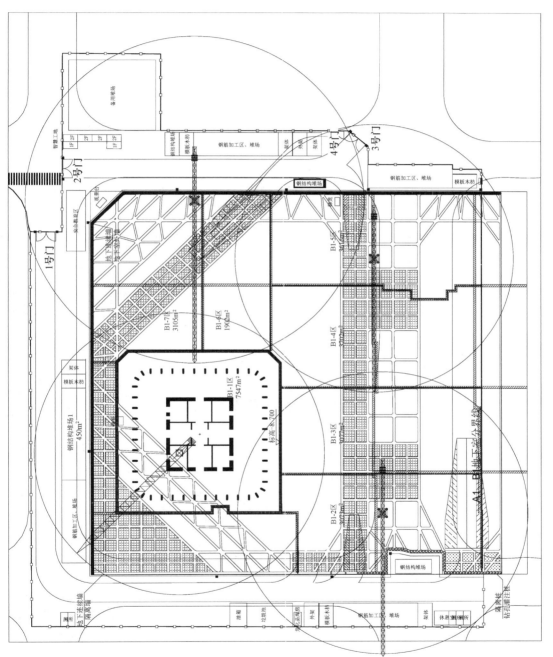

图 2-23　地下室结构施工阶段总平面布置图

3. 地上施工阶段总平面布置

地上施工阶段需要考虑架料、钢结构、砌体等材料堆场，钢结构根据塔式起重机吊重布置在塔楼周边，架料堆场按裙楼和塔楼分开布置，砌体堆场主要布置在裙楼周边。

地上裙楼材料吊运只需布置两台塔式起重机，拆除一台 TC7020 塔式起重机，塔楼随高度增加，为保证塔式起重机材料吊运效率，需增加一套动臂塔式起重机 ZSL750。为满足砌体、幕墙等材料垂直运输，裙楼布置两台施工电梯，塔楼布置三台施工电梯（图 2-24）。

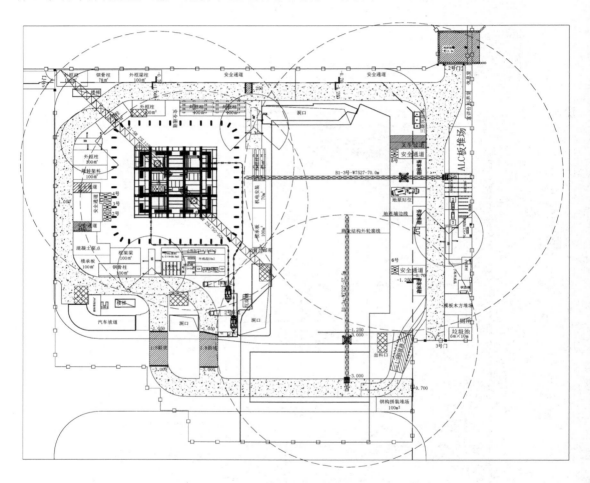

图 2-24 地上结构施工阶段总平面布置图

4. 装饰装修阶段总平面布置

装饰装修阶段主要考虑幕墙、精装修等材料，将原地部分堆场转化为装饰装修堆场（图 2-25）。商业提前运营，塔楼原钢筋加工、钢结构等堆场转换为幕墙、精装修等材料堆场。

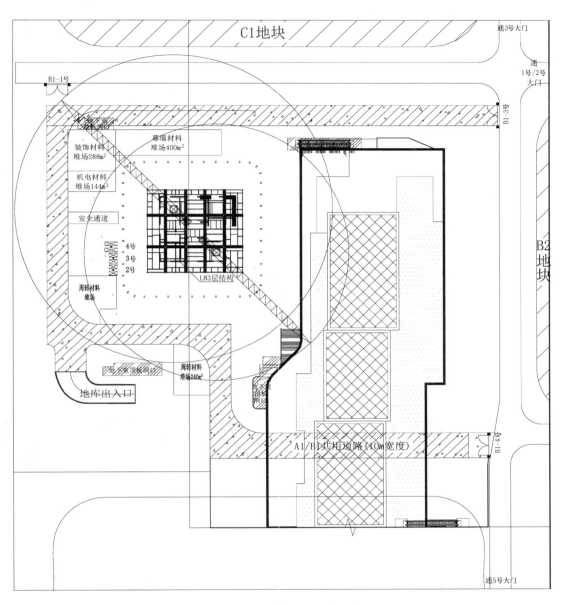

图 2-25 装饰装修阶段总平面布置

第3章 测量控制技术

在超高层建筑施工中,施工测量是非常重要的一个环节,受建筑超高特点的影响,对施工测量技术要求高,需对各个细节精准控制,确保测量成果质量。

3.1 施工测量主要任务

超高层建筑施工难度大,施工测量控制要求严,在施工测量过程中,需要控制好每一个细节,确保测量精度。在超高层建筑施工中,施工测量主要任务如下:

(1)建立工程场区施工测量平面和高程控制网。

(2)建筑物平面和高程控制网的竖向传递。

(3)根据施工测量平面控制网进行超高层建筑主要轴线定位,按照几何关系测设超高层建筑的轴线和各细部线位置。

(4)建筑物变形监测。

超高层建筑施工测量主要任务是将平面控制网准确地传递至施工作业层,精准测定墙柱位置,确保超高层建筑垂直度及结构几何尺寸满足要求。详细工作内容如表3-1所示。

超高层建筑施工测量主要内容一览表　　　　　　　　　　　　　　表3-1

序号	主要工作内容
1	复核建设单位提供的平面、高程控制点
2	建立首级平面和高程控制网
3	建立施工场地二级平面控制网和高程控制网
4	地下结构施工测量放线及标高控制
5	建立超高层建筑内控网
6	地上结构施工测量定位及标高控制
7	钢结构施工测量定位及标高控制
8	装饰施工测量控制
9	变形监测

3.2 施工测量特点及对策

3.2.1 超高层建筑施工测量特点

1. 超高层建筑施工测量技术难度大

超高层建筑高度高，平面和高程控制网竖向传递距离较长，首先，超高层建筑随着高度增加结构造型会有变化，测量内控制网需要跟着建筑造型进行转换，这会产生测量施工误差；其次，超高层建筑高宽比大，侧向刚度小，施工过程中受环境、空间位置不断变化影响，高空测量控制网的稳定性也较差；再次，超高层建筑施工高空交叉作业多，测量通视困难，高空架设仪器和接收等观测条件差；最后，超高层建筑高度增加，其摆动变形会随风、自振和温度变化逐渐增大，超高层建筑的垂直度控制较为困难，这些因素都增加了超高层建筑施工测量的技术难度。

2. 超高层建筑施工测量影响因素多

超高层建筑施工测量精度影响因素较多，首先，除受测量仪器精度和测量技术人员素质影响外，还受建筑设计、施工工艺和施工环境影响；其次，钢结构制作、安装误差等因素也会影响精度；再次，建筑物造型复杂，高度越高施工过程中超高层建筑变形越显著；最后，施工中在风压和日照作用下，超高层建筑也会产生变形，这些因素都给施工测量控制带来极大的影响。施工中保持测量的准确性、有效控制测量误差，是确保施工测量技术能有效指导超高层建筑施工的关键。

3.2.2　超高层建筑施工测量重难点及对策

具体见表 3-2。

超高层建筑施工测量重难点分析及对策　　　　　　　　　表 3-2

编号	重难点分析	对策
1	施工周期长，测量控制网精度及稳定性难以保证	布设永久性首级场区控制点，采用 GPS 静态测量方法；由首级场区控制网建立二级建筑物控制网，不定期进行复测与修正
2	轴线及标高竖向传递	轴线用激光垂直向上传递，高程直接用全站仪测天顶距，根据需要间隔 60～80m 设置一个测量控制网转换层，并结合外控网进行监测复核修正补偿
3	外控和 GPS 系统对塔楼内控制点校核	每个测量转换层采用全站仪结合 GPS 瞬时静态测量对控制点进行复核，出现偏差及时进行修正
4	日照、风压等影响下超高层精确定位	严格控制各阶段的施工测量精度，通过塔楼变形监测，对变形数据进行修正，再向上传递

3.3　施工测量准备

3.3.1　前期准备

超高层建筑施工测量准备工作应包括：施工资料的收集与分析、施工图纸审核、施工测量方案编制、控制点校核、测量人员与仪器准备等（表3-3）。

准备工作一览表　　　　　　　　　　表3-3

序号	准备项	实施要点
1	测量仪器检定	所用的GPS、全站仪、激光垂准仪、水准仪、钢尺等工具必须检验合格，确保仪器性能完好
2	基准点交接复核	基准点接受时立即对基准点精度进行复核，精度超限可由建设单位或工程所在地规划部门重新交桩
3	资料收集	收集建设单位移交的测绘成果、设计图纸、变更文件等资料
4	图纸核对	熟悉和核对设计图中各轴线、细部结构尺寸关系，核对坐标标注是否正确，发现问题及时在图纸会审前提出，并催促技术部与设计院尽快回复确认
5	工程测量控制网点布设	根据现场施工总平面布置和施工测量需要，选择合适的点位，做到既便于大面积控制，周围视线通畅，又不易被破坏，有利于长期保存，保证满足场区测量控制网精度标准和长期使用要求
6	编制测量施工方案	根据项目施工组织及施工顺序安排，从施工流水的划分、钢结构安装次序、施工进度计划方面综合考虑，结合测量布控方法、测量精度保证、具体施测措施等编制详细的测量施工方案

3.3.2　测量人员及仪器配置

1. 测量人员配置

按工程需求配备理论基础扎实、实操经验丰富、计算思维缜密的测量人员。测量人员岗位设置及能力要求如表3-4所示。

测量人员配置表　　　　　　　　　　表3-4

岗位设置	岗位能力	岗位条件
测量技术负责人	方案编制、理论分析、组织测量员一起进行测量控制网的布设和传递	从事测量工作8年以上，具有工程师及以上技术职称
土建测量负责人	控制网测设和传递、变形测量、数据计算、理论分析	从事测量工作5年及以上，具有大专及以上学历
钢结构测量负责人	钢结构施工测量组织	
测量员	测量控制网的布设和传递、楼层测量放线，标高测量、变形测量，技术资料编制，测量数据计算，测量资料报验和检核	从事测量工作3年及以上，具有大专及以上学历

2. 测量仪器配置

测量仪器是测量施工的必备条件，应选择精度高、性能稳定、自动化程度高的仪器。测量仪器按规定进行周期检定外，还应定期检查校正，加强维护保养，使其保持良好的性能状态。主要测量仪器如表3-5所示。

测量仪器配置表　　　　　　　　　　　　　表 3-5

仪器名称	仪器图示	精度要求	仪器用途
GPS 接收机		2.5mm＋0.5ppm	控制网静态测量，平面内控阶段测量控制点校核
全站仪	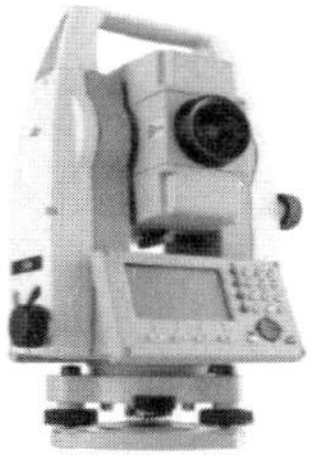	角度测量精度 1″；距离测量精度：±（1mm＋1ppm）	导线控制测量、建筑物施工平面控制、变形监测、钢结构定位测量等
电子水准仪	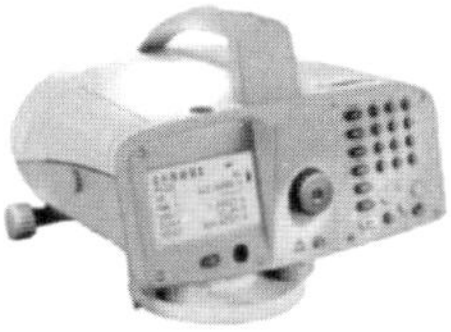	±0.3mm/km	场区高程控制、沉降监测
激光垂准仪 1		±1/200000	转换层内控轴线竖向传递、变形监测
激光垂准仪 2		±1/45000	轴线竖向传递
光学水准仪		±2mm/km	水准测量
经纬仪		±2″	轴线投测、钢柱校正

续表

仪器名称	仪器图示	精度要求	仪器用途
标线仪		—	楼层内装饰轴线引测
棱镜		—	变形监测
反射片		—	

3.4 施工测量控制网建立

超高层建筑施工测量控制网布设遵循"从整体到局部、先高级后低级、先控制后碎步"的原则，控制网应分级布设，逐级控制。控制网布设分为设计、选点、观测、计算四个步骤，施工测量控制网分为平面控制网和高程控制网。控制网按等级用途分为一级平面控制网、二级平面控制网、内控（三级平面）控制网。超高层建筑施工周期长，施工和监测都需要有稳固的测量控制网为依据，建议首级控制网点宜布设成永久性的点（图 3-1）。

图 3-1　永久性控制点示意图

3.4.1　一、二级平面控制网建立

一级平面控制网采用 GPS 静态测量技术测设。控制点需保证点位稳定、观测环境良好，一般远离施工区域 500～1000m，位置覆盖整个施工区域。一级平面 GPS 静态测量控制网精度不低于卫星定位测量控制网一级技术要求，控制网每半年复测一次，及时进行数据修正。一级平面控制网用于工程整体定位、超高层建筑塔楼变形监测以及后期塔楼安全运营监测等，是各级控制网引用的基准。静态测量时，尽量同时选用四台及以上 GPS 接收机，如图 3-2 所示。

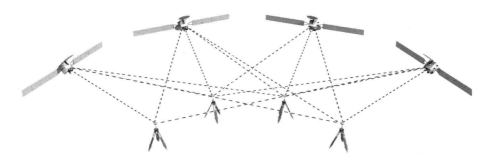

图 3-2　GPS 静态测量示意图

二级平面控制网是场地内建筑物施工平面控制网，依据一级平面控制网测设，并作为 300m 级超高层建筑内控（三级平面）控制网的基准，同时也可以为超高层建筑施工放样提供依据。二级平面控制网布设在施工区域周边，采用全站仪导线测量，精度满足一级导线网精度技术要求。由于二级平面控制网距施工现场较近，稳定性较差，因此，每季度进行复测修正。

3.4.2　建筑物内控（三级平面）控制网建立

三级平面控制网是为了建筑物轴线竖直向上传递的平面控制网。一般首次布设在 ±0.000 层，围绕核心筒中心布设成矩形控制网，随着核心筒结构造型变化，控制网也可以布设为矩形或者平行四边形。三级平面控制网也会受施工和建筑物变形影响，因此，一定要不定期复核。

3.4.3　高程控制网

高程控制网包括首级高程控制网和二级高程控制网。首级高程控制网一般选择 3～4 个控制点，这些点可以与首级平面控制点重合，也可以单独布设。首级高程控制网点距施工现场较远，不方便直接引用，因此在首级高程控制网基础上，建立二级高程控制网，高程控制点也可以与二级平面控制点重合。施测时可以分两次组网观测，外控点组网观测一次；首层结构稳固时，将外、内高程控制点联网观测平差，并在首层核心筒内墙上测设高程控制点，作为上部结构施工高程控制的依据。

3.5　施工测量方法

3.5.1　施工测量方法

具体如表 3-6 所示。

测量方法一览表 　　　　　　　　　　　　　　　　　　　　表 3-6

序号	结构部位	平面控制	高程控制
1	首层（±0.000）结构	外控法：全站仪后方交会	水准测量
2	地下结构（顺作）	外控法：全站仪后方交会＋GPS瞬时静态测量复核	全站仪三角高程＋水准测量
	地下结构（逆作）	内控法：垂线法＋全站仪坐标放样	排尺＋水准测量
3	地上裙楼结构顺作	内控法：激光垂准＋全站仪放样	排尺＋水准测量
	地上裙楼结构逆作	外控法：全站仪后方交会	全站仪三角高程＋水准测量
4	地上结构（塔楼）	内控法：激光垂准法＋GPS瞬时静态测量复核＋全站仪坐标放样	全站仪天顶测距＋水准测量

3.5.2　首层（±0.000）结构测量施工方法

用外控法直接从二级平面控制网和二级高程控制网测设控制轴线和控制高程，并引测塔楼和裙楼内控点至首层楼板，完成第一次内控网测设，同时基于一级平面控制网进行复测校核，确保精度满足要求。塔楼和裙楼内控网用于传递控制轴线和控制高程指导地上结构、地下结构（逆作）施工。

3.5.3　地下结构测量施工方法

1. 逆作地下结构测量施工方法

平面轴线引测按首层（±0.000）塔楼和裙楼楼板的内控点向下引垂线，在施工层按垂线点架设全站仪测设各平面控制轴线。

高程控制从首层（±0.000）塔楼和裙楼楼板的内控点向下排尺，用水准仪测设各施工层控制高程。

2. 顺作地下结构测量施工方法

平面轴线控制：依据二级平面控制网用外控法引测各施工层轴线控制点，测量外控法如图 3-3 所示。

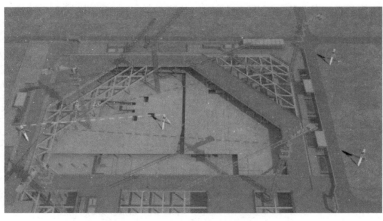

图 3-3　外控放样示意图

高程控制：采用全站仪三角高程法引测，以二级高程控制网点高程为基准，按需在适当位置引测控制高程。为提高测量精度，全站仪三角高程测设时至少要观测一个全测回，取均值用于高程传递。测设方法如图 3-4 所示。

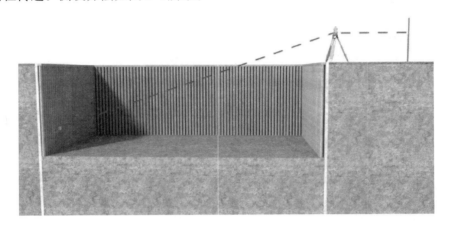

图 3-4　全站仪三角高程法示意图

3.5.4　地上结构测量施工方法

1. 地上裙楼施工测量方法

裙楼顺作：平面控制用内控法传递轴线，高程控制从首层控制高程向上排尺，再结合水准测量测设高程。

裙楼逆作：平面控制依据二级平面控制网用外控法引测施工层轴线控制点，高程控制用全站仪三角高程法引测施工层高程，再结合水准测量测设高程。

2. 塔楼控制网引测

塔楼采用内控法向上传递平面轴线和高程。

内控点在设置和观测过程中应注意以下几点：

（1）内控网设置尽可能避开上部结构中梁、柱和挑空结构。

（2）在首层混凝土结构强度达到要求后，进行内控点精确放样，并经复核验收合格，再完善内控点的精确刻画和标识。

（3）测量内控网转换层布设：根据建筑物层高或施工难度要求，可以在高度 60～80m 设测量内控网转换层，将下一转换层内控网传递到上一转换层，经复核修正，作为上部建筑施工测量控制基准。

（4）测量内控网转换层之间的楼层，可以采用标称精度为 1/45000 普通激光垂准仪传递内控轴线。测量内控网转换层传递内控网时，要用标称精度不低于 1/200000 的高精度激光垂准仪传递内控网，并经 GPS 瞬时静态测量复核修正。内控点布设及传递见图 3-5。

超高层核心筒与外框板同步施工或超高层建筑核心筒能布设内控网时，采用上述方法传递内控轴线。当超高层核心筒与外框板不同步施工、核心筒又不能布设内控网时，要在核心

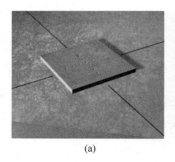
(a)

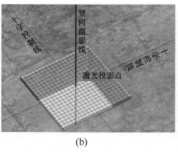
(b)

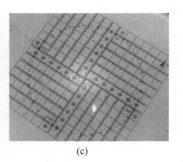
(c)

图 3-5　内控点布设及传递

（a）内控点布设；（b）内控点传递图；（c）转换层传递图

图 3-6　点位接收图

筒外布设控制点，控制点设在距外墙边 1m 交会处。在顶模对应位置安设稳固的测量平台，平台上设好点位，先接收激光传递点位，再架设 GPS 实测接收点位坐标，复核控制点坐标较差，精度满足要求后架设棱镜，用全站仪后方交会测设楼层需要的轴线坐标数据，放样完成后需再次用 GPS 复核平台固定点位坐标。点位放样示意如图 3-6、图 3-7 所示。

3. 塔楼高程引测

先复核首层核心筒内墙高程控制点精度，再用全站仪天顶测距法通过预留孔洞传递高程，每个转换层复核校正。在转换层之间的楼层，可以用检定合格的 50m 钢卷尺与全站仪天顶测距结合复核，从核心筒内控预留孔洞或者电梯井道向上传递，每一层引测三个高程点，用水准仪对传递的三个高程点进行闭合测量，以均值为基准，作为该层结构施工标高控制的依据。全站仪传递高程方法如下：

（1）在首层楼板任一内控点上架设全站仪，通过温度和气压的测量，对全站仪进行气象

图 3-7　全站仪后方交会放样图

参数的修正。

（2）全站仪从内控预留洞口垂直向上测量，顶部反射片放在需要测量标高的楼层，测定距离值，计算得到反射片面标高为 $H = H_k + I + D + C$（H_k 为控制点标高；I 为仪器高；D 为距离；C 为反射片厚度）。

（3）在相应楼层架设水准仪，塔尺放在反射片上，放出需要的各层相对 +1.000m 标高。全站仪高程传递如图 3-8 所示。

图 3-8　高程传递示意图

3.5.5　测量转换层控制复核

为减少投测误差积累和高度过高对测量精度影响，主楼每间隔 60～80m 高设置内控网转换层，利用激光垂准仪将控制基准点投测到上一转换层，并在核心筒顶模外边焊接固定操作平台，架设 GPS 瞬时静态测设内控点绝对坐标值，复核内控点坐标值之差，进行修正补偿，再经全站仪校核各内控点角度和距离；高程经全站仪天顶测距复核，确保平面和高程传递精度误差符合《工程测量标准》GB 50026—2020 要求后，作为内控转换层向上传递内控轴线和高程的依据。测量转换层控制复核示意如图 3-9 所示。

3.5.6　核心筒垂直度控制方法

核心筒垂直度控制是超高层建筑的施工关键，不仅通过内控线来控制核心筒内结构垂直度，还需用核心筒布设的外控点检查核心筒外墙垂直度。内控轴线和外复核线相结合，控制核心筒及电梯井垂直度，确保核心筒及电梯井上下同心同轴，不产生扭转。

施工中，用高精度激光垂准仪（标称精度不低于 1/20 万）传递上去，这样更方便、直观地指导外墙垂直度施工。垂直度控制复核时注意以下两个方面：

外墙垂直度控制复核时，要同时架设两台激光垂准仪复核一条核心筒外墙边，将两个接收点连成一条直线进行复核检查。

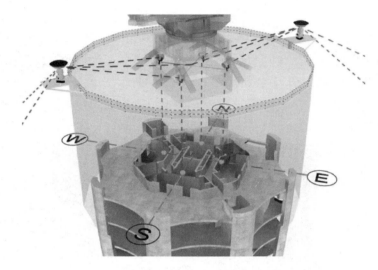

图 3-9　测量转换层内控轴线复核三维透视示意图

电梯井内墙根据内控线将两对应边同时复核检查，有效控制核心筒及电梯井上下同心同轴。

用两台激光垂准仪同时复核核心筒外墙一边垂直度，如图 3-10 所示。

图 3-10　同时用两台激光垂准仪复核核心筒外墙垂直度示意图

3.5.7　结构外框板测量施工方法

（1）在施工过程中，超高层建筑核心筒与外框结构同步施工时，采用一套内控网向上传递轴线和高程，复核每条轴线间距及外框几何尺寸，确保外框结构精度满足要求，方便后续幕墙、装饰等施工。

（2）超高层核心筒与外框结构施工不同步时，根据超高层外框结构形状布设内控网，外框板内控网测设方法与核心筒内控网轴线和标高测设方法相同，内控转换层设置与核心筒内控转换层设置保持一致。

（3）结构外框板施工时，做好外框板内控网和核心筒内控网联系测量工作，核对外框板传递上来的内控线和高程与核心筒的内控轴线及高程较差，两次传递的轴线和高程相互较差满足规范要求时，再测设细部结构控制线指导外框板施工。当两次传递的内控网轴线和高程相互较差超限时，重新引测外框板内控网，进行误差修正，再测设细部结构几何尺寸控制线。随着超高层建筑施工高度增加，逐步将外框板平面和高程控制网引测至施工作业层，指导外框板结构施工。

3.5.8 钢结构工程施工测量方法

1. 超高层建筑钢结构测量难度

（1）钢结构施工受高空作业、日照、风力等环境影响，测量定位难度较大。

（2）超高层建筑钢结构可能有异型结构柱，一些节点设计尤其复杂，对测量定位的准确性要求极高。

（3）受现场施工条件影响，土建和钢结构施工立体交叉作业，而钢结构大多先于土建结构施工，造成控制点位的投测较为困难，观测条件较差。

2. 柱脚锚栓定位测量

柱脚锚栓定位按《钢结构工程施工质量验收标准》GB 50205—2020 精度要求控制。先在防水保护层上测设轴线，选用定位钢板或者钢支架加固柱脚锚栓，钢筋绑扎完成后，在钢筋上准确测出柱脚螺栓理论"十"字中心线，根据全站仪测设柱脚中心轴线，调节螺栓位置直至达到规范要求为止。测设方法如图 3-11 所示。

图 3-11 钢构件锚栓预埋安装定位示意图

3. 钢柱（梁）的安装校正施工测量

按楼层测量内控制线，精准分出钢构件轴线，控制楼层钢柱（梁）、钢桁架安装施工。

钢柱安装过程中要全程对垂直度进行跟踪校正测量，钢柱安装校正用经纬仪至少同时监测两个相互垂直方向。为提高效率，钢柱安装时可采用坐标测量法直接测量柱顶的三维坐标值来控制钢柱平面位置和柱顶标高，钢柱校正完毕后用缆绳对钢柱进行固定，钢柱垂直度偏差值应满足验收规范要求。钢柱（梁）安装校正测量示意见图 3-12。

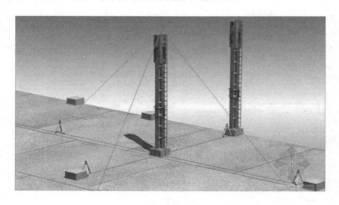

图 3-12　钢构件定位安装校正示意图

4. 塔冠钢构件施工测量

将内控轴线和高程传递到屋面，做好标识，结合工程首级测量控制网，采用 GPS 瞬时静态测量方法，对塔冠钢构件定位安装及校正进行复核，出现偏差及时进行修正。塔冠钢构件测量控制方法如下：

（1）焊接钢平台，制作固定的强制对中设施，用 GPS 瞬时静态测量方法得到强制对中点三维坐标。

（2）在强制对中点上架设全站仪，后视首级控制网上控制点或 GPS 瞬时静态测量传递的测量点，再根据钢构件节点三维坐标进行施工放样，指导钢构件安装、校正。塔冠定位示意如图 3-13 所示。

图 3-13　塔冠钢构柱（梁）定位示意图

5. 钢结构施工测量注意事项

为减小施工误差，钢结构施工测量平面和高程控制网要与土建施工的控制网相一致，在投测点位和引测标高时相互复核校正。

（1）对异型钢构柱和复杂节点部位的钢结构定位测量是钢结构测量施工重点。根据钢结构模型，计算或读取节点部位特征点的三维坐标值，利用全站仪对特征点进行空间定位测量。

（2）对截面大、节点复杂的钢桁梁要在其端头中心位置打上样冲眼标识的特征点，在安装过程中用全站仪对特征点进行三维坐标测量指导安装校正。

3.5.9　幕墙工程施工测量

幕墙工程测量控制按总承包单位测量工程师移交的测量控制网施测，根据总承包单位提供的控制网（点）和高程点进行复核和控制。由于超高层建筑高度超高，因此，幕墙工程控制轴线采用内控法和外控法相结合的方式。

（1）轴线引测：根据现场实际情况，需要重新在定位好的基准轴线上放出幕墙结构室内辅助控制线，以控制线为基准，再把内控线平移至结构边缘，一般距离边缘500mm，然后利用全站仪进行放线，使整个外围控制线形成闭合。

（2）竖向钢丝线设置：根据幕墙施工轴线，以转换层为基准，测放出幕墙立柱中心的分格线，上下两个转换层的分格线用细钢丝拉通并固定。

（3）复核层与层之间标高及土建结构偏差：

按总承包单位提供的控制点，根据幕墙施测的辅助线和标高复核土建结构施工误差，每层做好记录。结合幕墙施工工艺化解结构施工误差，如超出范围要与总承包单位及设计院协调处理方案，再在结构外边测设出幕墙测量控制线。幕墙测量控制线如图 3-14 所示。

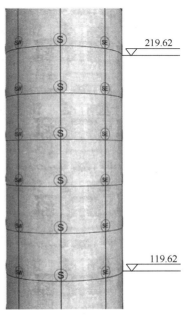

图 3-14　幕墙测量控制线示意图

3.5.10　室内装饰装修工程施工测量

装修工程施工前，根据总承包单位提供的建筑物内控轴线和内控标高测设轴线和标高控制线。

室内平面控制线：按照楼层传递上来的内控线，引测到相应墙、柱上或楼层板外侧边上，轴线控制弹通线，作为外墙窗口、内墙门洞、专业管线等施工定位控制线。

室内＋1.000m 标高控制线：校核结构施工时墙柱上的＋1.000m 线，引测到墙、柱上，所有墙柱上的＋1.000m 线作为门窗洞口、专业管线布设、地面装饰等施工高程的控制基准线。

楼层内装修工程测量控制如图 3-15 所示。

图 3-15   装饰装修工程测量控制示意图

3.6   建筑物变形监测

超高层建筑具有高度高、荷载大、基础深等特点，在施工中必然会随着自身荷载的增加导致建筑物主体沉降，同时混凝土结构也存在压缩变形，内外筒结构弹性模量差异也会产生压缩变形差，若发生不均匀沉降或压缩变形差过大，建筑物可能会产生倾斜。定期进行变形监测，了解其变形规律，掌握超高层建筑沉降和压缩变形差值，并根据监测数据分析变形特征和规律情况，方便技术部门根据监测成果进行施工调整与改进，确保施工和运营安全。变形监测主要包括沉降监测、垂直度监测、结构变形监测等。

监测控制网引用工程首级控制网，为反映变化的主要信息，将主要对以下方面进行监控：

（1）基坑变形监测；

（2）结构变形监测；

（3）塔楼沉降监测。

3.6.1   监测要求

变形监测按《建筑变形测量规范》JGJ 8—2016 二等变形监测精度要求执行。

基坑变形监测频率：1 次/15d；至地下室室外回填施工完成为止。

结构变形监测：温度变化、日照变形监测按需进行；倾斜度监测、水平位移、混凝土压缩变形按监测表实施。

塔楼沉降监测频率：塔楼监测 1 次/15d；结构封顶后 1 次/每季度；竣工后 1 次/半年。发现变形异常时，增加监测频率，并及时向建设、监理和施工单位提出预警通知。

变形监测原则：超高层变形监测中，采用二等变形测量要求进行数据采集。建筑物变形监测要从始至终遵循五定原则，即方法固定、监测环境固定、仪器设备固定、人员固定、基准点固定。每次监测完成后及时进行数据分析处理。

工作基点测设：工作基点是变形监测的基准点，应根据建筑设计要求和《建筑变形测量规范》JGJ 8—2016 规定布设（图 3-16）。一般超高层建筑至少要布设 3 个基准点，点位稳定且与建筑物距离满足要求。由工程首级测量控制网引测到工作基点，工作基点每半年定期与工程首级测量控制网联测，根据联测成果修正变化数据。工作基点布设见图 3-16。

图 3-16 工作基点布设示意图

3.6.2 基坑变形监测

基坑变形监测点布设在基坑顶四周，相邻监测点间隔宜为 20～30m。基坑如有冠梁、连续墙、内支撑梁，也应在上面布设变形监测点。每次监测必须测设每个变形点的三维数据，累计监测 6 次且必须提供一次阶段性分析报告，报告包括各变形点的单次变形量、累计变形量、变形量与时间关系曲线图。

基坑变形监测频率宜 1 次/15d，地下室封顶后，每季度观测一次；直至基坑回填施工完成为止。发现变形异常时，增加观测次数，预判变形趋势，危及基坑安全时，及时向建设、监理和施工单位提出预警通知。监测工作宜选在阴天进行或日出之前完成。

3.6.3 塔楼沉降监测

为掌握超高层建筑物沉降规律，保证安全，在建筑物施工期间需要对其进行定期沉降监测，并根据监测数据分析沉降特征和规律情况，提前采取处置措施，确保超高层建筑使用安全。

1. 监测点布设

沉降监测点的布设要考虑建筑物形状、大小、荷载、基础形式及地质条件等。一般要求建筑物沉降监测点要对称布设，且相邻点间距以 15～20m 为宜，均匀分布在建筑物周围。一般布设在建筑物四角、建筑物裂缝和沉降缝两侧及地质条件有明显不同的区段，沉降监测点在底板、一层结构墙柱上均要布设。

2. 沉降监测频率

沉降监测频率应根据荷载（层数）增加情况、施工进度和沉降量大小决定。第一次监测应在底板监测点稳固后及时进行，第一次观测应连续独立观测 2 次，作为沉降量计算基准；结构施工阶段按 15d 观测一次，结构封顶后每季度观测一次，直至下沉稳定为止。为确保监测基准点稳定性，基准点每半年与工程首级测量控制网联测一次。

3. 沉降监测精度控制

沉降监测需按照建筑物特性及用途选择合适的精度等级，设计图纸没有明确要求时，一般选择其精度指标满足二等变形监测技术要求。

4. 沉降数据整理及分析

每次观测认真做好记录，沉降监测外业工作结束后，要绘制好沉降观测示意图。累计观测 6 次后，必须提供一次阶段性分析报告，报告包括各沉降点的累计沉降量、沉降差对比图、沉降量与时间关系曲线图。

当沉降异常时，增加观测次数，判断变形趋势，危及施工安全时，应提前预警。

当建筑物沉降量趋于稳定时，可以降低观测频率，直至沉降变化数据完全符合《建筑变形测量规范》JGJ 8—2016 规定的稳定要求时，可终止沉降监测。

3.6.4 结构变形监测

由于建筑材料受收缩、温度、日照等因素影响均会产生变形，超高层建筑核心筒与外框结构荷载相差较大，产生竖向变形会对幕墙、电梯以及装饰装修工程带来一定的影响。结构监测分项与监测点布置见表 3-7。

结构监测分项与监测点布置对照表   表 3-7

楼层 ＼ 分项	温度监测	日照变形监测	倾斜度监测	水平位移监测	压缩变形监测
1 层（±0.000m）	●	●		●	
10 层	●	●	●	●	●
20 层	●	●	●	●	●
……	●	●	●	●	●
屋面层	●	●	●	●	●
塔冠			●	●	

1. 温度监测

观测塔楼环境温度变化，包括日温度变化和季节温度变化，在建筑物四个立面布设温度监测点，立面高度监测点布设见表 3-7，也可以根据施工需要增加监测点设置。用以测量不同建设高度、不同日照情况下的温度变化情况。

2. 倾斜度监测

监测点布置见表 3-7，为正确了解和控制塔楼垂直度，对施工各个阶段进行塔楼倾斜度监测，根据监测数据及时调整后续施工。采用激光准直法或采用 GPS、全站仪测设监测点平面坐标，计算平面偏差与建筑高度比，得到大楼施工阶段相对应的倾斜度。

3. 水平位移监测

塔楼水平位移监测主要用以掌握大楼结构几何变化，探索塔楼位移变化与环境变化的关系。塔楼结构水平位移，特别是顶部的水平位移对结构的稳定性起着至关重要的作用，会影响结构安全。在施工中，应加强塔楼水平位移监测，便于技术部门综合预判分析，积累超高层建筑施工经验。采用 GPS 或全站仪通过多次测设监测点平面坐标，计算各监测点的坐标偏差值，得到塔楼每次和累积水平位移量。

4. 日照变形监测

监测点布置见表 3-7，也可以根据施工需要增加监测点设置，每个监测位置测设向阳面和背阳面两个方向的变形数据，这项监测对控制大楼竖向结构偏差起着重要作用，随着大楼建筑高度的增加，日照变形影响因素越来越大，特别是钢构件变化更明显，钢构件受日照等影响，会导致钢柱、钢桁架、钢梁等结构尺寸发生变化，难以正确安装就位。应在各参考楼层先传递高程和平面坐标的基础上，采用天顶距法或激光准直法进行实测变形数据，随着结构施工的推进，对结构实际变形监测采取分阶段汇总整理分析，并将阶段性监测成果报给技术部门，便于其根据监测成果分析处理，指导后续施工。

5. 压缩变形监测

在施工阶段，大楼结构核心筒、外框板会产生一定的压缩变形。通过全站仪天顶测距将控制高程传递到监测层，采用高精度电子水准仪测设大楼同一层核心筒与外框板原有标高控制点实际高程，计算核心筒与外框板原有标高控制点两组变形的标高差，可以得到压缩变形差值。将监测成果报给技术部门，方便其对塔楼核心筒、外框压缩变形值进行分析，在施工阶段楼面标高预留一定比例的变形量作为标高补偿，确保施工时对楼面标高实施有效控制。

3.7　典型案例

某超高层建筑结构高 393m，整个建筑呈不规则多边形，顶部造型如盛开的郁金香，造型复杂，测量控制难度大。下面从测量转换层控制传递复核、核心筒垂直度控制、核心筒与外框板不均匀沉降测定等方面来了解测量控制技术在超高层建筑施工过程中的精准控制。

3.7.1　核心筒测量转换层内控传递复核

核心筒测量转换层激光传递内控轴线时，结合 GPS 瞬时静态测量内控点坐标，修正坐标较差，确保转换层内控网精度满足规范要求（图 3-17）。

图 3-17　测量转换层内控轴线传递时 GPS 瞬时静态复核修正

3.7.2 核心筒内墙（电梯井）垂直度控制

核心筒内墙（电梯井）施工时，先用激光垂准仪向上传递控制线，再架设全站仪实测控制线，复核控制内墙（电梯井）垂直度（图3-18、图3-19）。

图 3-18　核心筒内墙轴线激光向上传递　　　　图 3-19　全站仪复核校正内墙控制轴线

3.7.3 核对核心筒轴线与外框板轴线

结构外框板施工时，先复核外框板传递上来的内控线与核心筒的内控轴线较差，再核对细部结构几何尺寸控制线无误后，确定用于指导外框板结构施工（图3-20）。

3.7.4 核心筒与外框结构不均匀沉降监测

实测大楼每一层核心筒与外框板原有标高控制点实际高程，计算原有标高控制点变形差，将不均匀沉降差值报给技术部门，经修正调整，方便后续工序施工（图3-21）。

图 3-20　外框板结构施工控制线复核　　　　图 3-21　核心筒与外框结构不均匀沉降监测

3.7.5 效果图

如图 3-22、图 3-23 所示。

图 3-22　过程穿插施工照片

图 3-23　工程完工照片

第 4 章　高承载力桩基工程施工技术

4.1　特点

　　超高层建筑自重大，一般在 10 万 t 级，这要求桩基有较大的桩长，能穿越深厚的土层进入相对较好的持力层以获得较高的承载力与较小的变形。300m 级超高层建筑通常需要桩基承载力特征值达到 1000～1700t，单桩单柱的承载力特征值需要达到 3000～4000t。基础形式多采用桩筏基础，考虑到筏板抗冲切以及面积因素，桩截面不宜太大，目前 300m 级超高层建筑桩筏基础中桩基直径一般在 1～1.2m，有效桩长为 40～80m，成孔深度达到 60～110m，长径比最高可达到 110∶1。部分塔楼逆作的超高层建筑，对于塔楼核心筒下"一桩一柱"，桩截面有一定的限制，为提高承载力，须采用超长桩。对于外框"一桩一柱"，采用超长桩、大截面桩相结合的方法提高承载力。逆作法"一桩一柱"桩基需同时具有超长、大截面、高精度、高垂直度、混凝土强度高的特点。

　　软土地区和浅埋岩高承压水地区超高层建筑的建设因地质条件复杂，桩基施工难度大。钻孔灌注桩以其单桩承载力高、沉降小、适应性强、成本适中、施工简便等特点，在超高层建筑基础上得到了广泛的应用。钻孔灌注桩适用于地下水位以下的黏性土、粉土、砂土、填土、碎（砾）石土、风化岩层及地质情况复杂、夹层多、风化不均、软硬变化较大的岩层。

　　超长钻孔灌注桩（孔深超过 100m）一般用于桥梁桩基中，在国内房建领域非常罕见，而对于长径比超过 110，即使在桥梁桩基中也鲜有耳闻。对于这种直径较小、桩长较深、承载力大的桩型，目前垂直度要求（1/300～1/200）远高于国家标准中要求的 1/100。超大长径比桩成孔质量是桩身质量的关键因素之一，而护壁泥浆、垂直度控制分别是成孔质量的先决条件和关键控制要素。

　　桩基承载力要求较高，对于桩侧泥皮、孔底沉渣必须进行控制。目前规范要求 50～100mm 沉渣厚度要尽量降低。因此，泥浆性能是关键，同时泥浆性能保证孔壁长时间的稳定，要求护壁泥浆要有好的排渣效果，能在较长时间内维护孔壁稳定，能有效控制桩底沉渣厚度。

4.2　施工工艺

4.2.1　桩基成孔施工工艺

4.2.1.1　设备选型

1. 常用钻机的种类

高承载力桩垂直度主要取决于成孔施工设备，通常根据地层以及深度来选择，目前国内常规选择旋挖、回转以及冲击或者几种设备相结合的施工工艺（表 4-1）。

常用钻机种类　　　　　　　　　　　　　　　　　　　表 4-1

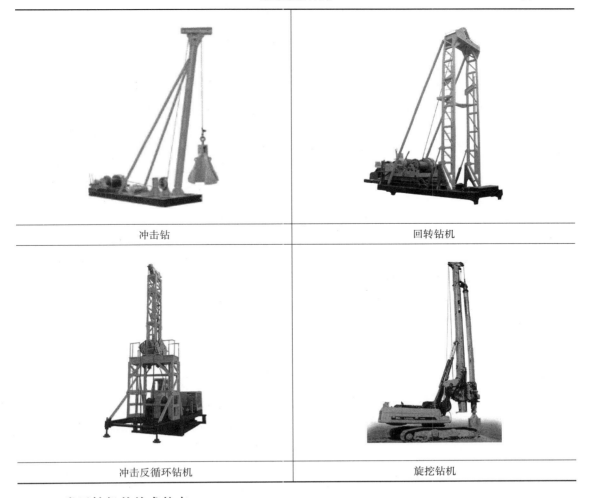

冲击钻	回转钻机
冲击反循环钻机	旋挖钻机

2. 常用钻机的技术特点

具体如表 4-2 所示。

常用钻机技术特点　　　　　　　　　　　　　　　　表 4-2

钻机类型		适应地层	避免地层	进尺速度	施工环境
冲击钻机		填土层、黏土层、密实砂层、圆砾角砾夹层、岩石层	松散且厚度较大的砂层中易塌孔	砂土层 2～5m/h、卵砾石层 0.5～1m/h、岩层 0.2～0.4m/h	现场泥浆污染严重、噪声振动大、劳动强度高
回转钻机	正循环	填土层、素土层、黏土层、砂土层	坚硬地层中进度缓慢	砂土层 1.5～2.5m/h；卵砾夹层 0.4～0.7m/h；软岩 0.3～0.5m/h；岩层 0.3～0.5m/台班	现场泥浆污染重、噪声振动小、劳动强度较大
	反循环	砂层、卵石层、砂卵石夹层、岩石层	淤泥质土层易塌孔	砂土层 2～4m/h；卵砾石层 0.7～1.1m/h；软岩 0.3～0.5m/h；岩层 0.3～0.5m/台班	现场泥浆污染重、噪声振动小、劳动强度较大
冲击反循环钻机		砾石层、砂砾夹层、卵砾夹层、中微风化岩、坚硬岩	适用于各种复杂地层	砾石层 1～2m/h；卵砾夹层 0.6～1m/h；软岩 0.3～0.5m/h；中微风化岩 1.2～2m/台班	现场泥浆污染重、噪声振动大、劳动强度较大
旋挖钻机		各类填土、黏土、粉土、密实砂层、砾石层、砂砾夹层、卵砾夹层、强风化较软岩	厚度较大的松散砂层在钻进时易塌孔，在卵石含量较大的卵石层钻进时速度慢，不适用于坚硬岩石层入岩施工	各类填土、黏性土、粉土、密实砂层 7～15m/h；砾石层、砂砾夹层和卵砾夹层 4～10m/h；强风化较软岩 2～5m/h	现场泥浆污染重、噪声振动较大、劳动强度低

4.2.1.2　施工流程

工程桩桩基施工流程如下：

场地平整及硬化→测定桩位→埋设钢护筒（包括挖泥浆沟槽）→复测桩位→钻机就位→钻进成孔→冲孔（第一次清孔）→移至新桩位。灌浆平台就位→吊接钢筋笼→下放导管→第二次清孔→水下灌注混凝土→控制桩头加灌高度→钻孔空灌段回填→清洗机具→移至新桩位（图 4-1）。

逆作法一柱一桩施工，其原理是预先以钢管柱作中间逆作柱，利用地下连续墙和逆作柱作各层面的支撑承重，并把逆作柱逐层处理成原设计的结构柱和墙，桩及逆作柱承受临时施工的全部荷载。其中逆作钢管柱施工流程如下：

钢管柱拼装→桩基开孔及钢筋笼下放→测斜管安装→钢支架安装→钢管柱吊装→钢管柱轴线标高调整→垂直度检测→钢管柱校正→钢管柱定位复测→钢管柱固定→支架安装、混凝土浇筑→钢管混凝土浇筑。

4.2.1.3　测量定位

在测定桩位前，先复核建筑基准点，闭合测量。核对基准点与红线关系，符合误差允许要求后，用全站仪测定桩位。测定桩位分三次，在挖埋护筒前测量一次，在埋设护筒后复测一次，使护筒中心偏差不大于 50mm，并做好标记，然后用水准仪测量护筒标高，并做好测

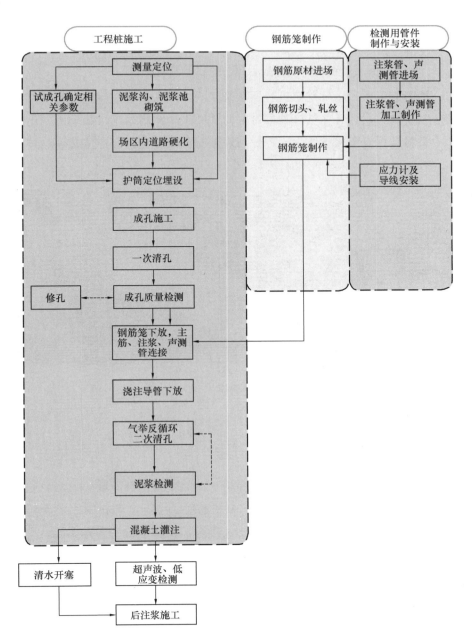

图 4-1　工程桩施工工艺流程图

量记录，第三次是在钻机就位后，检查钻机是否对准桩芯标记。

　　由于施工时会对控制点桩位产生影响，对正在使用的桩点每半个月复核一次，当点位变化超过允许误差后，应对坐标或高程值进行调整。

4.2.1.4　护筒埋设

　　钢护筒采用钢板制作，其内径大于设计桩径 0.2m。埋设前先根据桩位引出四角控制桩，

控制桩用 $\phi 12$ 钢筋制作，打入土中至少 30cm。护筒的埋深，以能有效保证护筒在整个钻孔桩施工中的稳定为标准，埋深 2.0～3.0m 为宜，尽可能将护筒埋置在较坚硬密实的黏土层中至少 0.5m；护筒顶高于水位 1.5～2.0m，高出地面 0.3m。

施工中，护筒的埋设采用旋挖钻机静压法来完成。首先正确就位钻机，使其机体垂直度和桩位钢筋条三线合一，然后在钻杆顶部带好筒式钻头，再用吊车吊起护筒并正确就位，用旋挖钻机动力头将其垂直压入土体中。钢护筒埋置时要求竖直，且定位准确，其顶面位置偏差不大于 50mm，倾斜度不大于 1‰（图 4-2）。

图 4-2　钢护筒验收及中心线对中图

4.2.1.5　成孔施工

1. 场地平整及钻机就位

液压多功能旋挖钻机就位时与平面最大倾角不超过 4°，现场地面承载能力大于 250kN/m²，钻机平台处必须碾压密实。进行桩位放样，将钻机行驶到要施工的孔位，调整桅杆角度，操作卷扬机，将钻头中心与钻孔中心对准，并放入孔内，调整钻机垂直度参数，使钻杆垂直，同时稍微提升钻具，确保钻头环刀在孔内自由浮动。旋挖钻机底盘为伸缩式自动整平装置，并在操作室内有仪表准确显示电子读数，当钻头对准桩位中心十字线时，各项数据即可锁定，无须再作调整。钻机就位后钻头中心和桩中心应对正准确，误差控制在 2cm 内。

2. 钻孔

当钻机就位准确后开始钻进，钻进时每回次进尺控制在 60cm 左右，刚开始要放慢旋挖速度，并注意放斗要稳，提斗要慢，特别是在孔口 5～8m 段旋挖过程中要注意通过控制盘来监控垂直度，如有偏差及时进行纠正。

钻进时，开启钻机将钻筒中心对准设计桩位中心，先将钻头垂吊稳定后，再慢慢导正下入井孔，然后匀速下放至作业面，液压装置加压，旋转钻进，操作室内显示进尺及钻头位置，按轻压慢钻的原则缓缓钻进；钻渣通过进渣口进入钻筒，同时向孔内注入泥浆，根据屏显深度，待确定钻筒内的钻渣填满后，反转后即可关闭进渣口。提升钻杆带动钻筒，同时继续向孔内注入泥浆，确保孔内水头压力，将钻筒提出孔外，提钻时开始要缓慢，提离孔底数米后，如未遇到阻力，方可加速按正常速度提升至孔口，利用液压系统将筒门打开，排除钻渣，如此反复，直至设计标高。

4.2.1.6　护壁泥浆配制

灌注桩在施工过程中容易发生缩颈、塌孔等现象，成桩过程中在桩孔内配置泥浆可有效平衡孔内外压力差，增加桩孔的稳定性。泥浆所产生的液压力可以平衡地下水压力，并对孔壁有一定的侧压力；泥浆中胶体颗粒分子在泥浆压力下渗入孔壁表层的孔隙中，形成一层泥皮，促使孔壁胶结，起到防止孔壁塌孔、保护孔壁的作用。

为保证超大长径比钻孔灌注桩在成孔至浇筑全过程的孔壁稳定，需要选用优质泥浆。聚丙烯酰胺不分散低固相泥浆在超大长径比桩基成孔中护壁效果较好。不分散低固相泥浆的主要特点：

（1）不分散。是指它对钻屑和劣质土不水化分解的特点。由于不分散的特点，使得泥浆失水量少，孔壁不会因水化膨胀而坍塌，同时因为不分散的优点使钻孔时携渣泥浆易于在循环系统中净化。

（2）低固相。指泥浆中膨润土与钻屑的总量占泥浆总量的 4% 以下，具体表现为比重较低，约为 1.02～1.04。

（3）高黏度。在低比重的前提下，采用加入絮凝剂的方法提高黏度，相应的胶体率大，使泥浆有较强的渗透性能。泥浆胶体在粉细砂土体中形成一层化学膜，封闭孔壁，有效防止在不良地层钻进时极易发生的漏浆和塌孔现象，保持孔壁稳定，同时提高泥浆的携渣能力。

（4）触变性好。配制成功的不分散低固相泥浆黏度大，在静止状态时呈凝胶状。其流动到静止的过程是一个黏度恢复的过程。黏度恢复后悬浮作用大，能阻止钻屑下沉，而当钻头旋转泥浆流动时，泥浆结构被改变，黏度减小，流动性增加，减少了钻头阻力。不分散低固相泥浆的这种触变性能使它能同时满足钻进时阻力小、静止时稳定性好两项要求。

（5）成孔后泥皮薄。采用这种泥浆后，孔壁泥皮厚度小于 1mm，对于提高桩侧阻力效果良好。

（6）经济性好。不分散低固相泥浆以造浆率高的膨润土作为原料，其造浆率比普通黏土高出 4～5 倍，采用高效泥浆循环系统后，其使用回收率可达 60%，从而可做到循环施工。因此，在超高层建筑大长径比钻孔灌注桩施工中采用该泥浆是比较经济的。

泥浆性能指标及测试方法如表 4-3 所示。

泥浆性能指标及测试方法

表 4-3

顺序	项目	性能指标	测试方法及仪器
1	比重	$1.02～1.04/cm^3$	泥浆比重称
2	黏度	18～25s	漏斗法
3	含砂率	<6%	泥浆含砂量计

泥浆在循环排渣时，有携渣、润滑钻头、降低钻头温度、减少钻进阻力等作用。循环系

统由泥浆池、沉淀池、循环槽、废浆池、泥浆泵及泥浆搅拌设备等组成，采用集中搅拌泥浆，集中向各钻孔输送泥浆的方式。

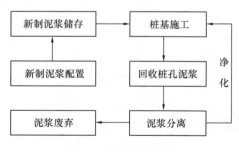

图 4-3　泥浆循环系统

泥浆池的容积为钻孔容积的 1.2～1.5 倍。沉淀池、泥浆池及循环槽用砖块和水泥砂浆砌筑牢固，不得有渗漏或倒塌（图 4-3）。泥浆池等不能建在新堆积的土层上，防止泥浆池下陷开裂，漏失泥浆。

1. 在施工过程中的泥浆管理

在钻孔灌注桩施工期间，护筒内的泥浆面应高出地下水位 1.0m 以上，在受水位涨落影响时，泥浆面应高出最高水位 1.5m 以上；在清孔过程中，应不断置换泥浆，直至浇筑水下混凝土；在成孔过程中，每 4h 测定一次泥浆相对密度和黏度；清槽结束前和浇灌混凝土前测一次相对密度、黏度及含砂率，均取槽底以上 500mm 内泥浆。

2. 泥浆循环与再生

成孔施工时，泥浆受到土体、混凝土和地面杂质等污染，其技术指标将发生变化。因此，从孔段内抽出的泥浆依据现场实验数据，将其分别回送至循环浆池和废浆池内。混凝土浇筑过程中同样采用泥浆泵回收泥浆，回收泥浆性能符合再处理要求时，将回收泥浆抽入循环池，当泥浆性能指标达到废弃标准后，将回收泥浆抽入废浆池。

3. 废浆处理

抽入废浆池中的废弃泥浆用全封闭泥浆运输车外运至规定的泥浆排放点弃浆。

4.2.2　钢筋笼加工制作工艺

1. 钢筋笼制作

大长径比钻孔灌注桩钢筋笼因其长度长，采用分节制作、整体预拼装、分节吊装连接的方式进行施工。为便于钢筋笼的加工、制作，需搭设专用原材堆场，钢筋加工平台（图 4-4），半成品堆场，一般各平台宽为 8m、长 25m。加工平台采用砖墩砌筑、搁置槽钢横梁。

图 4-4　钢筋加工平台

1）具体加工步骤如下（图 4-5～图 4-8）：

（1）将钢筋笼主筋安放在加工平台上，先将钢筋笼主筋与加劲箍进行固定连接，形成钢筋笼骨架。钢筋笼主筋利用特制法兰圆盘进行定位，然后与加强环进行固定连接。

（2）钢筋笼骨架加工完成后，进行螺旋箍筋安装。

（3）螺旋箍筋安装完成后，对钢筋笼进行整体加固处理。

（4）钢筋笼整体预拼装，进行验收施工。

（5）钢筋笼分解，进行吊装施工。

图 4-5　法兰盘定位

图 4-6　加强箍安装

图 4-7　钢筋笼骨架

图 4-8　螺旋箍连接

2）钢筋笼的连接

大长径比钻孔灌注桩钢筋笼长度长，一般采用分节吊装，节与节钢筋笼在孔口的连接采用直螺纹或搭接焊连接（图 4-9）。钢筋直径大于 18mm 时优先选用直螺纹套筒连接，接头互相错开，保证同一截面内接头数目不超过钢筋总数的 50%，相邻接头的间距不小于 $35d$（d 为钢筋直径）。该连接方式便于现场操作，在保证连接质量的前提下加快了钢筋连接速度，缩短了连接时间，缩短空孔静置时间，有利于减小泥皮厚度，同时防止桩孔静置时间过长导致塌孔危险。加强箍、螺旋箍等采取搭接焊的形式进行连接。

2. 钢筋笼吊装

（1）钢筋笼分节进行吊装，一般采用 50t 以上的履带吊作为主吊，25t 汽车式起重机作为辅吊，两台吊车配合施工。吊装时利用主次吊车 6 点起吊钢筋笼，待钢筋笼离地面一定高度后，次吊停止起吊，利用主吊继续起吊行走至孔口，

图 4-9　直螺纹套筒连接

直至把钢筋笼放入孔内（图4-10、图4-11）。

图4-10　钢筋笼起吊　　　　　　　　　图4-11　钢筋笼入孔

（2）钢筋笼吊装时，现场安排专人进行指挥，钢筋笼入孔时对准孔位轻放，慢慢入孔，徐徐下放，不得左右旋转。

图4-12　槽钢扁担实物照片

（3）每节钢筋笼入孔下放至第一道加强箍时，穿入扁担把钢筋笼固定在孔口（图4-12）。吊下一节钢筋笼至孔位上方，使上、下两节钢筋笼主筋、注浆管、声测管、抽芯管等各种管道对准，并保证上、下轴线一致，注浆管、声测管、抽芯管进行连接施工，各种管线、钢筋接头应焊接牢固、密实。

（4）孔口接长钢筋笼时，按搭接顺序逐段连接下入。每节钢筋笼连接完毕后，补足接头部位的螺旋筋，再继续下笼（图4-13）。

（5）根据钢筋笼设计标高及护筒顶标高确定悬挂筋长度，并将悬挂筋与主筋牢固焊接，待钢筋笼吊放至设计位置后，将悬挂筋牢固地固定在孔口扁担上，防止钢筋笼在灌注混凝土过程中上浮或下沉（图4-14）。

3. 孔口上部空腔管件的保护设计

为提高超高层建筑大长径比钻孔灌注桩承载力，需在工程桩的钢筋笼内设置注浆管，对于需作超声波检测和钻芯取样测试的桩，在钢筋笼加工制作的同时需安装声测管和钻芯导向管。而一般桩基施工是在土方开挖之前进行，这就导致工程桩施工平台与工程桩的桩顶标高有一定落差，故桩顶上部将形成空孔。超高层建筑一般设置多层地下室，空孔深度一般超过

图 4-13　钢筋笼垂直就位和钢筋笼下笼实景

图 4-14　扁担固定钢筋笼就位实景

20m，为保证工程桩钢筋笼吊装过程中对桩身上部空孔部位注浆管的保护，常采用环形加筋箍的形式将桩底桩侧注浆管固定牢固，保证其刚度和垂直度。

4. 注浆管和声测管的连接

对于注浆管、声测管等管件的连接，随钢筋笼制作分节拼装。在地面加工时与钢筋笼同时进行预拼装，然后在孔口分节连接。上述管件每节范围内的管与管采用套丝连接，起吊后孔口管道节与节之间采用长短套丝连接，利用套筒正反丝连接（图 4-15、图 4-16）。

图 4-15　桩侧注浆管与注浆阀的连接　　　图 4-16　桩端注浆阀安装

4.2.3 混凝土浇筑施工工艺

1. 导管下放及二次清孔

水下混凝土灌注采用导管法，常用导管为内径250mm的丝扣连接导管，每根桩灌注前必须对导管进行试压，试压压力不小于1.5MPa（图4-17）。

下放导管前，根据孔深配备所需导管，准确测量并记录所用导管的长度与根数；下放导管时，要逐根检查导管的密封圈，每个接口处均放置两个密封圈。导管连接要紧密，导管下入孔内后，底端宜距离孔底0.3～0.5m；导管应位于钻孔中心位置。导管下放完毕，重新测量孔深及孔底沉渣厚度，然后将导管上口用帽盖封严，并在帽盖上设置出浆管和进气管，进气管下放深度一般以气浆混合器至泥浆面距离与孔深之比的0.55～0.65来确定（图4-18）。利用混凝土浇筑导管和空压机进气管进行二次清孔，直至孔底沉渣厚度达到设计及规范要求。一般桩孔底沉渣厚度不大于50mm。反循环清孔时在桩侧挖临时回浆池，然后将临时回浆池的泥浆泵送回泥浆池回收利用。

图4-17　导管水密性检查　　　　　　　图4-18　导管安装

2. 混凝土浇筑

混凝土灌注采用导管法，利用吊车提升导管灌注混凝土。清孔完毕后，安装好初灌斗，准备灌注。灌注前，在孔口检查混凝土的坍落度及和易性，坍落度控制在180～220mm。当坍落度满足水下灌注要求，并有较好的和易性时才能灌注。按照计算好的初灌量进行初灌，灌注时应有足够的混凝土储存量，保证初灌后导管在混凝土中的埋深不小于1.5m。

灌注过程中需勤测混凝土的上升高度并计算埋管深度，认真填写水下混凝土灌注记录，及时提拔导管，导管在混凝土中的埋深宜控制在2～6m，最小埋管深度不得小于2m。为保证桩顶混凝土强度，应在桩顶设计标高的基础上超灌一定量的混凝土，混凝土应连续灌注，不得中间停顿（图4-19）。

图4-19　混凝土浇筑

混凝土灌注量应满足设计和规范要求，经现场技术员量测确认满足要求后，停止灌注，并及时起拔护筒。

3. 工程桩上部空孔处理

工程桩混凝土浇筑完成后，及时用钢板将孔口盖住，待混凝土初凝之后用素土将桩上部空孔回填至地面标高，对于需钻芯取样检验的桩，待钻芯取样之后将空孔按设计用水泥砂浆回填。

4.2.4　后注浆施工工艺

由于钻孔灌注桩不可避免有沉渣，桩周有一定厚度的泥皮，导致桩端承载力降低，桩侧摩阻力不能有效发挥，桩底、桩侧后注浆可以进一步提高超高层建筑钻孔灌注桩的单桩承载力。

后注浆是利用钢筋笼底部和侧面预先埋设的注浆管，在桩身混凝土初凝以后，向注浆管内注入清水，注入清水的压力≥2MPa，用高压水将初成桩的混凝土劈裂，为后注浆打开注浆通道。然后在成桩后 2～30d 内用高压泵进行高压注浆，水泥浆液通过渗入、劈裂、填充、挤密等作用与桩体周围土体结合，固化桩底沉渣和桩侧泥皮，起到提高承载力、减少沉降等作用。后注浆技术包括桩底后注浆、桩侧后注浆和桩底、桩侧复式后注浆。现场注浆一般采用高压注浆泵，浆液采用浆液搅拌机拌制，搅拌容器可采用 4～8mm 钢板卷制而成的圆桶，便于计算水掺入量。

1. 压浆技术要求

注浆作业宜于成桩 2d 后开始，不宜迟于成桩 30d 后，同一根桩应对各注浆导管依次实施等量注浆。

后压浆作业开始前，宜进行注浆试验，优化并确定最终参数。压浆桩与在施工桩作业点距离不宜小于 10m。压浆时宜先桩侧、后桩端。压浆采用 P. O42.5 普通硅酸盐水泥。压浆浆液采用水泥浆，水灰比 0.45～0.65，为了增加其流动性，可在浆液中掺入一定量的木钙。终止压浆条件：

（1）注浆总量和注浆压力均达到设计参数。

（2）注浆总量达到设计值的 75%，且注浆压力超过设计值，否则取较高值。

对于需做声波透射测试的桩，声测管检测在桩身混凝土强度达到 80% 后方可进行，且待声测管检测完成后，再进行压浆管注浆施工。

后注浆施工过程中，应经常对后压浆工艺参数进行检查，发现异常及时处理。压浆管应用丝扣连接并缠紧胶带，不宜采用焊接。安装压浆管时，必须对每节压浆管进行注水检验；如果管内水面下降，则应对已安装的压浆管重新更换，整个安装过程中严禁触碰、挤压压浆管，由专人同步填写注水检查记录。

2. 后压浆施工工艺流程

如图 4-20 所示。

图 4-20　后压浆施工工艺流程

3. 压浆装置设置

（1）桩端、桩侧压浆阀按规范制作。注浆阀应能承受 1MPa 以上静水压力；注浆阀外部保护层应能抵抗砂石。

（2）压浆导管采用国标低压流体输送用焊接钢管。直径大于 1000mm 的桩设置 3 根桩侧压浆导管，直径小于 1000mm 的桩设置 2 根桩侧压浆导管，每根后压浆灌注桩设置 2 根桩端后压浆导管，沿钢筋笼纵向均匀对称布置，下端至桩底与桩端压浆阀连接，桩端后压浆喷口应设置在压浆管底部 500mm 范围内。

（3）注浆施工实物照片如图 4-21 所示。

图 4-21　注浆施工实物照片

（a）桩侧注浆管；（b）注浆阀安装；（c）后压浆导管与注浆阀连接；（d）桩端注浆阀安装；
（e）注浆设备；（f）注浆施工

4. 压浆导管和压浆阀设置要点

（1）压浆导管上端均设管螺纹、管箍及丝堵，桩端压浆导管下端设有 G1″螺纹及用以旋接桩端压浆阀的管箍；桩侧压浆导管下端设有 G3/4″螺纹及用以插接桩侧压浆阀的三通。

（2）压浆导管的连接均采用套丝连接。

（3）压浆导管与钢筋笼加劲箍用 14 号铅丝十字绑扎固定（不得采用点焊），绑扎应牢固，桩端压浆导管可绑扎于加劲箍内侧；桩侧压浆导管绑扎于螺旋箍筋外侧。绑扎点间距为 2m。

（4）桩端压浆阀在钢筋笼入孔前安装，桩侧压浆阀视现场状况可预先安装于钢筋笼上或在吊放钢筋笼过程中安装。

（5）混凝土灌注完毕，孔口回填后，注意压浆导管露出端的保护，严禁车辆碾压。

4.2.5　"一桩一柱"施工工艺

4.2.5.1　大截面超长扩顶桩施工技术

超高层建筑逆作法"一桩一柱"桩身垂直度偏差要求小于 1/300，钻孔截面直径 1.2～3.0m。其工艺选择上要求：成孔设备钻孔深度达到 90m 以上，成孔设备应有较大的扭矩能够满足入岩钻进的要求，钻头直径有较丰富的选择，钻孔垂直度控制精度高。以目前国内功率最大的 GPS-25 工程钻机为例，其垂直度达到 1/100，最大钻孔截面直径 2.5m，扭矩 80kN·m，钻孔深度 100m，难以满足"一桩一柱"垂直度控制要求，达不到 3.0m 桩孔截面，输出扭矩不满足在硬质土层下的施工要求，且钻进速度较慢。SR360 旋挖钻机，其输出扭矩达到 360kN·m，最大钻深 100m，钻孔截面直径可达 3.0m，最大起拔力 280kN，配合多种形式钻头适应于不同土层，能够在硬质岩石上成孔，广泛用于国内超深超长桩。

1. 扩顶施工技术

超高层逆作法"一桩一柱"钢立柱在桩内锚固段，须对桩身进行扩径，提高该段桩身的承载力，并为钢立柱的安装提供合理空间。对于扩径段的扩径尺寸，须在施工前进行深化放样，确定其合理尺寸。

根据钢立柱的垂直度偏差和桩的垂直度偏差进行计算和图纸放样，当钢立柱与桩的垂直度偏差同时达到最大值，仍能保证钢筋笼与钢管柱不发生碰撞，并留有 10cm 以上空间，所得的桩身截面即为桩身扩顶合理尺寸。

图 4-22、图 4-23 为某工程 φ1.2m 内插 600mm 钢柱桩，原设计桩孔上部未扩径，当桩孔偏差为 1/200 时，钢柱栓钉距钢筋笼最小距离仅 5mm，钢筋笼距孔壁距离仅 8mm。

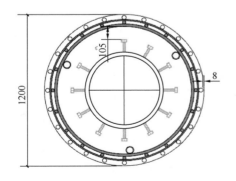

图 4-22　自然地面处剖面图 1

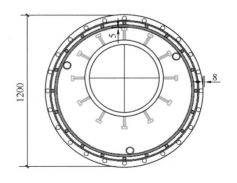

图 4-23　钢柱底处剖面图 1

图 4-24、图 4-25 为某工程 φ2.0m 内插 1600mm 的钢柱桩，设计桩孔上部扩径 2700mm，

当桩孔偏差为 1/200 时，钢柱栓钉超出钢筋笼距离 22mm，钢筋笼距孔壁距离仅 2mm。

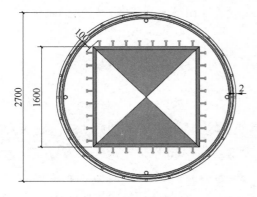 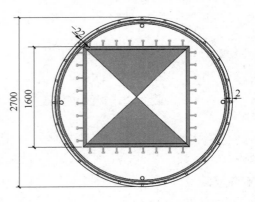

图 4-24　自然地面处剖面图 2　　　　　　图 4-25　钢柱底处剖面图 2

　　"一桩一柱"施工过程中，桩上部扩径处钢筋笼距离孔壁仅 2～8mm，钢筋笼下放困难；钢柱与钢筋笼距离过小甚至超出钢筋笼范围，钢柱下放空间不足，导致钢柱无法正常下放，甚至在钢柱下放过程中极有可能挂住钢筋笼，造成钢筋笼破坏；桩下部非扩径处由于成孔后存在缩径及垂直度偏差等原因，亦有可能导致钢筋笼无法正常下放。为保证成桩质量，需对"一桩一柱"上部扩径尺寸、钢筋笼直径进行调整。经计算调整后的扩顶尺寸见表 4-4。

扩顶尺寸　　　　　　　　　　　　　　　　　表 4-4

桩型	成孔直径（mm）	深度	采用钻头	钢筋笼内径（mm）
φ1.2m 插 600mm 钢柱桩	1550	自然地坪～钢柱底标高下 10.8m	φ1.65m	1250
	1200	钢柱底标高下 10.8m～桩底标高	φ1.3m	1010
φ2.0m 插 1600mm 钢柱桩	2950	自然地坪～钢柱底标高下 11.5m	φ3.05m	2612
	2000	钢柱底标高下 11.5m～桩底标高	φ2.1m	1794

　　调整后的放样图如图 4-26、图 4-27 所示。

　　因桩基顶部扩径，桩基上下截面大小不同，先完成顶部大截面孔，后施工底部小截面桩孔。大截面桩孔一次成型，更换钻头进行小截面桩孔施工，施工时长较短，减少桩孔暴露时间，节约台班。先施工桩身上部扩径部分，用相应尺寸钻头施工桩身上部扩径部分，为防止沉渣在变径处堆积，影响扩径部分的有效深度，扩径部位施工至设计标高下 1000mm 处。

　　根据硬化的混凝土面上的墨线重新定位、校正、设置旋挖钻机旋转角度，符合设计要求，偏差小于 5mm 后开钻下部孔径。大直径桩在钻取过程中进取难度大，且钻头易发生倾斜，影响桩身垂直度，因此，先采用小截面钻头引钻 20m 以内，然后采用扩顶截面钻头扩孔，依次分 4 次钻进，直至达到设计孔径和孔深（图 4-28）。

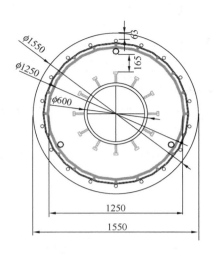

图 4-26　ϕ1200mm 内插 600mm 钢柱桩

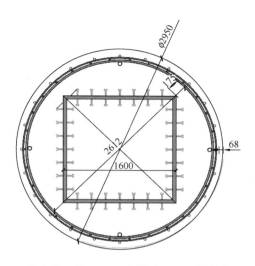

图 4-27　ϕ2000mm 内插 1600mm 钢柱桩

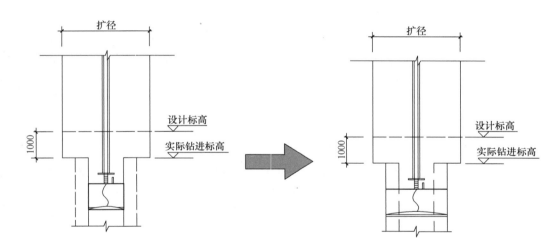

图 4-28　大直径桩钻进方式

旋挖机钻进成孔过程中，严格控制钻进速度和提钻速度。在淤泥质土层，一般不大于 1m/min，在松散砂层中，钻进速度不宜超过 3.0m/h；在硬土层或岩层中的钻进速度以钻机不发生跳动为准；提钻速度控制在 0.75～0.85m/s。

为防止孔壁收缩造成桩截面减小，在钻头选择时，选用比桩基直径大 100mm 的钻头。在孔壁收缩后，桩孔截面仍能达到桩基设计截面。旋挖钻机钻至岩层交接面时不可盲目加压、盲目钻进，应换取芯钻头钻进，钻入后换双开门钻头钻至设计标高，过程中严格控制加压力度，保证成孔垂直度。

2. 钻孔垂直度控制技术

桩基成孔垂直度在岩层有突变的现象，因此，入岩时的钻进速度要求尽量放慢，钻头转速＜8r/min。

每根桩开钻前，测量工程师采用经纬仪对钻杆 x、y 方向垂直度测量一次，使钻杆垂直度保持在 1/300。

钻机就位前，对整个施工场地进行硬化，硬化厚度 250mm，采用 C30 商品混凝土，内配单层双向Φ16@250 钢筋。在桩孔位置，桩孔半径外延 300mm 圆形范围采用素混凝土硬化处理。素混凝土与外部钢筋混凝土设置分格缝，分格缝采用木模板填实。

旋挖机履带下面铺设 40mm 钢板，增大硬化混凝土面的受力面积，确保机械平稳，调平车体。回转主机和变幅油缸精确对位，钻机停位回转中心距孔位为 4.2～4.5m，该区间内，在钻机有足够的卸料高度的前提下，可使变幅机构尽量前伸，这样可以减小钻机自重和提升下降交变应力对孔的影响。

4.2.5.2　自密实水下高强混凝土工程桩施工技术

高强混凝土具有黏度大、流动性差的特点，水下施工过程中容易造成导管堵塞、导管黏滞等问题；"一桩一柱"混凝土施工时，钢立柱内混凝土完成面高出桩身混凝土完成面，钢立柱内外压差大，易发生钢立柱内混凝土沉降、桩身混凝土超灌过多的现象；钢立柱内设有栓钉，易造成混凝土导管与栓钉互相碰撞卡锁，以致导管无法提升。

针对上述问题，结合高强混凝土水下施工的工艺特点，确定混凝土施工过程中的导管选型、导管埋深、初灌量、超灌量、压灌方法、泥浆泛浆方法、柱内栓钉碰撞解决方案，保证混凝土浇筑质量。

1. 导管选型

在水下混凝土施工过程中，导管受到极大的水压力，当水深达到 50m 时，水压力达到 0.5MPa。水下 C60 混凝土黏度较大，附着在管壁时，会造成混凝土不均匀下落，导管内出现空腔，当导管截面强度不足时，极易发生导管压扁现象，导致混凝土堵塞。

经计算和施工实践检验，混凝土导管壁厚必须达到 4mm 以上。

2. 导管埋深

导管埋深控制在 3～6m，导管埋深过大会造成混凝土和导管粘结力过大，导管无法提升；导管埋深过浅，则混凝土内会混入泥浆，影响混凝土强度。

施工过程中，采用汽车式起重机悬吊导管，经常性地轻微活动，以避免粘结，并起到振捣作用，促进混凝土密实。

3. 混凝土初灌

大截面桩混凝土初灌量大，采用一个料斗进行初灌，料斗容积较大，料斗和混凝土重量达到 15～20t，需相应增加浇筑平台的杆件截面，扩大平台面积，增加成本。采用双料斗上下串接、同时放料的工艺，可保证混凝土一次性初灌到位。

4. 超灌

因"一桩一柱"桩孔截面大、桩身超长，灌注时间长达 12～18h，浇灌过程中，初灌混凝土始终位于泥浆混凝土交界面上，与泥浆长时间接触、混合，相互掺入程度较高，为防止泥浆混入桩身，确保桩身混凝土强度，"一桩一柱"桩身混凝土应超灌 3m。

5. 压灌

钢管柱内混凝土浇筑完成面高于桩身混凝土完成面，未采取措施时，钢管内混凝土在内外压差作用下，向钢管柱外流动，造成钢管柱内混凝土沉降，钢管柱外混凝土超过桩顶标高（图 4-29）。

为阻止混凝土由钢管柱内向钢管柱外流动，须设法平衡钢管柱内外压差。采用如下方法：在钢管柱内混凝土浇筑时，钢管柱外同步回填碎石。

混凝土密度约 $2.35t/m^3$，碎石密度约 $2.2\sim2.3t/m^3$，ρ（碎石）$\approx\rho$（混凝土）。同样填料高度下，P（碎石）$=\rho$（碎石）$gh\approx\rho$（混凝土）$gh=P$（混凝土），钢管柱内外压差基本均衡，考虑到混凝土黏度产生的内聚力对其流动性的制约，钢管柱内混凝土不向钢管柱外流动。钢管柱内外压差均衡，如图 4-30 所示。

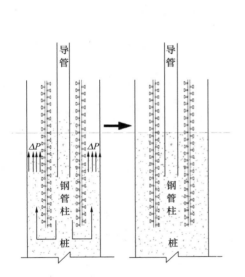

图 4-29　混凝土在压差作用下自由流动

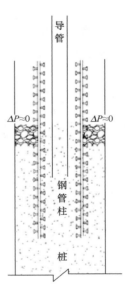

图 4-30　钢管柱内外压差均衡

灌注过程中采用测绳不间断测量钢管柱内外混凝土面标高，超灌至标高后，与钢管柱内混凝土浇捣同步，在钢立柱外桩孔回填碎石，回填石子做到同步、对称下料。选用直径为 $5\sim20mm$ 的粒径石子，密度要求与混凝土密度大致相同。

6. 钢柱内溢浆

为便于钢立柱垂直度控制，钢立柱上方安装同截面导向柱。在钢立柱顶部、导向柱底部开设 $100mm\times200mm$ 方形溢浆孔，当混凝土浇灌过量时，超高混凝土自动从溢浆孔溢出，可使钢管柱混凝土浇灌标高控制在钢管柱顶端（图 4-31）。

施工中，首先溢出的是泥浆，其次是桩身混凝土，最后是钢管柱混凝土。只有当钢管柱混凝土从溢浆孔中溢出后，方可停止浇筑。

7. 柱内栓钉碰撞解决措施

钢立柱内设有栓钉，其凸出于钢柱内表面，易与混凝土导管连接丝扣互相碰撞卡锁，以

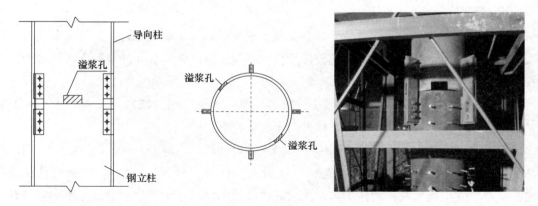

图 4-31　溢浆孔设置

致导管无法提升（图 4-32）。在钢立柱内栓钉顶端焊接通长钢筋，形成简易导轨，导管下放提升顺滑（图 4-33）。

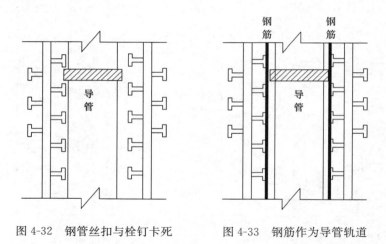

图 4-32　钢管丝扣与栓钉卡死　　　　图 4-33　钢筋作为导管轨道

4.2.5.3 "一桩一柱" 钢柱垂直度控制技术

桩基钢筋笼就位后，在顶部设置钢支架，以钢支架为支点，利用杠杆原理，根据设置在钢柱侧面的测斜管提供的数据对钢柱进行垂直度调校。

钢支架分为上下两个平台，支架下部平台用于支撑钢柱，同时设有 4 个千斤顶和 4 个螺杆，用于钢柱轴心对中调节和钢柱固定，调垂过程中作为支点。支架上部平台设有 4 个千斤顶和 4 个螺杆，用于钢柱垂直度调节和钢柱固定，调垂过程中作为力的作用点。钢支架顶部设置调节杆，与钢柱上部导向柱连接，用以辅助调节钢柱垂直度。根据钢柱的不同规格，设置不同规格的钢支架及导向柱（图 4-34、图 4-35）。

1. 钢支架安装

完成下放钢筋笼的工作后，需重新测设出钢支架的位置，中心误差控制在 2mm 以内，

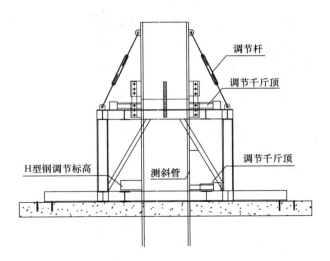

图 4-34　圆管柱钢支架立面示意图

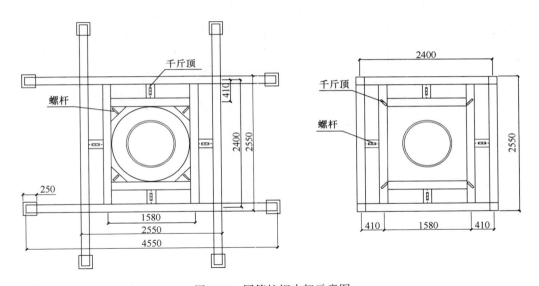

图 4-35　圆管柱钢支架示意图

并在相应位置进行标识，确保其定位必须正确。根据定位安装钢支架，在支架下部平台上测放出钢柱就位中心线，并在相应位置进行标识，确保其定位正确。整个支撑架平台的正确就位、牢靠固定和架子上表面水平度控制，对于确保钢管柱安装时的垂直度与混凝土浇筑过程中的垂直度调整非常重要。

2. 混凝土浇筑平台

逆作法的桩柱采用一体化施工，混凝土浇筑时间长，常规通过汽车泵直接往钢管柱内的导管灌注混凝土的做法，难以避免汽车泵或导管碰撞钢管柱。使用专门的混凝土浇筑平台可有效解决该问题。混凝土浇筑平台的尺寸必须大于钢柱安装钢支架，整个平台置于钢柱安装钢支架的外侧，并且与钢管柱安装支撑架不发生接触。混凝土浇筑的导管由平台中间向下进入钢管柱内，平台中间设固定导管装置，以避免导管振动而碰撞钢管柱。混凝土浇筑平台安装应平稳，且能承受混凝土浇筑期间的施工荷载，平台四个脚也应通过膨胀螺栓与硬化地面固定，以防止平台移动碰撞钢管柱。平台安装完成后成为一个独立的机构，与钢管柱及其调垂结构不发生接触，与混凝土汽车泵管不发生连接，可有效保证钢管柱调垂结构、平台和泵车之间不发生碰撞，从而避免钢管柱受到影响（图4-36）。

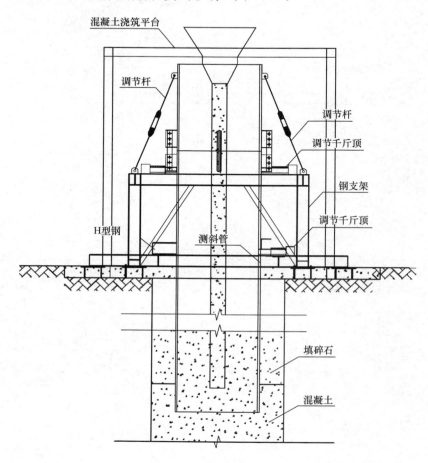

图 4-36　混凝土浇筑示意图

3. 垂直度控制要点

1）桩孔与桩体钢筋笼的垂直度控制

由于钢柱是安装在桩孔中的，因此，必须确保桩孔本身的垂直度。首先，桩柱设计时其直径应比钢管柱直径大。施工中，对所有桩孔进行垂直度的超声波检测，桩孔垂直度应达到1/800。

此外，在逆作法桩柱的一体化施工中，钢柱要嵌入桩体。桩体钢筋笼的吊放倾斜也可能迫使钢管柱下端口发生偏位，从而影响钢管柱的垂直度。因此，钢筋笼安装前采用悬挂器固定，再配合吊筋加固。吊筋及悬挂器均固定在护筒上，确保钢筋笼不发生下沉和位移。钢筋笼整体采用孔口吊挂，悬于桩底上5～10cm，确保钢筋笼垂直及钢管柱易于进入钢筋笼上口。

2）钢管柱制作的垂直度控制

由于钢管柱超长，不可能一次加工成型，因此，钢管柱制作包括车间分段加工和现场拼装，这两部分必须都进行垂直度的控制。车间分段加工的原材圆管采用相贯面等离子—火焰管材数控切割机进行相贯面切割下料。下料切割、坡口、精度控制均由计算机控制一次完成，精度误差不大于 2mm。通过钢平台及工装提供作业平台，以保证钢管柱拼装精度。拼装时，应在钢管柱轴线上弹线，并利用经纬仪辅助对接；拼装后，进行垂直度检测（按 1/1000 控制）和验收，以确保钢管柱的垂直度。

3）钢管柱安装就位垂直度控制

钢柱对中以后，将垂直度监控探头放入测斜管内，探头通过电缆沿 PVC 管内的十字槽滑入管内，分两个轴向，每 0.5m 采集一个数据，共采集 80 个数据，绘制出垂直度初始曲线。再次将垂直度监控探头放入测斜管内，实时监控，根据初始曲线判断出钢柱偏移量，调整千斤顶或螺杆进行调校，直至垂直度确保满足小于 1/500 的要求，力争达到小于 1/600 的目标，并用上下两道千斤顶和螺杆将钢柱固定。

钢柱上部设有导向柱，钢支架与导向柱用调节杆连接，当千斤顶无法调节或调节作用不大时，采用调节杆联合千斤顶调节垂直度。导向柱高 1.5m，采用与相应地下室钢柱相同的规格，为满足混凝土浇筑时泥浆溢出，在临时柱上对称开设两个 100mm×200mm 的方形溢浆孔。

4）混凝土浇筑的实时纠偏

在钢管柱内浇筑混凝土时，由于混凝土与泥浆返浆对钢柱有一定的冲击作用，随时会影响钢管柱的垂直度。混凝土浇筑过程中，进行 3 次垂直度调整，混凝土浇筑至钢柱前、人工填筑石子基本结束时、混凝土浇筑完成时，根据监控数据通过千斤顶或螺杆对钢柱进行微调，以使钢柱满足垂直度要求。

在桩体初灌、混凝土进入钢管柱阶段、回填碎石阶段和柱顶超灌返浆期间，在钢管柱垂直度发生变化时，首先要暂停混凝土浇筑或碎石回填，及时驱动千斤顶进行纠偏，并轻微晃动导管，使钢管柱内外混凝土和泥浆压力保持平衡。必须待钢管柱垂直度纠偏到目标范围后，方可继续施工。混凝土进入钢管柱的起始阶段，最容易影响钢管柱的垂直度。因此，混凝土浇筑时，必须根据桩体的浇筑量计算充盈系数，准确判断混凝土进入钢管柱的时间，加强对导管的轻微晃动，使钢管柱内外压力保持平衡。同时，应密切监控垂直度的监测记录。需要指出的是，大的泥浆结块极易造成返浆不畅，从而在混凝土进入钢管柱时，使钢管柱偏位。因此，桩孔二清时，必须确保孔内泥浆无大的结块。此外，碎石回填必须坚持先人工回填约 2m 的高度，之后采用挖机和溜槽对称回填。这样可以最大程度地减少碎石回填对钢管柱的冲击。

4.3 施工控制技术

4.3.1 桩基成孔控制技术

4.3.1.1 作业环境控制技术

（1）为保证钻机就位时底座牢实、平稳，对表层含有大混凝土块和砖渣的杂填土用素土换填，在其上设置 300mm 厚 C30 的钢筋混凝土硬化平台，并预设桩孔及泥浆沟（图 4-37）。

（2）在正式钻孔之前先在桩孔中心位置进行超前钻，提取各个深度的土样并留存，以便准确了解和掌握各个桩孔位置的竖向土层分布状况（图 4-38）。

图 4-37　施工作业面换土、硬化 　　　　　　图 4-38　超前钻取土样

4.3.1.2 成孔工艺控制技术

（1）在场外进行 2 次试成孔，对预先确定的泥浆性能、钻进参数、成孔垂直度、混凝土质量等进行检测和调整，并记录下相关的数据资料，对出现的问题进行分析和改进，以便形成正式的施工导则。

（2）开钻时慢速钻进，待导向部分或主动钻杆全部进入底层，方可加速。每钻进一根钻杆要注意扫孔，每加一节钻杆对机台进行水平检查，定期或在关键深度进行钻杆垂直度检查。在正常施工中，为保证钻孔的垂直度，采用减压钻进，遇到软硬地层交界处，轻压慢钻，防止偏斜。

4.3.1.3 成孔中常见问题及预防处理措施

1. 成孔时孔壁泥皮过厚的原因分析及处理措施

1）主要原因：包括泥浆性能差、泥浆循环方式不合适、成孔时间长等。

（1）泥浆性能指标：成孔过程中的泥浆比重太高，泥浆胶体率低，失水量较大时，产生较厚泥皮。

（2）成孔时泥浆循环方式：成孔时采用正循环，泥浆流动上返速度慢，孔内泥浆易吸附孔壁形成较厚泥皮。

（3）成孔时间：成孔时间越长越容易增加泥皮的积厚。

2）处理方法：

在钻头上安装特制钢丝网，上下移动钻头清刷桩孔内壁，刷去桩孔内壁土层上过厚的泥皮，过程中应不断向孔内泵送优质泥浆，以保持孔内液面稳定，防止塌孔。

3）预防措施：

（1）采用反循环钻进，提高浆液上返速度，同时严格控制成孔过程中的泥浆性能指标是控制泥皮厚度的最有效办法。

（2）根据地质情况，优选成孔施工工艺，尽量缩短成孔时间，同时压缩终孔提钻到钢筋笼下放、混凝土浇筑的时间。

2. 成孔时孔壁塌孔、缩径的原因分析及处理措施

1）主要原因：包括软弱地层、施工原因、泥浆性能差等。

（1）地层原因：成孔施工时所穿越地层存在膨胀性黏土层、松散易塌砂层或流塑状淤泥质地层等软弱地层，成孔施工时易产生缩径和塌孔。

（2）施工原因：没有根据地层针对性选择合适的钻头尺寸，或钻头磨损严重未及时修补；在松软地层钻进过快，孔壁泥皮形成较慢而孔壁渗水；群桩钻孔施工时，成孔间隔距离不足，相邻桩的土层因挤压作用而缩径和塌孔。

（3）泥浆原因：没有根据地层合理配置泥浆，泥浆比重过低导致护壁效果差；因护筒埋置过浅或四周回填不密实而漏水，或成孔时没有及时补浆，造成孔内泥浆水头降低，没有保持原有静水压力而缩径和塌孔。

2）处理方法：

（1）成孔过程中发生缩径时，应根据地层分布情况调整泥浆性能，适当加大泥浆比重，同时利用钻头多次扫孔，并合理控制钻进、提升速度。

（2）成孔过程中发生轻微塌孔时，可立即增大泥浆比重，提高孔内泥浆水头，增强护壁效果。

（3）成孔过程中塌孔部位较浅时，可改为深埋护筒，并夯实护筒四周，重新开钻。

（4）成孔过程中发生严重塌孔时，应立即用片石或砂类土回填，或用掺入一定比例水泥砂浆的黏土回填，并移开钻机避免发生事故；待回填稳定后重新开钻。

（5）清孔完成后等待混凝土过程中发生轻微塌孔时，可采用再次清孔方式清出塌孔泥土，同时换入比重较大泥浆，如稳定不继续塌孔，可恢复正常浇筑。

3）预防措施：

（1）钻孔施工前，应根据地质情况配置泥浆，同时合理选择钻头直径。

（2）钻孔施工时，严格检测和控制泥浆性能；同时根据不同的地层选择适宜的钻速；对磨损钻头及时修补；进行群桩施工时，采取跳打法施工，适当扩大桩距；在易缩径的地层中，应适当增加扫孔次数，防止缩径。

（3）钻孔过程中和钻孔完成后，按要求进行成孔孔径检查，若发现存在缩径、塌孔等现象，应及时采取相应措施进行处理。

3. 成孔时垂直度偏差过大的原因分析及处理措施

成孔垂直度对桩基造成较大影响，垂直度偏差过大会影响桩的竖向承载力，同时影响其他桩位的正常施工，若成孔倾斜太多，会造成钢筋笼安装和导管下放困难。

1）主要原因：

（1）场地原因：场地松软、未整平压实、承载力不足，成孔施工时产生不均匀沉降或倾斜。

（2）设备原因：开钻前，成孔钻机平整度和桩架垂直度不满足要求；钻杆有弯曲变形，各接头松动不牢固，成孔施工时晃动过大；钻头磨损不一，受力不均，偏离钻进方向。

（3）地质原因：土层软硬不均或倾斜岩面，或存在孤石、障碍物等，成孔时钻头受力不均，易产生倾斜。

（4）施工原因：成孔时遇到软硬不均或倾斜岩面时，钻进速度过快，导致钻头受力不均偏离或钻机跳动、摆动造成成孔倾斜；钻进过程中未及时进行钻孔垂直度检测，或出现垂直度偏差后未及时纠偏。

2）处理方法：

（1）回转钻机成孔过程中因土层软硬不均或倾斜岩面发生倾斜时，应及时填入石子、黏土，重新钻进。

（2）冲击钻成孔过程中因土层软硬不均或倾斜岩面发生倾斜时，应及时回填片石至偏孔上方 30~50cm 处，重新进行冲孔。

（3）旋挖钻机成孔过程中钻孔偏斜时，可上下反复扫钻几次，以便削去硬土，若纠正无效，应于孔中局部回填黏土至偏孔处 50cm 以上，重新钻孔。

（4）成孔过程中遇孤石或障碍物发生倾斜时，可先采用自重大的复合式牙轮钻钻透或冲击钻低垂密击等方式进行处理，再正常钻进成孔。

3）预防措施：

（1）场地进行整平压实或硬化，应具有足够的承载力，确保钻机平稳牢固。

（2）对钻孔设备、钻杆、钻头等定期进行检查和维修，开钻前严格检查钻机平整度和桩架垂直度，经验收合格后方可开钻；在钻进过程中，应经常检查调整使钻机处于水平状态，且经常复核钻孔垂直度，若有偏差及时修复。

（3）软硬地层分界面处钻进时，应控制钻进速度和钻压，注意排出的钻渣情况；钻机钻进时摇晃或钻进困难，应放慢进尺，待稳定后再按正常速度钻进。

（4）钻进时遇孤石或障碍物，停止钻进分析原因，排除后再钻进。

（5）在复杂地层钻进时，可根据情况适当采取加大设备自重、加大钻杆刚度、配置双腰带钻头、加设导正器、钻头上增加配重等措施。

4. 孔底沉渣过厚的原因分析及处理措施

1）主要原因：包括清孔方式选择不合适、泥浆性能差、清孔不到位、待灌时间过长等。

（1）清孔方式选择不准确，泥浆上返速度太低，或清孔置换的泥浆比重过小、泥浆注入量不足而未能将沉渣悬浮清出孔外。

（2）混凝土浇筑前，未进行二次清孔，或二次清孔不满足要求。

（3）清孔后待灌时间过长，致使泥浆沉积超标。

2）处理方法：成桩之后检测出桩基沉渣过厚的处理措施，主要分为清渣施工和注浆施工。

（1）清渣施工：

清渣采用高压旋喷桩机。在进行桩端沉渣清理、加固时，首先，应在桩中钻孔抽芯至沉渣位置以下 0.5m 左右；其次，高压旋喷设备采用清水高压冲切桩底；再开启空压机气举正循环清孔，清除沉渣；最后，利用沉渣收集箱收集统计置换出的沉渣方量。

清渣施工时水压控制在 35～40MPa，气压控制在 2MPa 左右；冲切时要确保整个桩底范围的沉渣被充分冲切成悬浮颗粒。待孔中清出的水基本无砂粒，呈淡红色透明状时，可判定清渣满足要求。即便如此，对于桩底大颗粒沉渣依然很难清理干净，所以成孔质量控制才是关键。

（2）注浆施工：

注浆材料采用高强度无收缩灌浆料，施工过程中应确保浇灌过程连续，防止注浆管堵管，灌注直至排气孔有灌浆料上泛，且浓度基本一致后，再灌注 3min，将孔内清水全部置换出来。灌注结束后，利用阀门迅速封闭排气孔继续补灌稳压，稳压压力为 1～2MPa，再稳压约 5min 结束注浆。

3）预防措施：

（1）确保清孔置换的泥浆性能指标符合要求，严禁使用含砂率较高、稳定性较差、胶体率低等易产生沉渣的泥浆。

（2）严格按要求进行二次清孔，对于土质较好不易坍塌的桩孔，可采用反循环清孔方式，加快泥浆上返速度，带动沉渣随浆液上涌清出孔外；对稳定性差的桩孔采用正循环清孔方式或排渣筒排渣。

（3）在清孔完成后进行泥浆指标和沉渣厚度检测，加强工序衔接，压缩清孔到混凝土浇筑的时间。

（4）影响桩底沉渣的因素主要是清孔方式。正循环钻进的泥浆循环速度较慢，为了减少钻进过程中钻渣的重复破碎，只能采用大比重的泥浆挟渣；反循环钻进流量大、流速快、挟渣清底的效果相对就较好，泥浆的比重可相应减少，同时清孔的效率也比正循环要高。

5. 钻孔孔壁漏浆的原因分析及处理措施

1）主要原因：

（1）遇到透水性强或有地下水流动的土层（如潮汐作用）。

（2）护筒埋设过浅，回填土不密实或护筒接缝不严密，在护筒底口或接缝处漏浆。

2）处理方法：

（1）加大泥浆比重和黏度，停钻进行泥浆循环，补充泥浆保证浆面高度，观察浆面不再下降时方可钻进。

（2）如果漏浆得不到有效控制，则需在浆液里加锯末，经过循环堵塞孔隙，使渗、漏浆得以控制。

（3）如果在钢护筒底口漏浆，在采用上述措施得不到控制后，将钢护筒接长跟进。

（4）在采用上述措施后，若漏浆得不到控制，要停机提钻，填充黏土，放置一段时间后，再进行施钻。

4.3.2 钢筋笼加工控制技术

钻孔灌注桩钢筋笼制作安装时常遇有钢筋保护层厚度不足、钢筋笼对接质量低、钢筋笼定位不准、吊装时变形过大等问题，这些问题会导致成桩后钢筋笼偏位，而成桩后钢筋笼中心的偏位就是检测桩偏位的依据，一般来说，钢筋笼偏位在成桩以后就已定型，无法再进行处理。

因此，应从多方面重视和预防钢筋笼制作、安装过程中的问题，可提高钢筋施工质量、缩短工期，这些问题产生的原因和预防措施如下。

1. 钢筋保护层厚度不足的原因分析及处理措施

1）主要原因：

（1）保护块或钢筋耳朵数量设置不足，或安装时损坏后未及时补充，会使钢筋笼下放时偏位，导致保护层厚度不足。

（2）钢筋笼下放时碰撞孔壁，保护块或钢筋耳朵侵入孔壁土体，导致保护层厚度不足。

2）预防措施：

（1）钢筋笼的保护块应每隔2m均匀布置4个，既保证保护层厚度，又能减少对孔壁的扰动；钢筋笼应竖直对准孔口中心后缓缓下放。

（2）保护层可采用混凝土转轮垫块，减小对孔壁的刮伤，增加钢筋笼保护层的均匀性；但混凝土转轮垫块易损坏，宜在钢筋笼下放的同时安装混凝土转轮垫块。

2. 钢筋笼对接施工质量差的原因分析及处理措施

1）主要原因：

（1）钢筋笼制作完成后未进行整体预拼，对接时费时耗力且质量不可控；或预拼后标记混乱，对接时没有指导意义。

（2）主筋采用搭接焊时，未提前进行预弯，主筋轴线有偏差；主筋使用直螺纹套筒连接时，采用加长丝或正反丝的形式对主筋截面造成损失，导致对接后主筋强度降低。

（3）钢筋笼吊装时变形过大，且没有及时修复，导致主筋无法对接。

2）预防措施：

（1）钢筋笼制作完成后应整体预拼，顺序排放并做好对接标记，避免弄混导致对接时接头错位。

（2）主筋采用搭接焊时应进行预弯，保证主筋轴线偏差≤$0.1d$；主筋亦可采用分体式直螺纹套筒连接，可加快对接速度，提高对接质量；尽量采用一次整体吊装入孔，若钢筋笼较长不能一次整体入孔时，也尽量少分段，可减少对接产生的累计误差，也可减少入孔时间。

（3）吊装过程应平稳，避免碰撞；每节钢筋笼长度不宜过长，减少运输和吊装过程的变形量；可在钢筋笼加劲箍处径向焊接临时十字支撑加固，增加钢筋笼刚度，减小运输和吊装过程中的变形，或吊装时分散受力点，防止吊装时受力集中造成变形。

3. 钢筋笼定位不准确的原因分析及处理措施

1）主要原因：

（1）钢筋笼吊放入孔口时定位偏差过大，导致钢筋笼偏位。

（2）钢筋笼吊装时变形或对接不顺直，垂直度不满足要求，导致钢筋笼偏位。

（3）钢筋笼安装完成后固定不到位，钢筋笼顶标高错位，且存在混凝土浇筑时钢筋笼上浮的风险。

2）预防措施：

（1）当钢筋笼进入孔口后，应检查钢筋笼中心与桩心误差，符合要求后，平稳吊装避免碰撞孔壁。

（2）每节钢筋笼不宜过长，减少运输和吊装过程中的变形量；可在钢筋笼加劲箍处径向焊接临时十字支撑加固，增加钢筋笼刚度，减小运输和吊装过程中的变形，或吊装时分散受力点，防止吊装时受力集中造成变形；对接完成后，检查垂直度符合要求再继续下放。

（3）按要求设置钢筋笼保护块，可减少对孔壁的扰动，且可控制钢筋笼居中。

（4）钢筋笼下放到位后，准确计算吊筋长度，并采取措施将钢筋笼骨架固定、支托于护筒顶端，可保证钢筋笼顶标高准确，也可避免混凝土浇筑时钢筋笼上浮。

4. 钢筋笼吊装时变形过大的原因分析及处理措施

1）主要原因：

（1）钢筋笼制作时，加劲箍设置间距过大或直径过小，导致钢筋笼整体刚度过小。

（2）起吊时钢筋笼过长，且未设置临时固定杆件等加强措施，导致产生过大的弯曲变形。

（3）起吊点位设置不准确，或吊点强度不足，导致钢筋笼产生过大的扭转或弯曲变形。

2）预防措施：

（1）按设计要求制作钢筋笼加劲箍，若不满足起吊要求，可增大加劲箍钢筋直径或采用双加劲箍筋，提高钢筋笼整体刚度。

（2）每节钢筋笼不宜过长，钢筋笼过长时可采用增加纵向抗挠屈加劲杆（木条或杉木杆）的方式临时加强刚度，也可在加劲箍处径向焊接临时十字支撑加固，增加钢筋笼刚度，减少吊装过程中的变形量。

（3）根据钢筋笼长度、重量等计算确定采用两点起吊或多点起吊方式，分散吊装受力点；吊点处增设加强筋，减小吊装时受力集中造成的变形。

4.3.3 混凝土浇筑施工控制技术

1. 隔水塞卡在导管内的原因分析及处理措施

1）主要原因：

（1）隔水塞加工制作不规范，尺寸偏差过大：直径过大，在导管内落不下去；隔水塞橡胶垫圈过大；隔水塞直径过小或长度不够，在导管内翻转卡住。

（2）导管内壁混凝土浆渣未清理干净或导管变形，内壁存在凸起。

（3）混凝土坍落度过大，和易性差，砂子挤在隔水塞和导管管壁之间不能下去。

2）处理方法：

（1）若在导管上部卡塞，可将隔水塞取出重放或修整橡胶垫圈直径。

（2）若在导管中、下部卡塞，可用长杆冲捣或振捣，仍不能解决则提出、拆除导管，取出更换隔水塞。

3）预防措施：

（1）隔水塞制作加工尺寸应严格检查，不符合要求的隔水塞应修整或更换。

（2）每次混凝土浇筑后，应及时清除干净导管内壁粘结的水泥浆渣；保证导管质量，对变形或不符合要求的予以更换。

（3）混凝土坍落度、和易性、流动性应符合规范要求。

（4）比较成熟的方法是隔水塞采用塑料气球或篮、排球胆，直径比导管内径小1～2cm。

2. 导管漏水的原因分析及处理措施

1）主要原因：

（1）导管连接处密封不良：法兰垫圈放置不平整或损坏；法兰螺栓松动。

（2）混凝土初灌量不足，未埋住导管下口，泥浆从导管底口涌入。

（3）混凝土浇筑时，导管提升过多，导管埋置深度太小而导致泥浆涌入导管内。

2）处理方法：

（1）若孔内灌入混凝土量为少量时，可拔出导管，再次清孔清除灌入混凝土后方可重新浇筑混凝土。

（2）若孔内灌入混凝土量较多时，应暂停浇筑，下一个比原孔径小一级的钻头钻进至一定深度起钻，用高压水将混凝土面冲洗干净，并将沉渣吸出，将导管下至中间小孔内恢复浇筑。

3）预防措施：

（1）导管在混凝土浇筑前进行必要的水密承压试验和接头抗拉试验，严格检查接头是否严密。

（2）混凝土初灌量应能满足导管首次埋置深度和填充导管底部的需要。

（3）在浇筑过程中，导管的埋置深度宜控制在 2～6m，应经常测量深度，并结合已浇筑量推算出浇筑高度，并与实际测量相比对；埋置深度不可过浅，防止将漏斗拔出；亦不可过深，防止导管难以提升。

3. 混凝土浇筑时堵管的原因分析及处理措施

1）主要原因：

（1）混凝土配置不合理：混凝土配合比不符合要求，水灰比过小；坍落度过低，流动性差；混凝土泌水离析；粗骨料超出规定要求。

（2）导管内进水造成混凝土离析。

（3）浇筑时运输或等待时间过长，导致混凝土表面已初凝，或混凝土结块导致堵管（图 4-39）。

图 4-39　导管堵塞

2）处理方法：

（1）上下提动导管或振捣使导管疏通，继续浇筑。

（2）若无效，且孔内灌入混凝土量为少量时，则可拔出导管，再次清孔清除灌入混凝土后方可重新浇筑；若孔内灌入混凝土量较多，则将导管提出清理后再插入混凝土内足够深度，使用潜水泵或空气吸泥机将管内泥浆等杂物吸除干净后再进行浇筑。

3）预防措施：

（1）控制混凝土配合比，混凝土应具有良好的流动性、和易性，混凝土坍落度控制在 180～220mm，粗骨料粒径应小于 40mm。

（2）各施工步骤应分工协调，确保浇筑连续性，各种机械设备、电路及水路应提前进行检查；避免混凝土表层初凝。

（3）浇筑时应将混凝土搅拌均匀，且在料斗内设置混凝土箅子，避免混凝土结块堵管。

4. 混凝土浇筑时孔壁塌孔、缩径的原因分析及处理措施

1）主要原因：

（1）混凝土浇筑过程中护筒底脚周围漏水，孔内泥浆水头降低，补浆不及时，孔内没有保持原有静水压力造成塌孔。

(2) 混凝土浇筑过程中，护筒周围堆放重物或有机械振动造成塌孔。

(3) 混凝土浇筑过程中，存在地层承压水并对桩周混凝土侵蚀造成缩径。

2) 处理方法：

(1) 用吸泥机清出塌孔的泥土，换入比重较大泥浆，如不继续塌孔，可恢复正常浇筑。

(2) 若换浆后仍继续塌孔，且坍塌部位较深，则将导管拔出，将混凝土钻开抓出，拔出钢筋笼，用黏土掺砂砾回填，沉淀稳定后重新钻孔成桩。

(3) 成桩后发现缩颈时，如位置较浅可开挖进行补强，如位置较深且缩径严重，则应考虑补桩。

3) 预防措施：

(1) 护筒埋设时保证周边黏土回填压实质量；及时补充孔内泥浆，保持孔内泥浆水头；桩孔周围不堆放重物，排除振动。

(2) 因承压水并造成侵蚀的，应查清承压水准确位置，使用专门护筒进行止水封隔；或在桩周相应位置提前施工隔水桩，避免承压水对桩体混凝土的侵蚀。

(3) 在保证施工质量的情况下，尽量缩短浇筑时间。

5. 混凝土浇筑困难（混凝土上升太慢、不翻浆）的原因分析及处理措施

1) 主要原因：

(1) 混凝土配合比不合格，和易性太差；混凝土供料时间太长或浇筑停顿，导致混凝土流动性减小。

(2) 浇筑过程中，未及时测量混凝土面与导管底的高差，导致导管埋置深度太大。

(3) 混凝土浇筑时，导管外泥浆及所含渣土稠度和相对密度增大，导致混凝土上翻困难。

2) 处理方法：

(1) 控制混凝土配合比，应具有良好的流动性、和易性，坍落度控制在 180～220mm；施工协调安排合理，确保混凝土浇筑的连续性。

(2) 在浇筑过程中，导管的埋置深度宜控制在 2～6m，应经常测量计算导管埋深。

(3) 接长导管，增加导管内混凝土柱高，或在孔内加水稀释泥浆，并取出部分渣土。

6. 混凝土浇筑过量的原因分析及处理措施

引起钻孔灌注桩超灌过多的原因较多也比较复杂，可能存在于成孔过程中也可能在混凝土浇筑过程中，主要原因如下：

1) 地质因素导致塌孔；

2) 泥浆比重的大小控制不够严格，导致塌孔和缩颈现象发生；

3) 钻头直径选择不合理，导致成孔直径大于设计桩径；

4) 下放钢筋笼时，钢筋笼不规格，也会导致扩孔，从而导致超灌；

5) 桩孔空孔部分较深，未用测绳等工具对混凝土面进行控制，或者控制不严格，导致超出规范要求的超灌高度。

要避免过量超灌的发生，需从以下几方面进行防范：

1）施工前严格控制钻机平整度，使垂直度满足要求，并合理选择钻头直径，避免成孔直径大于设计桩径。

2）钻进过程中根据不同的地层选择不同的钻速，合理调配泥浆比重，使桩孔孔壁泥皮形成好，避免塌孔或缩颈现象发生。施工过程中，应加大对泥浆相对密度、黏度、含砂率等指标的检测频率。

3）钢筋笼初始位置应定位准确，并与孔口固定牢固。钢筋笼吊放过程中应避免碰撞壁孔，以免造成塌孔。

4）合理配置导管，导管底部至孔底的距离宜为 300～500mm；导管应先进行试拼装、试压试验，防止导管发生漏水等现象。

5）清孔完成后，在等待浇筑混凝土的时间里，应确保孔壁的稳定性，避免发生缩颈或塌孔现象。

6）混凝土浇筑过程中，及时测量计算混凝土面标高和导管埋深，准确控制超灌高度。

4.3.4　后注浆施工控制技术

1. 注浆管管路不通的原因分析及处理措施

1）主要原因：

（1）注浆管损坏：由原材料质量不合格、施工过程保护不到位等原因造成。

（2）注浆阀损坏或制作质量不符合规范要求。

（3）注浆管安装操作不规范导致管路堵塞。

（4）注浆阀开塞时间太迟，包裹注浆阀的混凝土强度太高，导致注浆阀堵塞无法开塞注浆。

2）处理方法：

（1）注浆管管路不通导致不能进行注浆施工时：当开塞压力达到 10MPa 以上仍然不能开塞，说明管路已堵死或损坏，不要强行增加压力，可在此桩另一注浆管中补足压浆数量。

（2）若是单桩喷头都未冲开，可采用其他设备从桩侧钻至设计桩端/桩侧注浆阀位置进行注浆。

3）预防措施：

（1）选用质量合格的管材和连接件，钢筋笼搬运及吊装过程造成注浆管/阀损坏，应及时更换，加强过程保护。

（2）注浆阀现场加工制作时应符合相关技术质量要求：注浆阀应能承受 1MPa 以上的静水压力，注浆阀应具备逆止功能；注浆阀外部保护层应能抵抗砂石等硬质物的剐撞；尽量采用质量可靠的成品注浆阀。

（3）安装时，注浆管螺纹部分采用多道生胶带缠绕，确保接头密封严密；每节钢筋笼下放后对注浆管进行水密性检测，采用清水灌满注浆管，如管内水位无下降，才可进行下一节注浆管连接；安装完成后，注浆管顶端应设置丝堵封口，防止异物堵塞管路。

（4）注浆阀宜于成桩后 12～24h 内使用清水开塞，开塞压力不应大于 10MPa。

2. 注浆作业时地面返浆的原因分析及处理措施

1）主要原因：

（1）注浆浆液配合比不合适。

（2）桩侧与桩端注浆时间间隔不够。

（3）桩周土扰动或泥皮过厚。

2）处理方法：

（1）适当延长注浆作业与浇筑成桩的时间间隔，调低水灰比；注浆改为间歇注浆，间歇时间宜为 30～60min。

（2）适当延长桩侧与桩端注浆时间间隔或调整浆液稠度，桩侧桩端注浆间隔时间不宜小于 2h。

（3）侧壁冒浆且压浆量较少，可将该压浆管用清水加压冲洗干净，待已压入的水泥浆液终凝固化、堵塞冒浆的毛细孔道后再重新压浆。

3. 注浆作业时临孔串浆的原因分析及处理措施

1）主要原因：

（1）注浆作业距成孔作业点过近。

（2）卵砾石等土层透水性好、透水率高。

（3）临桩成孔时发生塌孔、扩径。

2）处理方法：

（1）适当加大注浆作业与成孔作业点之间的距离或采用跳跃注浆法，注浆作业与成孔作业点的距离不宜小于 8～10m。

（2）降低浆液水灰比，提高浆液稠度，降低浆液扩散速率。

4. 注浆量和加固效果未达到设计要求的原因分析及处理措施

1）主要原因：

（1）因水泥浆配比不当、水泥浆稠度过低，导致浆液扩散范围过大，注浆压力不足，造成加固效果差。

（2）因管路不通、返浆、串浆等问题未严格控制注浆终止条件，导致注浆量、注浆压力未达设计要求。

2）处理方法：

（1）调小水灰比，采用间歇注浆至水泥量满足设计要求；桩侧注浆量未达到设计要求时，可按其不足量的 1～1.5 倍由桩端注浆补入。

（2）出现上述问题时，采取针对性预防措施和处理方法，经处理后严格控制注浆终止条件：注浆总量和注浆压力均达到设计要求，或注浆总量已达到设计值的 75% 且注浆压力超过设计值，方可终止注浆。

第5章 深基坑工程施工技术

5.1 特点

超高层建筑一般采用深基坑，这是由超高层建筑基础埋深要求、地下空间利用等因素所决定的。尤其在城市繁华地带新建超高层建筑，其具有基坑开挖深，周边建筑物、构筑物距离近，施工难度大，安全风险高等特点，种种因素使基坑工程的施工技术和管理成为建筑工程界的研究热点方向之一。

目前，大多数深基坑深度在 20m 左右，随着超高层建筑高度的增加，往往需要开挖深度超过 20m、长宽超过百米的深基坑，此类超深超大基坑的研究、设计、施工，依然缺乏经验及技术的支持。本章针对 300m 级超高层建筑中的常见深基坑围护体系中的关键施工技术进行阐述。

5.2 施工工艺

5.2.1 地下连续墙施工工艺

5.2.1.1 施工流程

地下连续墙施工工艺：测量放线→导墙施工→地下墙成槽→清基→钢筋笼吊放→水下混凝土浇筑。地下连续墙施工工艺流程见图 5-1。

5.2.1.2 导墙施工

导墙采用"冂冂"形钢筋混凝土结构，间距大于地下连续墙设计宽度 50mm，肋厚一般为 200mm，混凝土强度等级不低于 C20。导墙轴线偏差、顶面标高、净距偏差控制在 ±10mm 内，导墙面平整度≤5mm。

挖土：先沿导墙外放边线，采用人工配合小挖机开挖导墙，开挖到设计标高。

立模：在底模上定出导墙位置，再绑扎钢筋。导墙外边以土代模，内边立钢模。如图 5-2 所示。

浇筑：导墙混凝土浇筑采用溜槽对称浇筑，并用振捣棒及时振捣密实。

拆模及加撑：导墙混凝土强度达到 75%，方可拆除模板，并将混凝土接槎表面的浮浆

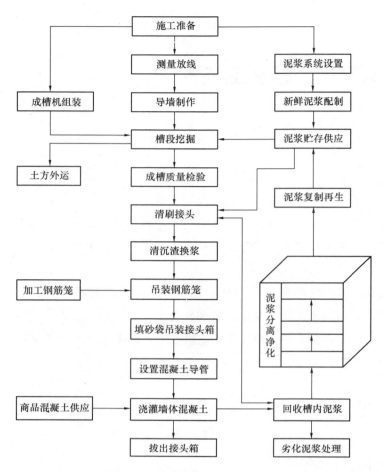

图 5-1　地下连续墙施工工艺流程图

图 5-2　导墙模板安装

全部剔除，同时在内墙上面分层支撑 150mm× 150mm 的方木，防止导墙向内挤压，方木水平间距 1m，上下间距可根据实际情况做适当调整。加支撑完毕后，在有条件的情况下应立即用土回填导墙，如图 5-3 所示。

施工缝：导墙施工缝处应凿毛，增加钢筋插筋，使导墙成为整体，施工缝应与地下连续墙接头错开。

导墙养护：导墙制作好后自然养护到 70% 设计强度以上时，方可进行成槽作业，在此之前禁止车辆和起重机等重型机械靠近导墙。

导墙分幅：导墙施工结束后，立即在导墙顶面上画出分幅线，用红漆标明单元槽段的编号；同时测出每幅墙顶标高，标注在施工图上，以备有据可查，如图 5-4 所示。

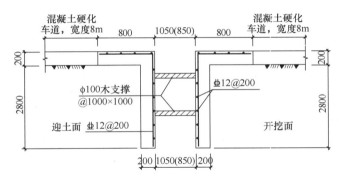

图 5-3　导墙临时支撑示意图

图 5-4　连续墙幅段划分

5.2.1.3　地下连续墙成槽施工

1. 地下连续墙试成槽

地下连续墙正式施工之前应进行一幅非原位的地下连续墙试成槽试验，以确定地下连续墙成槽工艺、施工参数，分析成槽施工对周边环境、深层地层的影响。

地下连续墙成槽至设计标高后应进行槽壁静置试验，槽壁静置试验时间为 48h，在此时间区段内间隔 4h 测试一次槽段顶口、中部及底端的泥浆比重参数，以及槽壁稳定曲线、垂直度、沉渣厚度。

2. 成槽垂直度控制

成槽机配有垂度显示仪表和自动纠正偏差装置。成槽前，利用车载水平仪调整成槽机的平整度。成槽过程中，利用成槽机上的垂直度仪表及自动纠偏装置来保证成槽垂直度，成槽垂直精度不得低于设计要求，接头处相邻两槽段的中心线任一深度的垂直度偏差均不得大于槽深×1/300 的结果数值。

3. 成槽挖土顺序

地下连续墙施工在基坑每一边上槽段采用分段、间隔流水施工，减小对周边环境的影响。对于单元槽段的挖土采取先两端后中间的次序，转角型槽段则采取先短边后长边的施工次序，成槽挖土施工顺序详见图 5-5。

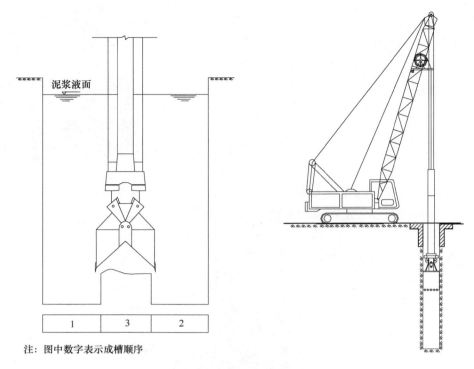

注：图中数字表示成槽顺序

图 5-5 地下连续墙成槽顺序图

（1）一次清底

清底开始时间：由于泥浆有一定的比重和黏度，土渣在泥浆中沉降会受阻滞，沉到槽底需要一段时间，因而采用沉淀法清底要在成槽（扫孔）结束 1h 之后方可开始，采用液压抓斗直接挖除槽底沉渣。

（2）槽深测量及控制

槽深采用标定好的测绳测量，每幅根据其宽度测 2～3 点，同时根据导墙标高控制挖槽的深度，以保证设计深度。

（3）槽段检验

槽段检验的内容有槽段平面位置、槽段的深度、槽段的壁面垂直度。用测锤实测槽段两端的位置，两端实测位置线与该槽段分幅线之间的偏差即为槽段平面位置偏差。用测锤实测槽段左、中、右三个位置的槽底深度，三个位置的平均深度为该槽段深度。利用超声波侧壁仪在槽段内左右两个位置上分别扫描槽壁壁面，扫描记录中壁面最大凸出量或凹进量与槽段深度之比即为壁面垂直度，两个位置的平均值即为槽段壁面平均垂直度，如图 5-6 所示。

图 5-6 超声波侧壁

（4）二次清槽

清槽采用泥砂分离器＋潜水泵＋履带吊。施工步骤：安装潜水泵、泥砂分离器→潜水泵慢慢往下潜，抽取泥浆，直至槽底→测量泥浆参数，符合泥浆性能和槽深要求，拆除泥砂分离器、拆除潜水泵，做好下笼准备。循环进行泥浆的置换，不停地往槽段内输送符合要求的泥浆，清槽后保证槽底 500mm 高度以内的泥浆比重不大于 1.15，墙底沉渣不得大于 100mm。

（5）探槽

清槽结束后，为保证钢筋笼能正常下放至设计深度，需对槽段提前进行探槽。将事先加工好的与幅段等长（标准段 6m，转角处按实际情况制作）、宽 1m、高 1m 的钢筋骨架吊放入槽，直至无法再下降时，测量下放深度，看是否满足设计要求。若下放不到设计深度，说明槽段会出现卡钢筋笼现象，需对槽段进行处理后再吊放钢筋笼。

5.2.1.4　锁口管吊放

槽段清基合格后，立刻吊放锁口管（图 5-7）。用履带吊分节吊放拼装，垂直插入槽内，在槽口逐段拼接成设计长度后，下放到槽底。若锁口管在下放过程中发现因塌方而无法沉至规定位置时，不得强冲，应修槽后再放置。

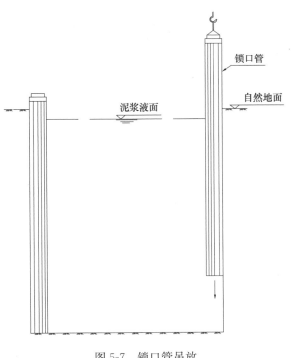

图 5-7　锁口管吊放

锁口管的中心应与设计中心线（分幅线）相吻合，底部插入槽底土体 30～50cm（不下沉为止），上端口与导墙连接处用木楔楔紧定位，背后空隙用黏土回填密实，避免混凝土绕流对下一槽段及锁口管产生影响。

5.2.1.5　钢筋笼制作

根据成槽设备的数量及施工现场的实际情况，搭设钢筋笼制作平台。现场在钢筋笼制作平台上根据设计的钢筋间距、预埋件的设计位置画出控制标记，并根据实测导墙标高来确定钢筋笼吊筋的长度，以保证结构和施工所需要的预埋件、插筋、保护铁块、预留空洞位置。钢筋笼钢筋定位用经纬仪控制，标高用水准仪校正。

钢筋笼加工时纵向钢筋及横向钢筋采用电焊连接，桁架筋和主筋采用直螺纹连接方式，接头位置要相互错开，同一连接区段内焊接接头百分率不得大于 50%，纵横向桁架筋相交处需点焊，钢筋笼四周 0.5m 范围内交点需全部点焊。钢筋保证平直，表面洁净无油污，内部交点 50％点焊，钢筋笼桁架及钢筋笼吊点上下 1m 处需 100％点焊。

钢筋制作允许偏差、检验数量和方法详见表 5-1。

钢筋笼允许偏差表　　　　　　　　　　表 5-1

序号	项目	允许偏差（mm）	检验方法和数量
1	钢筋笼长度	±30	钢尺量，每片钢筋笼检查上、中、下三处
2	钢筋笼宽度	±20	
3	钢筋笼厚度	±10	
4	主筋间距	±10	任取一断面，连续量取间距，取平均值作为一点，每片钢筋笼上测四点
5	分布筋间距	±20	
6	预埋件中心位置	±10	钢尺量，每片钢筋笼全数检查
7	保护层厚度	±10	钢尺量，每片钢筋笼检查上、中、下三处

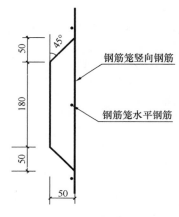

图 5-8　保护层设计图

为保证保护层的厚度，在钢筋笼宽度上水平方向设两列定位垫块，钢筋笼两侧需设置保护层钢筋，每一槽段钢筋笼横向设置 2～3 排，竖向每排间距 3～4m，交错布置（图 5-8）。

5.2.1.6　钢筋笼吊放

地下连续墙钢筋笼可采用整体吊装和分节吊装、空孔连接两种形式。整体吊装对钢筋笼整体刚度要求较高，钢筋笼需设置起吊桁架。在钢筋笼吊放时，采用两台履带吊分别作为主吊、副吊同时作业，每一榀钢筋笼吊装时，先将钢筋笼水平吊起 300～500mm 高，进行试吊后，再在空中通过吊索收放，使钢筋笼沿纵向保持竖直后，撤出副吊，利用主吊吊装钢筋笼入槽。钢筋笼起吊时需计算吊点位置，如果吊点位置计算不准确，钢筋笼会产生较大挠曲变形，使焊缝开裂，整体结构散架，无法起吊（图 5-9）。因此，吊点位置的确定是吊装过程的一个关键步骤。

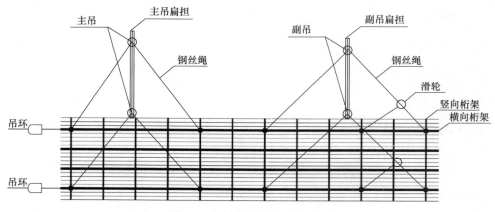

图 5-9　钢筋笼吊点设计平面图

地下连续墙平面形式有"一""L""T""Y"形,"Y"形钢筋笼分为"L""一"形分开吊放,先吊放"L"形钢筋笼,再吊放"一"形钢筋笼。"T"形钢筋笼整体吊放。

5.2.1.7　混凝土施工

灌注混凝土采用内径为 $\phi250\sim\phi300$ 的快速接头钢导管,节长为 2m,最下一节长度为 4m。导管下口距孔底 $300\sim500mm$,不宜过大或过小。标准槽段设置两根导管,导管间距小于 3m,导管距槽段端头不宜大于 1.5m,槽内混凝土面应均衡上升。

施工中严格控制导管提拔速度和混凝土浇筑速度,应派专人测量浇筑进度,并将浇筑信息及时反馈,以便施工控制。设专人每 30min 测量一次导管埋深及管外混凝土面高度,每 2h 测量一次导管内混凝土面高度。混凝土应连续灌注不得中断,任何情况下间歇时间不得超过 30min。灌注混凝土时,槽段内的泥浆一部分抽回沉淀池,另一部分暂时存放到导墙内。在灌注水下混凝土时,若发现导管漏水、堵塞或混凝土内混入泥浆,应立即停灌进行处理,并做好记录(图 5-10)。

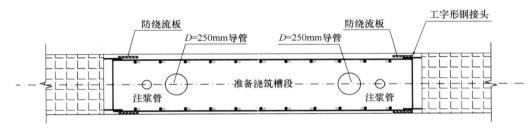

图 5-10　地下连续墙混凝土浇筑方法示意图

5.2.1.8　地下连续墙墙底后注浆

在每幅槽段混凝土浇筑完 48h 进行清水劈裂开塞,在墙身混凝土强度达到设计强度的 70% 后开始进行后压浆施工,在正式注浆之前选择有代表性的墙段进行注浆试验,以调整施工参数。

每幅地下连续墙在槽段内设置 2 根注浆管,注浆管采用单向阀式注浆器,注浆管应均匀布置,管底下端与钢筋笼底部平齐,上端超出地面 500mm,施工过程中确保注浆管不受损坏(图 5-11)。

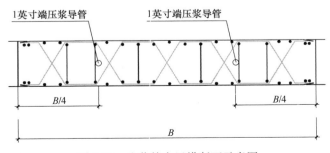

图 5-11　注浆管布置横断面示意图

墙身混凝土达到设计强度的 70% 后开始注浆，注浆压力必须大于注浆深度处土压力。注浆终止标准实行注浆量与注浆压力双控的原则，以注浆量（水泥量）控制为主，注浆压力控制为辅：当注浆量达到设计要求时，可终止注浆；当注浆压力大于 2MPa 并持荷 3min，且注浆量达到设计注浆量的 80% 时，可以终止注浆，否则，需采取补救措施。

注浆器须具有可靠的密封性和单向阀性能。注浆器安放位置必须使注浆器不会被混凝土堵住，确保注浆可靠性，注浆过程应低压慢速。后压浆试验墙段施工过程中，应加强施工过程具体情况及各项施工参数等内容的详细记录，记录应包括如下内容：浆液的流量、流速、全过程压力（包括初始压力、注浆过程的平均压力及终止压力）、地下连续墙的形成时间、清水劈裂时间及注浆时间。

5.2.1.9　工程实例

以武汉某项目为例，介绍异形槽分幅施工，该项目基坑开挖面积约 9385m²，周长约 394m。大面开挖深度 18.70m，塔楼开挖深度 21.50m。基坑支护采用"二墙合一"地下连续墙作为围护体，地下连续墙既是主体结构的一部分，又作为支挡结构挡土隔水，混凝土强度等级为水下 C40；采用 650mm@450mm 三轴搅拌桩对地下连续墙两侧槽壁土层进行加固（图 5-12）。采用三层临时钢筋混凝土支撑作为水平支撑结构；采用临时型钢格构柱及立柱桩支承钢筋混凝土支撑。

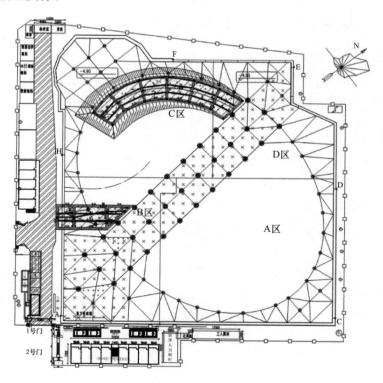

图 5-12　基坑支护平面图

本着方便成槽、便于钢筋笼制作及吊装，利于地下连续墙施工质量控制的原则，在不违反规范及设计要求的情况下，对地下连续墙分幅进行深化设计及调整。调整后的幅段划分如图 5-13 所示。

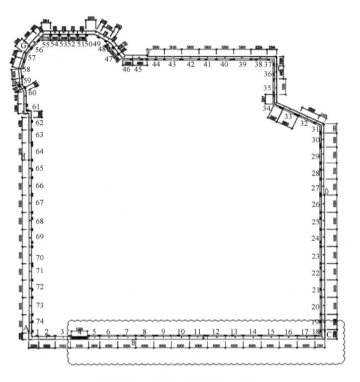

图 5-13　地下连续墙设计优化

因成槽机抓斗宽度为 2.8m，成槽机抓土原理为自重抓土，第①部分挖完后，第②部分如不足 2.8m，抓斗会向左偏移，无法保证槽壁垂直度。先行施工槽段已安装 H 型钢，在后期槽段中型钢腹板伸出 30cm。为保证后期槽段成槽机抓槽及洗刷 H 型钢，宽度必须保证在 3.3m 以上（图 5-14）。本工程地下连续墙存在多处拐折点，为保证拐折点墙幅拐点处槽壁垂直度，需超挖 20cm 以上，以保证钢筋笼吊放过程中能顺利下放。挖第①部分，多挖 20cm 以保证槽壁垂直度，确保钢筋笼顺利下放，具体示意图如图 5-15 所示。

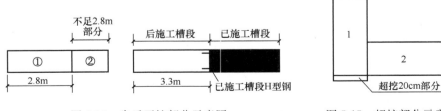

图 5-14　先后开挖部分示意图　　　　图 5-15　超挖部分示意图

5.2.2 等厚度水泥土搅拌墙施工工艺

5.2.2.1 施工流程

如图 5-16 所示。

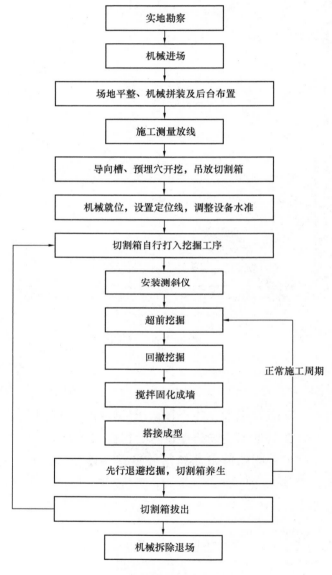

图 5-16 TRD 施工流程图

5.2.2.2 测量放线

施工前，先根据设计图纸和业主提供的坐标基准点，精确计算出 TRD 工法止水帷幕（试成墙）中心线角点坐标，利用全站仪进行放样，进行坐标数据复核，并通知相关单位进行放线复核。

5.2.2.3　开挖沟槽

根据 TRD 工法设备重量，TRD 工地止水帷幕（试成墙）中心线放样后，应先对施工场地进行硬化及铺设钢板等加固处理，确保施工场地满足机械设备对地基承载力的要求，确保机械稳定性。用挖掘机沿试成墙中心线平行方向开挖工作沟槽，槽宽 1m，沟槽深度 1m。

5.2.2.4　吊放预埋箱

用挖掘机开挖深度约 5m、长度约 2m、宽度约 1m 的预埋穴，利用吊车将预埋箱吊放入预埋穴内。

5.2.2.5　成墙施工

1）由当班班长统一指挥桩机就位，移动前看清上、下、左、右各方面的情况，发现有障碍物应及时清除，移动结束后检查定位情况并及时纠正，机械站位应平稳。

2）切割箱与主机连接用指定的履带式吊车将切割箱逐段吊放入预埋穴，利用支撑台固定；TRD 主机移动至预埋穴位置连接切割箱，主机再返回预定施工位置进行切割箱自行打入挖掘工序（图 5-17）。

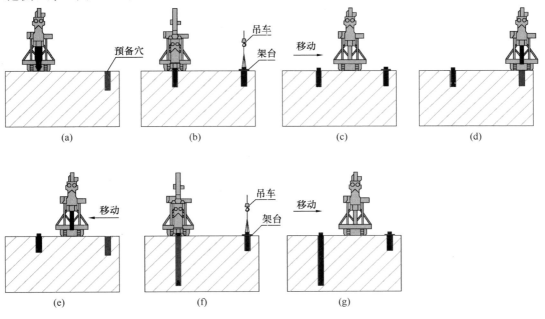

图 5-17　切割箱自行挖掘工序图

（a）连接准备完毕；（b）连接开始，切割箱放置于预备穴；（c）移动；

（d）连接后将切割箱提起；（e）移动；（f）连接后向下切削，预备穴放置下一节切割箱；

（g）重复 3～6 次，使切割箱长度达到设计深度

3）切割箱自行打入到设计深度后，安装测斜仪。通过安装在切割箱内部的多段式测斜仪，可进行墙体的垂直精度管理，通常可确保 1/300 以内的精度。

4）TRD 工法成墙测斜仪安装完毕后，主机与切割箱连接。在切割箱底部注入挖掘液，预先切割土层一段距离，再回撤挖掘至原处，注入固化液使其与挖掘液混合泥浆强制混合搅拌，形成等厚水泥土搅拌连续墙（图 5-18）。

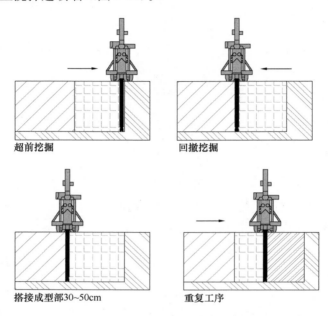

图 5-18　循环水泥土搅拌墙建造工序图

5.2.2.6　置换土处理

将等厚度水泥土搅拌连续墙施工过程中产生的废弃泥浆统一堆放，集中处理。

5.2.2.7　拔出切割箱

试成墙及 TRD 工法止水帷幕各工作段施工结束后，利用吊车将切割箱分段拔出，设备转移至下一工作面准备施工（图 5-19）。

5.2.3　基坑开挖施工工艺

5.2.3.1　顺作法土方开挖施工技术

顺作法地下室施工包含土方开挖、水平支撑或锚索施工、底板施工、地下室结构施工、换撑施工、水平支撑拆除施工等主要内容。土方开挖遵循先支撑后挖、分区开挖、对撑平衡开挖的时空效应规律。对于开挖深度深、工期紧的基坑，设计栈桥作为土方运输的主要通道和部分材料堆场，则栈桥结合基坑支护体系的布置位置和数量至关重要。

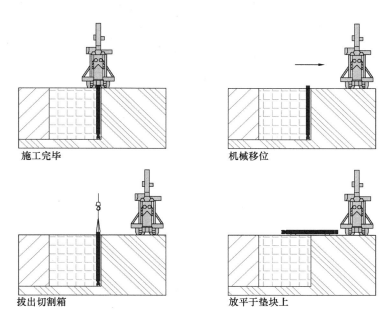

施工完毕　　　　　　　　　　　机械移位

拔出切割箱　　　　　　　　　　放平于垫块上

图 5-19　切割箱拔出分解工序图

武汉某项目，基坑垂直开挖面积约 9385m²，周长约 394m，大面基坑开挖深度 16.30～19.00m（图 5-20），塔楼开挖深度 21.50m，土方开挖总体部署分为 5 个阶段。主要流程如表 5-2 所示。

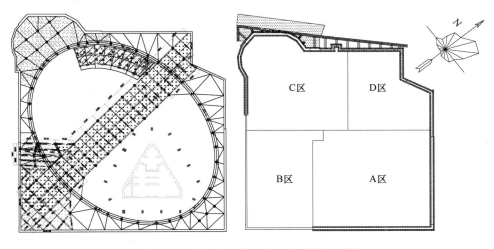

图 5-20　基坑平面布置及土方开挖分区图

土方开挖主要流程

表 5-2

第一阶段	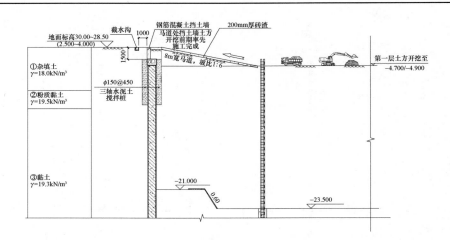
	说明：将马道外有支撑部位土方大开挖至各区域支撑垫层底，及时插入冠梁、第一道支撑及栈桥施工，然后将马道外无支撑部位土方大开挖至−4.900m，最后依次退收、挖除马道占支撑部位土方至−4.900m，施工剩余冠梁、第一道支撑及栈桥
第二阶段	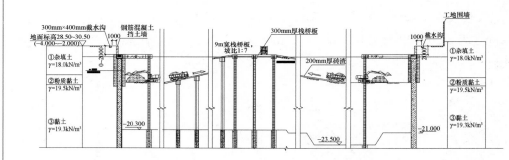
	说明：将马道外有支撑部位土方利用大、小挖机掏土、转土开挖至−10.000m，及时插入腰梁、第二道支撑施工，然后将马道外无支撑部位土方大开挖至−10.000m。A区出土马道待土方开挖至−10.000m后即可退收、挖除，C区马道作为第三阶段的主要出土点继续使用
第三阶段	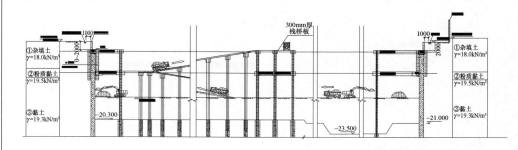
	说明：将马道外有支撑部位土方利用挖机掏土、转土开挖至−15.000m，利用大、小挖机掏土、转土、装车外运。及时插入腰梁、第三道支撑施工，然后将马道外无支撑部位土方大开挖至−15.000m

第四阶段	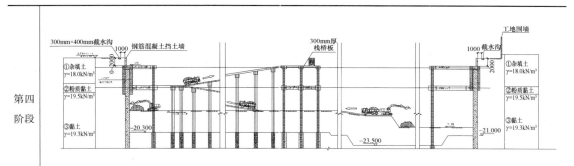
	说明：将有支撑部位土方利用大、小挖机掏土、转土开挖至基底预定标高，然后将无支撑部位土方大开挖至基底预定标高
第五阶段	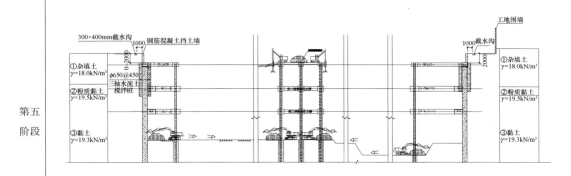
	说明：到后期垂直取土阶段，所有土方均需利用大挖机转至垂直取土口下方，再利用垂直取土机将所有土方装载运土车外运。最后，整体大开挖至基底标高上 300mm，采用人工清理余土，小挖机配合转土将剩余土方挖除

5.2.3.2　逆作法土方开挖施工技术

逆作法地下室施工包含土方开挖、水平结构施工、底板施工、竖向结构施工等主要内容；对逆作法地下室而言，界面层以下地下室施工均在楼盖下进行，土方以及施工材料的垂直运输通道主要依靠出土口或材料吊装口，土方暗挖、材料转运困难，是施工进度的主要制约因素。

合理的出口及材料吊装口布置是保证地下室施工进度的关键；在充分利用电梯井道、楼梯、汽车坡道、排风排烟井的情况下，在塔楼外框板范围内布置出土口及吊料口，保证塔楼地下室材料吊装、土方开挖的需求；出土口的间距，应结合土方暗挖的转运运距，保证从出土口至开挖面的最大距离不超过土方暗挖机械一次回转范围；出土口的面积和尺寸，应结合土方开挖的深度进行控制，确保长臂挖机的作业。

南京某项目，总建筑面积 32.1 万 m²，地上结构由 2 栋塔楼及裙房构成，塔 1：地下 2 层，地上 58 层，建筑总高度 249m；塔 2：地下 2 层，地上 68 层，建筑总高度 314m；裙房地上 5 层，地下 2 层，屋面高度 27.5m；基坑面积约为 12000m²，大面开挖深度 13.90～

16.10m，塔楼开挖深度19.95m。采取地下地上同时施工，地下结构采用逆作法施工，有效地减少了施工对周围环境的不利影响，加快了工程施工进度。

根据塔楼布置、地理环境、后浇带设置以及现场道路布置情况，将土方开挖在平面上分设3个大区6个小区进行施工，即塔楼1所在的Ⅱ区；塔楼2所在的Ⅰ区，裙房部分的Ⅲ区，土方开挖平面分区详见图5-21。

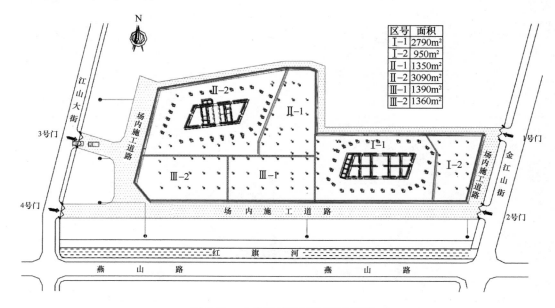

区号	面积
Ⅰ-1	2790m²
Ⅰ-2	950m²
Ⅱ-1	1350m²
Ⅱ-2	3090m²
Ⅲ-1	1390m²
Ⅲ-2	1360m²

图5-21 土方开挖平面分区示意图

采用全逆作法施工，水平支撑采用结构楼板作为围护的对撑体系，故基坑开挖竖向分三个层次进行，第一层采用明挖土，以下全部采用暗挖土。土方开挖竖向分层详见图5-22。

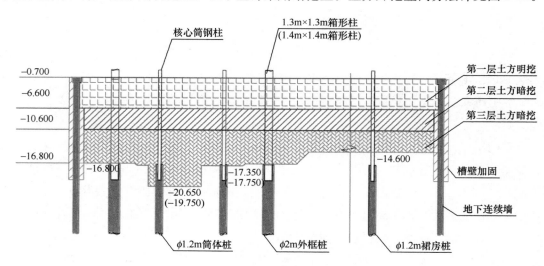

图5-22 土方开挖竖向分层示意图

首层明挖完成后，对-6.500m以下土方进行暗挖，首先在各层水平结构上利用原有楼梯、设备吊装口、车道等竖向结构留孔作逆作取土口，避免对结构整体性的削弱；其次在相应结构位置留洞补充取土口，共计 19 个取土口，主要设置在靠近基坑环形道路和地下室顶板行车道路旁边，以满足暗挖土的需要（图 5-23）。

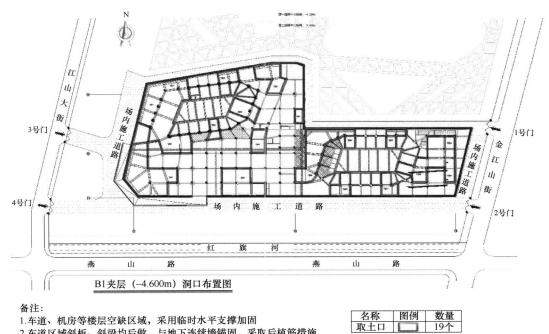

名称	图例	数量
取土口	□	19个

备注：
1. 车道、机房等楼层空缺区域，采用临时水平支撑加固
2. 车道区域斜板、斜梁均后做，与地下连续墙锚固，采取后植筋措施

图 5-23　土方开挖取土口示意图

地下结构逆作法施工流程如表 5-3 所示。

地下结构逆作法施工流程　　　　　　　　　　　　　　　　表 5-3

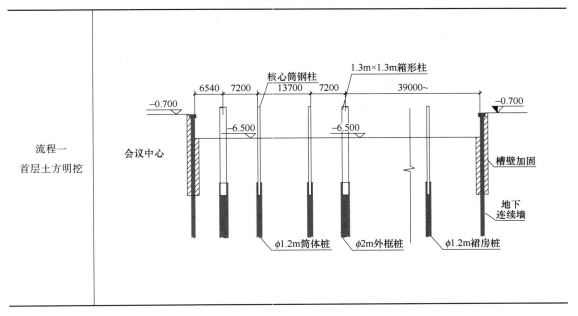

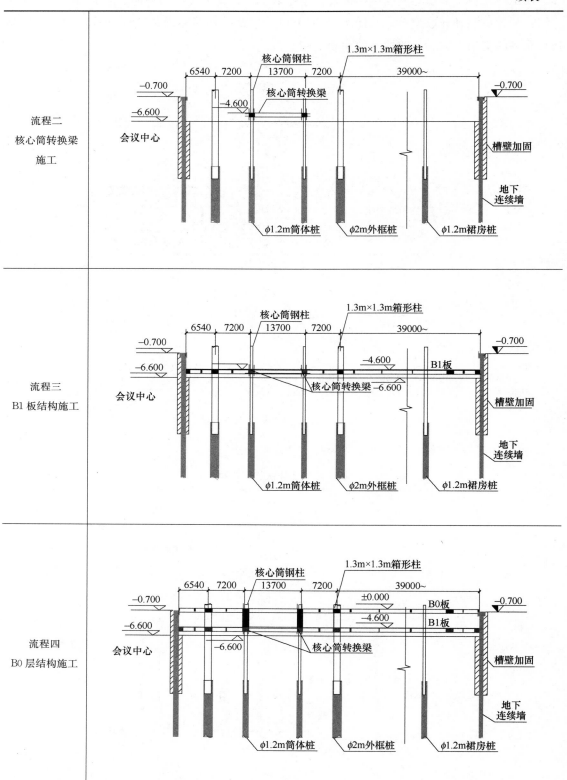

续表

流程五 第二层土方暗 挖至－10.600m	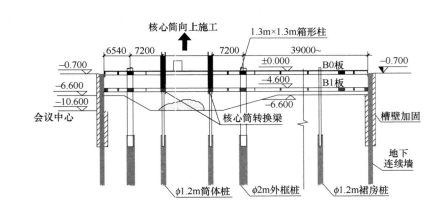
流程六 B2 层结构楼板 施工	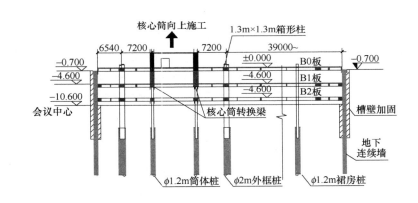
流程七 暗挖第三层 土方至底	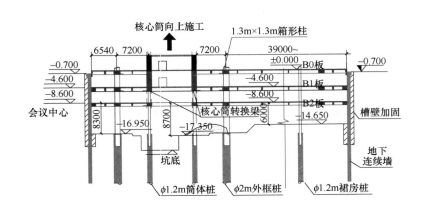

续表

流程八 基础底板施工， 塔楼核心筒 向上施工	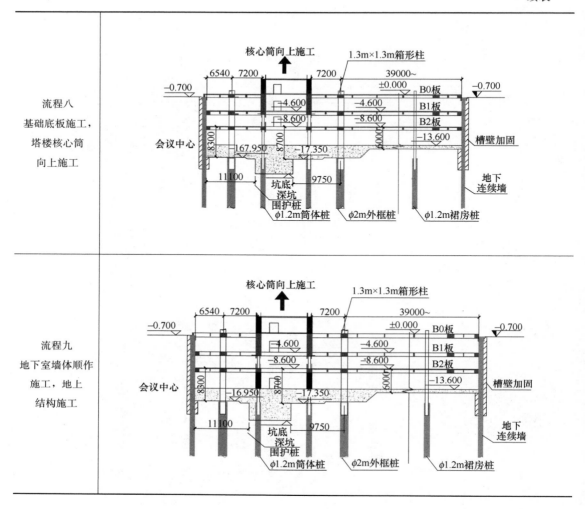
流程九 地下室墙体顺作 施工，地上 结构施工	

5.2.4 地下室逆作结构施工工艺

5.2.4.1 梁板模板施工

每层土方开挖完成后，在原状土上浇筑 100mm 厚 C15 混凝土垫层，搭设满堂架，待结构施工完成且强度达到规范要求拆模条件后，拆除模板架体（图 5-24），转运至地库顶板指定堆场位置后，再进行下一步垫层破除、土方开挖及结构施工，模板支设后选取局部位置进行预压试验。

1. 吊模体系安装

1）施工流程

零层板预留吊杆孔→—8.850m 原土面上进行双拼工字钢、双拼方钢管拼装固定→吊杆穿入固定→利用升降装置升起到负二层顶板设计标高→模板及木枋拼装。

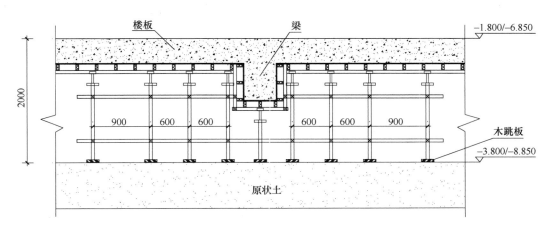

图 5-24　梁板模板支撑体系示意图

2）施工方法

（1）零层板预留吊杆孔

吊模体系吊杆采用 $\phi25mm$ 圆钢，根据吊点布置，在零层板浇筑通过预埋 PVC 管预留吊杆孔，吊杆孔孔径为 50mm（图 5-25）。

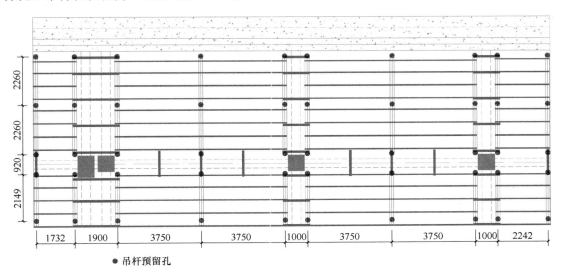

● 吊杆预留孔

图 5-25　预留吊杆孔定位示意图

（2）原土面上进行双拼工字钢、双拼方钢管拼装固定

提前计算工字钢及方钢使用量，待土方开挖完成后通过出土口由塔式起重机运至坑内。按照方案要求对工字钢进行双拼焊接，并摆放到设计位置，将吊杆底部穿入双拼工字钢固定（图 5-26）。然后按照方案间距安装方钢管，方钢管与工字钢采用点焊连接。

（3）吊杆穿入固定

将各吊杆穿过零层板预留孔至 $-8.850m$，并通过孔口上方固定装置将其固定，垫板采用 $200mm \times 200mm \times 16mm$ 钢板，螺栓采用高强六角螺栓。

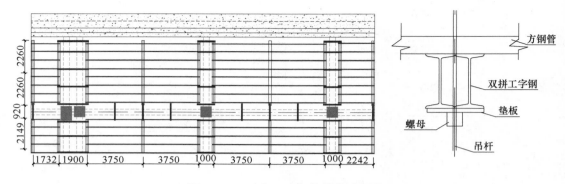

图 5-26　工字钢、方钢管拼装示意图

（4）利用升降装置升起到负二层顶板设计标高

采用快速环链电动葫芦作为吊模升降装置，悬挂在零层板上，周转使用。根据工字钢布置位置，在零层板上预埋吊环，吊环采用 $\phi20$mm 圆钢制作焊接在零层板上皮钢筋，工字钢上焊接吊耳，吊耳采用 $\phi20$mm 圆钢制作，焊接在双拼工字钢上（图 5-27）。

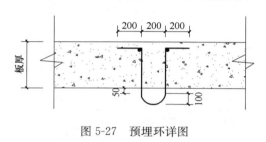

图 5-27　预埋环详图

在零层板上利用电动葫芦通过与吊杆的连接将工字钢与方钢整体提升至负二层顶板设计标高，并通过吊杆螺母在零层板上进行固定。

（5）模板及木枋铺装

调整梁底方钢标高（吊杆调节）→安装梁底木枋及模板→安装梁侧木枋、模板→安装梁侧顶撑方钢→铺设楼板底木枋→铺设楼板模板。

梁板模板要求拼缝严密，模板间需用胶带密封，防止漏浆，所有木枋施工前均双面压刨平整以保证梁板及柱墙的平整度，要求所有木枋找平后方可铺设胶合板，以确保顶板模板平整。

当梁高度大于 700mm 时需用对拉螺杆加固，螺杆水平间距 500mm；模板安装后要拉中线进行检查，复核各梁模板中心位置是否对正；待楼板模板安装后，检查并调整标高。

2. 钢筋绑扎及混凝土浇筑

钢筋工在吊模体系上按照图纸要求绑扎钢筋。

混凝土浇筑时应在相应位置利用 PVC 套管设置吊杆预留孔及电动葫芦吊钩预留孔，吊杆预留孔为 50mm×50mm，吊钩预留孔为 150mm×150mm。

3. 吊模体系拆除

负二层顶板混凝土达到设计要求强度后，利用升降装置将支撑体系降低至 -8.850m 地面，然后拆除负二层顶板模板及支撑体系各节点，最后将架料运出。

5.2.4.2　逆作区钢筋施工

1. 逆作柱钢筋

逆作区结构柱竖向钢筋全部采用直螺纹套筒连接，地下室顶板施工时向下预留插筋，预留长度取 1/6 柱净高、柱截面长边尺寸及 500mm 中较大值，相邻插筋接头错开 35d（d 为预留插筋直径）。负二层顶板施工时，竖向插筋上部与上层预留插筋采用套筒连接，下部预留接头，预留长度及接头错开长度要求与负一层顶板相同。地下室底板施工时，负二层柱钢筋采用反丝套筒与上层插筋连接。

2. 节点处理

1）地下连续墙与水平结构连接做法

梁板钢筋接驳器预埋件、底板钢筋接驳器预埋件、剪力槽等均须在地下连续墙钢筋笼上固定，准确预留预埋，水平、竖向位置预埋偏差控制在 10mm 内，如部分预埋套筒失效需进行植筋处理，植筋深度满足规范及设计要求（图 5-28、图 5-29）。

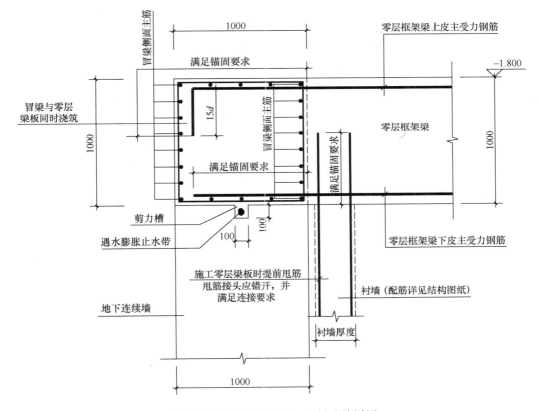

图 5-28　地下连续墙与零层梁连接详图

2）竖向结构钢筋预留

逆作区竖向结构需在水平结构及底板全部施工完成后再进行施工，水平结构施工时竖向结构需留设插筋，模板支设完成、水平结构钢筋绑扎完成后，在竖向结构钢筋对应位置钻孔预留插筋。

3）结构梁与格构柱交接部位钢筋节点处理

结构梁与格构柱交接位置梁钢筋按图 5-30 所示节点处理。

4）柱箍筋绑扎

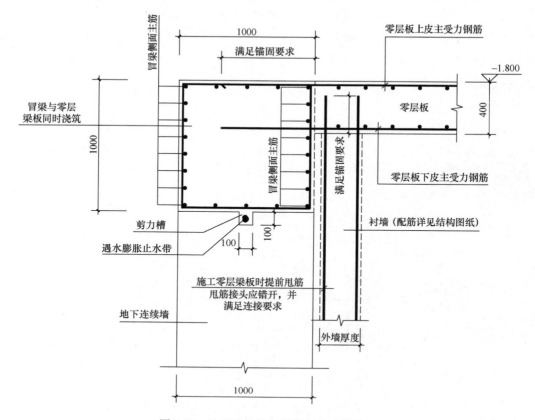

图 5-29　地下连续墙与零层板的连接详图

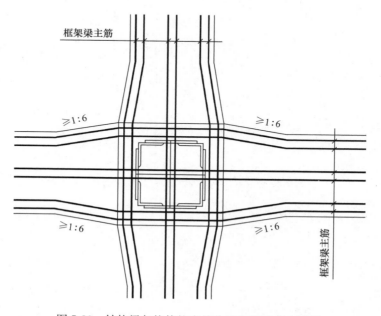

图 5-30　结构梁与格构柱交接位置钢筋处理大样图

受格构柱影响，柱箍筋绑扎时需将箍筋开口掰开，套上格构柱后再恢复原设计形状（图 5-31）。

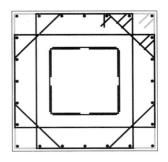

图 5-31　柱箍筋绑扎示意图

5.2.4.3　逆作区混凝土施工

1. 施工缝留置

水平结构施工缝留置在膨胀加强带位置，其中出土口四周位置缝留置在梁边 300mm 位置。

逆作区结构柱、剪力墙在水平结构全部施工完成后再浇筑，水平结构施工时竖向结构水平施工缝留置在梁底位置。竖向结构竖向施工缝留置位置与水平结构施工缝留置位置相同。

底板与内衬墙交界位置，地板施工时留置反坎，人防外墙留置高度不小于 500mm，其他区域不小于 300mm。

2. 竖向结构混凝土浇筑

为保证竖向结构浇筑质量，混凝土采用同等级微膨胀细石混凝土，柱模板支设完成后，拼缝位置需确保严密不漏浆后方可浇筑混凝土。后浇结构柱在上层板的格构柱内侧对角位置预留两个 150mm 浇捣孔，一个作混凝土浇筑用，一个作为振捣孔。后浇结构墙在上层板上沿墙长方向 1m 间距预留 150mm 浇捣孔，孔边距墙边 50mm。

5.2.4.4　逆作区地下室照明及通风布置

逆作区地下室施工时采用 LED 灯进行照明，管线在浇捣上一层楼板时预埋（与地库正式照明设备共用）。顺着挖土方向灯具及时跟进安装（图 5-32）。

充分利用临时出土口区域作为自然补风，通过送风机将相应区域的潮气等强排到竖向的风管中（图 5-33）。

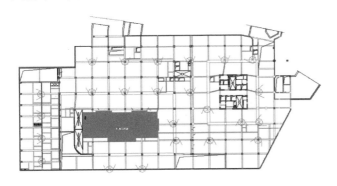

图 5-32　逆作区地下室照明布置图

图 5-33　地下室通风

5.3 施工控制技术

5.3.1 地下连续墙施工控制技术

由于地下连续墙槽段开挖深度较深，车辆的行走对槽壁的扰动性较大，对槽壁稳定带来影响，施工时易产生槽壁坍塌现象，为确保槽壁的垂直度及槽壁的稳定性，对成槽施工采取如下措施。

5.3.1.1 垂直度控制及预防措施

机械选择上，采用目前自动纠偏能力较强的成槽机。合理安排一个槽段中的挖槽顺序，用抓斗挖槽时，要使槽孔垂直，使抓斗在吃土阻力均衡的状态下挖槽，要么抓斗两边的斗齿都吃在实土中，要么抓斗两边的斗齿都落在空洞中，切忌抓斗斗齿一边吃在实土中，一边落在空洞中。根据这个原则，单元槽段的挖掘顺序为：标准幅槽段先挖两边后挖中间，异型幅槽段有长边和短边之分，必须先挖短边再挖长边，这就能使抓斗在挖单孔时吃力均衡，可以有效地纠偏，保证成槽垂直度，使抓斗两侧的阻力均匀。

成槽施工过程中，抓斗掘进应遵循一定原则，即：慢提慢放、严禁满抓。特别是在开槽时，必须做到稳、慢，严格控制好垂直度；每次下斗挖土时须通过垂直度显示仪和自动纠偏装置来控制槽壁的垂直度，直至斗体全部入槽后。

在挖槽过程中，成槽机操作人员须随时观察成槽机的垂直度显示仪显示的槽段偏差值，如偏差值超过 3/1000，操作人员可通过成槽机上的自动纠偏装置对抓斗进行纠偏校正，以控制槽壁的垂直度，达到规范要求。

挖槽结束后，利用超声波测壁仪对槽壁垂直度进行测试，如槽壁垂直度达不到设计要求，用抓斗对槽壁进行修正，直至槽壁垂直度达到设计要求。同时，对槽壁垂直度检测做好记录，并现场交底，以利于下道工序顺利进行。

5.3.1.2 卡、埋、掉斗的预防措施

卡斗的主要原因是上部缩颈导致槽段宽度变小而卡斗，所以只要控制好泥浆即可预防卡斗现象的发生。

埋斗的主要原因为槽段塌方，土将抓斗埋住，所以只要控制好槽壁的稳定性即可预防埋斗现象的发生。一旦出现埋斗，立即置换槽段内泥浆，将其泥浆比重调至 1.2 以上，黏度调到 30s 以上，控制槽段的再次塌方；然后利用高压水（泥浆）枪冲散上部塌方土体，再将散土吸出；最后利用吊车配合成槽机将抓斗提出。

掉斗的主要原因是钢丝绳突然断裂而导致掉斗，或者是埋斗后处理不当导致抓斗掉入槽中，所以在成槽机工作前要仔细检查钢丝绳，且按时间和工作量定时更换钢丝绳，即可预防

掉斗现象的发生。

5.3.1.3　钢筋笼制作质量保证措施

钢筋笼加工采用钢轨焊成格栅状。钢筋笼平台定位用经纬仪控制,在平台上用短钢筋焊接或用油漆做好纵横向钢筋布置的基准;用水准仪校正平台的标高,各个点的高差控制在5mm 以内,为保证钢筋笼加工质量做好准备。

异型幅槽段钢筋笼制作方面不同于一般的直线钢筋笼施工,标准幅是一个平面,所以可以平稳地定在经水准仪、经纬仪校正好的钢筋笼平台上施工,间距尺寸精度可以保证,而特殊槽段的钢筋笼有两个平面,所以我们对垂直于平面的那个面需在内侧每隔一定间距设一个斜角拉筋,保证两个面的夹角控制在设计角度,同时在钢筋笼制作完成后需每隔一定间距设置直角斜撑筋以确保钢筋笼起吊时的整体刚度,不至于使钢筋笼变形角度变小。比如 Y 形槽段为了保证地下连续墙段与墙垛之间的连接,将墙垛段钢筋与连续墙段钢筋作为整体绑扎,以提高墙垛与连续墙之间的整体性,使墙垛与连续墙作为一个整体结构共同受力(图 5-34)。

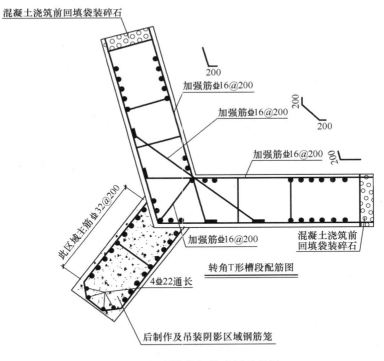

图 5-34　Y 形槽段加筋配置示意图

5.3.1.4　防接头混凝土绕流应急预防措施

地下连续墙施工过程中,由于槽壁局部塌方可能会引起 H 型钢接头处混凝土绕流现象,故事先应做好以下预防施工措施。

对先行幅槽段应做好槽壁测试工作，了解槽壁情况，以数据做好防混凝土绕流施工措施。先行幅槽段 H 型钢外侧用碎石回填密实，杜绝混凝土绕流的可能性。对于侧壁报告显示塌方严重的位置可采用沙袋回填。由于接头混凝土绕流而影响到接头连接施工质量，在施工后行幅时，对接头作特别处理外，还应增加刷壁的次数，保证接头质量，并做好特别施工原始记录，待基坑开挖后，视情况决定是否再进行基坑外接头品字形跟踪注浆措施。

5.3.1.5 地下连续墙渗漏水的预防及补救措施

槽段接头处不允许有夹泥，必须用接头刷上下刷多次直到接头无泥为止。严格控制导管埋入混凝土中的深度，绝对不允许发生导管拔空现象，如万一拔空导管，立即测量混凝土面标高，将混凝土面上的淤泥吸清，然后重新开管浇筑混凝土。开管后应将导管向下插入原混凝土面下 1m 左右。如开挖后发现接头有渗漏现象，立即堵漏。封堵方法可采用软管引流、化学灌浆法等。

5.3.2 等厚度水泥土搅拌墙施工控制技术

施工前利用水准仪实测场地标高，利用挖掘机进行场地平整；对于影响 TRD 工法成墙质量的不良地质和地下障碍物，应事先予以处理后再进行 TRD 工法围护墙（试成墙）的施工；同时应适当提高水泥掺量。

局部土层松软、低洼的区域，必须及时回填素土并用挖机分层夯实，施工前根据设备重量，对施工场地进行铺设钢板等加固处理措施，钢板厚度不应小于 20mm，铺设不应少于 2 层，分别平行及垂直于沟槽方向铺设，确保施工场地满足机械设备地基承载力的要求；确保桩机、切割箱的垂直度。

施工时应保持 TRD 工法桩机底盘的水平和导杆的垂直，施工前采用测量仪器进行轴线引测，使 TRD 工法桩机正确就位，并校验桩机立柱导向架垂直度偏差小于 1/300。

切割箱自行打入时，在确保垂直精度的同时，将挖掘液的注入量控制到最小，使混合泥浆处于高浓度、高黏度状态，以便应对急剧的地层变化。施工过程中通过安装在切割箱体内部的测斜仪，可进行墙体的垂直精度管理，墙体的垂直度不大于 1/300。测斜仪安装完毕后，进行水泥土墙体的施工。当天成型墙体应搭接已成型墙体约 50cm；搭接区域应严格控制挖掘速度至 30～40min/m，使固化液与混合泥浆充分混合、搅拌，搭接施工中需放慢搅拌速度，保证搭接质量（图 5-35）。

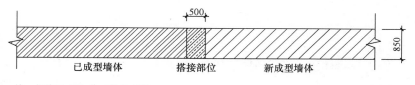

注：标注尺寸以"mm"为单位

图 5-35 搭接施工示意图

　　TRD 工法成墙搅拌结束后或因故停待，切割箱体应远离成墙区域不少于 4m，并注入高浓度的挖掘液进行临时退避养生操作，防止切割箱被抱死。一段工作面施工完成后，进行拔出切割箱施工，利用 TRD 主机依次拔出，时间应控制在 4h 以内，同时在切割箱底部注入等体积的混合泥浆。拔出切割箱时应缓提上升，避免使孔内产生负压而造成孔壁坍塌，甚至使周边地基产生沉降，注浆泵工作流量应根据拔切割箱的速度作调整。

第6章 基础筏板工程施工技术

6.1 特点

6.1.1 定义

随着建筑越来越高，基础筏板越来越厚、越来越大，相关混凝土技术充分得到应用和发展，现行标准下关于大体积混凝土的定义主要有如下几种：

美国混凝土规范《水泥与混凝土术语》ACI 116R 将大体积混凝土定义为："尺寸足够大的任何形式的混凝土，其需要采取措施，以应付水泥及伴随物体积变化时由于水合作用产生的热量（水化热），使混凝土的破裂可能性降到最低程度。"

日本建筑学会则认为："在最小的混凝土结构截面面积上，由水泥水化热产生的内部最大温度与环境温度差值≥25℃时可称该混凝土为大体积混凝土结构。"

《大体积混凝土施工标准》GB 50496—2018 将大体积混凝土定义为："混凝土结构物实体最小尺寸不小于1m的大体量混凝土，或预计会因混凝土中胶凝材料水化引起的温度变化和收缩而导致有害裂缝产生的混凝土。"

综述相关文献，得出比较全面的观点：大体积混凝土工程为混凝土结构平面尺寸超过一

图 6-1 某 300m 级超高层建筑基础筏板浇筑实景图

定范围，需要采取技术措施降低混凝土结构的内外温差、降低温度应力、控制结构变形在一定范围内、控制裂纹开展的混凝土工程（图 6-1）。

6.1.2　超高层建筑基础筏板大体积混凝土施工重难点

相比普通混凝土，大体积混凝土主要施工重难点有：首先，大体积混凝土由于体积相对较大，对于施工技术的标准要求也相对较高，如对于一些超高层大体积建筑在施工过程中不能预留施工缝；其次，大体积混凝土结构还具有结构厚、钢筋密、混凝土数量较多、体积大等结构特点；最后，大体积混凝土结构相比普通混凝土，很容易出现混凝土开裂现象，因此，大体积混凝土结构的重难点其实也就是如何控制混凝土温度裂缝的产生，在混凝土硬化期间，水泥在水化过程中会释放出大量的水化热，而且积聚在混凝土内部造成温度不断上升，引起混凝土内外变化不一致，同时会产生较大的温度应力，温度裂缝在混凝土的表面出现。因此，水泥水化作用释放出来的大量水化热会聚集在混凝土内部是大体积混凝土的最大缺陷，水化热使混凝土内部的温度迅速上升而出现裂缝。

超高层建筑基础大体积混凝土重难点主要体现在以下几个方面：

1. 一次性浇筑量大，施工组织难是重难点之一

300m 级超高层建筑的基础筏板平面面积、筏板厚度都比常规高层建筑更大，一次性连续浇筑量较大，表 6-1 列举了一些 300m 级超高层建筑基础筏板的一次性浇筑量。

300m 级超高层建筑基础筏板一次浇筑量　　表 6-1

项目	建筑高度	基础筏板厚度	一次浇筑量
武汉长江中心项目	386m	3m，局部 11.865m	20000m³
长沙国金中心项目 T2 塔楼	315m	3.7m，局部 10m	23000m³
湖北襄阳大厦项目	263.6m	4m，局部 9.7m	12500m³
长沙华创国际项目	288m	4m，局部 8.9m	9350m³

另外，超高层建筑基础筏板往往处在比较繁华的城市中心，或成熟的商圈区域，项目所处地块附近的城市交通流量大，施工期间如此巨大方量且连续集中配送的组织难度大（图 6-2、图 6-3）。

2. 控制混凝土温度裂缝的产生是重难点之二

大体积混凝土结构相比普通混凝土，很容易出现混凝土开裂现象，因此，大体积混凝土结构的重难点其实也就是如何控制混凝土温度裂缝的产生（图 6-4）。

3. 筏板钢筋直径大，网片层数多，钢筋支撑是重难点之三

300m 级超高层建筑基础筏板中，筏板钢筋直径大，钢筋网片层数多，总体重量大，常规高层建筑使用的钢筋马镫等支撑形式并不能满足施工荷载要求，容易造成垮塌风险（图 6-5），钢筋支撑的设计选型是重难点（表 6-2）。

图 6-2　某超高层项目地处成熟商圈，市政交通繁忙

图 6-3　某项目周边地块均为在建工地，施工车辆交通繁忙

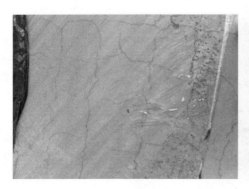

图 6-4　某项目基础筏板浇筑后出现较多裂缝，采用注浆堵漏措施

300m 级超高层建筑基础筏板钢筋规格及层数　　　　　　　表 6-2

项目	建筑高度	筏板钢筋规格	钢筋层数
西安某超高层项目	350m	底筋Φ40@150，面筋Φ36@150	底筋 6 层，面筋 5 层
长沙华创国际项目	288m	底筋Φ36@150，面筋Φ28@150	底筋 4 层，面筋 4 层
湖北襄阳大厦项目	263.6m	面筋：2Φ40@200 底筋：2Φ40@200+2Φ40@200/2Φ25@200 厚度 2m 处，一层网片 2Φ16@200	底筋 4 层，面筋 2 层

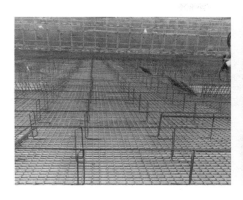

图 6-5　某项目基础筏板钢筋发生垮塌

6.1.3　超高层建筑基础大体积混凝土施工思路

参照《大体积混凝土施工标准》GB 50496—2018，大体积混凝土除了体量、规模较大，对运输、浇筑、搅拌、模板、支架有一些要求外，基本都是在考虑温度控制的问题，要把握好事前、事中、事后的温度控制，在事前要考虑好如何控制温差，从原材料及配合比出发，计算大体积混凝土施工阶段的温度应力与收缩应力；事中，从混凝土的浇筑方面考虑，重点考虑混凝土浇筑时的环境温度，适当采取措施，疏导大体积混凝土水化过程中产生的热量；事后要做好大体积混凝土养护工作，特别是针对不同季节采取不同的养护措施，如冬季要做好保温养护，夏季要做好保湿养护，同时要对筏板混凝土、环境进行温度监测。

6.2　施工工艺

通常 300m 级超高层建筑基础筏板混凝土施工包括施工组织、浇筑方法、钢筋工程施工要点以及筏板钢筋支撑施工工艺等。

6.2.1　施工组织

超高层建筑往往地处城市中心区，周边场地较为狭小，而基础筏板混凝土超厚、超大且单次连续浇筑量大，这些对基础筏板混凝土生产、运输、浇筑及养护等施工组织均提出了非常高的要求（图 6-6）。

6.2.1.1　筏板混凝土浇筑组织架构

1. 组织架构选择

超高层建筑基础筏板混凝土体量大，施工组织复杂，为了实现信息共享及施工指令下达的及时性，通常应专门成立以项目经理为总指挥的基础筏板混凝土浇筑指挥中心，下设施工管理组、质检组、物资组、技术组、安全组，各组负责人根据浇筑分区划分职责范围，制定工作方

图 6-6　某超高层建筑项目区位图

案，对混凝土施工的管理方式、站点分布、人员安排、生产配合比及原材料质量等关键技术进行监督控制，保证施工进度与施工质量，具体工作安排到部门，落实到个人(图 6-7)。

2. 混凝土供应商的选择

超高层建筑基础筏板单次连续浇筑量大，少则 1 万余立方米，多则 2 万～3 万 m³，常规的混凝土供应模式为：遇到浇筑量较大的生产任务时，往往只能从其他商品混凝土供应站直接买进混凝土用于生产浇筑，但由于不同的站点原材料的参数以及对混凝土质量控制水平不同，给生产过程中混凝土质量控制及可控性带来很大的难度，因此，在超高层建筑基础筏板浇筑时，建议采用混凝土供应总承包模式，即项目部确定一家混凝土供应商，在该混凝土供应商短期供应能力不足的情况下，由该混凝土供应商负责对工程周边混凝土搅拌站资源进行整合，并统筹混凝土的生产、运输和泵送设备的配置。混凝土总承包管理模式的突出特点是对不同的混凝土供应站由一家混凝土供应商统一原材料采购，使用相同品牌、相同参数、相同产地的原材料进行混凝土生产，以避免不同的原材料对混凝土质量造成不利影响，生产组织上则由混凝土供应商统一协调混凝土的供应指挥，充分体现了大体量混凝土浇筑背景下，混凝土的质量控制水平及生产组织管理水平。

提前摸排工程所在地混凝土供应商的供应能力，以某超高层项目基础筏板浇筑前对所在地的混凝土供应商的摸排情况为例（表 6-3）。

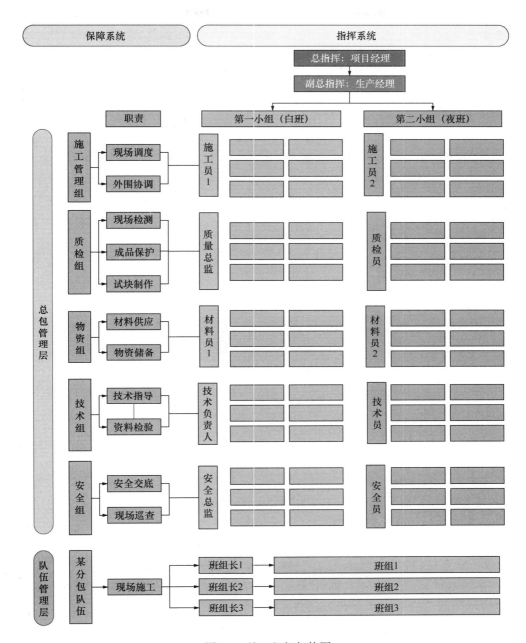

图 6-7　施工组织架构图

某超高层项目基础筏板混凝土供应能力摸排情况　　　　表 6-3

序号	生产站点	站点地址	生产能力	罐车数量	距离
1	中建商混青山站	青山区青山船厂	4000m³/d	35 辆	17km
2	中建商混江岸站	江岸区谌家矶	2400m³/d	30 辆	21km
3	中建商混亚东站	青山区八吉府大街	2400m³/d	30 辆	26km
4	中建商混汉口站	汉口北刘店	2500m³/d	30 辆	18km
5	湖北利建青山站	青山区都市工业园	5000m³/d	80 辆	14km

6.2.1.2 原材料优选与匹配

众所周知，混凝土主要由粗骨料、细骨料、水泥、拌合用水、掺合料及外加剂等组成。这些混凝土原材料由于品牌及产地不同，使得生产的混凝土成型性能差异较大，下面以水泥为例简要阐述相同品牌不同产地的材料对混凝土的成型效果的影响（表6-4）。

同一品牌、不同产地的水泥参数　　　　表 6-4

编号	产地	水泥品种	抗弯强度（MPa）		抗压强度（MPa）		细度	凝结时间（h：m）		外观颜色
			3d	28d	3d	28d		初凝	终凝	
水泥 A	黑龙江	P.O42.5	4.8	6.8	21.3	55.8	1.8	1：03	2：40	深灰色
水泥 B	山东	P.O42.5	3.2	5.9	15.1	43.7	2.9	1：16	2：55	浅灰色
水泥 C	安徽	P.O42.5	3.5	6.5	16.2	48.9	2.3	0：55	2：10	灰白色

图 6-8　三种水泥样品

除水泥产地不同外（图6-8），其余粗、细骨料、外加剂以及粉煤灰掺合料均选用同一品牌、同一产地且均满足国家相关规范及标准要求的材料进行对比试验，得出表6-5所列混凝土性能试验结果。

混凝土性能试验结果（水灰比 0.3）　　　　表 6-5

编号	产地	实验结果（MPa）				平均值（MPa）	尺寸换算（MPa）
水泥 A	黑龙江	抗压强度	76.4	82.99	76.61	78.7	74.8
		劈裂抗拉强度	3.04	3.07	2.86	3	2.6
		轴心抗压强度	71.7	70.6	72.4	71.6	68
水泥 B	山东	抗压强度	54.1	60.5	61.2	58.6	55.7
		劈裂抗拉强度	2.06	2.19	2.35	2.2	1.9
		轴心抗压强度	54.13	55.25	50.52	53.3	50.6
水泥 C	安徽	抗压强度	71.25	74.06	77.29	74.2	70.5
		劈裂抗拉强度	2.85	2.97	2.58	2.8	2.4
		轴心抗压强度	68.86	69.29	64.38	67.5	64.1

注：混凝土强度测试结果与混凝土试块的尺寸有关，标准混凝土试件的尺寸是 150mm×150mm×150mm 立方体，强度系数为 1.0。当试件尺寸为 100mm×100mm×100mm 时，强度结果要乘以换算系数 0.95，当试件尺寸为 200mm×200mm×200mm 时，强度结果要乘以换算系数 1.05，表中尺寸换算值是以标准混凝土试件的尺寸作为基准，平均值则是以 200mm×200mm×200mm 的时间尺寸实测获得，因此尺寸换算值＝平均值/1.05。

可以看出，虽然水泥的强度等级相同、品牌相同，但不同产地生产出的水泥在化学成分的含量上存在很大差异，因此，可得出其他原材料的产地及品牌不同对混凝土性能的影响程度。

为了避免不同的原材料对混凝土质量造成不利影响，超高层建筑基础筏板混凝土浇筑的组织方式一般采用混凝土供应总承包的模式，采用此模式的好处是：统筹各混凝土供应商应统一原材料采购，使用相同品牌、相同参数、相同产地的原材料进行混凝土生产。

6.2.1.3　浇筑部署

1. 施工段划分

超高层建筑项目的基础筏板通常划分为一个整区进行施工，为了便于保证混凝土浇筑成型质量，通常不宜设置后浇带划分为数个小区进行浇筑。

2. 浇筑总平面布置

（1）总平面布置的总体原则

基础筏板的浇筑作业，通常要考虑场外交通组织、场内交通组织、混凝土输送泵位布置、辅助浇筑设备的选位等。

（2）场外部分交通规划

根据提前摸排的混凝土供应站点，选择符合项目浇筑能力需求的数家供应站点，规划好自站点到项目浇筑地点最合理的运输路线（图 6-6），选择路线最短、交通流量小的路线，在市区配送运输时要避开早晚高峰交通繁忙的路段及时间段。

某项目基础筏板混凝土场外交通运输规划图	表 6-6
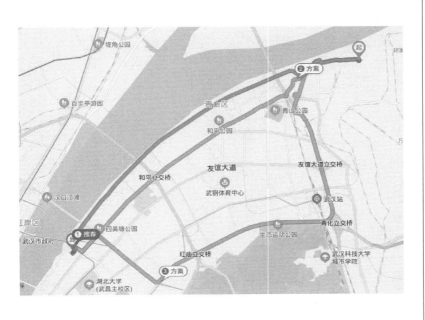	青山站：沿临江大道直走，到达工地，全程17km，单程50min

续表

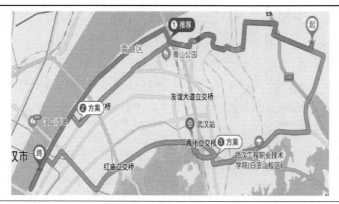	亚东站：沿 21 号公路，转和平大道，转临江大道，单程 90min
	江岸站：走汉施立交桥，转堪家矶大道，上三环，下和平大道，转临江大道，到达工地，单程 60min
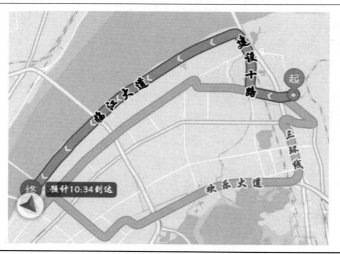	建设十路转临江大道，然后到达工地，全程 15km

（3）场内部分交通规划

场内交通应结合现场施工通道的布置情况来规划，需要考虑混凝土罐车进场过磅路线规划、混凝土罐车过磅后对应输送泵的路线规划、混凝土罐车等待区规划、混凝土罐车投料完毕后的洗泵点规划、混凝土罐车出场过磅路线规划等因素（图 6-9）。

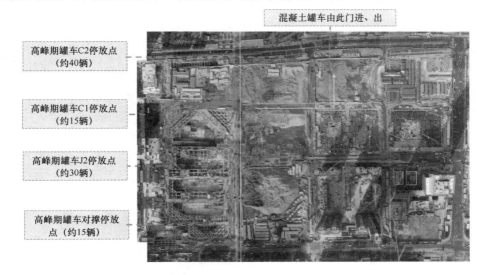

图 6-9　某超高层建筑基础筏板混凝土浇筑场内交通规划

6.2.1.4　筏板浇筑总平面布置方案

结合总平面布置原则及场内交通路线，可以得出一个合理的基础筏板总平面布置方案（图 6-10～图 6-12）。

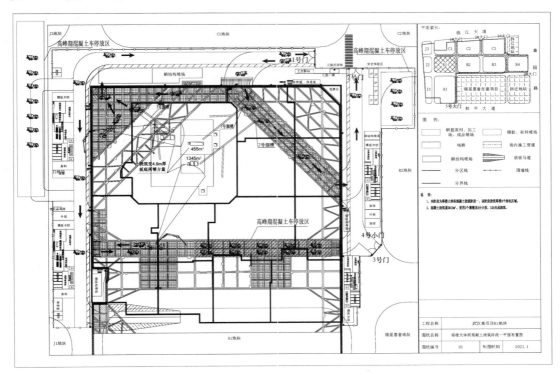

图 6-10　某超高层建筑基础筏板混凝土阶段一平面布置图

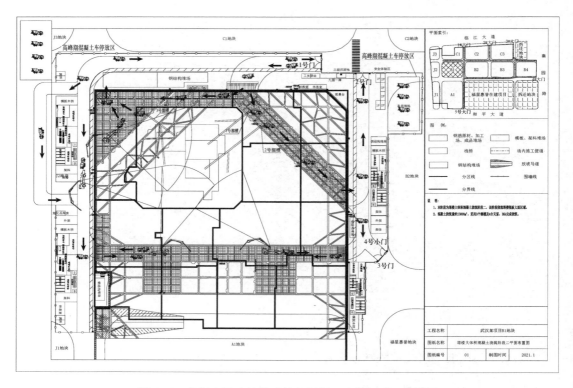

图 6-11　某超高层建筑基础筏板混凝土阶段二平面布置图

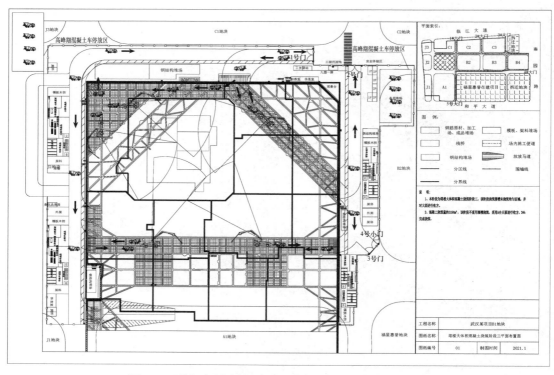

图 6-12　某超高层建筑基础筏板混凝土阶段三平面布置图

6.2.1.5　混凝土浇筑设备及机具配备

基础筏板浇筑设备及机具配备主要为天泵、混凝土运输车、泵管、振捣棒、混凝土温度测试仪、测温导线及温度传感器、污水泵等抽水设备、全站仪及水准仪、对讲机若干等。如何确定天泵、运输车辆等主要设备的投入数量，《大体积混凝土施工标准》GB 50496—2018 的附录 A 对以上数据的计算有介绍，以下以某项目的情况举例说明。

1.　供应能力验算

某超高层项目塔楼底板混凝土最大连续浇筑量 $20000m^3$，浇筑时间按 3 昼夜计，平均每天需供应混凝土量约为 $6700m^3$；各站点供应能力摸排情况如表 6-7 所示。

某超高层建筑混凝土供应商供应能力摸排情况表　　　　表 6-7

序号	生产站点	站点地址	生产能力	罐车数量	距离
1	中建青山站	青山区青山船厂	$4000m^3/d$	35 辆	17km
2	中建江岸站	江岸区谌家矶	$2400m^3/d$	30 辆	21km
3	中建亚东站	青山区八吉府大街	$2400m^3/d$	30 辆	26km
4	中建汉口站	汉口北刘店	$2500m^3/d$	30 辆	18km
5	湖北利建青山站	青山区都市工业园	$5000m^3/d$	80 辆	14km

经复核，中建青山站每天供应混凝土量约为 $4000m^3$，湖北利建青山站每天供应混凝土量约为 $5000m^3$，中建江岸站每天供应混凝土量约为 $2400m^3$，中建亚东站每天供应混凝土量约为 $2400m^3$，另有中建汉口站可供备用，混凝土生产能力满足现场浇筑要求。

2.　泵送能力验算

该项目底板浇筑分三个阶段进行，阶段一配置 4 台天泵、3 个溜槽浇筑 12h，考虑现场实际情况以及其他特殊情况，浇筑时间按 9h 计算；阶段二配置 4 台天泵、3 个溜槽浇筑 36h，考虑现场实际情况以及其他特殊情况，浇筑时间按 27h 计算；阶段三配置 6 台天泵浇筑 24h，考虑现场实际情况以及其他特殊情况，浇筑时间按 18h 计算。

$$Q_1 = Q \cdot \alpha = 80 \times 0.8 = 64m^3/h$$

$$Q_2 = 100m^3/h$$

式中：Q_1——每台天泵的实际平均输出量（m^3/h）；

$\qquad Q_2$——每个溜槽的实际平均输出量（m^3/h）。

阶段一：$Q_总 = (4Q_1 + 3Q_2) \times 9 = 5004m^3 > 3810m^3$，阶段一配置设备泵送能力满足现场浇筑要求。

阶段二：$Q_总 = (4Q_1 + 3Q_2) \times 27 = 15012m^3 > 13000m^3$，阶段二配置设备泵送能力满足现场浇筑要求。

阶段三：$Q_总 = 6Q_1 \times 18 = 6912m^3 > 3190m^3$，阶段三配置设备泵送能力满足现场浇筑要求。

综合以上参数设置以及系数缩小情况，按此方案配置设备，泵送能力满足现场浇筑要求。

3. 罐车配备验算

混凝土泵连续作业时，高峰期混凝土泵所需配备搅拌运输车的数量按下式计算：

$$N = \frac{Q_1}{V} \times \left(\frac{L}{S} + T_t\right) = \frac{32.4}{6} \times \left(\frac{22}{50} + \frac{1}{3}\right) \approx 4.2 \times (556/15) \times (40/30 + 1) = 87 \text{ 台，取}$$

100 台。

式中：N ——混凝土搅拌运输车台数（台）；

$\quad Q_1$ ——混凝土泵及溜槽的实际总输出量（m³/h），取 $64 \times 4 + 100 \times 3 = 5566$m³/h；

$\quad V$ ——每台混凝土搅拌运输车的容量（m³），取 156 m³；

$\quad L$ ——混凝土搅拌运输车往返运距（km）；

$\quad S$ ——搅拌运输车平均行车速度（km/h）；

$\quad T_t$ ——每台混凝土搅拌运输车总计停歇时间（h），取 1h。

根据上述计算可知，高峰期共需提供 100 辆罐车即可满足运输，5 家站点共 205 辆罐车，满足要求。

4. 混凝土工作量分配及复核

阶段一：最大可浇筑量为 5004m³，12h 内完成浇筑，中建青山站日方量达 4000m³，湖北利建青山站每天供应混凝土量约为 5000m³，满足需求。

中建青山站混凝土供应给 3 号溜槽、1 号天泵、2 号天泵、3 号天泵浇筑，浇筑量约 2628m³，所需混凝土搅拌运输车台数 $N = \frac{Q_1}{V} \times \left(\frac{L}{S} + T_t\right) = \frac{32.4}{6} \times \left(\frac{22}{50} + \frac{1}{3}\right) \approx 4.2 \times (2628 \div 12 \div 15) \times (1.67 + 1) = 39$ 台，中建青山站可提供 35 台罐车，需从中建其他站点调拨 10 台罐车以满足运输。

湖北利建青山站混凝土供应给 1 号溜槽、2 号溜槽、4 号天泵浇筑，浇筑量约 2376m³，所需混凝土搅拌运输车台数 $N = \frac{Q_1}{V} \times \left(\frac{L}{S} + T_t\right) = \frac{32.4}{6} \times \left(\frac{22}{50} + \frac{1}{3}\right) \approx 4.2 \times (2376 \div 12 \div 15) \times (1.67 + 1) = 36$ 台，青山站可提供 80 台罐车，满足运输。

阶段二：最大可浇筑量为 15012m³，36h 内完成浇筑，中建青山站日方量达 4000m³，湖北利建青山站每天供应混凝土量约为 5000m³，选择中建江岸站增加供应量，可增加约 2400m³/d，满足需求。

中建青山站混凝土供应给 3 号溜槽、1 号天泵、2 号天泵、3 号天泵浇筑，浇筑量约 7884m³，所需混凝土搅拌运输车台数 $N = \frac{Q_1}{V} \times \left(\frac{L}{S} + T_t\right) = \frac{32.4}{6} \times \left(\frac{22}{50} + \frac{1}{3}\right) \approx 4.2 \times (7884 \div 36 \div 15) \times (1.67 + 1) = 39$ 台，青山站可提供 35 台罐车，江岸站可提供 30 台罐车，满足运输要求。

湖北利建青山站混凝土供应给 1 号溜槽、2 号溜槽、4 号天泵浇筑，浇筑量约 5116m³，所需混凝土搅拌运输车台数 $N = \frac{Q_1}{V} \times \left(\frac{L}{S} + T_t\right) = \frac{32.4}{6} \times \left(\frac{22}{50} + \frac{1}{3}\right) \approx 4.2 \times (7128 \div 36 \div$

15）×（1.67＋1）＝ 36 台，青山站可提供 80 台罐车，满足运输要求。

阶段三：最大可浇筑量为 6912m³，24h 内完成浇筑，中建青山站日方量达 4000m³，湖北利建青山站每天供应混凝土量约为 5000m³，满足需求。

中建青山站、中建江岸站混凝土供应给 1 号天泵、2 号天泵、5 号天泵浇筑，浇筑量约为 3456m³，所需混凝土搅拌运输车台数 $N = \dfrac{Q_1}{V} \times \left(\dfrac{L}{S} + T_t\right) = \dfrac{32.4}{6} \times \left(\dfrac{22}{50} + \dfrac{1}{3}\right) \approx 4.2 \times$ （3456÷24÷15）×（1.67＋1）＝ 26 台，青山站可提供 35 台罐车，满足运输要求。

湖北利建青山站混凝土供应给 3 号天泵、4 号天泵、6 号天泵浇筑，浇筑量约为 3456m³，所需混凝土搅拌运输车台数 $N = \dfrac{Q_1}{V} \times \left(\dfrac{L}{S} + T_t\right) = \dfrac{32.4}{6} \times \left(\dfrac{22}{50} + \dfrac{1}{3}\right) \approx 4.2 \times$ （3456÷24÷15）×（1.67＋1）＝ 26 台，青山站可提供 80 台罐车，满足运输要求。

主要浇筑设备需要计划见表 6-8。

主要浇筑设备需用计划表　　　　　　　　　　　表 6-8

序号	机械名称	型号	需用计划	备注
1	天泵	中联重科 56m 6 节臂系列混凝土泵车（4 台）、中联重科 63m 6 节臂系列混凝土泵车（4 台）	共 6 台	中建商混、湖北利建商混各提供 3 台，并各备 1 台备用
2	混凝土运输车	15m³	100 辆	实际最大可配备 205 台
3	泵管	$\phi125mm \times 9mm$	1000m	耐高压无缝钢管，1 套为备用泵管
4	振捣棒	ZX-50 型	28 根	每台输送泵及溜槽配备 4 根振动棒
5	大体积混凝土智能温度测试仪	全自动	2 台	自动生成测温数据表格及温度曲线
6	测温导线	—	4000m	底板钢筋绑扎期间同步预埋
7	温度传感器	—	300 个	
8	潜水泵	—	8 台	抽排混凝土泌水
9	污水泵	—	4 台	混凝土浮浆抽排
10	全站仪	—	1 台	轴线、高程测量
11	水准仪	—	3 台	轴线、高程测量
12	对讲机	—	12 部	交通指挥、混凝土浇筑配合

备注：表中所列机械设备均以塔楼底板大体积混凝土浇筑进行配置，其他区域混凝土浇筑根据现场情况适当增减。

6.2.2　混凝土工程施工要点

6.2.2.1　混凝土浇筑

1. 混凝土浇筑原则

1）整体分层连续浇筑或推移式连续浇筑，应缩短间歇时间，并应在前层混凝土初凝之前将次层混凝土浇筑完毕。层间间歇时间不应大于混凝土初凝时间。混凝土初凝时间应通过试验确定。当层间间歇时间超过混凝土初凝时间时，层面应按施工缝处理。

2) 混凝土的浇灌应连续、有序，宜减少施工缝。

3) 混凝土宜采用泵送方式和二次振捣工艺。

2. 混凝土浇筑顺序

超高层基础筏板的浇筑顺序在遵循浇筑原则的基础上，平面上的浇筑顺序流向均为沿结构一端向另一端或者由中间向两端，立面上的浇筑顺序则遵循先低后高，即先浇筑低标高的电梯井、集水井等降板坑中坑部位，然后再过渡到大面标高按照平面浇筑顺序即可。浇筑过程中控制好各输送泵协同推进速度，使浇筑的混凝土成弧形向前推进，以便泌水能及时向两侧流淌排除。

下面以某项目的筏板基础施工为例进行详细讲解：

1) 主塔楼电梯井加深坑部位：

采用"斜向分层、水平推进"的方式，由天泵远端向输送泵端推进（即由远及近的退泵浇筑方式）进行浇筑。主塔楼底板施工第一阶段：3个溜槽及2台天泵集中浇筑3个深坑，受混凝土流动性的影响，溜槽浇筑区域混凝土面无法平整，2台天泵对溜槽覆盖范围内的区域进行辅助浇筑以确保混凝土面平整，浇筑方式采用水平分层浇筑，每层浇筑厚度不大于400mm，采用钢筋制作的标杆检查分层厚度。已浇筑的下层混凝土尚未初凝前浇筑上一层混凝土，逐层进行，直至混凝土大面浇筑至高跨板厚区域板底（图 6-13）。

2) 主塔楼底板的浇筑：采用"斜向分层、水平推进、一次到顶"的方式，由远泵端向输送泵推进（退泵）进行浇筑。

主塔楼底板施工第二阶段：混凝土由坑内向坑外方向浇筑，从西北角向东南角方向倒退式浇筑，直至大面积浇筑至板面标高。具体如图 6-14 所示。

6.2.2.2 混凝土振捣

在每台泵车供应的混凝土浇筑范围内应布置3～4台振捣棒进行振捣，需要注意浇筑斜面的坡顶和坡脚两处的振捣，确保上下部钢筋密集的部位振捣密实，振捣时严格控制振捣时间、移动间距和插入深度。

6.2.2.3 混凝土泌水处理

混凝土泌水处理：采用潜水泵置于泌水流向位置抽排，泌水量较大时使用功率为3～4kW的潜水泵抽排，泌水量小采用小功率软轴泵进行抽排；浇筑过程中若遇到下雨天气视现场情况增加排水泵。

浮浆处理：在底板浇灌即将结束时，有可能因砂浆积聚，与泌水混合形成浮浆，需用小型污水泵将浮浆抽出，以免在混凝土中形成容易龟裂的薄弱部位。抽出的浮浆经沉淀后排放。

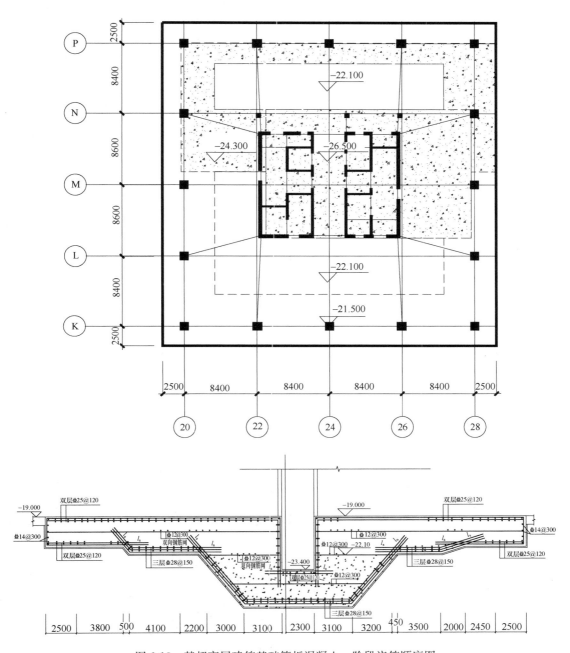

图 6-13　某超高层建筑基础筏板混凝土一阶段浇筑顺序图

6.2.2.4　混凝土的表面处理及养护

应关注天气对混凝土的影响，在此条件下，大体积混凝土经振捣密实后，再采用二次振捣抹平压实的方法进行表面处理。即混凝土振捣密实后用木枋、刮头将表面刮平，用塑料膜将混凝土表面覆盖，防止水分散失。待混凝土密实接近初凝时，揭开薄膜用平板振捣器、木枋、收光机等进行二次振捣，抹平收光表面的沉缩裂缝，使表面平整、均匀、密实。二次收

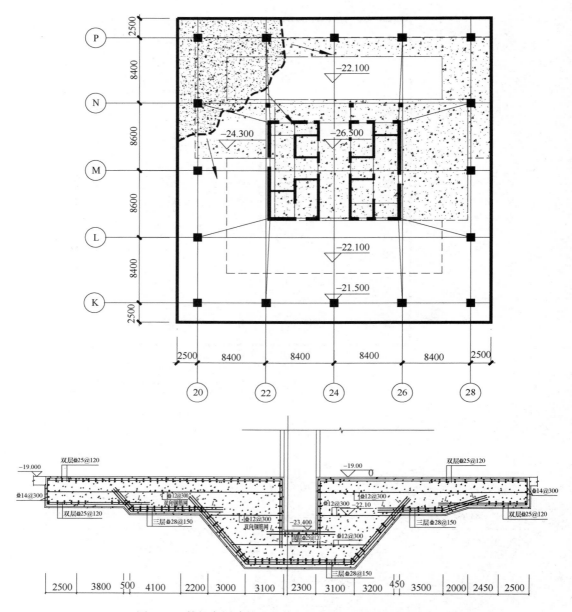

图 6-14　某超高层建筑基础筏板混凝土二阶段浇筑顺序图

光后随即用塑料膜严实覆盖，进行保湿养护。

　　根据温度监测的数据，当混凝土内水化热温度上升接近室内外温差 20℃时，及时覆盖保温材料进行蓄热养护，根据混凝土水化温升情况，调整蓄热养护措施，始终保持混凝土的内外温差、混凝土表面与环境温差、降温速率等指标在规定范围内，大体积混凝土保温蓄热养护时间不少于 14d。

6.2.3　钢筋工程施工要点

为满足超高层建筑上部压、拔、剪等荷载所需，其基础底板通常具有厚度大、钢筋排数多、钢筋直径大、钢筋规格高等特点。由此带来的钢筋加工、安装技术要求越来越高。采用平面放样、传统钢筋支架等措施已难以应对如此复杂条件下的钢筋排布、支架排布、支架强度及刚度等工程所需。

钢筋工程主要重难点体现在大直径钢筋的应用、大尺寸箍筋加工与安装、钢筋分布方式、施工顺序等。

1. 套筒选择

由于工程设计多为高强度、大直径钢筋，钢筋套筒的选择与钢筋加工是决定工厂施工质量的关键要素之一。市场供应多为 HRB400 钢筋所用的套筒，如将其使用于 HRB500 钢筋，无法达到设计要求的一级接头强度。为保证工厂质量，应通过与厂家联合试验，生产合格的 HRB500 钢筋套筒。

2. 钢筋加工与钢筋连接

常用的钢筋直螺纹连接有以下 4 种方式：Ⅰ型连接用于钢筋可自由转动的场合。利用钢筋端头相互对顶力锁定连接件，可选用标准型或异径型连接套筒。Ⅱ型连接用于钢筋过长而且密集、不便转动的场合，连接套筒预先全部拧入一根钢筋加长螺纹上，再反拧入被连接钢筋端头螺纹，最后转动 1/2 圈即可锁定连接件，可选用标准型连接套筒。Ⅲ型连接：用于钢筋完全不能动，如弯折钢筋的相互对接等。此时可将锁定螺母和连接套筒预先拧入加长螺纹。再反拧入另一根钢筋端头螺纹，最后用锁定螺母锁定连接套筒，可选用标准型或扩口型连接套筒加锁定螺母。Ⅳ型连接：用于钢筋完全不能转动而要求调节钢筋内力的场合，如施工缝，连接套筒带正反丝扣，可在一个旋合方向中松开或拧紧两根钢筋，应选用带正反丝扣的连接套筒。

3. 钢筋安装

鉴于底板底部标高繁多，钢筋弯起、交叉、多向汇交复杂等问题，采用 BIM 技术对多向钢筋交会处进行 BIM 模拟，现场根据 BIM 模型进行下料、放线与安装。在绑扎过程中按一定的顺序，如：底板钢筋绑扎前应按照图纸钢筋间距要求，在垫层上弹出轴线、集水坑、电梯井线、墙边线钢筋位置，按线摆放钢筋，要求横平竖直。绑扎底板钢筋时按照弹好的钢筋位置线，先铺下层钢筋网，后铺上层钢筋网。底板第一根钢筋位置距离结构边线尺寸为 50mm。在铺设底板最下层钢筋网时，先铺设集水坑、电梯井井坑层钢筋。顺序如下：定位放线→集水井、电梯基坑及底板变板厚等细部钢筋绑扎→桩头与底板之间钢筋的绑扎→承台底层钢筋绑扎→承台中间层钢筋绑扎（如设计有）→墙柱定位钢筋绑扎→承台与底板面层钢筋绑扎→剪力墙与结构柱插进绑扎。

6.2.4 模板工程施工要点

1. 底板坑中坑支护

超高层基础由于建筑地下室功能的需要，基坑坑底深度并不相同，出现坑中坑，坑中坑支护体系主要为放坡、重力式挡墙、桩间土钉墙等。

1）放坡式坑中坑支护

若坑中坑开挖深度范围内的土层是淤泥质土，应采取必要的抗滑措施，比如在坡体表面加打短钢筋或木桩等，尽量保证坡体的稳定性。图 6-15 为放坡式坑中坑支护示意图。

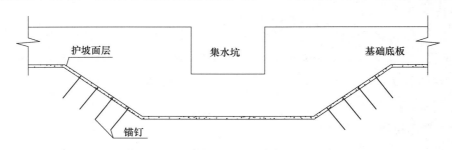

图 6-15　某项目放坡式坑中坑支护做法

2）桩板墙

桩板墙主要通过在桩间挂上挡土板的方式，将土压力最后全部传递至锚固桩上。其中，桩间挡土板可以采用现浇的方式进行制作，也可以采用预制的方式进行制作以使施工进度加快，且能将墙后土体的暴露时间减少。如果桩板墙面坡垂直，则此时的收坡效果最好，一般可以在任何地层中使用，且不受墙高限制。

3）桩间墙

桩间墙是采用得比较广泛的支挡形式，桩间墙的特点是可以采用简单的常规施工方法。当采用桩间墙时，重力式路堑墙高一般不能大于10m。如果地面横坡比较陡，则因为桩间墙的收坡效果不是很好，故不适宜采用桩间墙。

2. 集水井、电梯底坑

底板坑中坑侧模、集水井及电梯井等处模板一般均拟采用尺寸为 1800mm×918mm×18mm 普通木模板、尺寸为 50mm×100mm 木枋、普通钢管及快拆头支撑加固体系（图 6-16）。为保证混凝土浇筑质量，混凝土浇筑前预埋 ϕ14 对拉螺杆，对拉螺杆与钢筋支撑或板面筋焊接，对拉螺杆与坑底部加固体系连接，模板均一次支设完成。

6.2.5 底板钢筋支撑施工工艺

超高层建筑基础筏板存在基础深、底板厚度大、钢筋排数多、钢筋直径粗、自重大等特点，目前工程中应用的底板钢筋支撑主要有三种，分别为钢筋支撑、型钢支撑、钢管支撑（图 6-17）。各种支撑体系的优缺点及适用范围如表 6-9 所示。

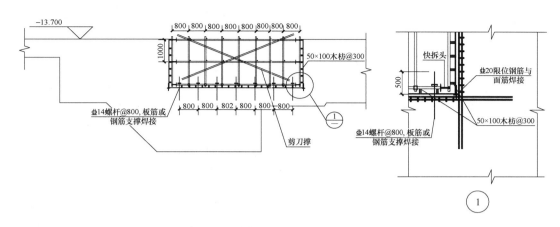

图 6-16　某项目集水井坑中坑模板支护做法

各支撑体系优缺点　　　　　　　　　　　　　　　　　　　　表 6-9

序号	支撑体系	优点	缺点	适用范围
1	钢筋支撑	施工简便	对于超厚底板、上下层网片间距较大的底板结构难以满足稳定性及刚度要求	底板厚度 2m 以内
2	型钢支撑	安全系数高，可焊接止水片，止水性能好	连接节点需要焊接，焊接量大，施工速度慢	2～8m，根据荷载专项设计
3	钢管脚手撑	节点连接简单，结构搭设方便，工人操作熟练，施工速度快	水平杆、立杆钢管内部极易渗漏，需采用注浆封堵、端部焊接止水片封堵	2～6m，根据荷载专项设计

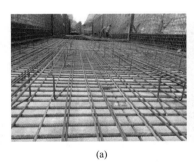
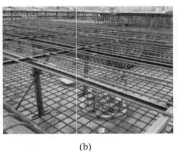
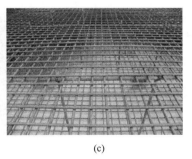

(a)　　　　　　　　　　　(b)　　　　　　　　　　　(c)

图 6-17　支撑体系示意

（a）钢筋支撑；（b）型钢支撑；（c）钢管支撑

　　钢筋支撑适用范围较窄，属于较传统施工方法，不利之处主要有两点：1）采用钢筋支撑加工周期过长，要保证稳定性必须要加大钢筋规格，增加用钢量及焊接量，且基坑深、钢筋网密集，工人操作非常困难。在混凝土浇筑时，承受动力荷载时容易发生失稳，安全性低。2）钢管支撑刚度低，受动荷载影响钢管易变形，扣件易松动，且钢管对筏板防水造成永久隐患，后期封堵处理成本大，隐患难以完全消除。

鉴于以上不利因素，在超高层基础筏板中的钢筋支撑主要采用型钢支撑及钢管支撑。

6.2.5.1 型钢支撑体系设计与施工

下面以某工程为例，介绍如何设计型钢支撑体系。

某工程筏板底部钢筋为Φ40@150，分为三层双向网片，垫块承受荷载大。设计垫块采用100mm×100mm×100mm的C45混凝土试块，间距2000mm×2000mm，经强度验算能够满足要求。型钢支撑材料选型根据筏板厚度不同而相应变化，设计选材如下（图6-18）：1）筏板厚度大于3m（电梯井处6.6m）的支撑主梁采用[12.6槽钢，立柱采用[10号槽钢。2）筏板厚度为3m的支撑主梁采用[12.6槽钢，立柱采用[8号槽钢。根据底板配筋设计，厚度为3m筏板中部需附加一层Φ14@200的双向温度分布钢筋网片，此处中部需增加纵横向附加支撑以满足本层钢筋的支撑要求。设计采用∠50×5角钢纵横向连接，间距2000mm×2000mm布置。3）筏板厚度为1.5m的支撑主梁采用[10槽钢，立柱选用[8号槽钢。4）支撑顶部次梁采用∠50×5角钢，立柱间距2m×2m，底部用一道∠50×5角钢水平向纵横加固，部分加深区域为两道或者三道，并保证水平拉结杆步距不大于1.6m。5）立柱斜向采用双向每两跨布置∠50×5角钢连续斜撑做拉结，保证支撑侧向稳定。立柱底部采用120mm×350mm×14mm钢板作垫脚。

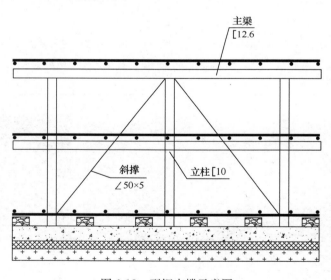

图6-18　型钢支撑示意图

1. 型钢支撑施工流程

施工准备→定位放线→确定筏板底部钢筋位置→安装柱脚钢板→放混凝土垫块→安装筏板底部钢筋→搭设碗扣式满堂架→安装型钢支撑立柱→安装型钢支撑主次梁→安装底部拉结杆→安装中部钢筋附加撑→安装双向斜撑→监理验收→安装筏板顶部钢筋→拆除满堂架→安装筏板中部温度筋→筏板钢筋验收。

2. 型钢支撑施工要点

1）型钢支撑基座、立柱安装施工：底板底部钢筋绑扎完成后（底板底筋设置 C45 混凝土垫块），按尺寸间距排布要求对型钢支撑基座、立柱定位放样，基座焊接固定在底筋上，再对立柱进行安装固定。

2）连系杆安装施工：立柱就位安装焊接后，为避免被现场调运材料碰撞倾倒，纵横向立柱之间（上部 1/3 处）设置连系杆，连系杆与立柱双面焊接牢固。

3）主梁安装施工：立柱、连系杆焊接固定牢靠后，严格按照标高线安装主梁，确保上部钢筋保护层厚度；主梁与立柱焊接必须双面满焊固定，不得漏焊。

4）水平及竖向剪刀撑安装施工：为确保型钢支撑体系的安全稳定性，按要求设置竖向及水平剪刀撑（横向间距 4500mm、纵向间距 3000mm），水平剪刀撑设置在立柱中部位置，剪刀撑与立柱全部焊接固定牢靠后，经总承包单位施工质量员自检互检和监理最终验收合格后，方可进行底板上部钢筋绑扎安装，确保底板施工安全质量处于可控状态。

5）型钢支撑制作、焊接要求

型钢支撑制作焊接的质量会直接影响到结构整体的质量和安全，因此，在施工中应重点注意以下几点：①型钢进场前须检查厂家提供的检测报告、出厂合格证及尺寸规格，检查合格后方可在工程上使用。②支撑安装采用焊接连接方式，焊接前型钢须进行防锈处理。③现场焊工应持证上岗，穿专用工作服，持防护面罩，防止弧光辐射对人体的伤害。④施工前由专业工长向焊工进行书面技术及安全交底并签字。⑤焊条质量应符合国家标准，根据有关规范和公司的相关焊接工艺评定。⑥焊缝焊完后，由专职质量员进行焊缝外观检查。焊缝外观质量不得低于Ⅱ级，施工中易发生的焊接缺陷及其成因、处理方法详见表 6-10。

型钢焊接质量把控表　　　　　　　　　　　　　　　　　　表 6-10

序号	焊缝缺陷	主要原因与处理方法
1	裂纹	主要原因有焊接工艺措施不合理或焊接材料质量差等，如焊前未预热、焊后冷却快等。处理方法有铲除裂纹处的焊缝金属，进行补焊
2	未熔合、未焊透	主要原因有焊工操作不当、焊接电流过小、焊接速度过快等。处理方法为在焊缝背面直接补焊或铲去未焊透的焊缝金属后重新焊接
3	固体夹渣	主要原因有熔渣密度太大、焊渣电流过大、焊接速度过快等。处理方法为挖除夹渣处缺陷金属，重新补焊
4	裂纹	主要原因有电流过大、电弧过长、焊工操作焊枪时角度不对、运条不当等。处理方法有电流选择大小要适当、运条要均匀、焊枪角度要合适等，严重咬边要进行补焊

6.2.5.2　钢管支架体系设计与施工

1. 体系设计

下面以某工程为例，介绍如何设计钢管支撑体系。

案例：某工程筏板结构由三层双向钢筋网片组成，顶部及中部钢筋为 Φ 40@150，整体荷载大。采用钢管支撑体系作为筏板中部及顶部钢筋网片绑扎时的承载措施，立杆纵横间距均为 1.5m，步距 1.3m，主要技术特点如下：

1）底板钢筋支撑体系选用钢管进行搭设。

2）钢管支撑体系立杆需避开钢结构等其他结构构件。

3）每隔 6 跨设置 1 个灯笼架，灯笼架尺寸为 2 跨立杆间距，灯笼架双向布置，灯笼架之间采用 2 个剪刀撑进行拉结，剪刀撑跨距为 3 跨立杆间距。

2. 钢管支架体系施工

1）工艺流程：底筋垫块安装→底筋绑扎→T 字形飞机撑及钢管立柱安装→钢管支撑架安装→顶托安装→顶部横梁安装→面层钢筋布设→后续施工工序。

2）底筋垫块安装如图 6-19 所示，底筋下部使用 50mm 厚大理石或花岗石作为底筋垫块（具体厚度视钢筋保护层厚度而定）。由于支撑架和上部荷载均通过筏板底筋传递到垫块上，垫块的选材应有足够的强度，并在铺设时适当加密。

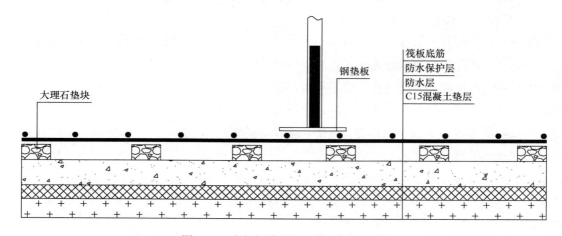

图 6-19　底板钢筋钢管支撑底部节点图

3）底板钢筋绑扎钢管支撑搭设在筏板底筋上，筏板底筋采用常规的施工方式，无特殊要求。

4）T 字形钢垫板及钢管立柱下方用 T 字形钢垫板与底筋电焊固定，钢垫板采用筏板加工剩余的钢筋下脚料制作，飞机撑立杆高度不小于 300mm，支架长度不小于 400mm，使垫板底脚能跨越 3 道底板纵筋，提高其稳定性。其设置方式见图 6-19，操作时应注意，垫板的中部支撑点应放置于底板钢筋垫块上，使立杆受力能直接通过垫块传至地面，以防底板钢筋直接受力产生较大变形，导致支撑架失稳。同时，T 字形垫板的制作利用底板钢筋加工的下脚料，可提前制作，不额外占据施工工期和材料。

5）钢管支撑架主体采用 48.3×3.6 钢管脚手架，钢管立柱高度随支撑架高度进行定制，钢管表面涂刷防锈漆，支撑架搭设于筏板底筋上，根据不同施工部位的钢筋重量等上部荷载，确定其不同的立杆间距及步距等搭设参数，由于可以套用成熟的模板计算软件，其计算简单快捷。搭设时由工地现有的专业架子工进行操作即可，不需要像型钢支撑架那样临时增加专业焊工，操作方便迅速。并可按照常规脚手架的相关规范进行设计、施工和检查验收，施工和管理人员无须进行额外的专业培训。

6）顶部横梁安装须经过计算，支撑架的支架上部中间横梁采用单钢管形式，筏板高低错台部位的第一根横梁则采用双钢管形式，单钢管与顶托之间通过 12 号钢丝进行绑扎固定，防止滑动，横梁与顶托中心应保持通线，不得出现较大的偏斜（图 6-20）。横梁的方向应垂直于筏板面层下排钢筋方向，以保证设计钢筋位置的正确。

7）上部钢筋绑扎与正常的绑扎工艺相同，无特殊的要求。

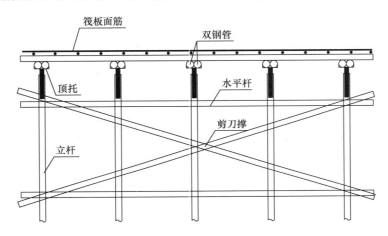

图 6-20　底板钢筋钢管支撑顶部节点图

6.3 施工控制技术

6.3.1 裂缝控制技术

大体积混凝土结构由于结构截面大、水泥用量多，水泥水化所释放的水化热会产生较大的温度变化和收缩作用，由此形成的温度收缩应力是导致混凝土产生裂缝的主要原因；因此，大体积混凝土裂缝控制主要是控制大体积混凝土的温度裂缝。

6.3.1.1 降低水泥水化热和变形

应选用低水化热或中水化热的水泥品种配制混凝土，如矿渣硅酸盐水泥、粉煤灰水泥。

充分利用混凝土的后期强度，减少每立方米混凝土中的水泥用量。根据试验每增减 10kg 水泥，其水化热将使混凝土的温度相应升降 1℃。

尽量使用粗骨料，尽量选用粒径较大、级配良好的粗细骨料；控制砂石含泥量；掺加粉煤灰等掺合料或掺加相应的减水剂、缓凝剂，改善和易性、降低水灰比，以达到减少水泥用量、降低水化热的目的。

在拌和混凝土时，可掺入适量微膨胀剂或膨胀水泥，使混凝土得到补偿收缩，减少混凝土的温度应力。

6.3.1.2　降低混凝土温度差

1）选择较适宜的气温下浇筑大体积混凝土，尽量避开炎热天气浇筑混凝土。

2）掺加相应的缓凝型减水剂。

6.3.1.3　加强施工中的温度控制

1）在混凝土浇筑之后，做好混凝土的保温保湿养护，缓缓降温，充分发挥徐变特性，降低温度应力，夏季应注意避免暴晒，注意保湿，以免发生急剧的温度梯度。

2）采取长时间的养护，规定合理的拆模时间，延缓降温时间和速度，充分发挥混凝土的"应力松弛效应"。

3）加强测温和温度监测与管理，实行信息化控制，随时控制混凝土内的温度变化，内外温差控制在 25℃ 以内，基面温差和基底面温差均控制在 20℃ 以内，及时调整保温及养护措施，使混凝土的温度梯度和湿度不致过大，以有效控制有害裂缝的出现。

4）合理安排施工程序，使混凝土在浇筑过程中均匀上升，避免混凝土拌合物堆积。在结构完成后及时回填土，避免其侧面长期暴露。

6.3.1.4　改善约束条件，削减温度应力

采取分层或分块浇筑大体积混凝土的措施，合理设置水平或垂直施工缝。

6.3.1.5　提高混凝土的极限抗拉强度

1）选择良好级配的粗骨料，严格控制其含水量，加强混凝土的振捣，提高混凝土密实度和抗拉强度，减小收缩变形，保证施工质量。

2）采取二次振捣法，浇筑后及时排除表面积水，加强早期养护，提高混凝土早期或相应龄期的抗拉强度和弹性模量。

6.3.2　温控技术

6.3.2.1　测温设备

测温仪：CW-A 智能测温仪。

多路转换箱：与 CW-A 智能测温仪配套转换箱，用于多测点自动切换传感器。

6.3.2.2　测温工作

安排专人对底板大体积混凝土进行温度监测，掌握混凝土水化热温升情况。大体积混凝

土测温监测要求如下：

1）混凝土的入模温度监测，每台班不得少于 2 次。在混凝土浇筑后，每昼夜温度监测不得少于 4 次。

2）混凝土浇筑体在入模温度基础上的温升值不得大于 50℃。

3）混凝土的里表温度差（不含混凝土收缩的当量温度）不得大于 25℃，且本工程预警温度设为 20℃。

4）混凝土浇筑体的降温速率不得大于 2℃/d。

5）混凝土浇筑体表面与大气温差不得大于 20℃。

6）混凝土下料时，不得直接冲击测试测温元件及其引出线；振捣时，振捣器不得触及测温元件及引出线。

6.3.2.3　测温系统的安装与测试

传感器按测温点布置方案，在底板结构板较厚、应力集中区域、易产生裂缝的典型位置宜设置测温传感器。传感器应与钢筋固定牢靠，但测头和探头均不得与钢筋直接接触。

测温点根据底板厚度均匀分布设置，竖向间距最底部测温探头距底板底筋 200mm，上部探头距底板分布筋 200mm，探头数量为底板构造钢筋网排数＋1。

测温点布置详见图 6-21。

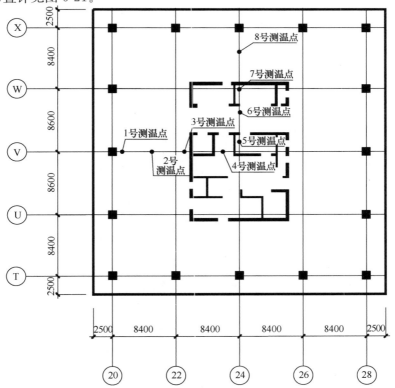

图 6-21　某工程塔楼区底板测温点平面布置图

6.3.3 原材料选择与配合比设计技术

6.3.3.1 水泥

混凝土中最主要的胶结材料是水泥，其对混凝土的众多物理、力学性能有着重要影响，可以说水泥材料种类的选择对混凝土的性能至关重要。大体积混凝土中的水泥基材料要优先采用水化热低的中热或低热水泥、矿渣硅酸盐水泥、火山灰硅酸盐水泥或粉煤灰硅酸盐水泥，同时又由于水泥的水化热主要是取决于其矿物成分的组成含量，因而也可以考虑优先选用水泥的熟料中C_3A和C_3S含量较低，而$C_{23}S$和C_4AF的含量相对较高的水泥材料，以利于减小水泥的水化热和放热速率。在应用到大体积混凝土中时，因为通常使用的普通水泥的水化热都会比较高，而且内部大量水泥水化热非常不易散发，在混凝土的内部就会产生过高的温度，与混凝土表面产生较大的温度差，使大体积混凝土的内部产生了一定的压应力，其表面就会相应产生拉应力。当表面拉应力超过了混凝土的早期抗拉强度时，混凝土就会产生大量的温度裂缝，所以，尽量选取水化作用释放热量少、凝结时间比较长的水泥基材料是大体积混凝土配合比设计中选取原材料的重要准则。显然，粉煤灰硅酸盐水泥、火山灰硅酸盐和矿渣硅酸盐水泥的水化热比普通硅酸盐水泥要小很多，能够很容易实现大体积混凝土低水化热的目标。但在进行冬期施工时，应该首选水化热较高的水泥，以确保其早期强度尽快发展到临界强度，防止冻害发生。同时，从后浇带混凝土对变形控制的要求考虑，凝结硬化时间也要适宜，如果在冬期施工采用粉煤灰硅酸盐水泥、火山灰硅酸盐或矿渣硅酸盐水泥，其凝结时间不易控制，导致变形控制也变得更加困难，一旦控制不好，就会出现混凝土渗漏现象。

6.3.3.2 粉煤灰和矿渣

粉煤灰，又叫作"飞灰"，是火力发电厂由燃烧煤炭锅炉里排出，并经烟囱道收集起来的固体、细粉状排放物质。我国每年在工业生产中所排放的粉煤灰的总量高达 1.2 亿 t，随意排放的大量粉煤灰不仅占据了部分农田，而且对生活环境造成了严重污染。然而，自粉煤灰用于建筑材料后，其发生了由"工业废渣"到"矿物掺合料"的重大改变。粉煤灰的主要化学组分是SiO_2、Al_2O_3，其各化学组分含量决定了粉煤灰活性的高低，同时也决定其各项物理化学性能。粉煤灰颗粒具有火山灰活性效应，掺入混凝土中能生成硅酸钙凝胶，作为胶凝材料的一部分起增强的作用，在混凝土用水量不变的条件下，可显著改善大体积混凝土拌合物的和易性，如果要保持混凝土拌合物原有的和易性，则可以显著地减少胶凝材料用水量，起到明显的减水效果，较少的用水量可以有效地提高混凝土的抗压强度和材料密实度。高炉矿渣是冶炼生铁时从高炉中排出的一种废渣。用作混凝土掺合料的粒化高炉矿渣粉，是由粒化高炉矿渣经过干燥和研磨到一定程度后得到的粉体，是一种优质的矿物掺合料，它不仅可以取代一定质量的水泥，而且还有助于改善混凝土的众多性能，比如提高抗渗性能、抗化学腐蚀性能、抑制碱-集料反应以及大幅度提升混凝土的抗压强度等。大体积混凝土一般都要掺有适量的矿物掺合料，以改善混凝土的各种性能和降低水化热，减少温度裂缝的出现。磨细矿渣和粉煤灰是目前大体积混凝土中应用最多的矿物掺合料。硅灰与粉煤灰共掺虽然可以显著节约水泥的用量，降低混凝土的绝热温升速度，同时可以明显提高混凝土的各项力学性能，从而显著提高大体积混凝土的抗裂性能，但是由于硅灰的来源少，应用成本很高，所以在工程中大规模应用存在困难，粉煤灰和矿渣的基本性能见表 6-11。

粒化高炉矿渣粉基本性能　　　　　　　表 6-11

筛余（g）	含水率（%）	需水量比（%）	烧失量（g）
15.88	0.2	96	4.00
密度（g/cm³）	比表面积（m²/kg）	含水率（%）	烧失量（%）
2.31	380	0.04	0.15

6.3.3.3　骨料

骨料的选取原则一般为：宜采取连续级配的骨料，同时要尽可能地减少水泥材料用量和降低大体积混凝土的水灰比，从而可以降低混凝土的水化热和自身的体积收缩。在允许的施工条件下，粒径较大和级配良好的粗骨料是首选，含泥量应小于 1%，同时，根据相关规定的要求，石子的最大粒径要以不大于钢筋之间最小净距的 3/4 为宜。通过优先选择和比较，细骨料采用良好级配的砂石，在可以有效降低浆体用量的同时还能提高大体积混凝土的内部密实度，对混凝土的耐久性也是非常有利的。与优选粗骨料类似，在挑选河砂时，主要考虑其细度模数、颗粒形状、表观密度、堆积密度及含泥量等因素。本实验中砂的细度模数为 3.0，颗粒形状良好，含泥量为 2.2%。粗骨料：本项目工程中采用的是粒径为 5~25mm，其含泥量 0.8% 的碎石骨料。如果混凝土是由良好级配的砂石拌制，其抗压强度可以得到保证，和易性和流动性都比较好，与此同时，还可以明显地使水泥用量和拌合水的用量减少，进而间接降低了水泥水化作用产生的热量，使大体积混凝土的内部温度降低，可以避免筏板基础出现裂缝。

6.3.3.4　外加剂

对于在冬期施工的混凝土结构工程，需要从实际工程的结构类型、性质、施工部位以及外加剂使用目的来合理选择混凝土外加剂。选择中应该考虑的内容包括：可以改善混凝土的和易性，减少用水量，提高混凝土的早期强度；外加剂的选择还要注意其对混凝土后期强度的影响，对钢筋的锈蚀作用以及对环境的影响；为了保证混凝土内部适宜水化温度环境，冬期施工要尽量减少使用水化热较小的水泥。研究结果表明如果掺加一定量的具有减水、增塑、缓凝等作用的外加剂在混凝土中，可以明显改善混凝土拌合物的流动性、和易性和黏聚性。合理且适量的混凝土外加剂不但能够显著地提升混凝土的强度和有效减少拌合物的用水量，而且通过以上作用还能够使热量峰值的推迟出现，可大大降低混凝土内部因水化热量而上升的温度，对于避免大体积混凝土温度裂缝的产生是非常有利的。一般采用既能满足施工要求，又能以最大幅度地减少用水量和水泥用量的外加剂，从而能够显著地提高大体积混凝土的抗裂性。常用外加剂的掺加量在一般情况下，可按有关规定及外部生产厂家推荐掺量使用。通过分析一些大体积混凝土配合比实例及过去在其他工程上的经验，同时结合施工时间为冬季和采取泵送方式情况，混凝土中需要加入适量防冻泵送剂。

同时，由于设置后浇带的施工过程复杂，后期处理不当危害较多，而且工期较长，取消现浇大体积混凝土结构后浇带，以膨胀加强带取代后浇带，降低生产成本、缩短施工工期，同时预防大体积混凝土结构产生收缩裂缝，在混凝土施工中应该掺入适量的膨胀剂，能够有效地限制混凝土结构的收缩形变。

6.3.3.5 配合比设计

根据相关规范对该超高层建筑基础混凝土进行配合比设计和试配，混凝土试配原则如下：①在保证基础工程设计所规定的强度、耐久性的前提下，每 $1m^3$ 的混凝土中胶凝材料总用量不得小于 300kg，其水胶比不大于 0.40；②使用高效的减水剂，控制基础底板的混凝土的坍落度在 180mm 左右；③掺加粉煤灰和矿渣粉能有效降低大体积混凝土的水化热，并提高混凝土的后期强度；④考虑骨料对混凝土的性能影响以及其对施工过程的影响。例如某项目混凝土底板采用 C40 级商品混凝土，抗渗等级为 P10，基础混凝土采用越堡金羊 P.O42.5 普通硅酸盐水泥、西江中砂、碎石等材料。通过水泥强度及工程所需的混凝土强度计算出水灰比为 0.38，再结合理论用水量和相关减水剂等外加剂计算实际的用水量为 $150kg/m^3$。考虑到骨料对混凝土的强度及其施工方面的影响，将骨料的用量控制在 $1400kg/m^3$ 左右，砂率控制在 40% 左右，经过相关理论计算和实验得到混凝土的配合比如表 6-12 所示。

混凝土配合比设计（单位：kg）   表 6-12

水泥	矿渣粉	砂	碎石	水	外加剂
150	34	700	1230	150	8.6

第7章 模架工程施工技术

7.1 技术特点

1. 以竖向结构模板为主

目前超高层建筑多采用框-筒、筒中筒结构体系，核心筒以钢筋混凝土结构为主，外框架（筒）以钢结构为主，水平结构一般为钢筋混凝土梁板或钢梁＋压型钢板或钢筋桁架楼承板，因此超高层建筑结构施工中，核心筒的模板工程量最大。

在超高层建筑中，核心筒内多为电梯和机电设备井道，楼板缺失较多，竖向结构（剪力墙）施工工程量较水平结构（楼板）大得多，竖向结构模板面积远远超过水平结构模板面积（图7-1）。

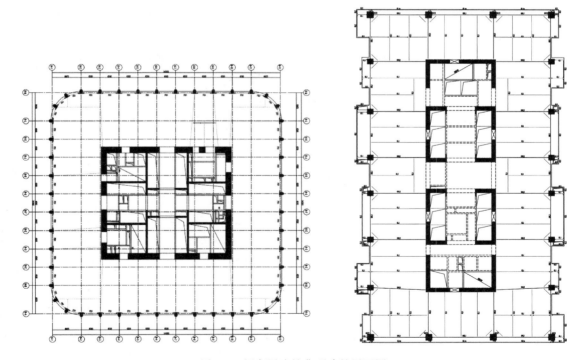

图 7-1　超高层建筑典型建筑平面图

2. 施工精度要求高

超高层建筑结构超高，受力复杂，施工精度特别是垂直度对结构受力影响显著。另外，超高层建筑设备如电梯正常运行对结构的垂直度也有严格要求，因此，超高层建筑的模板工程系统必须具备较高的施工精度。

3. 施工效率要求高

超高层建筑多采用阶梯形竖向流水施工，核心筒是整个建筑施工的"先头部队"，核心筒施工节奏对其他部位结构施工甚至整个超高层建筑施工速度都有显著影响，因此超高层建筑模板工程必须具有较高的施工工效。

7.2 模架选型

超高层建筑普遍具有工程体量大、施工场地狭小、工期紧张、高空作业及施工工况复杂等特点，为确保施工质量和施工进度满足要求，选择合适的模架装备技术是重中之重。

7.2.1 脚手架选型

超高层建筑有两种施工方式：①核心筒与外框不等高同步施工，脚手架主要用于核心筒结构外侧，其中核心筒结构分"水平和竖向结构同步施工"以及"水平和竖向结构分开施工"两种；②核心筒和外框等高同步施工，脚手架用于外框结构外侧（表7-1）。

目前，300m级超高层建筑使用的脚手架主要为液压爬模、集成附着升降脚手架、微凸支点轻量化模架。

根据外框结构形式，脚手架可附着于核心筒外侧或外框结构外侧。若外框梁板为钢梁＋压型钢板或钢筋桁架楼承板，则采用不等高同步攀升工艺，脚手架附着于核心筒结构外侧。若外框梁板为钢筋混凝土结构，则脚手架附着于外框结构外侧。

集成附着升降脚手架适用于结构平面外檐变化较小的超高层建筑施工，液压爬模和微凸支点轻量化模架可适用于结构平面外檐变化较大的超高层建筑施工。

超高层建筑施工方式 表 7-1

施工方式	部位	结构形式	架体选型	备注
核心筒与外框不等高同步施工	核心筒	结构平面外檐变化较小	集成附着升降脚手架 液压爬模 微凸支点轻量化模架	
		结构平面外檐变化较大	液压爬模 微凸支点轻量化模架	
	外框	钢管混凝土柱	—	1. 外框柱密采用一套整体升降脚手架 2. 外框柱少截面大，一根柱采用一套升降脚手架
		劲性混凝土柱	集成附着升降脚手架	
核心筒和外框等高同步施工	核心筒	—	—	
	外框	—	集成附着升降脚手架	

7.2.2　模板选型

300m 级超高层建筑楼层多，应尽量考虑选择周转次数多的模板，可选用木模板、钢（铝）框胶合板模板、全钢大模板、组合铝合金模板、组合式带肋塑料模板。根据核心筒及外框的结构形式不同，具体选型如表 7-2 所示。

模板选型　　　　　　　　　　　　　　　　　　　表 7-2

结构形式	部位	楼层	部位	模板选型	备注
外框为钢结构（钢柱、钢梁、压型钢板或钢筋桁架楼承板）	核心筒	标准层	梁、板、内墙	木模板 组合铝合金模板 组合式带肋塑料模板 钢（铝）框胶合板模板	若墙、梁结构变化大，则采用木模板
			外墙	全钢大模板 组合铝合金模板 组合式带肋塑料模板 钢（铝）框胶合板模板	
		非标层	梁、板、墙	木模板或铝木结合	
	外框	—	—		
外框为钢筋混凝土结构	核心筒	标准层	梁、板、墙	木模板 组合铝合金模板 组合式带肋塑料模板 钢（铝）框胶合板模板	若墙、梁结构变化大，则采用木模板
		非标层		木模板或铝木结合	
	外框	标准层	梁、板、柱	木模板 组合铝合金模板 组合式带肋塑料模板 钢（铝）框胶合板模板	若墙、梁结构变化大，则采用木模板
		非标层		木模板或铝木结合	

7.3　脚手架施工技术

7.3.1　液压爬模技术

爬模装置通过承载体附着或支承在混凝土结构上，当新浇筑的混凝土脱模后，以液压油缸为动力，以导轨为爬升轨道，将爬模装置向上爬升一层，反复循环作业的施工工艺，简称爬模。目前我国的爬模技术在工程质量、安全生产、施工进度、降低成本、提高工效和经济效益等方面均有良好的效果。

7.3.1.1　爬模设计

爬模装置由模板系统、架体与操作平台系统、液压爬升系统、智能控制系统四部分组成。

1. 模板系统

模板可采用组拼式全钢大模板及成套模板配件，也可根据工程具体情况，采用铝合金模板、组合式带肋塑料模板、钢（铝）框胶合板模板等；模板的高度为标准层层高。

模板采用水平油缸合模、脱模，也可采用吊杆滑轮合模、脱模，操作方便安全；钢模板上还可带有脱模器，确保模板顺利脱模。

2. 架体与操作平台系统

操作平台系统是指为绑扎钢筋、模板支护等施工操作提供作业和堆载平台，并且可携带钢大模整体爬升的架体系统。

架体支撑跨度为≤6m（相邻埋件点之间的距离）。

架体总高度：约 3.5 倍标准层高。

操作平台：6 层，上部两层为钢筋、混凝土操作层，中间两层为模板操作层，下部两层为爬模操作层。

架体防护体系主要包括：四周外墙立面防护、楼梯洞口防护、底层翻板全封闭防护、内筒作业平台防护、顶层踢脚板防护等。外墙爬模架体外侧面一般采用冲孔蜂窝网，由上至下全部封闭防护；楼梯洞口采用定型护栏；爬模底层采用花纹钢板制作翻板，外侧设置踢脚线，以防坠物。

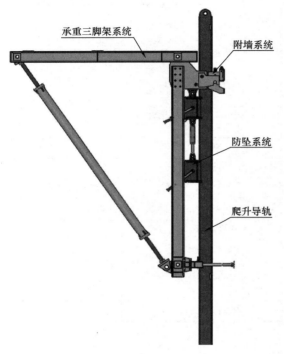

图 7-2　爬升机械系统组装图

3. 液压爬升系统

1）爬升机械系统

爬模爬升机械系统根据构件的功能可分为附墙系统、导向系统、防坠系统、承重三脚架系统四个子系统（图 7-2）。

（1）附墙系统

整个爬模通过附墙系统和混凝土结构相联系，附墙系统承担着整个爬模传递过来的荷载，是爬模系统的生命线（图 7-3）。

每个机位配置 2 组承力螺栓，承力螺栓采用 M30、40Gr 调质螺栓。经过试验室实测，每根螺栓抗拉可达 300kN，抗剪可达 150kN。

（2）导向系统

导向系统主要就是指爬升导轨及其配套构件（图 7-4）。

爬升导轨长度可根据实际工程需要定制，截面为双腹板 H 型，防坠器在液压千斤顶的作用下每次顶升 150mm，作为一个顶升行程。

（3）防坠系统

防坠系统是爬模爬升时的重要受力构件，是爬模安全爬升施工的最关键部位（图 7-5）。首先，它将液压千斤顶传递来的顶升力再传递给承重系统，上下防坠器的防坠卡爪通过在爬升导轨内的交替作用，从而顶升架体；其次，上下防坠卡爪又起到了双保险的作用，防止由于某个卡爪未进档而发生意外情况。

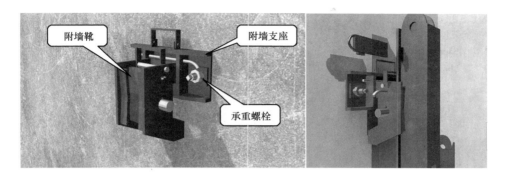

图 7-3　附墙系统组装图

图 7-4　导向系统组装图

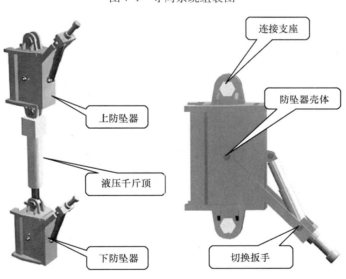

图 7-5　防坠器示意图

（4）承重三脚架系统

爬模的承重三脚架系统是由承重挂钩、承重桁架、下支撑导轮、承重横梁组成的三脚架，它起到了爬模架体结构和机械结构之间联系的作用（图 7-6）。

2）液压动力系统

液压动力系统主要功能是实现电能→液压能→机械能的转换，驱动爬模上升，一般由电动泵站、液压千斤顶、磁控阀、液控单向阀、节流阀、溢流阀、油管、快速接头及其他配件构成。液压动力系统一般采用模块式配置，即两个液压千斤顶、一台电动泵站及相关配件

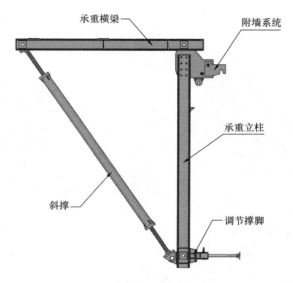

图 7-6　承重三脚架系统

（油管、电磁阀等）有机联系形成一个液压动力模块，为一个模块单元的爬模提供动力（图 7-7、图 7-8）。在该液压系统模块中，两个液压缸并联设置。液压系统模块之间通过自动控制系统联系，形成协同作业的整体。

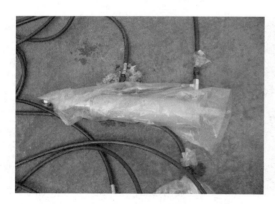

图 7-7　液压千斤顶

图 7-8　液压动力泵

液压动力系统特点：

① 模块集成化设计，结构紧凑，配合合理，安装也十分方便。

② 爬模及爬模钢平台的同步精度≥2.5%，能很方便有效地实现爬模及爬模钢平台同步爬升，从而极大地简化了自动爬升电气控制系统，提高了设备的综合技术性能。

③ 液压阻尼技术消除了模架及爬模钢平台在爬升（缩缸）时的振动，提高了模架及爬模钢平台系统的运行平稳性和安全可靠性，为模架实现全面同步和自动爬升提供了保证。

④ 彻底避免了人为检测和计划控制失误，安全可靠性高。

⑤ 设备系统通用性好、适用范围广，易于移植、重复利用，降低了工程施工的综合成

本，提高了经济效益。

4. 智能控制系统

爬模机位同步控制、操作平台荷载控制、风荷载控制等均采用智能控制，做到超过升差、超载、失载立即进行声光报警。

自动控制系统由针对各爬升单元液压动力系统的强电系统和用于爬升单元之间同步爬升控制的弱电系统两大部分组成。既能实现模架系统单独手动控制的爬升，又能实现模架系统的自动连续爬升。

1）自动控制系统功能

① 控制液压千斤顶进行同步爬升作业；

② 控制爬升过程中各爬升点与基准点的高度偏差不超过设计值；

③ 供操作人员对爬升作业进行监视，包括信号显示和图形显示；

④ 供操作人员设定或调整控制参数。

2）自动控制系统构成

自动控制系统的构成如图 7-9、图 7-10 所示。

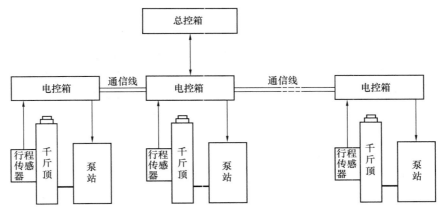

图 7-9　自动控制系统的构成图

(a)　　　　　　　　(b)　　　　　　　　(c)

图 7-10　自动控制系统图

（a）总控箱；（b）电控箱；（c）行程传感器

总控箱：向各个电控箱发出控制命令，收集各个电控箱采集的行程等信号并进行运算处理；是对多个机位同步顶升进行控制的"头脑"。总控箱可以和任何一个电控箱连接。

电控箱：主要用于控制泵站电机启动/停止、电磁阀开闭、接受与传输信号。电控箱与电控箱之间用屏蔽双绞线连接，保证一个面上所有机位之间通信畅通。

行程传感器：该传感器安装在千斤顶上，收集千斤顶行程信号，并发送给电控箱。

3）系统爬升方式控制

自动控制系统能够实现连续爬升、单周（行程）爬升、定距爬升等多种爬升作业：

① 连续爬升：操作人员按下启动按钮后，爬升系统连续作业，直至全程爬完，或停止按钮或暂停按钮被按下。

② 单周（行程）爬升：操作人员按下启动按钮后，爬升系统爬升一个行程就自动停止。

③ 定距爬升：操作人员按下启动按钮后，爬升系统爬升规定距离（规定的行程个数）后自动停止。

自动控制系统由传感检测、运算控制、液压驱动三部分组成核心回路，以操作台控制进行人机交互，以安全联锁提供安全保障，从而形成一个完整的控制闭环。

5. 技术指标

1）液压油缸额定荷载 50kN、100kN、150kN，工作行程 150～600mm。

2）油缸机位间距不宜超过 5m，当机位间距内采用梁模板时，间距不宜超过 6m。

3）油缸布置数量需根据爬模装置自重及施工荷载计算确定，根据《液压爬升模板工程技术标准》JGJ/T 195—2018 规定，油缸的工作荷载应不大于额定荷载的 1/2。

4）爬模装置爬升时，承载体受力处的混凝土强度必须大于 10MPa，并应满足爬模设计要求。

7.3.1.2　爬模施工

1）采用液压爬升模板施工的工程，必须编制爬模安全专项施工方案，进行爬模装置设计与工作荷载计算。

2）根据提升点处的具体结构形式确定附墙方式。

3）制定确保质量和安全施工等的有关措施。

4）制定爬模的施工工艺流程和工艺要点。

5）根据专项施工方案计算所需材料。

7.3.1.3　爬模爬升流程

爬模的爬升运动是通过液压油缸对导轨和爬模架交替作用来实现的。导轨和爬模架之间可进行相对运动。在爬模架处于工作状态时，导轨和爬模架都支撑在埋件支座上，两者之间无相对运动。退模后在预埋的爬锥上安装受力螺栓、挂座体及埋件支座，调整上下轭棘爪方向来使导轨运动，待导轨提升到该埋件支座上后，操作人员转到下平台拆除导轨提升后露出的位于下平台处的埋件支座、爬锥等。在解除爬模架上的所有拉结之后就可以开始爬升架体及模板，这时导轨保持不动，调整上下棘爪方向后启动油缸，爬模架就相对于导轨运动。通过导轨和爬模架这种交替附墙，互相提升，爬模架沿着墙体逐层向上爬升。

其自升工艺流程表达如下（图 7-11）：

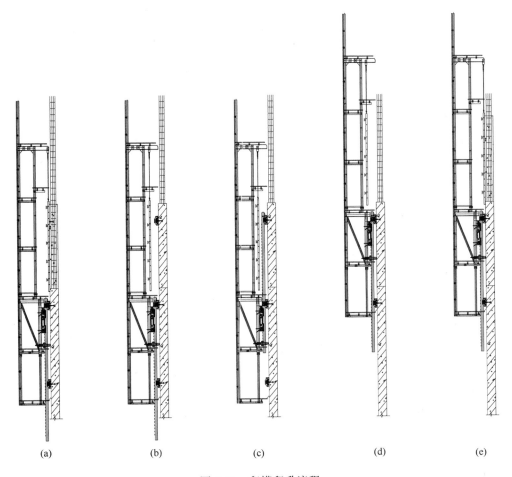

图 7-11　爬模爬升流程

（a）混凝土浇筑完毕，绑扎上层钢筋；（b）模板脱模，安装附墙；（c）提升导轨；
（d）爬升架体；（e）合模，浇筑混凝土

1）在已经浇筑好的混凝土结构上安装预埋件；

2）安装上、中、下平台及模板；

3）固定模板，安装爬模预埋件；

4）浇筑混凝土、绑扎上层钢筋、放置钢结构等相关埋件；

5）退模、安装爬模附墙组件；

6）顶升并固定导轨；

7）顶升爬模架；

8）重复步骤 3），如此往复。

7.3.2 集成附着式升降脚手架技术

集成附着式升降脚手架是指搭设一定高度并附着于工程结构上，依靠自身的升降设备和装置，可随工程结构逐层爬升或下降，具有防倾覆、防坠落装置的外脚手架。

7.3.2.1 集成附着式升降脚手架设计

集成附着式升降脚手架主要由架体系统、附墙系统、爬升系统三部分组成。

1）架体系统

架体系统由竖向主框架、水平承力桁架、架体构架、外封闭网等组成。

竖向主框架：由导轨、主框架外立杆、主框架内立杆、支承件组装而成。主框架通过连接在建筑物上的附着支撑装置将架体的荷载传递给建筑物。

水平承力桁架：水平支承桁架，采用矩形管和钢板焊接而成。

架体构架：包括施工脚手板、斜撑杆、横向加强杆。

外封闭网：外封闭网由冲孔镀锌板通过自攻螺丝锚固在由外围钢框架上，内部使用矩形管焊接成三角形，增加外封闭网的稳定性。

2）附墙系统

附墙系统由预埋螺栓、连墙装置、导向装置等组成。

3）爬升系统

爬升系统由控制系统、爬升动力设备、附墙承力装置、架体承力装置等组成。

控制系统采用三种控制方式：计算机控制、手动控制和遥控器控制，并可以通过计算机作为人机交互界面，全中文菜单，简单直观，控制状态一目了然，更适合建筑工地的操作环境。控制系统具有超载、失载自动报警与停机功能。

爬升动力设备可以采用电动葫芦或液压千斤顶。

4）集成附着式升降脚手架有可靠的防坠落装置，能够在提升动力失效时迅速将架体系统锁定在导轨或其他附墙点上。

5）集成附着式升降脚手架有可靠的防倾导向装置。

6）集成附着式升降脚手架有可靠的荷载控制系统或同步控制系统，并采用无线控制技术。

7）技术指标：

（1）架体高度不应大于 5 倍楼层高，架体宽度不应大于 1.2m。

（2）两提升点直线跨度不应大于 7m，曲线或折线不应大于 5.4m。

（3）架体全高与支承跨度的乘积不应大于 110m^2。

（4）架体悬臂高度不应大于 6m 和 2/5 架体高度。

（5）每点的额定提升荷载为 100kN。

7.3.2.2　集成附着式升降脚手架施工

1）应根据工程结构设计图、塔式起重机附壁位置、施工流水段等确定附着升降脚手架的平面布置，编制施工组织设计及施工图。

2）根据提升点处的具体结构形式确定附墙方式。

3）制定确保质量和安全施工等的有关措施。

4）制定集成附着式升降脚手架施工工艺流程和工艺要点。

5）根据专项施工方案计算所需材料。

7.3.2.3　集成附着式升降脚手架爬升工作流程 （图 7-12）

1）架体组装完成，经自检合格后由总承包方组织项目部有关部门及爬架提供方相关人员进行预验收，合格后进行试提升，试提升正常，再由总承包方组织项目部有关部门及爬架公司相关人员进行正式验收。验收合格方可进入正常使用。

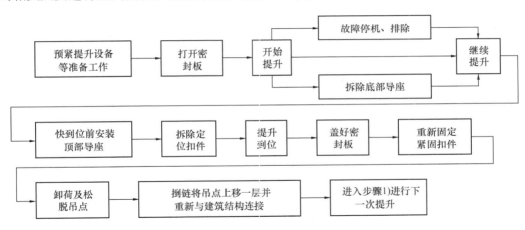

图 7-12　工作流程图

2）升降前应做好必需的准备工作，首先预紧提升链条，检查吊点、吊环、吊索情况，以及摆针防坠落附墙座的情况、密封板情况等，并对使用工具、架子配件进行自检，发现问题及时整改，整改合格后方可提升。

3）吊挂件采用一根螺栓固定在结构混凝土上，吊挂件所在楼层为倒数第三个附着支座处（混凝土强度需不低于 20MPa），螺栓从墙外侧穿入，内侧加一个垫片两个螺母固定，螺母拧紧后保证螺栓伸出螺母端面至少 3 个丝扣。吊挂件固定好后，将电动葫芦固定于吊挂件上，通过吊环将架体勾挂住，并张紧链条，使每个葫芦的受力情况基本一致。

4）上层需附着固定附着支座的墙体结构的混凝土强度必须达到或超过 10MPa，吊挂件附着处墙体结构的混凝土强度必须达到或超过 20MPa 方可进行升降。

5）当每个机位的提升系统良好且固定可靠时，提升链条将张紧预定力，此时准备工作完成，自查合格后报项目部验收，经项目部批准后方可提升。

6）准备工作完成经确认可以提升（下降）后，便可立即发出指令开始提升，提升（下降）时整栋楼的升降防护平台一齐提升（下降），也可分组分区提升（下降），当无故障报警自行停机时，可一次提升（下降）到位。

7）当有故障时，应及时排除故障后再重新提升（下降）。提升（下降）过程中注意导轨垂直度，特别是顶部固定附着支座应与其下的两个固定附着支座同在一垂直面内并成一条直线，否则暂停提升（下降）进行调整。

8）当提升到底部固定附着支座离开导轨后，停止提升并将该固定附着支座卸下移往顶部对正导轨处安装好，然后方可继续提升（下降）。

9）提升（下降）即将到位之前，应将所有定位用的固定扣件全数松掉。

10）提升（下降）到位停机后，首先将密封板全数封闭好后再及时全数上好定位扣件，当部分扣件位置过高时，应在其下加上垫高件。定位扣件全数固定上紧后，便可进行卸荷工作。

7.3.3　微凸支点轻量化模架

7.3.3.1　微凸支点轻量化模架设计及施工

微凸支点轻量化模架系统主要由钢平台系统、脚手架系统、支撑系统、爬升系统、模板系统构成。

微凸支点轻量化模架三维效果如图 7-13 所示。

图 7-13　微凸支点轻量化模架效果图

1）钢平台系统位于顶部，可由钢框架、钢桁架、盖板、围挡板等部件通过组合连接形成整体结构，具有大承载力的特点，满足施工材料和施工机具的停放以及承受脚手架和支撑系统等部件同步作业荷载传递的需要，钢平台系统是地面运往高空物料机具的中转堆放场所。

2）脚手架系统为混凝土结构施工提供高空立体作业空间，通常连接在钢平台系统下方，侧向及底部采用全封闭状态防止高空坠物，满足高空安全施工需要。

3）支撑系统为整体爬升钢平台提供支承作用，并将承受的荷载传递至混凝土结构；支撑系统可与脚手架系统一体化设计，协同实现脚手架功能；支撑系统与混凝土结构可通过接触支承、螺栓连接、焊接连接等方式传递荷载。

4）爬升系统由动力设备和爬升结构部件组合而成，动力设备采用液压控制驱动的双作用液压缸或电动机控制驱动的蜗轮蜗杆提升机等；柱式爬升结构部件由钢格构柱或钢格构柱与爬升靴等组成，墙式爬升部件由钢梁等构件组成；爬升系统的支撑通过接触支承、螺栓连接、焊接连接等方式将荷载传递到混凝土结构上。

5）模板系统用于现浇混凝土结构成型，随整体爬升钢平台系统提升，模板采用大钢模、钢（铝）框胶合板模板、组合铝合金模板等。整体爬升钢平台系统各工作面均设置有人员上下的安全楼梯通道以及临边安全作业防护设施等。

6）微凸支点轻量化模架根据现浇混凝土结构体型特征以及混凝土结构劲性柱、伸臂桁架、剪力钢板的布置等进行设计，采用单层或双层施工作业模式，选择适用的爬升系统和支撑系统，分别验算平台爬升作业工况和平台非爬升作业工况荷载承受能力；可根据工程需要在钢平台系统上设置布料机、塔机、人货电梯等施工设备，实现整体爬升钢平台与施工机械一体化协同施工；整体爬升钢平台采用标准模块化设计方法，通过信息化自动控制技术实现智能化控制施工。

7.3.3.2　微凸支点轻量化模架爬升流程

核心筒施工时，先绑扎上层核心筒钢筋，此时整个平台荷载通过上、下支撑架（上、下支撑箱梁）传递到达核心筒墙体上。待钢筋绑扎完成及下层混凝土达到强度后，拆开钢模板开始顶升。顶升时，仅下支撑架（下支撑箱梁）支撑在核心筒墙体上，上支撑架（上支撑箱梁）随钢框架一起顶升，顶升到位后上支撑架（上支撑箱梁）支撑至上层核心筒墙体，模板随钢框架一起顶升一个结构层，就位后提升下支撑架（下支撑箱梁），支撑至上层墙体，完成顶升过程。调整模板，封模固定后，浇筑混凝土。

微凸支点轻量化模架施工流程如表 7-3 所示。

微凸支点轻量化模架施工流程 表 7-3

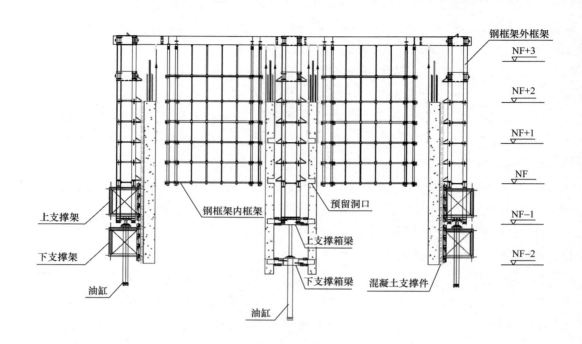

原始状态：下层混凝土浇筑完毕，顶升油缸处于完全回收或半回收状态，平台下部留空钢筋绑扎作业的高度

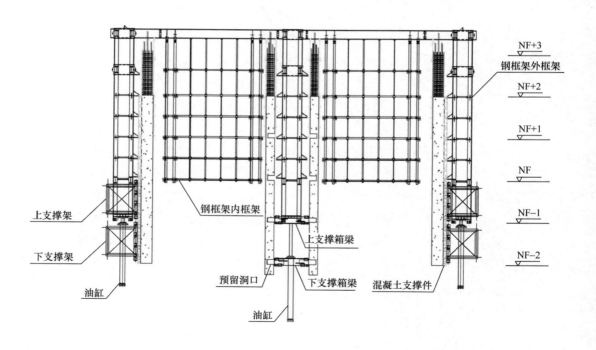

钢筋绑扎：开始上层钢筋绑扎，同时等候下层混凝土达到强度后拆除模板

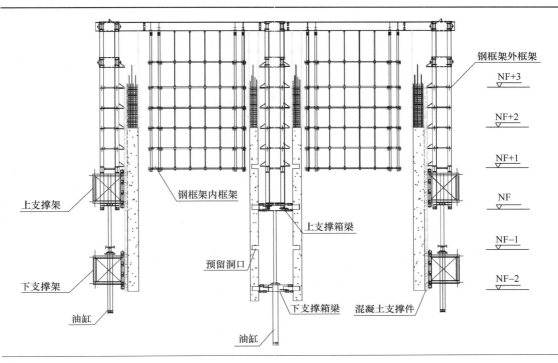

顶升状态：下支撑架（箱梁）固定不动，油缸顶升，上支撑架的挂爪自动翻转后与其上部混凝土承力件上的挂靴咬合承力（上支撑箱梁伸缩结构回收顶升到位后推出伸缩机构支撑至墙体预留洞处）；顶升过程中模板随钢平台同步顶升

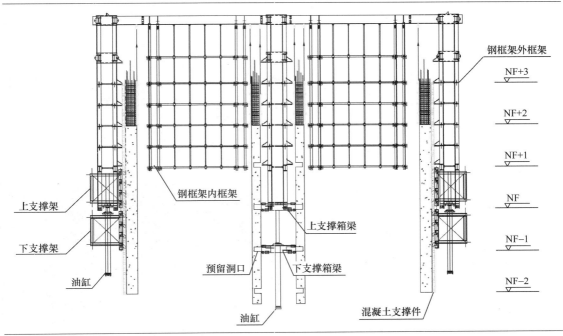

提升状态：上支撑架（箱梁）固定不动，油缸回收，提动下支撑架（箱梁）至上一层混凝土承力件（预留洞部位）固定。完成顶升过程

7.4 模板施工技术

7.4.1 WISA 木模板

WISA 模板俗称维萨胶合板，为全桦木胶合板，周转次数可达 50 次以上（图 7-14）。基板采用北欧寒带桦木单板十字交叉粘结而成。胶合采用酚醛胶水，抗候抗沸，沸水煮泡不开胶，能防止混凝土浇筑时的水渗透，避免混凝土的过分干燥。正反两面采用酚醛树脂覆膜，封边采用防水涂料封边，表面的覆膜比其他模板更耐太阳的烤晒和严重的霜冻，且有效提高自身的耐磨性、耐冲击性、抗化学物质等特性。维萨模板极易切割，且质地坚硬、均匀、重量轻、握钉力强，便于加工和操作。

图 7-14　WISA 模板

7.4.2 钢（铝）框胶合板模板

钢（铝）框胶合板模板是一种模数化、定型化的模板（图 7-15、图 7-16），具有重量轻、通用性强、模板刚度好、板面平整、技术配套、配件齐全的特点，模板面板周转使用次数 30～50 次，钢（铝）框骨架周转使用次数 100～150 次，每次摊销费用少，经济技术效果显著。

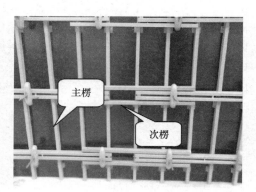

图 7-15　顶面钢（铝）框胶合板模板实拍图　　图 7-16　墙面钢（铝）框胶合板模板实拍图

7.4.2.1　钢（铝）框胶合板模板设计

1) 钢（铝）框胶合板模板由标准模板、调节模板、阴角模、阳角模、斜撑、挑架、对拉螺栓、模板夹具、吊钩等组成。

2) 实腹钢框胶合板模板：以特制钢边框型材和竖肋、横肋、水平背楞焊接成骨架，连入 12～18mm 厚双面覆膜木胶合板，以拉铆钉或螺钉连接紧固（图 7-17）。面板厚 12～15mm，用于梁、板结构支模；面板厚 15～18mm，用于墙、柱结构支模（图 7-18）。

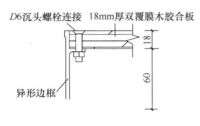

图 7-17　边框构造示意

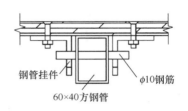

图 7-18　背楞与面板连接示意

3) 空腹钢框胶合板模板：以空腹钢边框和矩形钢管或特制钢材焊接成骨架嵌入 15～18mm 厚双面覆膜木胶合板，以拉铆钉或螺钉连接紧固，模板厚 120mm，模板之间用夹具或螺栓连接成大模板，不设背楞。根据空腹边框和横肋的截面规格不同，空腹钢框胶合板模板分为重型和轻型两种。其中重型空腹钢框胶合板模板用于墙、柱；轻型空腹钢框胶合板模板用于墙、梁。

4) 铝框胶合板模板：以空腹铝边框和矩形铝型材焊接成骨架，嵌入 15～18mm 厚双面覆膜木胶合板，以拉铆钉连接紧固，模板厚 120mm，模板之间用夹具或螺栓连接成大模板。铝框胶合板模板也分为重型和轻型两种，其中重型铝框胶合板模板用于墙、柱；轻型铝框胶合板模板用于梁、板。

模板组装见图 7-19，外墙模板接层处理见图 7-20。

5) 技术指标

模板面板：应采用酚醛覆膜竹（木）胶合板，表面平整。

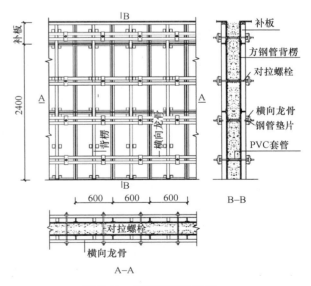

图 7-19　模板组装示意图

模板面板厚度：12mm、15mm、18mm。

标准模板尺寸：600mm×2400mm、600mm×1800mm、600mm×1200mm、900mm×2100mm、900mm×1800mm、900mm×1200mm、1200mm×2400mm。

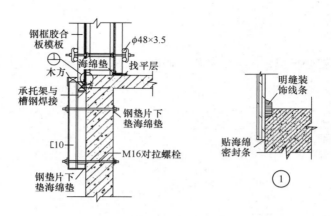

图 7-20　外墙模板接层处理示意图

7.4.2.2　钢（铝）框胶合板模板施工

1）根据工程结构设计图，分别对墙、梁、板进行配模设计，编制模板工程专项施工方案；

2）对模板和支架的刚度、强度和稳定性进行验算；

3）计算所需的模板规格与数量；

4）制定确保模板工程质量和安全施工等的有关措施；

5）制定支模和拆模工艺流程；

6）对面积较大的工程，划分模板施工流水段。

7.4.3　全钢大模板

全钢大模板是一种单块面积较大、模数化、通用化的大型模板，具有完整的使用功能，采用塔式起重机进行垂直水平运输、吊装和拆除，工业化、机械化程度高（图 7-21）。全钢大模板作为一种施工工艺，施工操作简单、方便、可靠，施工速度快，工程质量好，混凝土表面平整光洁，不需抹灰或简单抹灰即可进行内外墙面装修。

图 7-21　全钢大模板实拍图

7.4.3.1　全钢大模板设计

1）全钢大模板由标准模板、调节模板、背楞、芯带、钢楔、上接模、下包模、阴角模、阳角模、斜撑、挑架、外挂架、对拉螺栓、模板夹具、吊钩等组成（图 7-22）。

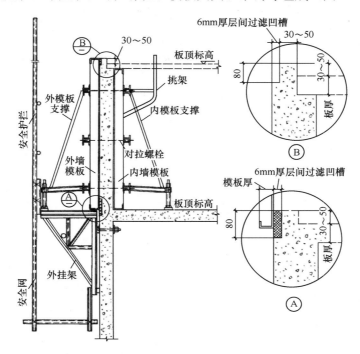

图 7-22　全钢大模板设计构造

2）全钢大模板标准板的构造：面板采用 5～6mm 厚钢板，边肋采用 8mm 厚扁钢、矩形钢管或设有夹具连接凹槽的特制边框等，竖肋采用槽钢或矩形钢管。组拼时模板背楞设在外侧，背楞材料通常选用 10 号槽钢；当背楞与模板合二为一时，背楞通常设计为横肋，背楞材料与竖肋及边肋相适应。

3）在一项工程中，阴角模应设计为同一种规格的、标准的、等边的角模，不但施工中使用方便，重要的是减少了大量异形的、不等边的角模，降低了成本，减少资源浪费。

4）标准单元板和调节模板的对拉螺栓孔均应设置在固定位置，有利于大模板的制作、安装和维修工作。

5）外挂架的挂钩与挂架立杆之间应设计为多孔螺栓连接，以适应外挂架平台的高度调节；挂钩螺栓的钩头应设计为圆盘式，确保外挂架的挂钩安全连接。

6）技术指标

允许承受混凝土侧压力：60kN/m。

全钢大模板厚度：85mm、86mm（另设背楞），100mm、106mm（背楞与模板合二为一）。

全钢大模板宽度：600mm、900mm、1200mm、1500mm、1800mm、2400mm、3000mm等。全钢大模板高度：根据结构工程的层高和楼板厚度选用。

7.4.3.2　全钢大模板施工

1）编制全钢大模板专项施工方案，确定施工流水段的划分，绘制配模平面图，计算所需的模板规格与数量。

2）配模时，大模板宽度规格的选用依据为墙面净尺寸－2个角模边长，当墙面较长时，可分为2～3块配模；根据塔式起重机起重力矩，计算出距塔式起重机最远处的起重量，建筑物最远处的模板宽度不超过计算宽度。

3）进行测量放线，放置墙轴线、墙体边线、大模板边线、分块界限、门窗洞口线；进行楼面抄平，必要时在模板底边范围内做好找平层抹灰带，局部不平可临时加垫片，进行砂浆勾缝处理。

4）绑扎墙体钢筋，对偏离墙体边线的下层插筋进行校正处理：在墙角、墙中及墙高度上、中、下位置设置控制墙面截面尺寸的铁撑脚或钢筋撑。

5）安装门窗洞口模板，预埋木盒、铁件、电器管线、接线盒、开关盒等，合模前必须通过隐蔽工程验收。

6）大模板就位安装按照配模图对号入座，模板之间采用螺栓或卡具连接：大模板经靠尺检查并调整垂直后，紧固对拉螺栓。

7）安装阴角模、阳角模和电梯井筒模。

8）大模板安装质量检查、验收。

7.4.4　组合铝合金模板

铝合金模板具有自重轻、强度高、加工精度高、单块幅面大、拼缝少、施工方便的特点；同时模板周转使用次数多、摊销费用低、回收价值高，有较好的综合经济效益；并具有应用范围广、可墙顶同时浇筑、成型混凝土表面质量

图7-23　组合铝合金模板实拍图

高、产生建筑垃圾少的技术优势。铝合金模板符合建筑工业化、环保节能要求（图7-23）。

7.4.4.1　组合铝合金模板设计

1）组合铝合金模板由铝合金带肋面板、端板、主次肋焊接而成，是用于现浇混凝土结构施工的一种组合模板（图7-24）。

2）组合铝合金模板分为平面模板、平模调节模板、阴角模板、阴角转角模板、阳角模

标准板实拍图

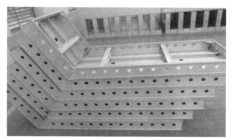
非标准板实拍图

单项实拍图

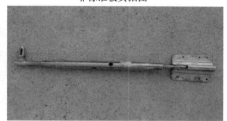
斜撑实拍图

图 7-24　组合铝合金模板示意

板、阳角调节模板、铝梁、支撑头和专用模板（图 7-25、图 7-26）。

图 7-25　梁与梁模板节点图　　　　图 7-26　梁与墙模板节点图

3）铝合金水平模板采用独立支撑，独立支撑的支撑头分为板底支撑头、梁底支撑头，板底支撑头与单斜铝梁和双斜铝梁连接。铝合金水平模板与独立支撑形成的支撑系统可实现模板早拆，模板和支撑系统一次投入量大大减少，节省了装拆用工和垂直运输用工，降低了工程成本，施工现场文明整洁。

4）每项工程采用铝合金模板应进行配模设计，优先使用标准模板和标准角模，剩余部分配置一定的镶嵌模板。对于异形模板，宜采用角铝胶合板模板、木方胶合板或塑料板模板补缺，力求减少非标准模板比例。

5）每项工程出厂前，进行预拼装，以检查设计和加工质量，确保工地施工时一次安装成功。

6）采用铝合金模板施工，可配备一层模板和三层支撑，对构件截面的变化可采用调节板局部调整。

7）技术指标：

（1）铝合金带肋面板、各类型材及板材应选用 6061-T6、6082-T6 或不低于上述牌号的力学性能；

（2）平面模板规格：宽度 100～600mm，长度 600～3000mm，厚度 65mm；

（3）阴角模板规格：100mm×100mm、100mm×125mm、100mm×150mm、110mm×150mm、120mm×150mm、130mm×150mm、140mm×150mm、150mm×150mm，长度600～3000mm；

（4）阳角模板规格：65mm×65mm；

（5）独立支撑常用可调长度：1900～3500mm；

（6）墙体模板支点间距为 800mm，在模板上加垂直均布荷载为 30kN/m² 时，最大挠度不应超过 2mm；在模板上加垂直均布荷载到 45kN/m²，保荷时间大于 2h 时，应不发生局部破坏或折曲，卸荷后残余变形不超过 0.2mm，所有焊点无裂纹或撕裂；楼板模板支点间距 1200mm，支点设在模板两端，最大挠度不应超过 1/400，且不应超过 2mm。

7.4.4.2 组合铝合金模板施工

1）编制组合铝合金模板专项施工方案，确定施工流水段的划分，绘制配模平面图，计算所需的模板规格与数量。

2）模板安装前需要进行测量放线和楼面抄平，必要时在模板底边范围内做好找平层抹灰带，局部不平可临时加垫片，进行砂浆勾缝处理。

3）绑扎墙体钢筋时，对偏离墙体边线的下层插筋进行校正处理；在墙角、墙中及墙高度上、中、下位置设置控制墙面截面尺寸的混凝土撑。

4）安装门窗洞口模板，预埋木盒、铁件、电器管线、接线盒、开关盒等，合模前必须通过隐蔽工程验收。

5）铝模板就位安装按照配模图对号入座，模板之间采用插销及销片连接；模板经靠尺检查并调整垂直后，紧固对拉螺栓或对拉片。

6）独立支撑及斜撑的布置需严格按相关规范和模板施工方案进行。

7）可采取墙柱梁板一起支模、一起浇筑混凝土的施工方法，要求混凝土施工时分层浇筑、分层振捣。在混凝土达到拆模设计强度后，按规范要求有序进行模板拆除。

8）拆除后的模板由下层到上层的运输采取在楼板上预留洞口，由人工倒运，拆除后的模板应及时清理和涂刷隔离剂。

7.4.5 组合式带肋塑料模板

塑料模板具有表面光滑、易于脱模、重量轻、耐腐蚀性好、模板周转次数多、可回收利用的特点，有利于环境保护，符合国家节能环保要求。塑料模板分为夹芯塑料模板、空腹塑料模板和组合式带肋塑料模板，其中组合式带肋塑料模板在静曲强度、弹性模量等指标方面最好（图 7-27）。

图 7-27　组合式带肋塑料模板实拍图

7.4.5.1　组合式带肋塑料模板设计

1）组合式带肋塑料模板的边肋分为实腹型边肋和空腹型边肋两种，模板之间的连接分别采用回形销或塑料销连接。

2）组合式带肋塑料模板分为平面模板、阴角模板、阳角模板，其中平面模板适用于支设墙、柱、梁、板、门窗洞口、楼梯微凸支点轻量化模架，阴角模板适用于墙体阴角、墙板阴角、墙梁阴角，阳角模板适用于外墙阳角、柱阳角、门窗洞口阳角。

3）组合式带肋塑料模板的墙柱模采用钢背楞，水平模板采用独立支撑、早拆头或钢梁组成的支撑系统，能实现模板早拆，施工方便、安全可靠。

4）技术指标

（1）组合式带肋塑料模板宽度为 100～600mm，长度为 100mm、300mm、600mm、900mm、1200mm、1500mm，厚度为 50mm；

（2）组拼式阴角模宽度为 100mm、150mm、200mm，长度为 200mm、250mm、300mm、600mm、1200mm、1500mm；

（3）矩形钢管采用 2 根 30mm×60mm×2.5mm 或 2 根 40mm×60mm×2.5mm；

（4）组合式带肋塑料模板可以周转使用 60～80 次；

（5）组合式带肋塑料模板物理力学性能指标见表 7-4。

组合式带肋塑料模板物理力学性能指标　　　　　　　　　表 7-4

项目	单位	指标
吸水率	%	≤0.5

项目	单位	指标
表面硬度（邵氏硬度）	HD	≥58
简支梁无缺口冲击强度	kJ/m²	≥25
弯曲强度	MPa	≥70
弯曲弹性模量	MPa	≥4500
维卡软化点	℃	≥90
加热后尺寸变化率	%	±0.1
燃烧性能等级	级	≥E
模板跨中最大挠度	mm	1.5

7.4.5.2　组合式带肋塑料模板施工

1）根据工程结构设计图，分别对墙、柱、梁、板进行配模设计，计算所需的塑料模板和配件的规格与数量；

2）编制模板工程专项施工方案，制定模板安装、拆除方案及施工工艺流程；

3）对模板和支撑系统的刚度、强度和稳定性进行验算；确定保留养护支撑的位置及数量；

4）组合式带肋塑料模板宜采取墙柱梁板一起支模、一起浇筑混凝土，要求混凝土施工时分层浇筑、分层振捣。在梁板混凝土达到拆模设计强度后，保留部分独立支撑和钢梁，按规定要求有序进行模板拆除。

5）组合式带肋塑料模板表面光洁、不粘结混凝土，易于清理，不用涂刷或很少涂刷脱模剂，不污染环境，符合环保要求。

6）制定确保组合式带肋塑料模板工程质量、施工安全和模板管理等有关措施。

第8章 混凝土超高泵送工程施工技术

8.1 技术特点

超高泵送混凝土技术一般是指泵送高度超过200m的泵送混凝土配制、生产、运输、泵送、布料等全过程的成套混凝土泵送技术。对于高度大于200m的高强混凝土超高层泵送来说，因泵送压力过高，混凝土强度高、黏度大，泵送施工尤其困难，给整个施工浇筑过程带来一系列有待探讨的技术难题。超高泵送混凝土技术已成为超高层建筑施工技术不可缺少的组成部分。不断研究高强混凝土的超高泵送技术，对于提高超高层建筑施工质量及施工效率具有相当的实用价值和经济意义。

混凝土超高泵送技术是一项综合性施工技术，包含混凝土的配制、泵送设备选型、泵管布设、泵送过程控制及混凝土养护等内容。

1. 混凝土的配制

超高泵送的建筑结构一般常常伴随着高强混凝土。众所周知，高强混凝土与普通混凝土坍落度和扩展度相同时，扩展时间大不相同，高强混凝土的黏度较大。因此，在其超高泵送时，面临的关键问题是：①黏度与和易性之间的矛盾。②坍落度与扩展度泵送损失的控制。③扩展度和黏度经时损失的问题。④高流动性混凝土的抗压强度保证问题。上述问题通常需要综合采取措施来解决，如优化原材料品种和混凝土配合比、调整外加剂组分以解决经时损失、提高配比强度富余系数、规范现场取样和现场养护等。

2. 泵送设备选型

泵送设备的选定应参照《混凝土泵送施工技术规程》JGJ/T 10—2011中规定的技术条件来进行，首先要进行泵送参数的验算，包括混凝土输送泵的型号和泵送能力、水平管压力损失、垂直管压力损失、特殊管的压力损失和泵送效率等。

3. 泵管布设技术

管道的布局必须科学合理，为了高效利用管道，并提升混凝土泵送效率，要尽量减少弯管道的使用量，在管道的底部也应当设置出水平的管道，从而保证安全。为了保证混凝土的湿润效果，不让其发生干燥凝结，应尽量减少混凝土停留在管道中的时间，适当提高泵送压力，尽快把混凝土排出管道。泵送过程中一般会发生比较大的机械振动，因而可能会让泵送管道发生松动，甚至可能会使管道脱离墙体造成事故，为了保证管道的安全性，必须要对管道进行合理布局，使用管道固定装置对垂直管道加以固定。

4. 施工过程控制

混凝土的性能是能否顺利泵送的第一关，应对到场的混凝土进行坍落度、扩展度和含气量的检测，如出现不正常情况，及时采取应对措施；泵送过程中，要实时检查泵车的压力变化，检查泵管有无漏水、漏浆情况，检查连接件的状况等，发现问题及时处理；泵送完成后，及时进行输送管道清洗，避免发生管道阻塞状况。

8.2 混凝土配合比设计

8.2.1 原材料质量要求

1. 原材料通用指标

从保证混凝土的强度和优良的和易性方面考虑，混凝土的原材料通用性指标要求见表 8-1。

混凝土原材料通用性指标 表 8-1

序号	项目	原材料的通用性指标要求
1	水泥	碱含量低、C_3A 含量少、强度富余系数大、活性好、标准稠度用水量小，水泥与外加剂之间的适应性良好
2	粗骨料	连续级配 5～20mm 碎石，含泥量不大于 1%，泥块含量为 0，针片状颗粒含量不大于 5%；碱活性反应试验合格，其他指标满足《普通混凝土用砂、石质量及检验方法标准》JGJ 52—2006 要求。根据不同泵送高度需求，调整 5～10mm 和 10～20mm 级配的粗骨料配比
3	细骨料	中粗砂，细度模数 2.6～2.9，含泥量不大于 0.5%，泥块含量为 0，有机物等含量不大于 1%；碱活性反应试验合格；满足《普通混凝土用砂、石质量及检验方法标准》JGJ 52—2006 要求
4	掺合料	活性矿物掺合料，如粉煤灰、矿粉等
5	外加剂	高性能聚羧酸减水剂等外加剂，氯离子和碱量少、减水率高、与水泥适应性好
6	水	自来水或洁净的地下水，符合《混凝土用水标准》JGJ 63—2006 规定

2. 原材料特殊性要求

根据模拟试验及实际泵送情况，宜调整粗骨料粒径，粗骨料最大粒径随泵送高度适当减小。根据配合比设计经验及泵送情况，在涉及超高泵送的各强度等级的混凝土中考虑掺入微硅粉或微珠或沸石粉等矿物掺合料。根据超高泵送对浆体稠度的要求，在配合比中掺入可使浆体稠化的增稠剂等。

3. 原材料确定

通过主要原材料重要指标的对比分析，确定主要原材料。对比指标主要包括：水泥与外加剂的相容性，胶凝材料中粉煤灰的活性指标、细度和烧失量等，矿粉的活性指标、比表面积和有害离子含量等，硅粉的活性指标和蓄水量比等，粗骨料的压碎指标、碱含量和含泥量等，细骨料的细度模数、碱含量和有害离子的含量等。本小节仅列举了原材料主要指标，原材料质量控制部分有比较全面的检测指标。对比原材料的流程如图 8-1 所示。

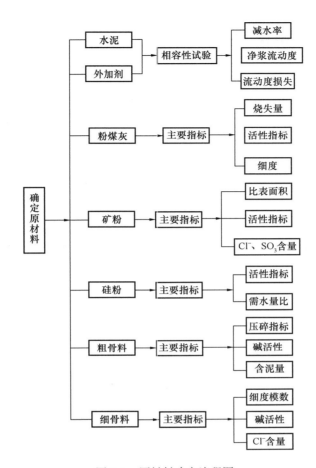

图 8-1　原材料确定流程图

　　从产品的质量保证体系、市场的使用情况、产品的信誉、产品的技术指标及产品的供应能力等方面综合考核，选用合适厂家的材料进行混凝土配合比试验。

8.2.2　配合比设计

　　超高泵送混凝土的配合比设计不仅要满足强度、耐久性等要求，还需要考虑到不同强度、不同高度的混凝土可泵性、坍落度、扩展度等因素。考虑到混凝土在超高泵送过程中会产生高温及塌损情况，在确保混凝土水胶比及强度不变的前提下，需对混凝土扩展度进行调整，以利于泵送施工的顺利进行。故应从外加剂适应性以及需要设计的混凝土性能、特殊性及解决措施等方面进行混凝土配合比设计。

　　1. 外加剂适应性验证

　　任何一种混凝土在使用外加剂之前，必须进行外加剂适应性试验。外加剂适应性验证合格，方可进行混凝土试配。外加剂适应性试验流程见图 8-2。

　　2. 配合比设计

　　1）配合比设计关键点

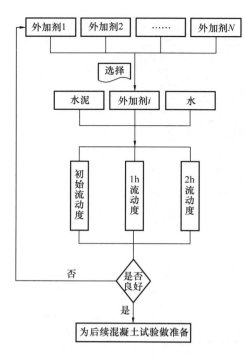

图 8-2 外加剂适应性试验流程图

C40 及以下混凝土胶凝材料用量低，浆体与骨料的比值偏小，黏聚性较差，在超高泵送压力下易分层离析。为保证混凝土顺利实现超高泵送，在"双掺"粉煤灰和矿粉基础上，可根据泵送高度调整粗骨料粒径并适当增加砂率，即 200m 以下宜采用 5～31.5mm 连续级配碎石；200～300m 宜采用 5～20mm 连续级配碎石；300m 以上宜采用 5～16mm 碎石；根据泵送高度掺加增稠剂调整浆体黏度，并采用压力泌水率试验验证可泵性。

对高强混凝土而言，一方面黏度较大，不利于超高泵送；另一方面泵送高度较高时承受的泵送压力大，容易致使混凝土分层或浆骨分离。若所需泵送时间较长，容易使混凝土工作性能损失增大；泵送过程中混凝土与泵管壁摩擦生热，温度影响混凝土的水化凝结，使凝结时间提前。可在掺入微硅粉基础上，进一步掺入新型矿物掺合料微珠，微珠与微硅粉在合适比例下共同作用，既可显著降低高强混凝土的黏度，又可提高保水性，同时可引入更多的外加剂组分，减少工作性能和凝结时间的损失。采用保水性能更好的高性能聚羧酸减水剂及增稠剂，使高强混凝土浆体达到降黏增稠效果，在超高泵压下不易分层离析。

2）配合比设计流程

根据泵送高度，适当调整混凝土的浆体稠度，在优选原材料的基础上，进行超高泵送混凝土配合比优化设计。根据压力泌水率试验调整浆体稠度，主要调整方式包括调整胶凝材料组合、粗骨料粒径和利用增稠剂直接增加浆体稠度等技术手段，并结合现场泵送及天气情况等即时反馈信息，及时进行外加剂掺量调整，确保混凝土超高泵送不发生泌水离析现象。同时对混凝土进行长龄期试验，在长龄期试验结果中，重点考察多组混凝土的自收缩和干缩性能，其中自收缩性能必须达到低收缩的效果，并实现低干缩性。配合比设计流程如图 8-3 所示。

3）拟定配合比

在满足坍落度和扩展度要求下，根据压力泌水率测试结果调整外加剂掺量改善泵送性能，最终选择强度、可泵性、耐久性良好的配合比。同时，再进行超高泵送模拟试验，根据泵送模拟结果，调整粉料组合、粉料用量、砂率和增稠剂掺量等至顺利通过超高泵送模拟试验。

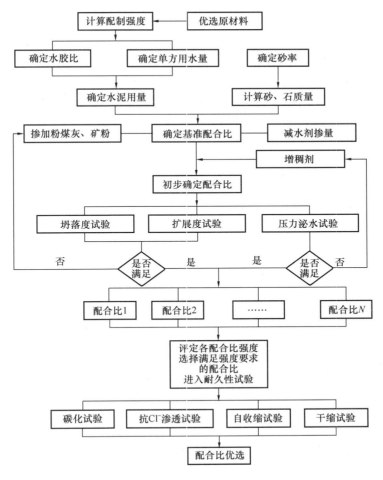

图 8-3　配合比设计流程图

8.3　泵送设备选型与布置

8.3.1　设备选型

1. 混凝土泵选择

超高层建筑采用的泵送设备对工程主体施工尤为重要，泵送设备的选择应考虑泵送高度、泵送混凝土强度及单位时间泵送方量等因素的影响；泵送出口压力是决定混凝土泵送高度的重要指标，宜在计算理论泵送所需压力的基础上初定泵的型号，然后根据拟定布置方式计算配管整体水平换算长度等技术指标，从而验算所选泵型的科学、合理性。当多台混凝土泵同时泵送或与其他输送方法组合输送混凝土时，应根据各设备的输送能力，确定浇筑区域和浇筑顺序。

2. 泵管选择

超高压泵送中，混凝土输送泵管是一个非常重要的考虑因素。混凝土输送泵管应根据工程特点、施工场地条件、混凝土浇筑方案等进行合理选型和布置。由于混凝土输送泵管内的泵送压力高，泵管内将产生较大的侧压力，故泵管布置宜平直，减少管道弯头用量。

混凝土输送泵管规格应根据粗骨料最大粒径、混凝土输出量和输送距离以及拌合物性能等进行选择，其最小内径要求如表 8-2 所示。

<table>
<tr><td colspan="2">混凝土输送泵管最小内径要求   表 8-2</td></tr>
<tr><td>粗骨料最大粒径（mm）</td><td>输送泵管最小内径（mm）</td></tr>
<tr><td>25</td><td>125</td></tr>
<tr><td>40</td><td>150</td></tr>
</table>

混凝土输送泵管强度应满足泵送要求，还应根据最大泵送压力计算最小壁厚值。超高层建筑施工过程中，混凝土输送泵管使用周期长、管道压力大，宜使用高压耐磨管道。

超高层建筑一般配置 1~2 套混凝土输送泵管，需结合建筑物单层面积、混凝土浇筑量及工期安排综合考虑。

3. 布料设备选型与布置

布料设备选型与布置应根据浇筑混凝土的平面尺寸、配管、布料半径等要求确定，并应与混凝土输送泵管相匹配。布料设备的输送管最小内径与混凝土输送泵管一致，布料设备的作业半径宜覆盖整个混凝土浇筑区域。

8.3.2 设备布置与施工

1. 混凝土输送泵布置

1）泵机摆放位置要利于搅拌车进退，减少换车时间，提高效率，同时要考虑周边环境以减少噪声对外界的影响。

2）利于搭建隔声降噪棚，配置排风系统，同时可防止雨水进入料斗，方便现场设备棚的摆设。

3）混凝土输送泵设置处，应场地平整坚实、道路畅通、供料方便、距离浇筑地点近、便于配管接近、排水设施和供水供电方便。

4）在混凝土输送泵的作业范围内，不得有高压线等障碍物。两台以上混凝土输送泵同置一处时，宜平行摆放，并前后错开 1 辆混凝土输送车车长的距离。

2. 泵管布置

1）为了平衡垂直管道混凝土产生的反压，根据施工需要，地面水平管道铺设长度约为建筑主体高度的 1/5~1/4；若现场因素所限，可增加若干 90°弯管来折算水平长度（图 8-4）。一般情况下，可适当增加弯曲管道，降低垂直管道在全部管道中的占比。垂直管道当超过 200m 时，应设置 S 弯缓冲混凝土自重产生的压力（图 8-5）。

竖向泵管位置宜选择电梯厅、核心筒门洞口附近，便于核心筒浇筑、外框浇筑接管，同时距离核心筒剪力墙近，周边空间大，泵管装拆、清理方便。

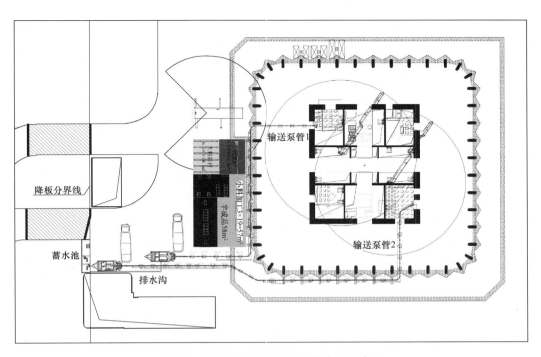

图 8-4　某超高层项目水平泵管布置示意图

（泵送高度 380m，水平泵管长度 80～90m）

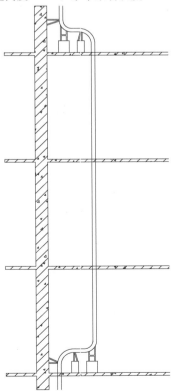

图 8-5　垂直管道 S 弯头布置图

2）每（台）套泵送管路最少采用一个液压截止阀（图 8-6），水平管路宜在距离输送泵 10m 左右设置一个截止阀，方便管道清洗、废水残渣回收。在垂直管路起点附近安放截止阀，避免垂直管道的混凝土回流，方便处理泵送设备故障和地面水平管的堵管事故。

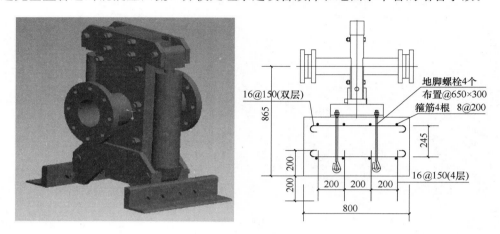

图 8-6　液压截止阀示意图

3）输送管要求沿地面和墙面铺设，并全程做可靠固定。

3. 泵管管道固定

超高层泵送输送管道的布置与固定分为两个部分：

地面水平管道一般固定在临时地面及地下室顶板上，楼板部位（管道穿过楼板）采取管道夹具进行固定；需控制地面水平管道的最低点，可采用管夹加钢筋水泥墩的固定方式，如图 8-7～图 8-10 所示。

图 8-7　水平直管固定方式

图 8-8　水平弯管固定方式

竖直管道的固定方式为附墙固定，提前预埋核心筒埋件，管道附墙固定采用预埋件焊接管夹的方式。管道附墙固定的位置宜选在剪力墙上，详细固定情况见图 8-11、图 8-12。

4. 排污设施布置

楼顶需配置约 2m³ 的润管废料承接容器，地面上应设有泵管清洗用的废水排水沟或排水管道，连接至废水临时存放设施或沉淀池。

图 8-9　水平转垂直处的弯管固定

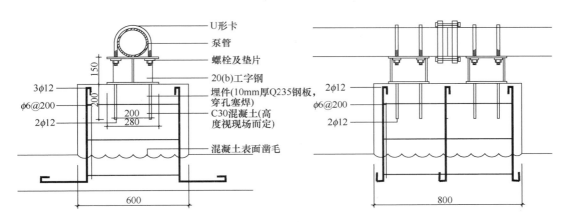

图 8-10　水平直管固定详细做法参考图

图 8-11　混凝土输送管
竖直管固定方式

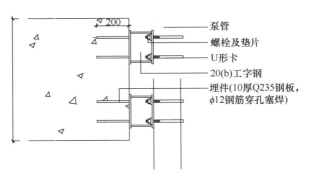

图 8-12　混凝土输送管竖
直管埋件剖面

因超高层建筑泵管长度长、总容量大，润管废料、泵管清洗时废料污水相对较多，宜在管井等适宜位置安装排污管道将废水排至地面，经沉淀处理后排出。

8.4 混凝土浇筑方法

超高层建筑的结构形式对其总体施工安排及混凝土超高泵送方法均有较大影响，如今主要的超高层建筑结构形式为框架核心筒结构、筒中筒结构，其核心筒或内筒均以剪力墙为主，外框形式则差异较大。典型的外框结构形式主要有外框钢管柱或劲性柱＋钢梁＋组合楼板或钢筋桁架楼承板、钢筋混凝土梁板＋混凝土柱或劲性柱。

以下基于结构形式差异分别阐述混凝土浇筑方法。

8.4.1 核心筒与外框不等高施工

外框结构形式采用钢管柱或劲性柱＋钢梁＋组合楼板或钢筋桁架楼承板时，通常使用不等高同步攀升方法施工，即核心筒结构早于外框数层施工，对于混凝土浇筑来说将分为三步：核心筒混凝土浇筑、外框柱混凝土浇筑及外框楼板混凝土浇筑。

1. 核心筒混凝土浇筑

核心筒混凝土范围相对集中，浇筑体量大，一般使用布料机浇筑，布料机根据项目实际情况布置，数量与泵管套数匹配，应能覆盖整个核心筒区域无盲区。

布料机应放置在稳固的水平结构或平台上，核心筒采用爬模施工时可考虑利用核心筒电梯井道爬模与布料机结合，共同爬升，提高混凝土浇筑效率（图 8-13）。

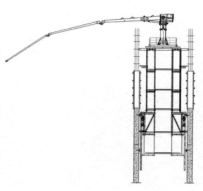

图 8-13　电梯井道爬模与布料机集成案例示意图

随着施工技术发展，顶升模架、空中造楼机等越来越多出现在超高层项目中，应用上述体系对于混凝土浇筑更为有利，可将布料机集成于模架钢平台中，随模架体系一同顶升（图 8-14）。

由于布料机平台一般距离施工层操作面有一定落差，所以在浇筑此类区域及竖向构件时，需使用锥形混凝土承料斗（即串筒），缓解混凝土高落差对其性能的不利影响，锥形料斗遍布在各剪力墙上方，可实现自由移动和拆卸，解决混凝土落差过大的问题。

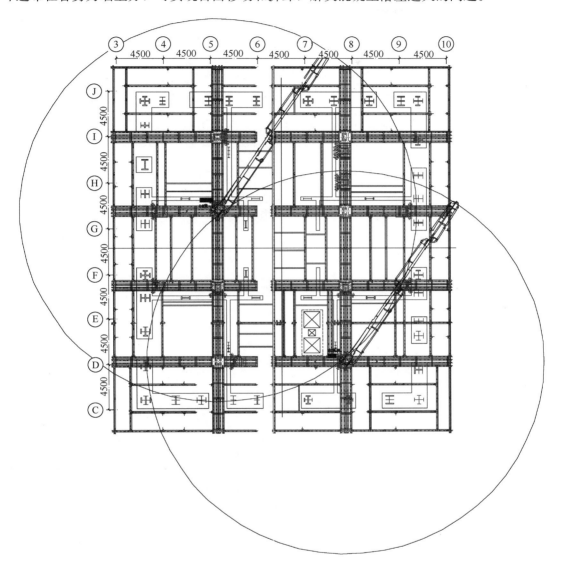

图 8-14　顶升模架平台与布料机集成示意图

2. 外框柱混凝土浇筑

外框柱混凝土浇筑方法主要有泵送顶升浇灌法、高位抛落法两种。泵送顶升浇筑工艺是在钢柱的下部（高度以便于施工为宜）柱壁上开一个比输送管略大的孔洞，用输送管将混凝土输送泵的出口与之连接，混凝土靠泵压通过输送管连续注入钢柱内，直至柱内注满混凝土。高位抛落法浇筑是采用合理的配合比，使混凝土具有高流动性，在高空抛落时不离析、不泌水，不经振捣或少振捣而利用浇筑过程中在高处下抛时产生的动能达到自密实的要求。

两种浇筑方法的特点及适用情况分析如表 8-3 所示。

两种浇筑方法的特点及适用情况　　　　　　　　　　　表 8-3

浇筑 方法	特点	设备需求	经济性	混凝土浇筑质量	适用情况
泵送顶升浇灌法	采用较大的压力将混凝土连续不断地压入钢管柱内，不需要振捣	能提供超大压力的混凝土泵、能承受超大压力的泵管、特制单向截止阀	成本较高	管内混凝土密实性及混凝土与钢管壁界面性能良好	适合钢管柱内混凝土整体高度较低的情况，如混凝土浇筑高度过高则需要很大的泵送压力，同时易引起爆管等危险事故
高位抛落法	利用混凝土下落时产生的动能达到振实混凝土的目的，过程中不需要振捣	料斗或布料机	一般	采用高性能自密实混凝土，加入少量的微膨胀剂能够获得良好的浇筑质量	适合钢管柱内混凝土每次浇筑高度超过 4m 的情况，且管内混凝土宜为自密实混凝土

3. 外框楼板混凝土浇筑

楼面混凝土浇筑采用退管法，即先从距垂直爬升管较远处开始浇筑，通过拆管边退边泵，最后浇筑距垂直泵管较近处的混凝土（图 8-15、图 8-16）。

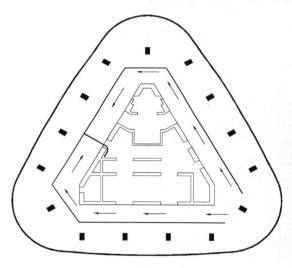

图 8-15　某工程外框楼板退管法浇筑示意图　　　　图 8-16　外框楼板退管法浇筑实景图

使用布料机浇筑外框楼板时，需考虑泵送时的动荷载，对布料机放置点进行加固后浇筑。

8.4.2　核心筒与外框同步施工

外框结构采用钢筋混凝土梁板＋混凝土柱或劲性柱时，核心筒与外框同步施工，混凝土单次浇筑体量大、时间长，应充分考虑各项因素配置输送泵、泵管及布料机位置、数量，遵循先竖向后水平的原则进行（图 8-17）。

以某超高层办公楼为例,单层建筑面积约 2000m²,单层混凝土浇筑量约 700m³,2 套竖向泵管均布置于建筑物外框右侧。采用两台 BLG-15 型布料机,混凝土浇筑时首先浇筑核心筒剪力墙,水平结构浇筑时自左向右推进,随浇筑进度布料机由塔式起重机配合移位 3 次完成浇筑。

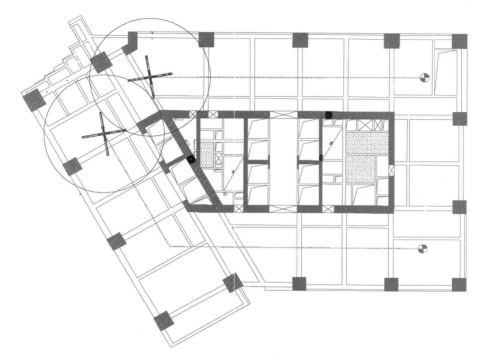

图 8-17　核心筒与外框同步施工时混凝土浇筑示意图

8.5　施工过程控制

8.5.1　混凝土生产质量控制

8.5.1.1　原材料质量控制

1)原材料要有专人按其选择要求采购,并有详尽的采购记录、保管记录、调拨记录等(表 8-4)。

2)原材料进场应立即按原材料选择的质量要求复检,并做好详细记录。

3)各种原材料的运输、储存、保管和发放均应有严格的管理制度,防止误装、互混和变质。各种原材料应在固定的堆放地点存放,并有明确的标志,标明材料的名称、品种、生产厂家和生产(或进场)日期,避免误用。

4)粗、细骨料应堆放在具有排水功能的硬质地面上,存放时间不宜超过半年。骨料的堆放场地应搭建防雨棚，尽量减少因天气变化引起的砂、粗骨料含水量的变化。防雨棚未搭建完成时，应严格测定粗、细骨料的含水率，宜每班抽测 2 次。

原材料检查批次   表 8-4

品种	检测项目	检测频次
水泥	粗细颗粒级配、碱含量、化学分析、放射性核素分析	同一厂家半年一次
	流变性能、细度、安定性、凝结时间、强度、标准稠度用水量、胶砂强度	500t/次
粗骨料	母岩强度、有机物含量、SO_3含量、碱活性反应及放射性核素分析	同一厂家半年一次
	级配、含泥量、泥块含量、空隙率、表观密度、松散堆积密度、紧密堆积密度、含水率、吸水率、压碎指标、针片状颗粒含量	600t/次
	级配、含泥量、泥块含量、含水率、针片状颗粒含量、有机物含量	每车目测
细骨料	有机物含量、云母含量、轻物质含量、坚固性、硫化物和硫酸盐含量、氯盐含量、碱活性反应、放射性核素分析等	同一厂家半年一次
	细度模数、含水率、吸水率、含泥量、泥块含量、表观密度、松散堆积密度、紧密堆积密度	600t/次
	细度模数、含水率、含泥量、泥块含量	每车目测
粉煤灰	碱含量、SO_3含量、放射性核素分析	同一厂家半年一次
	活性指数	200t/次
	含水量、细度、需水比、烧失量	每车检
磨细矿粉	氯离子含量、放射性核素分析	同一厂家半年一次
	含水量、密度、比表面积、烧失量、流动度比、活性指数	200t/次
硅粉	比表面积、SiO_2含量、烧失量、需水量比、含水量、活性指数等	30t/次
外加剂	氯离子含量、含气量、碱含量、压力泌水比、限制膨胀率等	同一厂家半年一次
	减水率、固含量、水泥净浆流动度、混凝土坍落度经时损失、混凝土凝结时间等	20t/次

5）对袋装粉状材料应注意防潮；对液体外加剂应注意防止沉淀和分层。

6）炎热季节时，为降低混凝土拌合物的入模温度，原材料应采取适宜、有效的降温方法。储存散装水泥过程中，应采取措施降低水泥的温度或防止水泥升温。

8.5.1.2 配料控制

1）混凝土搅拌站应配有精确的自动称量系统和计算机自动控制系统，并能对原材料品质均匀性、配合比参数的变化等，通过人机对话进行监控、数据采集与分析。搅拌站必须严格按配合比重量计量。计量允许偏差严于普通混凝土施工规范：水泥和掺合料±1%，粗、细骨料±2％，水和外加剂±1％。

2）配制高强混凝土必须准确控制用水量，砂、石中的含水量应及时测定，并按测定值调整用水量和砂、石用量。严禁在拌合物出机后加水，必要时可在搅拌车中二次添加高效减水剂。高效减水剂可采用粉剂或水剂，并应采用后掺法。当采用水剂时，应在混凝土用水量中扣除溶液用水量；当采用粉剂时，应适当延长搅拌时间（不少于 30s）。

8.5.1.3　搅拌控制

1）搅拌站必须满足混凝土每小时产量不低于 100m³，确保施工现场混凝土浇筑的连贯性。

2）搅拌的最短时间应符合设备说明书的规定，从全部材料投入算起的搅拌时间不得少于 2min，根据混凝土均匀程度可适当延长搅拌时间。

3）炎热季节搅拌混凝土时，应在集料堆场搭设遮阳棚，采用低温水或加冰搅拌混凝土、水泥降温等措施降低混凝土拌合物的温度，以保证混凝土运送到现场后温度不高于 32℃。

4）高强混凝土拌合物的特点之一是坍落度经时损失快。控制坍落度经时损失的方法，除选择与水泥相容性好的高效减水剂外，可在搅拌时延迟加入部分高效减水剂或在浇筑现场搅拌车中调整减水剂掺量。拌制高强混凝土投料顺序可见图 8-18。

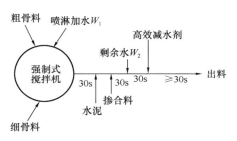

图 8-18　投料顺序

8.5.1.4　泵送质量控制

高强混凝土泵送具有初凝时间短、凝结速度快、流动性好、黏度大等特点，为保证高强混凝土的泵送要求，需要处理好以下几个问题：

1）超高层泵送混凝土的坍落度控制尤为关键，坍落度过小泵送阻力增加不利于泵送；坍落度过大，由于超高压泵送内部压力大，易产生离析。

2）对于高程约 100m 以下的混凝土泵送按常规混凝土施工控制，对于 100m 及以上高度的混凝土入泵坍落度应控制在 220～260mm，同时应考虑混凝土的坍落度损失。

3）泵送前应对混凝土拌合物进行压力泌水率检测，泵送过程中按照每 100m³ 混凝土一次进行抽检，检测结果应符合泵送混凝土对其压力泌水率的要求。混凝土压力泌水率≤30％。

4）混凝土泵送施工时应加倍留制强度试块，应检测混凝土的长期耐久性，包括收缩、碳化、抗氯离子渗透等。

8.5.2 运输过程控制

1）混凝土应使用搅拌运输车运送，运输车装料前应将筒内积水排净。

2）运输过程中，严禁加水及任何其他物质。

3）遇到雨水天气，应做好防护，防止雨水流入料鼓内；高温天气，可考虑适当措施防止拌合物温度升高。

4）搅拌运输车到现场应高速旋转 20～30s，再将混凝土拌合物喂入泵车受料斗。

5）混凝土从搅拌结束运送到施工现场的时间不宜超过 60min，否则不予收货。

8.5.3 混凝土过程检验

8.5.3.1 新拌混凝土的出厂检验

1）搅拌站应对其生产的混凝土工作性能在出厂前进行每车检测，并做好详细记录，经检验合格后方可出厂。

2）每车必须检测指标有：坍落度、扩展度、倒筒时间、拌合物温度，有无分层、离析等。

3）除此以外搅拌站尚应进行阶段性检测：压力泌水率、凝结时间、测定坍落度经时损失及耐久性指标，每个连续浇筑过程中的以上指标检测不得少于一次。

8.5.3.2 新拌混凝土的现场检验

1）新拌混凝土拌合物运送到现场后，应在业主、监理、搅拌站相关人员见证下取样，测定每车混凝土拌合物的工作性能，包括测定其坍落度、扩展度、倒筒时间、拌合物温度，观察有无分层、离析，取样时应选择混凝土罐车卸料 1/4 后至 3/4 前的混凝土为代表。拌合物坍落度和温度超出指标应退车处理。

2）鉴于混凝土超高泵送的特殊要求，混凝土工作性能的检测还应包括泵后混凝土工作性能的检测，如果泵后混凝土工作性能不能满足施工要求，搅拌站应及时查找原因并改善其混凝土的工作性能以利于现场施工，防止堵泵等现象的发生。

3）混凝土的初凝时间应控制在 7～9h，终凝时间应控制在 10～12h。

4）为核查混凝土的性能，施工现场尚应阶段性检测混凝土的自收缩、压力泌水率、凝结时间、经时坍落度损失、耐久性相关指标，检验结果作为施工现场混凝土拌合物质量评定的依据。

8.5.4 泵送过程控制

超高层混凝土的泵送过程控制是贯穿每一次混凝土泵送施工全过程的控制，从开泵前的润管到最后的泵管清洗，每个步骤都必须严格控制，保证每次混凝土泵送的顺利。

1) 开始泵送时泵机应处于低速运转状态，注意观察泵的压力和各部分工作情况，待顺利泵送后方可提高到正常输送速度。

2) 泵送作业时，注意观察主系统压力表变化，一旦压力异常波动，先降低排量，再视情况反泵 1～2 次，再正泵。在核心筒剪力墙高强混凝土浇筑过程中，若混凝土供应中断超 15min，为防止泵管内混凝土凝固造成堵管，每隔 10min 应开泵一次。

3) 根据混凝土性能及施工速度，合理地调整输送泵液压系统的最大工作压力。

泵送施工工艺流程见图 8-19。

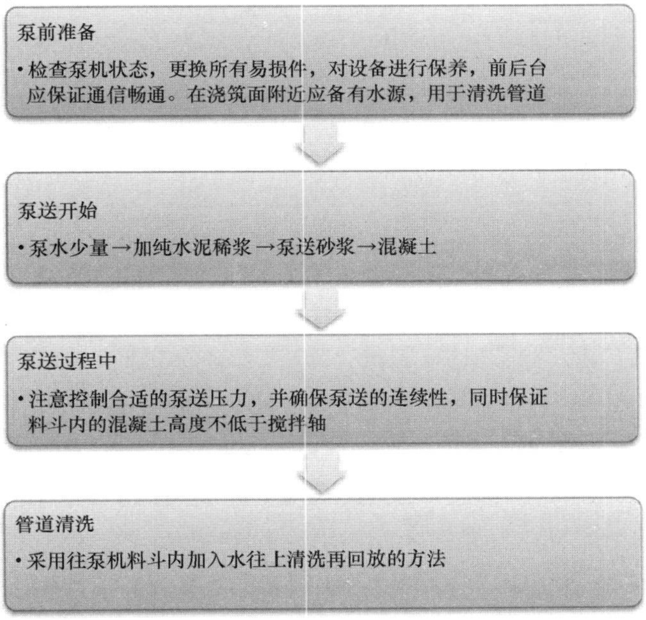

图 8-19　泵送施工工艺流程

8.5.4.1　泵送前的准备

泵机操作人员及维护人员应彻底检查泵机状态，更换所有易损件，对设备进行保养，前后台应保证通信畅通。在浇筑面附近应备有水源，用于清洗。

8.5.4.2　泵送开始

使用水、水泥浆及砂浆等润管。

方法：泵水少量→加纯水泥稀浆→泵送砂浆→混凝土。

原理：管道里加定量的水，水与砂浆用纯水泥浆隔离，纯水泥浆与混凝土用砂浆隔离，各种拌合物分步进入管道，管道里的水在拌合物的推动下沿程湿润管壁，使管道内壁沿程建立水泥浆膜，达到可泵送状态。

工艺步骤如表 8-5 所示。

泵送工艺步骤   表 8-5

步骤	操作要点
1. 泵少量水	往泵机料斗加大半斗水→泵送水 150kg 约 9 个行程停泵→把料斗卸料门打开放掉水→把 S 管置于中位→让混凝土缸里的水流出→关闭卸料门
2. 泵送纯水泥浆	往泵机料斗先加砂浆垫底至眼镜板吸料口下沿→S 置于右侧（混凝土活塞在后）→加入纯水泥稀浆（水灰比 0.45）于料斗左侧（混凝土活塞在前）→启动泵送 3 个行程把纯水泥稀浆泵送入泵管
3. 泵送砂浆	加砂浆 1.5m³（配比水∶水泥∶砂＝1∶2.5∶3）入料斗，开始泵送
4. 泵送混凝土	泵送砂浆约 20～50 个行程，泵管里有约 0.9～1m³ 砂浆，料斗还剩半斗砂浆，此时可投入混凝土料进行泵送

注：1. 开始时泵送频率不宜高于 10 次/min，直至整条管道被混凝土打通。

2. 混凝土浇筑面上需备有 4m³ 以上料斗，用于承装废水和砂浆。

8.5.4.3 泵送

1）泵送速度以泵机的液压系统压力进行调节，一般情况下液压系统压力不宜超过 20MPa（压力过大时，活塞容易损坏，末端 B 形管道容易爆破）。

2）确保泵送连续性，下一车混凝土还没到之前，可放慢混凝土输送速度，直到下一车混凝土到达，方可进入正常泵送速度（确保管道内的混凝土一直处于流动状态）。

3）当混凝土供应中断，应保证料斗内的混凝土高度不低于搅拌轴，在等料过程中，泵机需每 15min 进行正反泵操作（避免管道内的混凝土初凝）。

4）泵送过程中，混凝土泵料斗内的混凝土高度应不低于搅拌轴（避免混凝土缸吸入空气）。

5）每车混凝土到达时，需在泵送前对混凝土进行检测，合格后方可泵送。

8.5.4.4 管道清洗

1. 管道清洗的重要性

在混凝土泵送施工结束后，需要清理输送管内剩余的混凝土，管道清洗作为混凝土泵送施工中的一环，有如下重要性。

1）正确的洗管工艺方法能使洗管过程顺利，节约混凝土用量，减少环境污染，减轻工人的劳动强度。

2）洗管过程发生堵管，将造成管道内混凝土的浪费，拆装被堵塞的管道需要大量的人力，耗费大量的工时，重新装上的管道也容易由于安装不当产生隐患。

3）管道清洗不净，管道内仍然有残留物，可能会导致下一次混凝土泵送时产生堵管，只有管道清洗干净，管道内无残留物，才能保证下一次混凝土泵送的顺利。

4）经常洗管不成功将严重影响施工的整体进度，施工成本增加。

2. 水洗法在管道清洗中的应用

国内高层施工中洗管普遍采用从下往上水洗的方法（水洗法）：在泵送完后，洗管采用先泵送 0.5～1m³ 砂浆后，直接泵水，直至布料机出口出现清水。此方法从洗管开始到结束不能停止泵送，水源不得间断。

宜在泵旁边建一个沉淀池（容积约 2～3m³）及净水池（容积约 30m³），接 DN100 的水管到泵旁，做水洗及冷却之循环利用，其原理如图 8-20 所示。

图 8-20 水洗循环系统原理图

但水洗法偶尔有洗管不彻底的现象。由于管道固定不牢靠和水源间断问题，在洗管过程中频繁停泵，使得砂浆沉淀透水，造成混凝土离析堵管的现象时有发生。

3. 洗管控制措施

前面提到水洗法在水源间断的情况下容易发生堵管现象，应对超高层泵送洗管制定洗管及余量控制措施。具体步骤如表 8-6 所示。

洗管控制具体步骤 表 8-6

步骤	操作要点
1. 管道内混凝土余料控制	在混凝土浇筑即将完成时，估计管道内剩余的混凝土能满足至混凝土浇筑结束，料斗内混凝土在搅拌轴以下时停止泵送，关上截止阀；再加砂浆（水、水泥、砂）1.5m³ 入料斗，泵送砂浆 1m³
2. 加入足够的纸质水泥袋和海绵球	放掉料斗内剩余砂浆→拆开泵机出口处三通管的盖板→泵机反泵清除锥管、S 管、混凝土缸内的砂浆→在三通管处加入足够的纸质水泥袋和海绵球
3. 料斗内注水进行泵送	往料斗内注水进行泵送→泵送压力达到 4～6MPa 时打开截止阀→连续泵送水直至布料机出口出水停止泵送（应水源充足，确保泵送连续性）→关上截止阀
4. 自重放水清洗	立起布料机臂架→拆开泵机出口处三通管的盖板（或拆除泵机与截止阀之间的弯管）→打开截止阀，管道内的水受重力作用呈喷射状冲出（三通管出水口附近不能有人）
5. 反复注水放水清洗管道	水流完后，关上截止阀→再操纵布料机使臂架上扬与水平呈约 5°夹角→从布料机出口处往管道内注水，直到灌满输送管→立起布料机臂架→打开截止阀→让水再冲洗管道（高强混凝土黏度大，不易清除，反复清洗可确保管道内残留混凝土被清尽，避免下次泵送发生堵管）
6. 反泵清洗锥管、S 管、混凝土缸	从三通管开口向锥管、S 管、混凝土缸内冲水→泵机反泵清除锥管、S 管、混凝土缸内的混凝土残留物
7. 关闭料斗卸料门	把三通管的盖板（或弯管）安装复位，关闭料斗卸料门

8.5.5 施工注意事项

8.5.5.1 开机前及操作中注意事项

开机前及操作中除了对泵机本身的正确操作及保养外，还需注意：

1）地面上要设有泵管清洗用的废水排水沟/排水管道，连接至废水临时存放设施或沉淀池。

2）楼顶需配置约 $2m^3$ 的润管废料承接容器，容量不足时通过管道排放至指定位置。

3）混凝土从运输到泵送至浇筑点，时间不应超过 1h。

4）泵送前，先泵 $1m^3$ 水，再泵 $2\sim3m^3$ 砂浆，湿润管道后，再泵送混凝土。

5）超高泵送过程最好连续泵送，停顿时间最好不超过 15min；如泵送间断时间或待料时间超过 15min，约每隔 10min 操作一次反泵＋正泵，避免管道内混凝土初凝，同时也避免料斗内粗骨料沉积影响 S 管阀摆动。

6）C60 以上混凝土，粗骨料粒径≤20mm，坍落度最好控制在 240mm 左右。

7）混凝土压力泌水率≤30％。

8）在混凝土浇筑完毕后，为保证泵机水洗的顺利进行，优先采用水泥袋的水洗方法，特别对于中低及高层混凝土的泵送，可最大限度节约混凝土及清洗用水；对于超高层混凝土泵送时，如根据操作手经验采用水泥袋清洗管路会存在较大困难，为了保险起见，可采用泵送砂浆直接水洗法，即要先泵 $2\sim3m^3$ 砂浆，再泵水进行水洗。砂浆的配比为水泥：砂子为 1：1。

9）每次管道清洗，必须将管道内残余混凝土清洗干净。

10）定期检查管道是否松动、漏浆；检查眼镜板和切割环的间隙。

11）配置超声波测厚仪定期对超高压管壁厚进行检测，以防过度磨损而发生爆管。根据经验，输送管主要检测点为水平管底部、弯管外侧，特别是水平转垂直管处的弯管，如检测到管壁厚异常，则需更换管路，防止爆管。

12）严格记录下每次混凝土泵送的情况，以及维修保养的时间、部位，易损件的更换情况。

8.5.5.2 堵管原因分析

1. 强行泵送

当发现混凝土的坍落度很小，无法泵送时，应及时将混凝土从料斗底部放掉，严禁强行泵送。及时纠正罐车内的混凝土坍落度，添加减水剂或者泵送剂，掺加剂量按照混凝土搅拌站技术要求进行。

2. 停机时间过长

停机期间，应每隔 $5\sim10min$（具体时间视当日气温、混凝土坍落度、混凝土初凝时间而定）开泵一次，以防堵管。

3. 管道未清洗干净

上次泵送完毕，管道未清洗干净，会造成下一次泵送时堵管。所以每次泵送完毕一定要按照水洗规程将输送管道清洗干净。

4. 泵送速度选择不当

泵送时，速度的选择很关键，操作人员不得一开始就加快泵送速度。首次泵送时，由于管道阻力较大，应低速泵送。泵送正常后，可适当提高泵送速度。当出现堵管征兆或某一车混凝土的坍落度较小时，应低速泵送，以防堵管。

5. 局部漏浆造成的堵管

砂浆泄漏，一方面影响混凝土的质量，另一方面，将导致混凝土的浆体减少和泵送压力的损失增加，从而导致堵管。漏浆的原因主要有以下几种：

1）输送管道接头密封不严

输送管道接头密封不严，管卡松动或密封圈损坏而漏浆或造成泵送压力损失。应紧固管卡或更换密封圈。

2）眼镜板和切割环之间的间隙过大

眼镜板和切割环磨损严重时，二者之间的间隙变大。须通过调整异形螺栓来缩小眼镜板和切割环之间的间隙，若已无法调整，应立即更换磨损件。

3）混凝土活塞磨损严重引起的漏浆

操作人员应经常观察水箱中的水是否浑浊，有无砂浆，一旦发现水已浑浊或水中有砂浆，表明混凝土活塞已经磨损，此时应及时更换活塞，否则将因漏浆和压力损失而导致堵管，同时还会加剧活塞和输送缸的磨损。

4）因混凝土输送缸严重磨损而引起的漏浆

若每次更换活塞后，水箱中的水很快就变浑浊，而活塞是好的，则表明输送缸已磨损，此时需更换输送缸。

6. 非合格的泵送混凝土导致的堵管

用于泵送的混凝土必须符合泵送混凝土的要求，并不是所有的混凝土都可以拿来泵送，非合格的泵送混凝土将加剧泵机的磨损，并经常出现堵管、爆管等现象。

7. 混凝土坍落度过小

混凝土坍落度的大小直接反映了混凝土流动性的好坏，混凝土的输送阻力随着坍落度的增加而减小。泵送混凝土的坍落度一般在 200～240mm 内，对于长距离和大高度的泵送一般需严格控制在 220～260mm。坍落度过小，会增大输送压力，加剧设备磨损，并导致堵管。坍落度过大，高压下混凝土易离析而造成堵管。

骨料级配，对提高混凝土的泵送性能和预防堵管至关重要。

8. 水泥用量过少或过多

水泥在泵送混凝土中，起胶结作用和润滑作用，同时水泥具有良好的保水性能，使混凝土在泵送过程中不易泌水，水泥的用量也存在一个最佳值，若水泥用量过少，将严重影响混凝土的吸入性能，同时使泵送阻力增加，混凝土的保水性变差，容易泌水、离析和发生堵管。一般情况下每立方米混凝土中水泥的含量应大于320kg，但也不能过大，水泥用量过大，将会增加混凝土的黏性，从而造成输送阻力的增加。

9. 砂浆量太少或配合比不合格导致的堵管

1）砂浆用量太少

因为首次泵送时，搅拌主机、混凝土输送车搅拌罐、料斗、管道等都要吸收一部分砂浆，如果砂浆用量太少，将使部分输送管道没有得到润滑，从而导致堵管。正确的砂浆用量应按每200m管道约需0.5m³砂浆计算，搅拌主机、料斗、混凝土输送车搅拌罐等约需0.2m³左右的砂浆。因此，泵送前一定要计算好砂浆的用量。砂浆太少易堵管，砂浆太多将影响混凝土的质量或造成不必要的浪费。

2）砂浆配合比不合格

当管道长度大于200m时，用1：1的水泥砂浆（1份水泥/1份砂浆），水泥用量太少也会造成堵管。因此，在泵送前要计算好砂浆用量，并控制好砂浆的配合比。

8.5.5.3 堵管、爆管预防及应急处理措施

1. 堵管

超高层建筑泵送时，容易反泵，不容易发生堵管。若发生堵管，其部位一般出现在水平段弯管或锥管处，特别是水平段与垂直管相接的弯管处。

堵管的处理方法：当出现堵塞时，可反复正、反转泵，即一边进行反转泵送，一边沿管路检查时，可以用木槌敲打认为堵塞的部位，有时能使堵塞的骨料受振后松散而使泵送畅通；若敲打无效，不可用铁锤或其他可能伤害管道的物件重击。如果堵管部位判断得准确，而且堵塞处离管道卸料的末端不远时，只要把堵塞管拆下，清除其已堵塞的混凝土，再装回去，即可继续泵送。如果堵管部位离管道末端较远，堵塞段被清理后回装到管路时，这段空管由于气塞作用，可能造成再次堵管。在这种情况下，应将堵塞段以后的管道混凝土用压缩空气吹出再接管泵送。如果堵管部位不能迅速判断或者难以拆卸时，应采用气洗方法把混凝土吹除。在堵管的情况下，往往需要分段吹洗。若分成较短的管段也吹洗不动，应尽快组织人力，把全部管道逐节拆卸，清除其中的混凝土，并用水冲洗干净。重新接好管道，开启液压闸阀再继续泵送。

预防堵管措施：泵送150m以上高层时，必须将混凝土坍落度控制在220～260mm。

2. 爆管

爆管一般出现在泵机出口端附近的管道，特别是水平段与垂直管相接的弯管处。

处理方法：关闭垂直管与水平管处的液压闸阀并更换管道。

预防措施：定期用红外线测厚仪检测水平段与垂直段输送管的厚度，厚度小于规定值则更换，如，125管道10mm壁厚磨损至6mm需更换，7mm壁厚磨损至4mm需更换，5mm

壁厚磨损至 2mm 需更换。

在弯管和非标管件所在位置，预备一根备用管件，以便在爆管时以最快速度更换。

所使用的各种混凝土管件都要保证有充足的备件。

在经常有人活动的管道上覆盖麻袋（注意不能捆绑），当管道爆裂后，麻袋可避免混凝土对人的直接伤害。

3. 洗管应急处理

为防止洗管时出现水源中断的情况，建议在泵机旁常备水源或用混凝土搅拌车备足清水。

洗管前应提前检查截止阀，并预备截止阀的易损件，保证洗管顺利完成。

4. 混凝土泵故障应急

宜设置混凝土输送备用泵及易损零件，当泵机设备出现故障后，维修工应在 20min 内及时诊断故障原因，若是简单易损件原因造成设备停止运转，在 1h 内更换完成；若是设备主要部件、难修的部件原因造成设备停止运转，立即采用备用泵。

混凝土泵的易损件备件应充足，以便及时更换，最短时间恢复混凝土泵的运行。

第9章　钢结构工程施工技术

9.1　技术特点

钢结构具有绿色环保、强度高、重量轻和抗震性能好等优点，广泛应用于300m级超高层建筑中，其在超高层建筑中主要用于钢管柱、劲性柱、钢梁、核心筒内钢骨或钢板、桁架等。

300m级超高层钢结构施工技术直接影响施工过程的安全、质量和进度，对超高层建筑施工完成后的结构安全、使用功能和使用寿命起着重要的作用。其施工技术主要包括钢结构深化设计、钢结构加工制作、构件运输、钢结构安装、钢结构焊接、高强螺栓施工、钢结构涂装施工和复合楼承板施工等。

9.2　深化设计

9.2.1　深化设计作用

钢结构深化设计是以结构施工图、计算书及其他相关资料为依据，依托专业软件，建立三维实体模型，并生成结构安装布置图、构件与零部件下料图和料表清单的过程，是对结构施工图的细化、补充和完善，也是构件加工图和拼装图。深化设计后的图纸应满足规范、设计的相关要求，符合相关地域的设计规范和施工规范，并通过审查，图形合一，能够直接指导现场施工。

9.2.2　深化设计进度和质量管理

1. 进度管理

300m级超高层建筑钢结构深化图纸量大，深化设计进度管理是整个工程顺利进展的重要一环，它直接影响钢结构材料的采购、制作、安装及后续各个环节。因此，深化设计工期是保证整个工程工期的前提和关键，可采取以下措施：

1）钢结构深化设计工作由加工制作单位实施，有利于加工制作进度控制。

2）应根据加工安装顺序，分批进行图纸深化设计，每批图纸完成后及时提交深化图到设计单位、业主确认，并根据意见修改、调整。

3）将整体模型分层分块，多人同时建模。

4）最好各方及时进行沟通协调工作，准确了解设计变化，同步反映到深化设计成果中。

2. 质量管理

1）深化设计输入文件质量控制

（1）钢结构设计文件

结构施工图及设计变更单等设计文件以蓝图的形式发至钢结构深化设计单位。

（2）相关专业设计条件图

在深化设计前将结构、机电、幕墙及装饰等专业对钢结构深化设计的要求报业主审核批准后，以条件图或其他正式文件的形式发至钢结构深化设计单位。

（3）分段分节方案及安装临时措施等资料

构件分段分节方案和安装临时措施以正式文件的形式发至钢结构深化设计单位。

2）深化设计过程质量控制

深化设计过程质量控制分三维实体模型和深化设计图纸两个部分，应确保三维实体模型、深化设计图与结构施工图一一对应。

9.2.3　典型深化构件和节点

具体如图 9-1 所示。

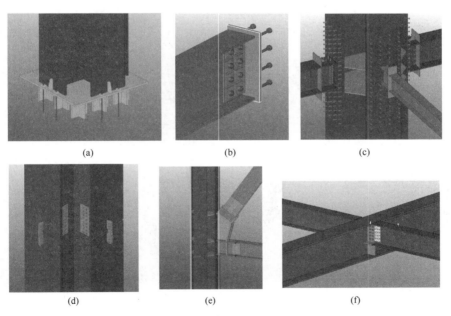

图 9-1　典型深化构件和节点

（a）柱脚节点；（b）梁埋件节点；（c）梁柱节点；（d）柱柱节点；（e）桁架节点；（f）梁梁节点

9.3　钢结构加工制作

300m 级超高层建筑钢结构构件形式主要包括 H 形、箱形、十字形构件，以及桁架和钢板墙。

9.3.1 典型 H 形构件加工制作工艺

如表 9-1 所示。

典型 H 形构件加工制作工艺 表 9-1

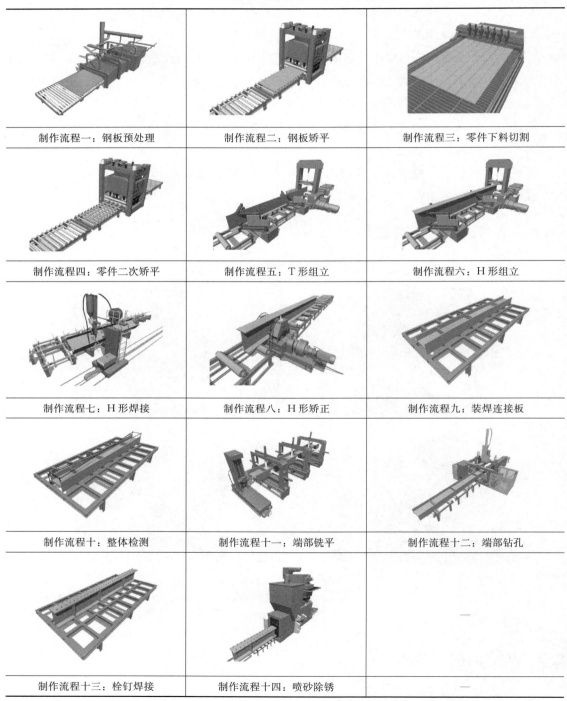

制作流程一：钢板预处理	制作流程二：钢板矫平	制作流程三：零件下料切割
制作流程四：零件二次矫平	制作流程五：T 形组立	制作流程六：H 形组立
制作流程七：H 形焊接	制作流程八：H 形矫正	制作流程九：装焊连接板
制作流程十：整体检测	制作流程十一：端部铣平	制作流程十二：端部钻孔
制作流程十三：栓钉焊接	制作流程十四：喷砂除锈	—

9.3.2　典型箱形构件加工制作工艺

具体如表 9-2 所示。

典型箱形构件加工制作工艺 表 9-2

制作流程一：钢板预处理	制作流程二：钢板矫平	制作流程三：零件下料切割
制作流程四：零件二次矫平	制作流程五：设置胎架及地样	制作流程六：下面板定位
制作流程七：装配隔板	制作流程八：装配腹板	制作流程九：装配上面板
制作流程十：隔板电渣焊	制作流程十一：主焊缝焊接	制作流程十二：整体检测
制作流程十三：端部铣平	制作流程十四：喷砂除锈	—

9.3.3 典型十字形构件加工制作工艺

如表 9-3 所示。

典型十字形构件加工制作工艺　　　　　　表 9-3

制作流程一：钢板预处理	制作流程二：钢板矫平	制作流程三：零件下料切割
制作流程四：零件二次矫平	制作流程五：零件端部铣平	制作流程六：H 形组立胎架设置
制作流程七：H 形组立	制作流程八：H 形焊接	制作流程九：H 形矫正
制作流程十：切割 T 形部分	制作流程十一：整体装配	制作流程十二：主焊缝焊接
制作流程十三：牛腿装焊	制作流程十四：栓钉焊接	制作流程十五：整体检验

9.3.4　典型钢板墙加工制作工艺

具体如表 9-4 所示。

典型钢板墙加工制作工艺　　　　　　　　　　　　表 9-4

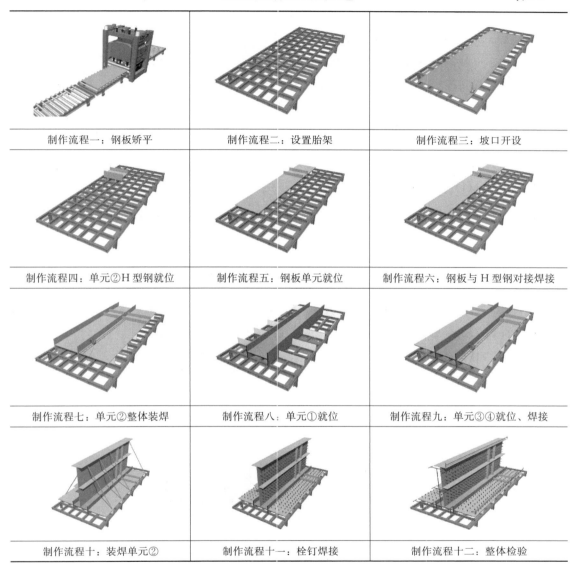

制作流程一：钢板矫平	制作流程二：设置胎架	制作流程三：坡口开设
制作流程四：单元②H 型钢就位	制作流程五：钢板单元就位	制作流程六：钢板与 H 型钢对接焊接
制作流程七：单元②整体装焊	制作流程八：单元①就位	制作流程九：单元③④就位、焊接
制作流程十：装焊单元②	制作流程十一：栓钉焊接	制作流程十二：整体检验

9.3.5　构件预拼装

构件预拼装目的在于检验构件工厂加工精度能否保证现场拼装、安装的质量要求，确保下一道工序正常施工以及安装质量达到规范、设计要求，减少现场安装误差。

对于环带桁架、伸臂桁架，杆件连接较为复杂，现场安装难度较大。因此，构件出厂前须对上述区域杆件进行厂内预拼装。技术条件成熟的情况下，可进行 BIM 建模虚拟预拼装。

9.4　构件运输

9.4.1　运输路线勘测

超高层建筑钢结构运输中应重点考虑构件超宽、超高问题。在运输前，需进行路线勘踏。运输路线可分公路运输和水路运输，公路运输具有机动灵活、运输周期短、中间倒运装卸时间短等特点，但对构件尺寸有一定要求，一般为长度不超过14m、宽度不超过3.5m。水路运输能力大，成本低，能源消耗及土地占用较少，但其速度慢，连续性差，灵活性不强，受自然条件影响大。不同工程可结合工程需求及地理条件选择合适的运输路线，提前制订运输方案。

9.4.2　构件装卸及运输

构件在厂内使用堆场龙门吊车和叉车负责搬运和装卸，吊车工与叉车工应经过专门的培训，持证上岗，装卸、搬运要做到轻拿轻放，并做到以下几点：

1）确保搬运装卸过程中的安全，包括人员安全、零部件及构件、搬运装卸周围的建筑物及其他装备设施的安全。

2）按规定的地点进行堆放，在搬运过程中不要混淆各构件的编号、规格，应做到搬运装卸依次合理，及时准确地搬运。

1. 主要构件的包装形式

具体如表9-5所示。

主要构件包装形式　　　　　　　　　　　　　表 9-5

构件名称	构件包装形式
巨柱	
桁架弦杆	
剪力墙	

2. 超重、超宽构件运输

此类构件包括巨柱、伸臂桁架与巨柱连接节点分段单元等。超重构件重心用鲜红色的油漆以一个向下箭头标出，在运输过程中加垫块、绳索固定。超宽构件在车身的四个方向挂警示灯、警示旗，车辆夜间行驶时整个车身有醒目的标识。

3. 剪力墙钢板运输

钢板剪力墙数量多，板面尺寸大，运输过程易变形。将采取加固或包装或者同时采取包装及加固等措施，保证钢板变形在可控的范围之内，装载时在钢板间密集放置相同尺寸的木方垫。捆绑时在捆绑处加防护软垫对钢板剪力墙的现场焊接坡口和焊接边进行保护。

4. 中型构件运输

中型构件包括 H 型钢梁、钢柱及桁架散件等。此部分构件需要打捆，打捆原则为相近规格、相近长度进行分组打捆。按不同长度、不同规格，采用不同打捆方式。

5. 小型零件运输

小型零件包括连接板、耳板、螺栓等。此部分构件包装采用自制可循环利用箱，将零件板按尺寸、材质和编号进行装箱，并且在箱体内用木方进行防护。箱体上设置吊耳、顶部盖板及封锁装置，并在箱体外侧设置零件属性表。

6. 运输过程成品保护

具体如表 9-6 所示。

运输过程成品保护　　　　　　　　　　　　　　　　　　表 9-6

序号	保护措施
1	构件与构件间必须放置一定的垫木、橡胶垫等缓冲物，防止运输过程中构件因碰撞而损坏
2	同类型散件集中堆放，并用钢框架、垫木和钢丝绳绑扎固定，杆件与绑扎用钢丝绳之间放置橡胶垫之类的缓冲物
3	运输过程中，车辆运行保持平稳，超宽、超高运输须由培训过的驾驶员、押运人员负责，并在车辆上设置明显标记
4	吊运杆件设专人负责，使用合适的吊夹具，严格遵守吊运规则，以防吊运过程中发生撞击、坠落引起损坏、变形
5	根据构件的重量、外形尺寸，检查吊马、索具，严禁野蛮装卸

9.5　钢结构安装

9.5.1　安装前准备工作

1. 技术准备

项目部应掌握工程建筑和结构的形式和特点，针对工程实际，确定是否需要采用新技术，并编制钢结构施工组织设计、重要分项工程施工方案，用以指导施工。

2. 钢构件进场

钢构件进场计划应综合考虑安装方案制定的进度计划和现场的堆场等条件，确保安装工作按计划进行。

钢构件进场后，应按随车货运清单材质报告及资料核对所到构件的数量及编号是否相符，所有钢柱、钢梁等重型构件应在卸车前检查其尺寸、板厚、外观等质量控制要素。如果发现问题，应迅速采取措施，以保证现场施工进度。

9.5.2 柱脚埋件安装

柱脚埋件分两种：预埋锚栓和埋入式柱脚（图 9-2）。对于超长超大直径锚栓的埋设，应考虑大体积混凝土水化过程中混凝土自身应变对锚栓初始应力的影响。施工前，应开展大体积混凝土中埋设高强锚栓的模拟浇筑试验，监测高强锚栓的应力变化规律，找到大体积混凝土应变对内埋高强螺栓初始应力的影响规律，从而为实际施工提供技术支持。

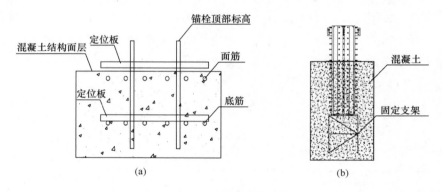

图 9-2　桩脚埋件分类
（a）预埋锚栓；（b）埋入式柱脚

1. 预埋锚栓安装

1）根据原始轴线控制点及标高控制点对现场进行轴线和标高控制点的复测和加密，形成控制网。

2）锚栓预埋时底层钢筋先进行绑扎，底筋绑扎完成后，根据计算所得的坐标放线，然后将锚栓插入定位板并调节好锚栓标高，将锚栓焊接在定位板上形成一个整体。

3）当面层钢筋绑扎完成后，将另一块定位板与锚栓连接成一个整体，形成双定位板固定。

4）复测定位板、锚栓的坐标位置和标高。

5）调节好后把锚栓点焊在上层定位板上。

6）在绑扎钢筋时对锚栓及时监测、及时调节，以减少累计误差。

7）保证柱子就位的精度，定位板的埋设应特别引起重视，在混凝土浇筑过程中，全程观测锚栓的偏移量，及时修正，并在混凝土浇筑完成后对预埋锚栓的位置和标高进行复测。

2. 埋入式柱脚安装

1）根据测量控制网测设细部轴线，用全站仪定位埋件控制点的位置，并做好放线标记。

2）埋件初步就位以后，用全站仪进行坐标的复核，对埋件的位置进行校正。

3）埋件校正好以后，将固定支架进行焊接固定，同时做好锚栓的防护措施。用防水胶带包裹螺纹，防止丝扣损伤、生锈。

4）底板浇筑混凝土过程中，随时校正偏差。混凝土终凝前，对埋件位置进行复测，发现偏差及时校正。

9.5.3　核心筒劲性钢骨柱、钢板墙安装

1. 吊耳设计与吊点设置

为确保顺利起吊和准确就位，可运用电脑三维模拟技术，查找出各段构件的重心位置。根据构件重心，针对性的确定构件的吊耳形式和具体位置。

2. 劲性钢构件吊装

核心筒劲性结构单元吊装过程中的稳定性控制是重点。对于劲性钢骨柱，可设置缆风绳增加其稳定性（图 9-3）。对于劲性钢板墙，可采取临时支撑进行稳固（图 9-4）。

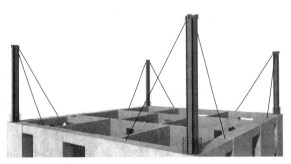

图 9-3　劲性钢骨柱增设缆风绳示意图

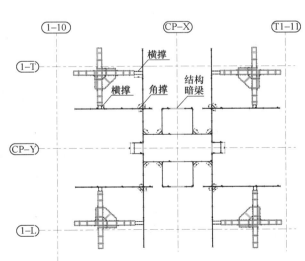

说明:支撑分为剪力墙角部角撑、剪力墙与巨柱横撑两种
　　支撑使用HW125型钢，端部焊接在剪力墙与巨柱上
　　支撑在下面一节钢板墙校正完成后焊接，上下节钢板墙焊接过程及焊接后热完成变形稳定后可拆除

图 9-4　劲性钢板墙增设临时支撑示意图

9.5.4 外框钢柱吊装

1. 吊耳设计与吊点设置

钢柱吊点的设置须考虑吊装简便、稳定可靠，可直接用钢柱上端的连接耳板作为吊点。为穿卡环方便，在深化设计时就将连接耳板最上端的一个螺栓孔的孔径加大，作为吊耳吊装孔。为保证吊装平衡，挂设四根足够强度的单绳进行吊运。

2. 柱顶操作平台搭设

钢柱吊装时，为方便钢柱安装校正和保证操作人员的安全，钢柱顶部采用型钢组成的可装配式操作平台（图 9-5）。操作平台分为两块，钢管柱吊装时装配在柱顶，大小依据钢柱尺寸而定，待吊装焊接工作完成后，将操作平台拆卸为两部分吊至地面，循环使用。

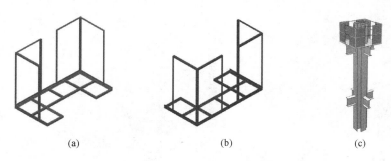

(a)　　　　　　　　　(b)　　　　　　　　　(c)

图 9-5　柱顶操作平台搭设

（a）组拼单元 1；（b）组拼单元 2；（c）操作平台完成效果图

3. 外框钢柱安装技术要点

具体如表 9-7 所示。

表 9-7

外框钢柱安装技术要点

序号	安装技术要点
1	起吊前，钢构件应横放在垫木上；起吊时，不得使构件在地面上有拖拉现象，回转时，需要一定的高度；起钩、旋转、移动三个动作交替缓慢进行，就位时缓慢下落，防止擦坏螺栓口
2	每节钢柱的定位轴线应从楼层控制线引上，不得从下层柱的轴线引上；结构的楼层标高可按相对标高进行
3	校正时应对轴线、垂直度、标高、焊缝间隙等因素进行综合考虑，全面兼顾，每个分项的偏差值都要达到设计及规范要求
4	钢柱之间的连接板待校正完毕并全部焊接完毕后，将其割掉，并将焊接处打磨光滑，再涂上防锈漆，注意割除时不要伤害母材

9.5.5 钢梁吊装

1. 吊耳设计与吊点设置

钢梁在工厂加工制作时，应在钢梁上翼缘部分开吊装孔或焊接吊耳（图 9-6），吊点到钢梁端头的距离一般为构件总长的 1/4；为提高吊装效率，在塔式起重机起重性能允许的范围内对部分钢梁进行一机多吊（图 9-7）。

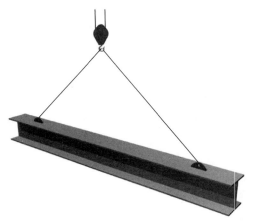

图 9-6 吊耳吊装示意图　　　　　　　　图 9-7 楼层梁一机多吊

2. 钢梁安装技术要点

如表 9-8 所示。

钢梁安装技术要点　　　　　　　　　　　　　　　　　表 9-8

序号	安装技术要点
1	对于大跨度、大吨位的钢梁吊装可采用焊接吊耳的方法进行吊装，对于轻型钢梁则采用预留吊装孔进行"串吊"。钢梁在工厂加工时应预留吊装孔或设置吊耳作为吊点
2	每个区域外框架钢柱安装后，及时安装主梁和环梁，以便形成稳定的结构体系，其余钢梁在前一区域钢柱和钢梁校正焊接后进行安装
3	楼层钢梁的安装顺序遵循先主梁后次梁的原则，每一个区域校正焊接完成后，方进入下一个区域安装
4	钢梁按施工图进行吊装就位时要注意钢梁的靠向，钢梁就位时，先用冲钉将梁两端孔对位，然后用安装螺栓拧紧。安装螺栓数量不得少于该处螺栓总数的 30%，且不得少于 3 颗
5	校正时应对轴线、水平度、标高、连接板间隙等因素进行综合考虑，全面兼顾，每个分项的偏差值都要达到设计和规范要求

9.5.6 伸臂及环带桁架安装

1. 伸臂及环带桁架安装方法

300m 级超高层建筑通常会在避难层设有伸臂桁架和环带桁架。由于单榀伸臂桁架或环带桁架的重量较大，一般采用散件安装或分片拼装等方法。

根据核心筒施工进度，先吊装核心筒内伸臂桁架构件，随着外框钢结构吊装的进行，再完成核心筒外面伸臂桁架的吊装，最后安装环带桁架。

2. 伸臂及环带桁架安装技术要点

具体如表 9-9 所示。

伸臂及环带桁架安装技术要点	表 9-9

序号	安装技术要点
1	桁架吊装分段主要是对节点进行拆分。节点拆分原则：一是必须在塔式起重机相应吊装半径的起重范围之内；二是综合考虑构件分段加工制作与现场安装工艺的合理性，一般工厂焊缝与现场焊缝需错开至少 300mm，现场安装尽量避免立焊缝分段，同时分段处宜在板厚较薄处，减少现场焊缝填充量；三是分段构件尺寸需符合现有国家交通运输条件，一般车宽方向不超过 4m，车高方向不超过 3.6m，车长方向不超过 16m
2	300m 级超高层建筑内外筒之间一般会出现变形差异现象，应在斜腹杆与核心筒连接处临时连接的双夹板和耳板上开设互相垂直的长孔，便于在设计荷载作用下内、外筒之间自由沉降及压缩变形，待内外筒之间沉降值趋于稳定后，再焊接斜腹杆与核心筒连接处

9.6 钢结构焊接

9.6.1 焊接特点

300m 级超高层建筑焊接作业大多为超高空、悬挑临边施工，焊接作业条件十分复杂，焊接时防风、防雨，焊接时均需搭设焊接操作平台。超高层建筑大量使用各种规格的厚钢板，且连接方式大部分为现场焊接，焊接工作量大，因此，控制焊接变形、消除残余应力、防止层状撕裂是焊接作业的重点。

9.6.2 焊材选型

焊材金属应与主体金属强度相适应，当不同强度的钢材焊接时，可采用与低强度钢材相适应的焊接材料。手工焊接用焊条的质量标准应符合《热强钢焊条》GB/T 5118 的规定。直接承受动力荷载或振动荷载、厚板焊接的结构应采用低氢型碱性焊条。自动焊接或半自动焊接采用焊丝或焊剂的质量标准应符合相应规范和标准的规定。

9.6.3 高空焊接防护

当手工焊焊接作业区风速超过 8m/s，CO_2 气体保护焊超过 2m/s 时，应搭设防风棚或采取其他防风措施。防风棚的搭设要求如下：

1）上部稍透风但不渗漏，兼具防一般物体击打的功能。

2）中部宽松，能抵抗强风的倾覆，不致使大股冷空气透入。

3）下部承载力足够 6 名以上作业人员同时进行相关作业，需稳定、无晃动；可以屯放必需的作业器具和预备材料且不给作业造成障碍，不应有器具材料脱控坠落的缝隙，中部及下部防护采用阻燃材料遮蔽（图 9-8）。

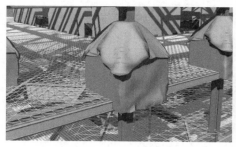

图 9-8 高空焊接防护示意图

9.6.4　焊接工艺流程

如图 9-9 所示。

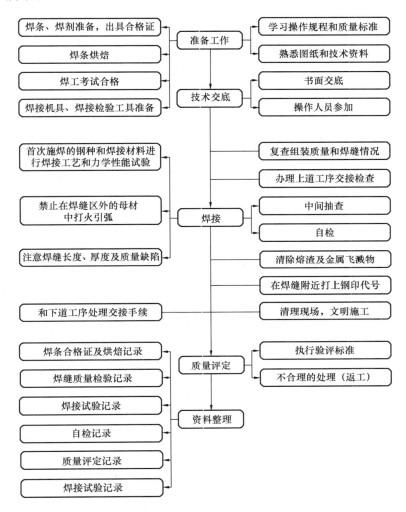

图 9-9　焊接工艺流程图

9.6.5　厚板焊接施工

1. 坡口设计

300m 级超高层建筑存在大量厚钢板，在满足设计要求焊透深度的前提下，宜采用较小的坡口角度和间隙，以减小焊缝截面积和减小母材厚度方向承受的拉力。宜在交接接头中采用对称坡口或偏向于侧板的坡口，使焊缝收缩的拉应力与板厚方向呈一定的角度。尤其在特厚板焊接时，侧板坡口面角度应超过板厚中心，可减小层状撕裂层倾向（表 9-10）。

2. 焊接工艺

1）双面坡口时宜采用两侧对称多道次施焊，避免收缩应变集中。

防层状撕裂坡口方法　　　　　　　　　表 9-10

序号	易产生层状撕裂的结构	可改善的结构	说明
1			箭头所示的方向为焊接时可能出现拘束应力作用的方向
2		0.3～0.5t	通过开坡口或改变焊缝的形状来减小厚度方向的收缩应力,一般应在承受厚度方向应力的一侧开坡口
3			避免板厚方向受焊缝收缩力的作用
4			在保证焊透的前提下,坡口角度尽可能小;在不增加坡口角度的情况下尽可能增大焊脚尺寸,以增加焊缝受力面积,降低板厚方向的应力值

2) 采用适当小的热输入多层焊接,以减小收缩应变。

3) 采用低强度匹配的焊接材料,使焊缝金属具有低屈服点、高延性,可使应变集中于焊缝,以防止母材发生层裂。

9.6.6 焊接质量控制

1. 焊接质量保证措施

具体如表 9-11 所示。

焊接质量保证措施　　　　　　　　　　表 9-11

1	焊接前进行焊口清理,清除焊口处表面的水、氧化皮、锈、油污等
2	严格按照焊接工艺评定所得参数施焊
3	焊接过程中严格控制层间温度
4	焊道之间熔渣的清除必须彻底
5	分次完成的焊缝,再次焊接前要进行预热处理
6	焊接时采取合理的焊接顺序进行施工(如两人、三人或者四人对称焊)
7	焊后保温热处理

2. 焊接变形控制

1) 构件焊接工厂化

因工厂的焊接环境、设备及器具等条件比现场好,在满足运输限制条件下,最大限度地在工厂完成焊接工作。

2) 焊接施工方法的控制

具体如表 9-12 所示。

焊接施工方法的控制　　　　　　　　　　　　　表 9-12

序号	控制事项	控制方法描述
1	焊接方法	采用组合焊接方式：CO_2 气体半自动保护焊＋药芯焊丝及手工焊接
2	焊接工艺	加大焊接能量密度，减少热输入；采用小电流、快速度及多层、多道焊接工艺措施
3	焊接材料	选用小直径的焊条、焊丝；所有使用的焊材具有在大电流密度下保持电弧持续稳定的特性

3. 焊接应力消除

具体如表 9-13 所示。

焊接应力消除方法　　　　　　　　　　　　　表 9-13

方法	应力消除工艺
简介	应力消除工艺有很多种类，主要常用的有机械消应力法、火焰加热消应力法、爆炸消应力法等，根据钢结构行业的施工特点，我们常用的消应力法为机械消应力法和火焰加热消应力法
机械消应力法	机械消应力法主要采用超声波冲击仪等消应力设备来消除焊接应力（工厂采用）
火焰加热消应力法	钢构件焊接完成后，可采用火焰加热的方式对构件进行去应力回火处理

9.6.7　典型构件焊接顺序

1. 整体结构焊接顺序

焊接时应采取整体同时焊接与单根柱对称焊接相结合的方式进行。

2. 构件焊接顺序

各构件对接施焊顺序如图 9-10 所示。

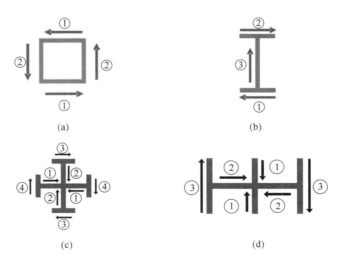

图 9-10　各构件对接施焊顺序

（a）钢柱焊接顺序；（b）钢梁焊接顺序；（c）核心筒钢骨柱焊接顺序；（d）王字形柱焊接顺序

9.7 高强螺栓施工

9.7.1 高强螺栓施工流程

如图 9-11 所示。

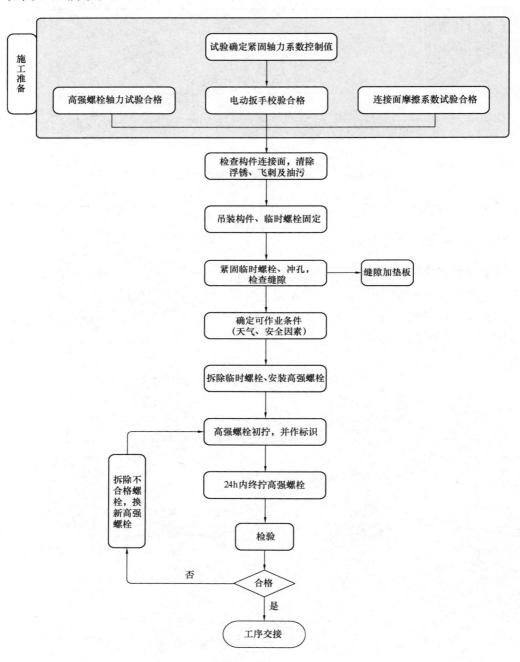

图 9-11 施工流程

9.7.2 高强螺栓安装工艺

1. 临时螺栓安装技术要点

具体如表 9-14 所示。

临时螺栓安装技术要点 表 9-14

1	当构件吊装就位后，先用橄榄冲对准孔位（橄榄冲穿入数量不宜多于临时螺栓的 30%），在适当位置插入临时螺栓，然后用扳手拧紧，使连接面结合紧密
2	临时螺栓的数量不得少于节点螺栓安装总数的 1/3 且不得少于 2 个临时螺栓。注意不要使杂物进入连接面
3	螺栓紧固时，遵循从中间开始，对称向周围的进行的顺序。不允许使用高强螺栓兼作临时螺栓，以防损伤螺纹引起扭矩系数的变化
4	一个安装段完成后，经检查确认符合要求方可安装高强螺栓

2. 高强螺栓安装技术要点

具体如表 9-15 所示。

高强螺栓安装技术要点 表 9-15

1	待吊装完成一个施工段，钢结构形成稳定框架单元后，开始安装高强螺栓
2	扭剪型高强螺栓安装时应注意方向：螺栓的垫圈安在螺母一侧，垫圈孔有倒角的一侧应和螺母接触
3	螺栓穿入方向以方便施工为准，每个节点应整齐一致，临时螺栓待高强螺栓紧固后再卸下
4	高强螺栓的紧固，必须分两次进行：第一次为初拧，初拧紧固到螺栓标准轴力（即设计预拉力）的 60%～80%；第二次紧固为终拧，扭剪型高强螺栓终拧时以梅花卡头拧掉为准
5	初拧完毕的螺栓，应做好标记以供确认。为防止漏拧，当天安装的高强螺栓，当天应终拧完毕
6	初拧、终拧都应从螺栓群中间向四周对称扩散方式进行紧固
7	扭剪型高强螺栓应全部拧掉尾部梅花卡头为终拧结束，不得遗漏

9.8 钢结构涂装施工

9.8.1 钢结构防腐涂装施工

1. 防腐涂装施工工艺

防腐涂装一般在钢结构加工厂完成，现场仅须对构件焊接、高强螺栓等连接及构件补强洞口区域进行防腐涂装施工。施工工艺如表 9-16 所示。

防腐涂装施工工艺 表 9-16

工序	序号	施工工艺
基面清理	1	建筑钢结构工程的油漆涂装应在钢结构安装验收合格后进行
	2	涂刷前，采用风动、电动工具将需涂装部位的铁锈、焊缝药皮、焊接飞溅物、油污、尘土等清理干净

续表

工序	序号	施工工艺
螺栓连接节点修补漆涂装	1	调和专用修补漆，控制油漆的黏度、稠度、稀度，兑制时应采用手电钻充分搅拌，使油漆色泽、黏度均匀一致。当天调配的油漆应在当天用完
	2	刷第一层底漆时涂刷方向应一致，接槎整齐
	3	刷漆时应采用勤沾、短刷的原则，防止刷子带漆太多而流坠
	4	待第一遍刷完后，应保持一定的时间间隙，防止第一遍未干就上第二遍，以防漆液流坠发皱，质量下降。第二遍涂刷方向应与第一遍涂刷方向垂直，保证漆膜厚度均匀一致
	5	漆装时构件表面不应有结露；漆装后 4h 内应有保护措施，免受雨淋

2. 防腐涂装质量控制

具体如表 9-17 所示。

防腐涂装质量控制措施 表 9-17

序号	防腐施工质量保证措施
1	构件运输及吊装过程中，用橡胶垫对钢丝绳绑扎的部位进行保护，构件运输用枕木进行层间保护，以降低钢构件表面油漆的破坏程度
2	钢构件进场后，在地面对运输过程中碰撞破损的部位进行一道补涂，需在地面拼装的，在拼装完成后对破损及焊接部位进行补涂
3	防腐涂料补涂施工前对需补涂部位进行打磨及除锈处理，除锈等级达到 Sa2.5 的要求
4	钢板边缘棱角及焊缝区要研磨圆滑，$R=2.0$mm
5	露天进行涂装作业应选在晴天进行，湿度不得超过 85%
6	喷涂应均匀，完工的干膜厚度应用干膜测厚仪进行检测

9.8.2 防火涂装施工

1. 防火涂装施工工艺

钢结构安装完后，根据项目整体进度安排，应及时插入钢结构防火涂装施工。施工工艺如表 9-18 所示。

防火涂装施工工艺 表 9-18

施工项目	施工工艺
施工准备及基本要求	清除表面油垢灰尘，保持钢材基面洁净干燥
	涂层表面平整，无流淌、裂痕等现象，喷涂均匀
	前一遍基本干燥或固化后，才能喷涂下一遍
	涂料应当日搅拌当日使用完
厚涂型防火涂料	采用压送式喷涂机喷涂，空气压力为 0.4～0.6MPa，喷枪口直径一般选 6～10mm
	喷嘴与基面基本保持垂直，喷枪移动方向与基材表面平行，不能采用弧形移动
	操作时先移动喷枪后开喷枪送气阀；停止时先关闭喷枪送气阀后再停止移动喷枪
	每遍喷涂厚度 5～10mm
薄涂型防火涂料	采用重力式喷枪进行喷涂，其压力约为 0.4MPa
	底层一般喷 2～3 遍，每遍涂层厚度不超过 2.5mm，面层一般涂饰 1～2 次

2. 防火涂料施工质量控制

防火涂料施工质量控制　　　　　　　　　　　　　　　　　表 9-19

序号	保证措施
1	所有防火涂料的产品合格证、耐火极限检测报告和理化力学性能检测报告须齐全
2	施工前应用铲刀、钢丝刷等工具清除钢构件表面的返锈、浮浆、泥沙、灰尘和其他黏附物；钢构件表面不得有水渍、油污，否则必须用干净的毛巾擦拭干净
3	钢构件基层表面处理完毕，并通过相关单位检查合格后，再进行防火涂料的施工
4	当风速大于 5m/s、相对湿度大于 90％、雨天或钢构件表面有结露时，若无其他特殊处理措施，不宜进行防火涂料的施工
5	防火涂料施工的重涂间隔时间在施工现场环境通风情况良好、天气晴朗的情况下，为 8～12h
6	涂层完全闭合，不漏底、不漏涂；表面平整，无流淌、无下坠、无裂痕等现象；喷涂均匀
7	防火涂料施工时，对可能污染到的施工现场的成品用彩条布或塑料薄膜进行遮挡保护；刚施工完的涂层，加以临时围护隔离，防止踩踏和机械撞击

9.9　复合楼承板施工

300m 级超高层建筑核心筒以外楼板多采用组合楼承板，主要为压型钢板或钢筋桁架楼承板，如图 9-12、图 9-13 所示。

 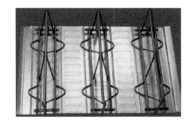

图 9-12　压型钢板　　　　　　　　　图 9-13　钢筋桁架楼承板

压型钢板和钢筋桁架楼承板施工工艺类似，本节对钢筋桁架楼承板施工进行介绍。

9.9.1　钢筋桁架楼承板安装

1. 卸车

楼承板在装、卸、安装中严禁用钢丝绳捆绑直接起吊，运输及堆放应有足够支点，以防变形。

楼承板应分区打包、成捆堆置于结构物上，堆放时应注意结构杆件的设计支承强度，避免超越其允许荷重，楼承板成捆堆置应横跨多根钢梁，单跨置于两根梁之间时，应注意两段支承宽度，避免倾倒而造成坠落事故。

2. 清理规整

楼承板铺设之前，必须清扫钢梁顶面的杂物，并对有弯曲和扭曲的楼承板进行矫正，使板与钢梁顶面压实，如果间隙过大，可以采取增加焊点的方式使之紧密，确保操作人员行走时楼承板不变形，混凝土浇筑时楼承板不渗漏。

3. 放线下料

楼承板按图纸放线安装、调直、压实并点焊牢靠。下料、切孔采用等离子切割机进行切割，严禁用氧气乙炔火焰切割，楼承板开洞时大孔洞四周应补强。

4. 铺设

在楼承板铺设的时候，应注意不要将所有的钢筋桁架楼承板一次拆包，要边拆包、边铺设、边固定，和钢梁搭接长度不小于 50mm。高层结构上部风大，每天拆开的钢筋桁架楼承板必须铺设并固定完毕，没有铺设完毕的楼承板要用钢丝等进行临时固定。

5. 工完场清

安装完毕，应在钢筋安装前及时清扫施工垃圾，剪切下来的边角料应收集到地面上集中堆放，做到工完场清，刮大风时禁止施工，已拆开的板材应重新绑扎。加强成品保护，铺设人员交通马道，减少人员在钢筋桁架楼承板上不必要的走动，严禁在钢筋桁架楼承板上堆放重物。

9.9.2 栓钉施工

具体如表 9-20 所示。

栓钉施工工艺 表 9-20

序号	安装方法
1	应采用专用栓钉熔焊机进行焊接施工，该设备需要设置专用配电箱及专用线路
2	安装前先放线，定出栓钉的准确位置，并对该点进行除锈、除漆、除油污处理，以露出金属光泽为准，并使施焊点局部平整
3	将保护瓷环摆放就位，瓷环要保持干燥。焊后要清除瓷环，以便于检查
4	施焊人员平稳握枪，并使枪与母材工作面垂直，然后施焊。焊后根部焊脚应均匀、饱满，以保证其强度达到要求

9.9.3 超跨钢筋桁架楼承板加固

对于超过钢筋桁架楼承板允许跨度区域，在混凝土浇筑前，需对钢筋桁架楼承板进行加固处理。加固方法应经设计院结构工程师确认后实施。

第10章 幕墙工程施工技术

10.1 幕墙技术特点

10.1.1 超高层幕墙的选择

建筑幕墙，是由面板与支承结构体系组成（构成），具有规定的承载能力、变形能力和适应主体结构位移能力，不分担主体结构所受作用（特点）的建筑外围护墙体结构或装饰性结构（定位）。此外，幕墙作为建筑结构的一部分，还需要满足建筑整体的功能要求，如保温、防火、防雷和消防救援等功能。

建筑幕墙按面板的材料类型可分为玻璃幕墙、石材幕墙、金属板幕墙、人造板幕墙；按接缝构造形式可分为封闭式幕墙和开放式幕墙；按面板支撑类型可分为框支承幕墙（进一步可分为构件式幕墙和单元式幕墙）、肋支承幕墙、点支撑幕墙；按支撑框架显露情况可分为明框幕墙、隐框幕墙和半隐框幕墙；按支撑框架材料可分为钢框架幕墙、铝框架幕墙、组合框架幕墙；此外，还有如双层幕墙、光伏幕墙等新型功能幕墙，以上幕墙分类均从幕墙的某一特性进行区分，相对独立又互为补充。

当建筑高度超过300m时，需要承受更大的风力、地震力和温度变化的影响，主体结构会产生更大的横向和竖向变形，这些因素会使幕墙相应要承受更大的内力和位移，故而超高层建筑的幕墙受力形式必然选择受力最为可靠的框支撑幕墙；加上从节省工期、质量控制和安全管理的综合因素考虑，国内当前300m超高层建筑的幕墙无一例外都选用在加工厂完成组装，然后在现场完成吊装的单元式幕墙。在超高层幕墙面板材料选择上，由于石材作为天然材料，存在无法避免的内在缺陷，自重较大且使用面积也存在较大限制（不大于$1.5m^2$），基本不用于300m超高层建筑的幕墙之中；金属材料（以铝单板为主）由于不具备透光性和采光性，极少大面积应用于超高层建筑的外立面幕墙中；而玻璃由于同时兼具极好的透光性和隔热性，且能与周围环境融为一体，是超高层建筑幕墙面板材料的首选。此外，为了增加建筑的立面美感和维修使用，绝大部分300m级超高层建筑幕墙往往还会设置铝合金或不锈钢装饰线条构造。

10.1.2 单元式幕墙特点

传统的构件式玻璃幕墙，在现场依次进行埋件安装、转接件安装、立柱和横梁的制作安装、防雷保温防火和衬板等隐蔽项的安装、面板安装和打胶清理，所有安装施工均属于高空悬空作业，不仅施工功效低，质量控制难，而且危险系数极高，相比之下，单元式幕墙具有以下优点：

1. 设计合理，避免漏水

幕墙产生漏水现象必须有三个条件：第一，水的存在；第二，水运动途径；第三，水运动的动力（即气压差）。等压原理是单元式幕墙独特的核心，通过设计使单元板块内相邻的腔体等压，有效解决了水运动的动力问题。此外，单元式幕墙可以设计成双层密封系统，从而很大程度上避免了幕墙漏水的现象。

2. 提前插入，分段施工

在现场工作面移交之前，单元式幕墙可在加工厂进行大量的加工、制作和组装工作，一旦现场工作面移交，便可以进行单元板块的吊装，迅速对建筑外立面进行封堵以达到闭水条件，从而缩短从工作面移交到立面闭水的工期；同时，单元式幕墙不需要工作整体移交，可分段提前插入施工，单元式幕墙随着主体结构同步提升，从而缩短了主体结构封顶到幕墙完工之间的工期，进而大大缩短了幕墙的施工周期。

3. 简单高效，安全可靠

单元式幕墙的单元板块高度为楼层高度，宽度一般为 1.5m 左右，只需将单元板块通过挂耳悬挂在固定于预埋件的支座上，完成三维调节和相邻单元板块的连接，即可完成立面的封闭，进而完成室内防雷工程和层间防火封堵的安装，整个现场施工过程简单高效、安装方便。同时，由于单元板块加工厂支座和现场室内吊装避免了构件式幕墙大量外挂式施工措施的高空悬空作业，安全风险极低。

4. 质量优良，可管可控

构件式幕墙绝大部分材料的加工制作都是在现场通过不固定的工人和简单的机械进行，操作人员职业素质参差不齐，机械精度差；所有工序的施工安装都是高空悬空作业，质量控制点多、控制难度大且不便于检查。相比之下，单元板块的加工制作和组装都在加工厂内的地面上通过高精度的自动化、数字化机械和分工明确、稳定性强、职业素养高的工人完成，且便于各方随时对加工质量进行检查，有利于保证单元板块整体质量，现场只需要通过单元板块的吊装完成三维调节即可，质量控制点少，控制难度小，从而保证了单元式幕墙的整体工程质量。

5. 受力简单，性能优异

单元式幕墙的上下左右的单元板块为相对独立的单元，一个单元板块的高度即为层高，单个单元板块所有的荷载，都通过单元板块上的挂耳直接传递至固定在埋件之上的支座，力的传递极为简洁。同时，相邻板块之间的接口构造设计能吸收层间变位及单元变形，可承受较大幅度的建筑物移动，对高层建筑和钢结构类型的建筑特别有利。

当然，单元式幕墙相比于构件式单元式幕墙而言也有不利的方面，比如造价更高，对平面和楼层内的空间要求更大，建筑外围有剪力墙的部位难以施工等，在建筑整体设计和现场施工整体部署的时候需要特别留意。

10.2　深化设计与材料认样

10.2.1　单元式幕墙的深化设计

单元式幕墙作为在工厂整体加工、集约程度相对最高的一种幕墙类型，加工好的单元板块运至现场后直接通过吊装固定在支座系统上即可实现封闭状态。如果单元式幕墙的节点设计出现问题，在现场基本无法通过施工的方式进行处理，所以，单元式幕墙项目中施工图的深化设计比现场施工更为关键。

结合 20 年来国内外各项目单元式幕墙系统的吸收和改良设计，以及单元式幕墙出现的各类问题的总结和反思，将单元式幕墙的深化设计要点总结如下：

1. 埋件设计

考虑到结构的可靠性和安全性，单元式幕墙往往优先采用预埋件，当建筑外侧采用钢结构主体时，则需要将埋件与主体钢结构焊接为一体。超高层单元板块的预埋件根据形式可分为板式埋件、槽式埋件和组合埋件；按埋设位置可分为顶埋、侧埋和底埋，如图 10-1 所示。

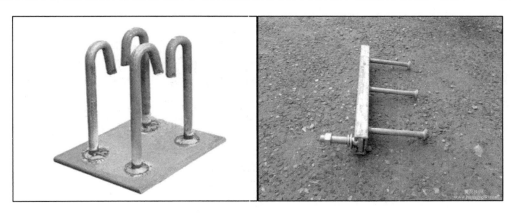

图 10-1　埋件实图展示

以上埋件类型各有特点，运用范围也不尽相同：

1）板式埋件是第一代埋件类型，其特点是加工制作简单、可靠性强，能顶埋、侧埋和底埋，还可采用对穿设计提升可靠性，广泛运用于各类项目。设计时应根据荷载情况确定埋件的规格和尺寸，并保证埋件材质、表面防腐处理、焊接方式，以及锚筋的直径、数量、长度、截面积和布置方式等符合规范要求。

2）槽式埋件是近几年发展和成熟的新型预埋件，相比传统的板式埋件具有体积小、重量轻、承载能力高和易于调整的特点，主要用于顶埋和侧埋。支座安装时，使用 T 形螺栓即可满足固定要求，且上下左右均可调，避免了支座安装时大量的焊接作业，既快捷高效，也安全可靠，成为近几年单元式幕墙采用主流预埋件形式。槽式埋件设计时，应根据荷载情况确定选配槽式埋件的规格，并保证埋件和配套螺栓的材质、尺寸厚度、表面处理，以及锚筋的数量、截面积和间距等满足相应规范要求，并宜通过试验确认其承载力。

3）与以上两类埋件均固定在钢筋混凝土结构上不同，组合埋件最大的特点是没有锚筋，钢构件直接焊接于主体钢结构之上，因此主要用于建筑外围主体结构为钢结构的项目，主要预埋形式为顶埋和侧埋。此类组合埋件设计时，需确保主体钢结构能够满足幕墙荷载要求，且要保证主体钢结构的稳定性。当主体钢结构钢梁采用 H 型钢时，应避免直接将组合埋件固定在 H 型钢的翼板和腹板之上，而应该对翼板和腹板适当采取加固措施。

2. 挂点设计

挂点设计包含挂耳设计和支座设计两部分。挂点部位的挂耳和支座是单元式幕墙结构传力的关键，是单元板块与主体结构之间的连接，不仅要保证受力安全可靠，还需保证有充足的三维调节能力，是单元式幕墙设计最重要的环节之一。

支座的主要作用是直接为单元板块提供受力支撑并且需要完成单元板块挂点进出位的调整，按照材质可分为热浸锌钢支座和铝合金支座。当采用板式埋件或组合钢件式预埋件时，支座只能采用热浸锌钢支座进行焊接连接，钢支座的材质、规格，以及焊缝的厚度、长度和等级应通过结构验算确保符合受力要求；当采用槽式埋件时，支座既可以采用热浸锌钢支座，也可采用铝合金支座，一般会在进出方向上设置长腰孔完成进出位的调节。支座通过配套不锈钢 T 形螺栓进行连接，铝合金支座的材质和规格，以及不锈钢螺栓的材质、尺寸和数量应通过受力验算确定并满足规范要求，且 T 形螺栓数量不少于两套。

挂耳一般为铝合金材质，固定在单元板块的立柱内侧。整个单元板块的所有荷载均通过挂耳传递至支座，然后进一步传递至主体结构。挂耳的设计应满足以下要求（图 10-2）：

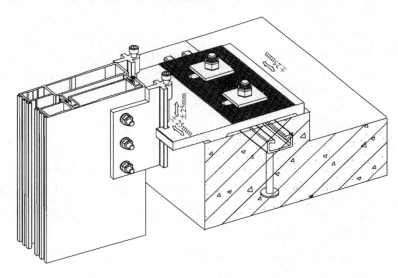

图 10-2 挂耳示意图

1）与单元板块连接可靠。铝合金挂耳通常采用不锈钢螺栓与单元板块的立柱进行连接，不锈钢螺栓的数量不得少于 2 颗，一般为 3 颗。固定螺栓的位置，铝型材要进行局部加厚设计或者增加衬板以保障连接的可靠性。

2）与支座的连接可靠，具备调节能力。挂耳通过自身的开口长腰孔，悬挂在不锈钢螺栓或支座垂直方向的构件上，挂接深度一般不小于 15mm。挂耳相对于不锈钢螺栓或支座垂直方向可以自由滑动，同时挂耳上方会设置调节螺栓，以调整垂直方向的偏差。当挂耳悬挂于不锈钢螺栓之上时，支座还可以设置进出方向的长腰孔从而实现进出方向的误差调节。与此同时，挂耳相对支座的滑动是有条件限制的，以避免过分的滑动导致单元板块脱落，一般设计思路是在支座上设置限位模块约束单元板块左右滑动范围，通过挂耳与支座的机械连接避免单元板块垂直方向的过度移位。

3. 插接设计

单元式幕墙的插接设计是指上下、左右的相邻单元板块之间连接方式的设计，插接设计的方案直接决定了单元式幕墙的气密性、水密性、抗风压能力和平面内变形能力，是单元式幕墙最为重要的性能设计。

根据左右相邻单元板块立柱之间的插接方式的不同，单元式幕墙可分为三类，如图10-3所示。

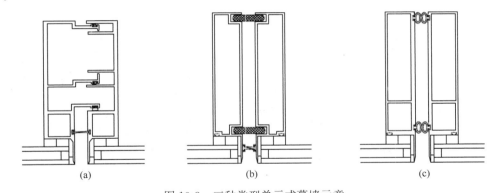

(a)　　　　　　　　　　(b)　　　　　　　　　　(c)

图 10-3　三种类型单元式幕墙示意

（a）插接型单元式幕墙；（b）连接型单元式幕墙；（c）对接型单元式幕墙

三种单元式幕墙的定义、特点和应用如下：

1）插接型单元式幕墙

单元板块之间以立柱型材相互插接的密封方式完成组合的单元式幕墙为插接型单元式幕墙。插接型单元式幕墙作为当前国内运用最为广泛的单元式幕墙，有多方面的优点。首先，该种单元式幕墙中的单元板块的四个边框与相邻单元板块均采用插接设计，通常上边框和右边框采用伸出支臂设计（即俗称的公料），下边框和左边框采用凹槽设计（即俗称的母料），从而实现上下左右相邻板块的插接咬合，相邻单元板块之间可以同步受力，共同吸收和承担外部荷载，使得单元板块平整度较好，能承受较大变形，且在变形后能够快速复位。其次，插接型单元式幕墙可以通过双腔设计，利用等压原理，极大地解决漏水隐患，施工便捷，可靠性更强。与此同时，插接型单元式幕墙也有一些不可避免的缺点，如横向和竖向的公母料采用错位设计，则胶条的密封无法实现完整的闭环，所以必须采用封口板进行封堵，封口板的设计、施工和质量控制细节较多，而且，插接型单元式幕墙有严格的安装顺序，对项目的设计深化、材料下单、加工制作和施工组织等管理工作的一致性和衔接性要求较高，在设计和施工时，需要格外重视。

2）连接型单元式幕墙

单元板块立柱之间以共同的密封胶条进行密封完成组合的单元式幕墙为连接型单元式幕墙。该种单元式幕墙最大的特点是左右相邻的单元板块采用同一个密封胶条进行连接和密封。该种单元式幕墙在欧美国家使用较多。其优点是横向和竖向型材腔体可以保持一致，解决了插接型单元式幕墙胶条无法交圈的问题，可以形成较为可靠的密封，而且加工制作相对较为简单，理论上能实现无序安装。连接型单元式幕墙也存在一些弊端，比如相邻单元式板块之间共用密封胶条，防水体系完全依赖密封胶条形成的等压腔。因此，施工过程中，保证密封胶条与两个单元板块的母槽完全契合至关重要，而此质量要点除了单元板块吊装时全程旁站监督别无他法，且该种单元式幕墙对施工误差控制和工人职业素养要求极高，在国内项目实施过程中控制效果并不理想。此外，连接型单元式幕墙在经受较大变形时密封胶条能否完全归位也存疑，密封胶条的质量非常关键，在日晒风吹的极端气候条件下必须保证足够的耐候性。

3）对接型单元式幕墙

单元板块立柱之间以各自密封胶条的对压密封方式完成组合的单元式幕墙为对接型单元式幕墙。该种单元式幕墙与连接型单元式幕墙在原理和构造上基本一致，只是将连接型单元式幕墙中相邻单元板块共用的密封胶条一分为二，使得相邻单元板块在物理连接上完全独立，实现了单元板块的无序安装，解决了在承受较大变形时密封胶条可能无法归位的弊端。该种单元式幕墙对于施工控制要求较高，相邻单元板块之间的相对位置控制较为关键，单元板块的密封胶条之间不得有明显缝隙，也不宜挤压变形。

综合以上分析，300m 级超高层建筑中，出于安全性、可靠性和耐久性等各方面的权衡，宜优先选用插接型单元式幕墙。

4. 功能设计

单元式幕墙的功能设计是指在幕墙专业上的设计中，为了满足建筑正常使用而必须要保证的一些功能，主要包含保温、防水、防雷和防火等设计。

1）保温设计

为确保幕墙满足建筑的整体节能要求，必须要对幕墙的保温隔热性能进行针对性的设计，然后通过热工计算评估幕墙节能是否达标。影响幕墙保温性能的主要因素有窗墙比、幕墙系统的设计、玻璃的参数设计和保温岩棉的参数设计等，此外，还需格外重视玻璃幕墙的断桥设计。《公共建筑节能设计标准》GB 50189—2015 第 3.2.2 条规定：严寒地区甲类公共建筑各单一立面窗墙面积比（包括透光幕墙）均不宜大于 0.60；其他地区甲类公共建筑各单一立面窗墙面积比（包括透光幕墙）均不宜大于 0.70。与非透光的外墙相比，在可接受的造价范围内，透光幕墙的热工性能要差很多。因此，不宜提倡在建筑立面上大面积应用玻璃（或其他透光材料）幕墙，立面上可以适当增添一些不透明幕墙，如金属幕墙等。如果希望建筑的立面有玻璃的质感，可使用非透光的玻璃幕墙，即玻璃的后面仍然是保温隔热材料和普通墙体。在幕墙系统的选择上，适当设计一些具有遮阳功能的装饰线条，可以提升幕墙的保温隔热性能。玻璃的遮阳系数和传热系数、保温岩棉的厚度和容重直接决定了幕墙透明部分和非透明部分的隔热性能，要通过热工计算确定相关参数要求。此外，为了避免室内与室外产生冷桥，幕墙铝型材还要采用断桥设计；而采用断桥隔热铝合金型材或在内外型材连接处使用隔热胶条都是非常成熟的方案。

2）防水设计

单元式幕墙的防水是一个综合性的设计，与许多因素有关，除了三种单元式幕墙系统的选择外，还与腔体设计、密封设计、排水设计息息相关。

腔体设计时，宜优先采用双腔设计。闭口双腔单元式幕墙系统按照"雨幕原理"进行设计，采用尘密线、水密线、气密线三道防水线密封；横竖向接缝处设置了披水，形成了从上到下、从左到右的外壁（雨幕）即尘密线，可以阻挡雨水且将可能渗入的雨水排除；密封设计时，铝合金型材插接位置，选用合适的三元乙丙胶条进行密封，既保证密封的可靠性，也能预留一定的变形空间，此外相连单元板块之间采用水槽料进行封堵和连接，水槽料端头处采用耐候胶密封；排水设计时，单元板块上端横料型材应采用外低内高设计，且在工料根部设置排水孔，在排水孔位置设置防水海绵。通过严谨的密封设计和排水设计，即使有少量雨水越过水密线，也可汇集于上横框被有组织地排出，缝隙周围基本无水，消除了室内侧发生水越过气密线渗入室内的可能性。

3）防雷设计

300m 级超高层建筑整体都属于第二类幕墙。幕墙的防雷设计需满足两个要求：一是幕墙系统必须形成自身的防雷体系；二是幕墙防雷要与结构防雷可靠连接。一般幕墙系统的防雷网格为 12m×8m 或 10m×10m，可根据建筑的层高和特点进行适配设计。由于单元板块之间、单元板块与埋件之间有绝缘的三元乙丙胶条或垫片，因此，单元式幕墙防雷设计要格外重视防雷体系水平方向和垂直方向上的贯通。比较可靠的做法是采用柔性导线解决上下单元板块之间和单元板块与埋件之间的连接，铜质导线截面积不宜小于 25mm²，铝质导线截面积不宜小于 30mm²。在埋件处设置通长的扁钢或圆钢作为避雷均压环，扁钢截面不宜小于 5mm×40mm，圆钢直径不宜小于 12mm，均压环之间的搭接长度不小于 100mm。此外，兼有防雷功能的幕墙压顶板宜采用厚度不小于 3mm 的铝合金板制造，压顶板截面不宜小于 70mm²（幕墙高度不小于 150m 时）或 50mm²（幕墙高度小于 150m 时）。幕墙压顶板体系与主体结构屋顶的防雷系统应有效地连通。

4）防火设计

《建筑设计防火规范》GB 50016—2014 第 6.2.5 条规定：建筑外墙上、下层开口之间应设置高度不小于 1.2m 的实体墙或挑出宽度不小于 1.0m、长度不小于开口宽度的防火挑檐；当室内设置自动喷水灭火系统时，上、下层开口之间的实体墙高度不应小于 0.8m。当上、下层开口之间设置实体墙确有困难时，可设置防火玻璃墙，但高层建筑的防火玻璃墙的耐火完整性不应低于 1.00h，多层建筑的防火玻璃墙的耐火完整性不应低于 0.50h。外窗的耐火完整性不应低于防火玻璃墙的耐火完整性要求。

《建筑幕墙防火技术规程》T/CECS 806—2021 第 4.16.6 条规定：当建筑高度大于 250m 时，设置幕墙的建筑应在建筑外墙上、下层开口之间设置高度不小于 1.5m 的不燃性实体墙，且在楼板上的高度不应小于 0.6m；当采用防火挑檐替代时，防火挑檐的挑出宽度不应小于 1.0m、长度不应小于开口的宽度两侧各延长 0.5m。

当前项目的消防验收极为严苛，作为 300m 级超高层建筑更为突出，因此，在设计时遵循从严从紧的原则，在构造设计、材料选择和质量标准上，严格按照上述两个规范进行设计。

5）通风设计

《公共建筑节能设计标准》GB 50189—2015 中 3.2.8 条对建筑的通风提出明确要求要求，单一立面外窗（包括透光幕墙）的有效通风换气面积应符合下列规定：甲类公共建筑外窗（包括透光幕墙）应设可开启窗扇，其有效通风换气面积不宜小于所在房间外墙面积的 10%；当透光幕墙受条件限制无法设置可开启窗扇时，应设置通风换气装置；乙类公共建筑外窗有效通风换气面积不宜小于窗面积的 30%。

传统的玻璃幕墙中一般通过设置开启扇来满足上述要求，但经过玻璃幕墙在国内近 20 年的发展，不论是挂钩式、摩擦铰链式还是销轴式的幕墙开启扇，都无法根绝开启扇掉落的情况发生，这与设计质量、施工质量和交付后的使用维护均有一定关系。开启扇已然成为幕墙最大的安全隐患之一，而且在沿海城市或超高层建筑幕墙中更为普遍。因此，近些年，在超高层建筑中，一种通风器的设计逐步在幕墙方案设计中流行。通风器相对于传统的开启扇有节能、环保、隔热、外观精美、结构简单、使用方便和通风换气量大的优点。

5. 线条设计

当建筑物高度超过 300m 时，为了配合外形设计和遮阳的需求，一般均会设计竖向或者横向的装饰线条。装饰线条设计的要点是装饰条对缝插销设计和根部连接设计，具体如下：

1）当装饰线条尺寸较大时，如果接缝处未设计定位销，安装时接缝处很难对齐，影响外饰效果；因此，装饰条接缝处必须设置定位销；竖向装饰条端部用铝板封口，避免火灾时产生烟囱效应。

2）根部连接设计

铝合金装饰条要避免根部仅为螺钉受力，尽量设计为铝合金装饰条根部铝型材和螺钉共同受力，如此比较牢固和合理。此外，根部连接设计时，线条根部固定位置还应避免出现冷桥现象。

6. 收口设计

1）幕墙自身收口设计

一般的收口单元定位于货梯和塔式起重机处，拆除时间较晚，因此，单元式幕墙安装时施工电梯口位置也是预留至最后安装。对于常见的插接式单元板块幕墙具有严格的安装顺序，上下左右相邻单元板块之间通过插接实现封闭固定，必须对施工电梯口位置进行特别的预留和设计。当前一般采用错位插接法安装：收口处预留左、右、中三个单元板块，先将左、右单元板块安装好，再安装中单元板块。收口处左、右单元板块与中单元板块插接的边竖框为公竖框，中单元板块的左、右边竖框为母竖框，这样就完成了单元幕墙的收口处理。该方案操作简单可行，可保证气密性与水密性。

2）幕墙与其他专业的收口设计

与幕墙相关的专业主要有主体结构、室内装饰装修和泛光照明等。主体结构的类型和样式往往决定了埋件和支座的固定方式。室内装饰与幕墙的收口需要注意两个地方：一是室内完成标高和单元板块横梁的标高设计，一般来说，以室内完成标高与单元板块下横梁中平齐为宜；二是室内吊顶完成标高和做法，要与幕墙竖向分割和防火隔断做法相协调。泛光照明由于需要安装灯槽，若直接在幕墙的材料上打钉固定，将会对幕墙的气密性和水密性造成一定损害，比较流行的做法是在设计单元板块的型材尤其是线条型材设计时，提前预留灯槽，泛光照明布线安装于灯槽之内即可，既保证了整体效果，也不会对幕墙的功能性造成影响。

7. 安全设计

1）玻璃选择

钢化玻璃存在不可避免的自爆，若高处玻璃发生自爆，将带来非常严重的人身财产安全威胁和不良的社会影响。因此，玻璃设计的思路为如何降低玻璃自爆概率和减轻玻璃自爆所产生的后果。当前降低玻璃自爆的思路主要为合理确定玻璃规格、超白处理、均质处理，减轻自爆后果的途径为外片玻璃采用夹胶玻璃，当外片采用夹胶玻璃时，还可以通过采用半钢化玻璃进一步降低自爆率。采用夹胶玻璃时，消防救援窗位置必须调整为普通中空钢化玻璃。

2）护窗设计

单元板块悬挂于主体结构外侧，幕墙内侧地面无窗间墙或者其他构造时，根据《民用建筑设计统一标准》GB 50352—2019 的要求，必须设计护窗栏杆。护窗栏杆既可以直接与幕墙合并设计，也可以由精装修单位独立设计。有些项目中，为了追求效果和空间利用，中空玻璃的内片采用夹胶玻璃设计，如此可以取消护窗栏杆的设计。采用夹胶玻璃设计时，需注意消防救援窗部位不得采用夹胶中空玻璃。

8. 检修设计

由于玻璃存在不可避免的自爆和外部条件引起的损坏，《玻璃幕墙工程技术规范》JGJ 102—2003 第 4.1.4 条规定：幕墙中的玻璃板块应便于更换。300m 级超高层建筑的幕墙设计中更应充分考到使用过程中的玻璃更换方法和施工措施。

1）玻璃可更换设计

单元板块幕墙系统深化设计时应优先选择明框单元式玻璃幕墙，以避免玻璃破损后不得已在现场打结构胶换板块的情况，结构胶的施工和养护对温度、湿度、空气等条件要求极高，现场结构胶施工不但不符合规范的规定，而且凝固期间极易产生安全隐患。

当不得不设计成半隐框单元板块幕墙时，可将玻璃与附框粘结，然后通过附框与铝合金龙骨进行连接，避免玻璃直接与铝合金龙骨进行连接。玻璃更换时，先在工厂内将玻璃面板和附框用结构胶进行粘结，待养护固化后，运至现场更换。

2）检修设备设计

《玻璃幕墙工程技术规范》JGJ 102—2003 第 4.1.6 条规定：玻璃幕墙应便于维护和清洁。高度超过 40m 的幕墙工程宜设置清洗设备。超过 300m 级超高层建筑一般均标配清洗和维修设备，当前超高层建筑中以擦窗机最为常见。擦窗机应结合建筑物形状和玻璃板块大小来确定型号及尺寸设计。此外，为避免擦窗机使用过程中风力造成的过大漂移，幕墙设计时应合理布置防风销。防风销既可以与外立面线条结合设计，也可以单独从单元板块中设置防风销挂点。

10.2.2　单元式幕墙的材料认样

单元板块涉及材料种类较少，需要认样的材料一般为面板材料（玻璃和金属板等）、龙骨材料（型材、不锈钢等）、五金（螺栓和门窗五金等）、隐蔽材料（衬板、保温岩棉、防火岩棉）和密封材料（胶条、结构胶和耐候胶等）。为了快速推进认样，一般由设计院提供实体小样，施工单位去匹配，或者设计院提供详细参数和色号，施工单位提供多个样品供业主和设计院进行确认。由于材料认样一般为 300mm×300mm 以内的小样，近距离观感与远距离观感差异较大，因此，一般在认样过程中会选定 1~2 种小样，然后通过现场安装视觉样板远距离观看对比，确定最终施工的样品。

10.3　视觉样板与性能样板

10.3.1　视觉样板（VMU）

视觉样板，即 VMU，是 Visual Mock-up 的缩写，是为了模拟展现建筑外观幕墙效果，通过单个方案的展示或者多个方案的比选，为幕墙设计提供修正依据而做的实体模型，一般采用全比例模型。视觉样板在确定单元板块系统做法和材料初步选样之后施工，是为了验证系统做法的功能性、可行性、合理性和便捷性，以及为所选材料在材质、颜色和观感上是否能达到业主和设计院的预料效果提供判断依据。为了反映建筑物幕墙最终完工的真实效果，视觉样板通常会与泛光照明进行配套施工。

视觉样板可以在建筑实体上进行施工，也可以在地面上制作，视觉样板的施工区域和面积由设计院和业主确定，一般情况下，高度上不会少于两个标准单元，宽度上不少于三个标准单元。

10.3.2　性能样板（PMU）

性能样板，即 PMU，是 Performance Mock-up 的缩写，指幕墙性能测试样板，是幕墙分包单位中标并完成施工图深化后验证幕墙工程系统设计、组装工艺、安装工艺、幕墙性能的重要测试样板。

该阶段实施的目的是在幕墙工程现场施工之前进行系统设计验证、工艺验证、性能验证，在此过程中往往会暴露出幕墙的设计、材料、加工工艺、安装工艺等一系列问题，通过这一试验及时发现问题，及时对系统和工艺的薄弱环节进行改进和处理，可以有效规避现场实施阶段的质量风险。在 PMU 阶段暴露出来的问题，也可以为幕墙施工管理的相关方带来极大的参考价值，在加工厂组装和施工过程中及时预控和重点管理。

PMU 阶段的测试基本依据为国标四性试验（即静压气密性能测试、静压水密性能测试、抗风压性能测试和平面变形性能测试）。具体到实际项目，若合同中另有要求，还需额外进行动态水密测试、热循环测试、冷凝测试和破坏风压下的结构性能测试。各性能测试的观察要点如下：

1. 静压气密性能检测

1）在进行箱体空气渗透量测试过程中，注意观察箱体室外面的塑料布是否存在破损情况，是否粘贴到位，如存在上述情况应立即通知幕墙分包及实验室采取整改措施。

2）在总渗透量测试过程中，见证加压顺序、加压压力和加压时间。

2. 静压水密性能检测

1）在进行静压水密性能测试过程中，检查人应进入箱体内观察测试样板是否存在漏水、渗水部位。检查人应要求实验室配备心梯。确保能近距离观察到样板上部插接缝的情况，并要求实验室提供足够的灯光照明及强光手电以便于在箱体内观察。

2）在测试过程中应重点观察以下部位：

样板的十字拼缝位置、样板的横竖拼缝位置、样板的工艺孔位置（如有）、样板的玻璃胶缝位置、样板的金属板胶缝位置、样板的封修部位。

3. 抗风压性能测试

1）在做抗风压性能测试前进入箱体内检查位移传感器的探针固定点是否和预设方案一致，检查位移探针是否和测试部位的平面贴紧。

2）测试过程中见证测试压力与加压时间都否和预设方案一致。

3）测试完毕后分别在室外面和室内面观察样板是否有破损情况。

4. 平面变形性能测试

1）测试前检查位移传感器固定位置是否和预设方案一致，检查传感器探针是否和测试部位的平面贴紧。

2）测试过程中见证位移量是否达到预设方案要求，见证测试的循环是否完整。

3）测试过程中及测试完成后观察测试样板是否存在破损部位。

5. 层间位移性能测试

1）测试前检查位移传感器固定位置是否和预设方案一致，检查传感器探针是否和测试部位的平面贴紧。

2）测试过程中见证位移量是否达到预设方案要求，见证测试的循环是否完整。

3）测试过程中及测试完成后观察测试样板是否存在破损部位。

4）位移测试完成后按照测试方法分别进行静压气密性能测试、静压水密性能测试，测试方法及检查要求同1）、2）条。

6. 热循环性能测试

1）测试前检查内外保温箱体的保温密封处理情况，注意检查封边封口部位、起始料部位的保温隔热处理，最大限度地将系统之外的热传导隔离，以利于得到更准确的测试值。

2）测试前检查室内、室外面热传感器的排布是否与预设方案一致。

3）测试过程中见证各阶段的室外、室内的热传感测试值，观察是否存在异常现象。

7. 冷凝性能测试

1）测试前检查内外保温箱体的保温密封处理情况，注意检查封边、封口部位以及起始料部位的保温隔热处理，最大限度地将系统之外的热传导隔离，最大限度排除系统之外的冷桥、热桥干扰。

2）测试前检查室内、室外面热传感器的排布是否与预设方案一致。

3）测试过程中每隔 1h 检查并见证温控测试值是否和预设方案一致。

4）测试过程中，按照试验方案，开箱进入室内面检查，要求实验室提供照明、强光手电及爬梯，重点观察十字接缝部位、室内侧玻璃周边部位、横梁和立柱部位以及层间区域部位是否存在结露现象并记录。

10.4　预埋件安装

10.4.1　预埋件安装工艺流程

移交点复核→建立坐标系→预埋件安装点定位→预埋件安装定位→预埋件隐蔽工程验收→混凝土浇筑时跟进纠偏。

1）总承包测量控制点移交及复测：预埋件安装前需总承包单位移交主体结构测量控制点及标高控制点，幕墙进场施工后应组织测量人员对总承包移交的测量控制点进行复测。一般预埋件施工穿插主体施工同时进行，应利用主体结构内控基准点，建立平面坐标控制点。坐标控制点宜选择在稳定可靠处，数量一般不少于 3 个。

2）建立幕墙测量坐标系：幕墙进场施工后需建立幕墙测量控制坐标系，整个幕墙外立面测量依照控制坐标进行，测量过程中需经常复核，避免误差积累。

3）埋件测量定位：在进行预埋件测量放线时，架设仪器需稳定可靠，避免主体结构梁板钢筋施工对测量仪器产生影响，从而影响测量放线结果的准确性。预埋件中心的左右偏差不得超过 10mm，标高偏差不得超过 5mm。

4）预埋件安装固定：预埋件应采用钢槽与钢筋焊接固定，可辅助使用钢丝将锚筋与钢筋固定，或使用钉子或铆钉等与模板固定。

5）预埋件隐蔽验收：幕墙预埋件和连接件的数量、埋设方法及防腐处理应满足设计要求；预埋件位置偏差不应大于 20mm。

6）混凝土浇筑时跟踪检查及纠偏：混凝土浇筑过程中应观察混凝土浇筑振捣对预埋件的影响，对偏位较大的预埋件应及时纠偏。当钢板规格尺寸较大时，埋板加工需在埋板中间预留排气孔，避免埋板底部混凝土不能填充密实。

7）槽式预埋件安装前需观察槽口内的填充物是否饱满，不饱满的需填充饱满后方可使用。槽式预埋件焊接固定时，应将预埋件腿与钢筋进行点焊固定，不得点焊钢槽（点焊钢槽会使槽内填充物融化，导致混凝土流入槽内而无法使用）。

备注：预埋件安装时预埋件钢筋腿距混凝土结构边距需满足设计及规范要求；顶埋板需做好抗浮措施，防止混凝土浇筑时埋板随混凝土向上位移。

10.4.2　预埋件安装质量要点

预埋件安装工艺质量要求如下：

1）预埋件测量放线时，预埋件中心的左右偏差不得超过 10mm，标高偏差不得超过 5mm。

2）预埋件安装固定需牢固，用焊机将预埋件与钢筋进行点焊固定。

3）埋板钢筋退距离结构边的距离需满足设计及规范要求。

4）埋板与混凝土接触不得出现空鼓，混凝土振捣要密实。

5）槽式预埋件、板槽组合埋件使用时需确保槽内填充物完好，防止水泥浆进入槽内。

6）预埋地脚螺栓定位需精确，需做好地脚螺栓在混凝土浇筑时的抗倾斜措施，外露部分的螺纹需在混凝土浇筑前用胶带包裹好，防止水泥浆污染螺纹，影响螺母安装。

10.5　材料场内运输及单元板块安装

10.5.1　单元式幕墙场内运输

1. 水平运输

单元板块到场后，水平运输主要通过塔式起重机、叉车和定制平板推车进行水平运输。采用叉车进行水平运输时，场内需要预留卸货点到垂直运输点之间可正常通行的硬化道路，并且工地要预留专门存放和转运单元板块的空地。

2. 垂直运输

单元板块的垂直运输，一般 100m 以下可以采用移动式小炮车进行运输，100m 以上位置主要通过塔式起重机和施工电梯进行。通过塔式起重机进行幕墙板块的垂直运输，需要每层设置卸料平台，塔式起重机从地面将单元板块吊起，转运至每层卸料平台，然后再转运至室内存放；使用施工电梯进行单元板块的垂直运输时，通过特制的单元板块转运车，将单元板块从室外存放点平移运至施工电梯，然后再转运至对应楼层进行存放，需要特别注意施工电梯的尺寸，必须确保施工电梯净空能装纳最大的单元板块（图 10-4、图 10-5）。

图 10-4　卸料平台

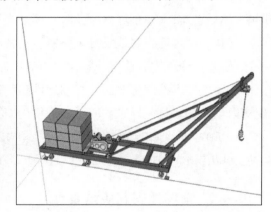

图 10-5　移动式小炮车

10.5.2　单元式幕墙现场安装

国内主流的插接式单元板块上下和左右之间，均通过插接实现连接和封闭，每块单元板块编制安装编号，并应注明加工、运输、安装方向和顺序。

单元式幕墙的安装工艺流程如下：

测量放线定位→单元板块下转接支座安装→起底料的安装（仅第一层有）→单元板块顶端转接支座安装→起底料十字缝处横滑型材及挡水胶皮安装→起底料处吸水海绵、止水海绵安装→板块吊装就位→板块垂直度调整及顶部定位紧固→板块顶部横向防水插芯安装→分段闭水试验→下一单元板块安装。

详细安装工艺流程如下：

1. 转接支座安装

支座是连接单元板块和埋件的载体，单元板块的三维调节主要通过支座和单元板块上的挂耳实现。因此，支座安装的精度非常关键，具体步骤如下：

1）先对整个大楼测绘控制线，依据轴线位置的相互关系将十字中心线弹在预埋件上，作为安装转接支座的依据。

2）幕墙施工为临边作业，应在楼层内将地台码与埋件连接，安装前垫上隔离垫，依据垂直钢丝线来检查转接支座的垂直度与左右偏差。

3）为保证转接支座的安装精度，除控制前后左右尺寸外，还要控制每个地台码标高，可用水准仪进行跟踪检查标高。

4）待转接支座各部位校对完毕后，即进行螺栓初步连接，连接时严格按照图纸要求及螺栓紧固规定。

2. 起底料安装

在同一个进出位关系的单元式幕墙最下方（即第一层），都设有一个幕墙铝合金起底料作为最低标高的单元板块安装定位和固定封口。起底料一般设计为与单元板块下方形成插接关系的公母料。在每个进出位的单元板起底料安装完毕之后相邻起底料交接处进行横滑型材及挡水胶皮安装，然后放置吸水海绵和止水海绵，确保密封性能。

3. 单元板块吊装

单元板块进场后，通过水平运输和垂直运输存放于各对应楼层。单元板块吊装一般为6～8人为一组，其中一人在吊装设备层，负责吊装设备的操作，其余人员分两组分别在安装操作层和上一层，负责板块的运输、起吊、就位和安装调整。

1）吊运准备

（1）吊运前，吊运组根据吊运计划对将要吊运的单元板块做最后检验，确保无质量、安全隐患后，分组码放，准备吊运。

（2）对吊运相关人员进行安全技术交底，明确路线、停放位置。预防吊运过程中造成板块损坏或安全事故。

（3）吊装设备操作人员按照操作规程了解当班任务，对吊装设备进行检查，确保吊装设备能正常使用。

2）吊具安装

将吊具固定在单元体的横梁上。

3）吊装

（1）将单元板块与电动葫芦挂钩连接，钩好钢丝绳慢慢启动电动葫芦，使单元板块沿钢丝绳缓缓提升，严格控制提升速度和重量，防止单元板块与结构发生碰撞，造成表面的损坏。

（2）单元板块吊装出楼层时，为避免板块带出小推车，需采取小推车防翻转措施。首先，小车要用钢丝绳牵好或者工人用手拉好；其次，如果楼面边缘没有设置反梁，则需要加设钢梁顶住。

（3）单元板块出楼层后，翻转180°，系好防风锁扣，检查完毕，缓缓向下吊运。单元板块运至安装位置后，不放开吊点，进行就位安装。下行过程由板块吊装层上一层的指挥人员负责指挥，应确保在所有经过层都有人员传接板：

（4）单元板块插接就位：单元板块的插接就位由单元板块吊装层及上一层人员共同完成。单元板块下行至单元体挂点与转接高度之间相距200mm时，命令板块停止下行，并进行单元板块的左右方向插接。在左右方向插接完成后，将板块坐到下层单元板块的上槽口上，防止板块在风力作用下与楼体发生碰撞。

（5）标高跟踪检查：单元板块安装后，利用水准仪及钢尺对板块标高及缝宽进行检查，相邻单元板块标高差小于 1mm，缝宽允许偏差±1mm。

4）水槽料安装

单元体标高符合要求后，首先清洁槽内的垃圾，然后进行横滑型材及挡水胶皮安装，最后放置吸水海绵和止水海绵。横滑型材的安装，用清洁剂擦干净再进行打胶工序，打胶一定要连续饱满，然后进行刮胶处理，打胶完毕，待密封胶干后进行渗水试验，合格后再进行下道工序。

5）排水槽闭水试验

单元板块的安装应进行排水槽闭水试验。测试前堵封所有的排水孔，并待硅酮密封胶固化，测试时水注满顶横料排水槽并持续 10～15min，不应有水渗漏进幕墙内侧。

4. 防雷安装

单元式幕墙防雷工程主要分为横向均压环安装和竖向避雷铜导线安装，从而形成避雷网格，做法如图 10-6 所示。

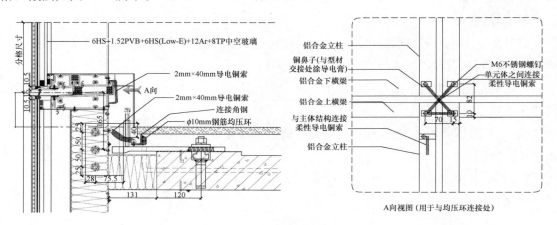

图 10-6　避雷网格做法

1）防雷均压环安装

高层建筑幕墙采用避雷圆钢或扁铁形成避雷均压环，并与主体建筑防雷系统相连。避雷圆钢或扁铁之间已与主体防雷体系之间采用焊接连接，连接长度不小于 100mm，焊接完成后需敲掉焊渣，按设计要求涂刷防锈漆。

2）避雷铜织带安装

相邻的单元板块之间使用铜质编织导线连接贯通。要求用自攻钉与竖框相连，不应连接到插芯上。防雷膨胀节与竖框的接触面应去除氧化膜或涂层，搭接面积满足设计要求，四周缝隙应打胶封闭。

3）幕墙防雷检测

首先是检查幕墙系统与主体建筑防雷系统是否贯通，先在每个测试点用欧姆表测试电阻是否满足规范要求，如满足要求，将组织监理工程师对每个测试点进行检测。

5. 层间封堵安装

1）安装下口镀锌板

镀锌板与主体结构连接采用射钉锚固，与幕墙钢龙骨连接采用角码自钻钉锚固；镀锌板安装高度一致，牢固可靠，不松动。射钉锚固间距为 300～400mm，角码转接件安装保持水平，牢固不松动，受力均匀，相邻钢板之间必须有搭接、有翻边。

2）填塞防火岩棉板

防火岩棉板填塞密实是幕墙工程消防验收的重点检查项目，直接关系到消防验收能否顺利通过，因此必须确保防火岩棉板填塞密实。

3）安装上口镀锌板

镀锌板与主体结构连接采用射钉锚固，与幕墙钢龙骨连接采用角码自钻钉锚固；镀锌板安装高度一致，牢固可靠，不松动。射钉锚固间距为 300～400mm，角码转接件安装保持水平，牢固不松动，受力均匀，相邻钢板之间必须有搭接、有翻边。

4）注防火胶。

镀锌钢板与主体结构之间、与幕墙龙骨之间以及相邻镀锌钢板之间必须用防火密封胶密封，做到不透风、不透光。根据施工图纸，防火镀锌板长边方向会有小角度翻边，翻边内注防火胶。

10.5.3　单元式幕墙吊装措施

1. 幕墙单元板块吊装措施要求

用于幕墙单元板块的吊装措施应符合以下规定：

1）板块的吊装机具应进行专门设计，吊装机具的承载能力应大于板块吊装施工中各种荷载和作用组合的设计值。应对吊装机具安装位置的主体结构承载能力进行校核；吊装机具应与主体结构可靠连接，并采取限位、防止脱轨、防倾覆设施。

2）应采取减少板块在垂直运输和吊装过程中摆动的措施。

3）吊装机具上宜设置防止板块坠落的保护设施、行程开关。吊装机具运行应匀速且可控，并应有安全保护措施。

4）吊装前应对吊装机具进行全面的质量、安全检验，并应进行空载试运转。应定期对吊挂用钢丝绳进行检查，发现断股应更换。

5）应定期对吊装机具进行检查、保养，吊装机具不得带病作业。

6）吊装机具操作人员应经培训并考核合格。

7）吊装机具应有防潮、防雨和防尘措施。

2. 幕墙单元板块吊装方式选择

当前比较主流的单元板块吊装方式有移动式小炮车和轨道吊装，其特点和运用如下：

1）移动式小炮车

炮车吊机作为单元式幕墙最为主要的吊装设备，其使用和移动均在室内操作，具有移动方便、安全便捷和成本低廉的优点，此外还可以作为低楼层的垂直运输工具使用。移动式小炮车对于室内空间要求较高，若建筑物存在较多外围结构墙体或内侧隔墙，使用上就多有不便。自制移动吊车由车身、吊装系统和配重组成，采用方钢管或槽钢焊接而成，焊接完毕后，喷上油漆、编号，下部安装尼龙万向轮，便于移动。并在前端设置固定支撑臂，在吊装单元板块时放下，以稳定吊车，吊装系统由卷扬机、前吊臂和拉杆组成，前吊臂采用方钢焊接而成，并使用销钉固定在车身前部，可以转动，在吊车转移到其他施工段的时候能收起前吊臂，便于转运。吊车后部设置配重水泥块，以增强吊车稳定性。

2）轨道吊装

轨道吊装是幕墙单元板吊装的专用设备，具有操作方便灵活、安装快捷等特点，最重要的是轨道悬挂于建筑主体结构外侧，对于存在较多外围结构墙体或内侧隔墙的项目也可正常吊装。轨道吊装的缺点是对于结构立面较为复杂的项目，轨道吊装的适用性较差，且成本相对于移动式小炮车较高。轨道吊装设备是由悬挑在建筑外围四周的工字钢轨道和带滑轮的电动葫芦的吊装设备组成。外悬挑钢采用 Ω 形卡箍与主体结构梁板固定，并安装斜拉钢丝绳，利用花篮螺栓调整拉紧力。采用轨道吊车作为单元板块高空起吊设备，其自带的轨道车通过控制可以在轨道上按照规定要求滑动，单轨吊车设置限位开关及专用开关箱，链条上升到限定高度即自动断电，可避免险情发生。

10.6 施工过程控制

10.6.1 单元板块加工控制要点

单元板块的加工制作主要工艺流程：铝型材机加工→集件→单元框架组装→背衬板安装→玻璃面板安装→注胶养护→装饰线条安装（如有）。单元板块的加工质量控制是单元式幕墙质量控制体系最为关键的一环。建议项目联合业主、监理对加工厂的单元板块加工质量进行首样验收，确定标准，再开展大批量的生产。单元板块加工质量主要从以下五个方面进行控制。

1. 主要材料质量验收要求

1）铝合金型材的质量验收

铝合金型材使用之前，应进行壁厚、膜厚、硬度和表面质量的检查，并对型材的力学性能、膜厚和硬度进行复试检测，断桥隔热型材还需对横向抗拉和纵向抗剪强度进行复试检测。

2）玻璃的质量验收

玻璃幕墙工程使用的玻璃，应根据种类对外观质量、厚度、边长、边部加工质量、合片加工质量和应力的质量进行检查，并对中空玻璃的露点、可见光透射比、遮阳系数、传热系数（U 值）和传热系数（K 值）进行复试检测。

2. 铝合金型材加工质量要求

铝合金型材的加工是指铝合金型材运到加工厂之后，按照加工组装图的要求对其进行切割、钻孔、开槽、铣豁口等一系列的加工，是单元板块组装的前置工序。铝合金型材加工的质量对单元板块成品的质量至关重要，铝合金型材截料之前应进行校直调整，横梁长度允许偏差、立柱长度允许偏差和端头斜度的允许偏差需符合设计及规范要求。

3. 单元框架组装质量要求

单元框架的组装是指将单个的铝合金构件拼装成单元整体的过程，单元板块的构件连接应牢固，相邻构件之间的缝隙和阶差符合要求，构件连接处的缝隙应采用硅酮建筑密封胶密封。

4. 单元框架面材安装检验要求

1）金属板安装检验要求

金属板应安装正确，铝单板上面的保护膜无破损或铝单板表面无损伤现象。注胶密封可靠、连续，无漏胶现象，胶缝外观美观、清洁。

2）玻璃安装检验要求

玻璃清洁，表面无脏物、残胶，玻璃位置居中，玻璃与胶垫接触可靠、无松动。玻璃周边注胶连续、无漏胶现象，密封可靠。胶缝的宽度和深度应符合设计及规范要求。

3）单元板块面材安装

如果用硅酮结构胶，需做剥离粘结性试验和蝴蝶试验。

5. 内衬板及保温材料等安装检验要求

1）内衬板安装检验要求

固定内衬板的固定件（如角片）的数量、位置尺寸及固定件间距偏差应符合设计图纸的要求。有装饰要求的内衬板，调整好内衬板与横竖框间隙，应均匀一致。调整好后用抽钉或自攻钉固定，并将钉头涂上与内衬板颜色一致的油漆，达到理想装饰效果。

2）保温材料安装检验要求

有衬板支撑的保温材料，安装方式应符合设计要求，复合板条固定应牢固，间距均匀，规格一致，钢丝网支撑的保温材料，安装方式应符合设计要求，钢丝网固定应牢固可靠，岩棉等保温材料要填充饱满，无间隙冷桥。

3）固定扇、开启扇安装检验要求

固定扇胶条进出一致，整支安装，接口在上部，拐角整齐，开启扇要间隙均匀，五金件齐全，开启方向正确，安装牢固。玻璃标识粘贴在正面右下角。

4）装饰扣板安装检验要求

装饰扣板组装平整度高差和间隙需符合设计及规范要求。

6. 单元板块成品检验要求

1）单元板块加工完成后，需对型材和面板材料进行重新检查确保表面观感符合要求。有硅酮结构胶粘结的单元板块应放置在温度和湿度适宜的空间内进行养护。

2）单元板块各部位保护膜要粘贴完好，无开启、脱落现象。

3）单元板块成品贴上产品合格标识和单元编号，按照下料单的编号次序放置在专用架上。注意要进行必要的防护，防止在摆放周转过程中出现磕碰划伤现象。

10.6.2 单元板块安装控制要点

1. 转接支座质量控制要点

1）转接件与埋件采用螺栓连接时，不得少于2个螺栓。方垫片应方向一致、整齐划一，弹簧垫片应压平，螺母应拧紧，不许松动。

2）转接件与埋件采用焊接方法连接时，不应少于2条焊缝，并且每个转接件有效焊缝总长度应依据设计计算确定。焊缝要求美观、整齐，不得有漏焊、虚焊、焊瘤、弧坑、裂纹等缺陷。

3）转接件与埋件焊接时，相接部位及相关部位不得存在其他金属材料焊接。

4）埋件、转接件、其他的防腐表面、非焊接区不得用焊弧破坏其防腐表面。

5）转接件焊接后应清理，除锈除渣。构件除锈后应露出金属光泽，金属表面不得有灰尘、油渍、鳞皮、锈斑、焊渣、毛刺等附着物。现场进行的焊接部位，由于电焊破坏了原有的镀锌层或其他防腐层，应进行二次防腐处理。二次防腐处理时不能单独考虑焊缝的位置，要同时考虑整个结构，检查每个铁件的位置，进行全面防腐处理。防腐处理工艺和厚度要求应符合规范和设计要求。

2. 板块周转运输控制要点

1）周转运输时，应采用具有足够强度和刚度的周转架，垫弹性衬垫。保证单元板块间互相隔开并固定，不得互相挤压和窜动，采取措施避免颠簸。

3）单元板块应在室内或者室外设置专用场地摆放，依照安装部位和顺序以先出后进的原则按编号排列放置。单元板块严禁直接叠层堆放，不许频繁装卸。

4）单元板块不宜露天摆放，严禁直接放于地面上。露天摆放时必须做好防雨、防潮、防尘、防撞等保护措施。

5）其他转接件、连接件等附件均应放置于架上。

6）单元板块吊装前应采用专用平板车进行转运。

3. 单元板块吊装控制要点

1）单元板块的起吊和就位

（1）吊点和挂点应符合设计要求，吊点不应少于2个。必要时可增设吊点加固措施并试吊。

（2）起吊单元板块时，应使各吊点均匀受力，起吊过程应保持单元板块平稳，工人控制好缆风绳，单元体沿着垂直方向缓缓上升。

（3）吊装升降和平移应使单元板块不摆动、不撞击其他物体。

（4）吊装过程应采取措施保证装饰面不受磨损和挤压。

（5）单元板块就位时，应先将其挂到主体结构的挂点上初步固定。

2）单元板块的校正和固定

（1）单元板块就位后，应及时进行调整和校正，保证定位准确，并应及时与支座进行可靠固定，待单元板块彻底固定之后，才能拆除吊具。

（2）及时清洁单元板块的型材槽口和排水孔，避免残胶、杂质等堵塞。在已安装单元板块端头处涂抹润滑油，并将铝合金插芯和挡水板、集水板（若有）固定于铝型材槽口部位。

（3）按照上述步骤进行下一个相邻板块的安装，下一单元板块通过铝合金插芯的插接完成与已安装单元板块的连接和定位。

（4）铝合金插芯两端单元板块都已安装就位且经过调整之后，在插芯两端与单元板块槽口部位进行打胶密封，并进行闭水试验，确定不漏水后进入下一层单元板块的安装。

4. 防雷工程安装控制要点

1）避雷连接片应镀锌，横断面尺寸符合设计要求，竖框与避雷连接片的接触部位应去除表面氧化膜或涂层，避雷连接片与竖框的搭接面积应满足设计要求。为防止铝竖框电位腐蚀，也可以在中间加垫素材铝板，四周缝隙应打胶封闭。

2）连接片的避雷圆钢与均压环应焊接牢固，保证搭接长度要求，搭接长度不低于100mm。

3）防雷膨胀节按施工图纸要求用自攻钉与竖框相连，不应连接到插芯上。防雷膨胀节与竖框的接触面应去除氧化膜或涂层，搭接面积满足设计要求，四周缝隙应打胶封闭。

4）幕墙应形成自身的防雷网，并与主体结构的防雷体系有可靠的连接，幕墙自身的防雷网需满足设计要求。

5. 防火隔断安装控制要点

1）幕墙与各层楼板、隔墙外沿间的缝隙，采用岩棉或矿棉封堵时，填充高度不应小于200mm，并应在填充前将自然状态的矿物棉预先压缩不小于30％的厚度后再进行填充。楼层间幕墙防火封堵构造的上层矿物棉的上表面宜覆盖具有弹性的防火封堵材料，覆盖厚度不宜小于3mm，搭接宽度不应小于20mm。防火岩棉厚度不小于200mm，密度不应小于80kg/m³，熔点不应小于1000℃。

2）采用钢板作为矿物棉承托板时，钢板的厚度不小于1.5mm，钢板应铺设平整，不得与铝合金型材框架直接接触，钢板的固定应符合设计文件的规定，钢板拼接处搭接尺寸不应小于50mm，其中一侧钢板应折弯成45°，钢板切割面进行防锈漆涂装，拼缝处应填充防火密封胶。

3）幕墙防火封堵构造采用的防火板材表面应平整，不应有裂痕、缺损和泛出物，防火板材接缝应严密、顺直，接缝边缘应整齐。防火板材应采用固定于建筑主体结构上的独立支撑结构进行支撑。固定防火板材的螺钉直径不应小于4mm，螺钉间距不宜大于150mm，钉头宜沉入板中约2mm，并应涂抹防火密封胶。

4）封修材料应铺平整且可靠固定，拼接处不应留缝隙。防火岩棉应采用铝箔或塑料薄膜包扎，应密封避免材料受潮。

第 11 章　超高层建筑垂直运输技术

11.1　垂直运输体系的作用与构成

　　垂直运输是超高层建筑顺利建造的重要保障，塔式起重机、施工电梯是垂直运输设备重要组成部分。超高层建筑施工垂直运输主要指两个方面：一是施工作业人员上下班的运输；二是施工设备、材料以及建筑垃圾的运输。前者主要使用施工电梯及正式电梯，后者除使用施工电梯及正式电梯外，还使用塔式起重机及其他吊装设备。目前，国内超高层建筑垂直运输的特点和难点主要如下：

　　（1）垂直运输高度高，一般高达 300m、400m 甚至 500m；

　　（2）结构施工阶段通常交叉吊装，运输量大；

　　（3）超高层建筑通常伴有筒体结构和型钢构件，构件重量大，塔式起重机不仅要满足钢构件和钢筋的吊装需求，同时还需完成幕墙以及大型机电设备的吊装任务；

　　（4）构件从地面到高空就位时间长；

　　（5）工期紧张导致运输量之密集，通常需要两班或者三班连续作业。

　　因此，具备良好性能的垂直运输机械、科学合理的布置及管理是超高层建筑顺畅施工必不可少的基础条件。

　　塔式起重机、施工电梯的使用效率对现场施工产生直接影响，而选择适合的设备、科学的布置及使用管理又直接影响使用效率。超高层建筑垂直运输的管控重点为地上施工阶段，超高层建筑工程中有钢构件、压型钢板、钢筋、混凝土、砌体材料、装饰装修材料、幕墙材料、机电设备及材料，总承包方要整体考虑工程各阶段各专业的材料设备运输需求，合理规划垂直运输方案，为工程施工顺利进行提供保障。施工高峰期，现场每天几千名施工人员进出各个楼层，施工过程中机电、幕墙等专业有关工序应尽快插入施工，竖向多专业交叉施工，垂直运输工作量巨大，垂直运输成为超高层建筑施工的"生命线"。

　　本章节主要介绍的垂直运输设备为动臂式塔式起重机、平臂式塔式起重机、施工电梯的选型定位原则，及其安装、拆除、爬升等关键技术。

11.2　超高层建筑施工塔式起重机选型

11.2.1　超高层建筑塔式起重机爬升形式选择

　　对于超高层建筑塔式起重机选型，首先要确定塔式起重机爬升的形式，超高层建筑塔式起重机爬升形式分为内部爬升式和外部附着式。内部爬升式（简称"内爬式"）和外部附着式（简称"外爬式"）的优缺点分析如下。

1. 内爬式

内爬式塔式起重机一般布置于建筑结构内部，所以其工作幅度范围要求不高，即塔式起重机吊臂可尽量缩短，不占用建筑结构外围空间；由于是利用建筑结构向上爬升，爬升高度不受限制，塔身一般为自由高度，因此，主要有整体结构轻、外立面影响小等特点（图 11-1）。

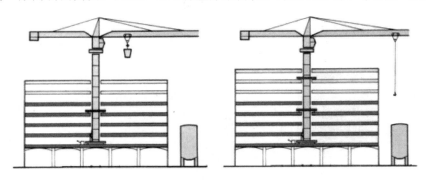

图 11-1　内爬式塔式起重机图示

其缺点是：塔式起重机要全部压在建筑结构上，相应结构需要加强，增加了结构施工造价；爬升必须与施工进度互相协调，尽量避免对主体施工的影响；塔式起重机高空拆除比较麻烦，需要用屋面起重机或其他设备将塔式起重机各部件逐一拆解，屋顶局部结构需要加强等。

2. 外爬式

外爬式（图 11-2）与内爬式相比，其优点为：

1）建筑物只承受塔式起重机传递的水平载荷，即塔式起重机附着力。

2）附着在建筑物外部，附着和顶升过程可利用施工间隙进行，对于总的施工进度影响不大。

3）因起重机小幅度可吊大件，因此，可以把笨重的大件放在起重机旁边，吊装大件或组合件。由于某些小件可在地面组合成大件吊装，减少了高空的工作量，可以提高效率，有利于安全。

4）其拆卸是安装的逆过程，比内爬式方便。

缺点：吊臂要长，且塔身高，所以塔式起重机的造价和重量都明显要高。

3. 选择爬升形式主要考虑的因素

1）超高层塔楼的结构形式。考虑塔式起重机是外爬还是内爬，需同时综合考虑塔式起重机的安装和后期拆除的影响、总平面布置、退场与安装构件的最大距离，从而初步拟定塔式起重机的形式。

2）对于外爬式塔式起重机要考虑塔式起重机的最终安装高度是否满足要求，同时考虑外边框结构收缩对塔式起重机的附墙是否会产生影响以及塔式起重机附墙对外立面收口的影响。

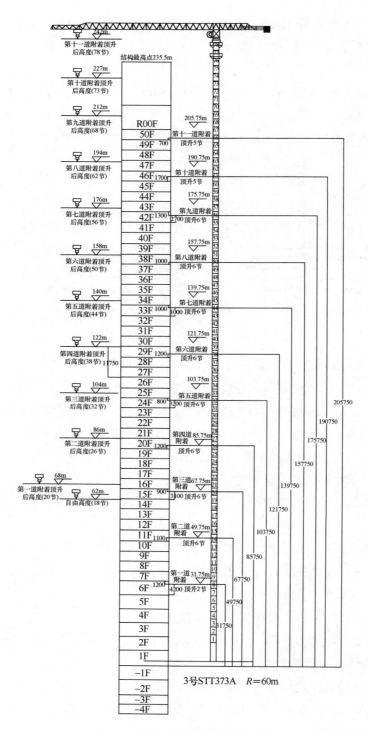

图 11-2　外爬式塔式起重机图示

3）对于内爬式塔式起重机存在外挂内爬和筒内内爬，两种方式取决于超高层结构的特点。筒内内爬可节省一定的支撑费用，其整体安全性较高，但同时在电梯井内的操作和爬升将是面临的重大问题，若布置多台塔式起重机，其交叉作业面积也将不断增大。外挂内爬式塔式起重机要求核心筒与外框需存在一定的施工作业高差，并且对支撑系统的要求较高，但方便于安装与爬升。

所以，超高层塔式起重机的定位一定要结合结构、建筑工期、施工界面影响、拆除、安全操控性、平面布局等多方面进行综合考虑。

11.2.2　超高层建筑塔式起重机型号、数量的确定

塔式起重机是超高层建筑主体施工的重要吊运设备，其选择将直接影响施工进度和工程造价。选择塔式起重机时，首先要选择参数合适的自升式塔式起重机。在参数选择中，最重要的参数包括幅度、最大幅度起重量和起升高度等。采用附着式塔式起重机需配用较多的塔身标准节，并要备有必需数量的附着杆和相应的锚固件。因此，从节省一次性投资角度出发，选用内爬式塔式起重机比较经济合理。但是，为保证安全生产和取得最好的效益，必须做好采用内爬塔式起重机进行吊装施工的施工组织设计和结构竣工后的塔式起重机拆卸方案。

目前，国产自升塔式起重机多为小车变幅、水平臂架自升塔式起重机，仅少数厂家生产少量俯仰变幅动臂式塔式起重机。因此，从资源组织情况分析，选用水平臂架自升塔式起重机较为方便。但在高层建筑位于空间狭小的环境中时，俯仰变幅动臂式塔式起重机是最合理的选择。因为吊臂可以俯仰自如，吊臂可避免与周围高层建筑产生碰撞。

超高层建筑塔式起重机选型主要是根据吊次确定其数量，并根据有效半径内的吊重确定其型号。

以武汉某项目为例：该工程钢结构由钢柱、主梁、次梁钢骨柱、预埋件、钢筋桁架楼承板等组成。具体吊次分布如下：主要钢构件吊装共需 13948 次，土建共需 10190 次，幕墙共需 1125 次，机电共需 2678 次，塔楼整体约为 29370 次。

具体选型分析如表 11-1 所示。

选型分析

表 11-1

序号	吊装内容	数量	吊次	备注
1	钢柱	1584	1584	一件一吊
2	核心筒钢柱	578	578	一件一吊，L17 层以上无钢骨柱
3	楼层主梁	4936	3984	一件一吊
4	楼层次梁	—	830	采用串吊，一吊 2 件
5	预埋件	—	166	每层 2 吊
6	钢筋桁架楼承板	—	3403	0.6m×9m 规格，每捆 10 块，一吊一捆
7	焊接工具房	—	249	每层 3 吊
8	施工操作平台	—	2158	一件一吊次
9	氧气、乙炔、CO_2 气瓶	—	830	分批次吊装，平均每层 20 次

续表

序号	吊装内容	数量	吊次	备注
10	高强螺栓	—	83	分批次吊装，平均每层1次
11	栓钉	—	83	分批次吊装，平均每层1次
12	钢筋	—	9960	成捆吊装，按平均每吊约3t算
13	其他辅助	—	230	零散吊装
14	幕墙板块	8424	1125	打包吊装
15	管道	—	332	打包吊装
16	设备	—	1456	打包吊装
17	辅助吊装	—	890	打包吊装
18	合计		27941次	

对该项目整理的构件信息进行分类，分为一类、二类、三类，如表11-2所示。

构件分类　　　　　　　　　　　　　　表11-2

构件类别	构件名称	总吊次	所占比例
一	如钢柱、钢梁、钢骨柱墙等一件一吊的构件	7142	25.56%
二	如楼层楼承板、钢筋、幕墙等数件一吊的构件	16996	60.83%
三	其他零星材料及辅助工作	3803	13.61%

对塔式起重机每天吊次能力进行分析：根据塔式起重机起重性能，其起重速度为0～100m/min，每吊装一次所需时间按构件类别进行如下分析。

1. 一类构件

分析情况如表11-3所示。

一类构件分析　　　　　　　　　　　　　　表11-3

标高区段	一吊次所需时间分配（min）						每吊次时间（min）	平均时间（min）
	绑扎	起钩	回转	就位	松钩	落钩		
100m以下	5.0	1.0～1.25	1.5	15.0	5.0	1～1.25	29	
100～200m	5.0	1.25～2.5	1.5	15.0	5.0	1.25～2.5	31.5	33.0
200～300m	5.0	2.5～3.75	1.5	15.0	5.0	2.5～3.75	34	
300m以上	5.0	3.75～5	1.5	15.0	5.0	3.75～5.0	37.5	

2. 二类构件

分析情况如表11-4所示。

二类构件分析　　　　　　　　　　　　　　表11-4

标高区段	一吊次所需时间分配（min）						每吊次时间（min）	平均时间（min）
	绑扎	起钩	回转	就位	松钩	落钩		
100m以下	5	1～1.25	1.5	18.0	2.0	1.0～1.25	29.0	
100～200m	5	1.25～2.5	1.5	18.0	2.0	1.25～2.5	31.5	33.75
200～300m	5	2.5～3.75	1.5	18.0	2.0	2.5～3.75	34.0	
300m以上	5	3.75～5	1.5	18.0	2.0	3.75～5.0	37.5	

3. 三类构件

分析情况如表 11-5 所示。

三类构件分析 表 11-5

标高区段	一吊次所需时间分配（min）						每吊次时间（min）	平均时间（min）
	绑扎	起钩	回转	就位	松钩	落钩		
100m 以下	5.0	1～1.25	1.5	5.0	2.0	1.0～1.25	16	17.25
100～200m	5.0	1.25～2.5	1.5	5.0	2.0	1.25～2.5	18.5	
200～300m	5.0	2.5～3.75	1.5	5.0	2.0	2.5～3.75	21	
300m 以上	5.0	3.75～5	1.5	5.0	2.0	3.75～5.0	23.5	

由以上分析统计，按照三类构件各自所占比例计算出每吊装一次所需时间为：$33.0 \times 25.56\% + 33.75 \times 60.83\% + 17.25 \times 13.61\% = 31.31$min（表 11-6）。

计算过程 表 11-6

序号	计算公式与说明	计算数据	计算结果	说明
1	$N_i = Q_i \times K/(q_i \times T_i \times b_i)$	$N_i = Q_i \times 1.4/(q_i \times T_i \times b_i)$		
2	N_i：某期间机械需用量	$= 27941 \times 1.4/(15.33 \times 592 \times 1.5)$		
3	Q_i：某期间需完成的工程量	27941 吊次		
4	q_i：机械的产量指标	塔式起重机每个吊次平均需 31.31min，每个台班按 8h 考虑，可完成 15.33 次	2.87 台	选择 3 台塔式起重机
5	T_i：某期间（机械施工）的天数	按 640d		
6	b_i：工作班次	按单班为 1，双班为 2		
7	K：不均衡系数	一般取 1.1～1.4，吊装（装卸）作业取 1.4		

取代表楼层 80 层，计算复核 80 层吊次，见表 11-7。

80 层楼各吊装项分析 表 11-7

序号	吊装内容	数量	吊次	备注
1	钢柱	20	20	一件一吊
2	楼层主梁	48	48	一件一吊
3	楼层次梁	10	10	采用串吊，一吊 2 件
4	预埋件	2	2	每层 2 吊
5	钢筋桁架楼承板	41	41	0.6m×9m 规格，每捆 10 块，一吊一捆
6	焊接工具房	—	3	每层 3 吊
7	施工操作平台	—	26	一件一吊次
8	氧气、乙炔、CO_2 气瓶	—	10	分批次吊装，平均每层 10 次
9	高强螺栓	—	1	分批次吊装，平均每层 1 次
10	栓钉	—	1	分批次吊装，平均每层 1 次

续表

序号	吊装内容	数量	吊次	备注
11	钢筋	360t	120	成捆吊装，按平均每吊 3t 算
12	其他辅助		3	
13	幕墙板块	—	13	
14	管道	—	4	
15	设备	—	10	
16	辅助吊装		3	
17	合计		315 次	

对塔式起重机每天吊次能力进行分析：根据塔式起重机说明书，其起重速度为 $0\sim$ 100m/min，80 层每吊装一次所需时间按构件类别进行如下分析。

1. 一类构件

如表 11-8 所示。

一类构件分析 表 11-8

标高区段	一吊次所需时间分配（min）						每吊次时间
	绑扎	起钩	回转	就位	松钩	落钩	（min）
300m 以上	5.0	3.75~5	1.5	15.0	5.0	3.75~5.0	37.5

2. 二类构件

如表 11-9 所示。

二类构件分析 表 11-9

标高区段	一吊次所需时间分配（min）						每吊次时间
	绑扎	起钩	回转	就位	松钩	落钩	（min）
300m 以上	5	3.75~5	1.5	15	2.0	3.75~5.0	36.5

由以上分析统计，按照三类构件各自所占比例可计算出每吊装一次所需时间为：$37.5\times$ $27.37\%+36.5\times72.63\%=36.77$min（表 11-10）。

计算过程 表 11-10

序号	计算公式与说明	计算数据	计算结果	说明
1	$N_i = Q_i \times K/(q_i \times T_i \times b_i)$	$N_i = Q_i \times 1.2/(q_i \times T_i \times b_i)$ $= 315 \times 1.2/(14.05 \times 4.5 \times 2)$		
2	N_i：某期间机械需用量			
3	Q_i：某期间需完成的工程量	315 吊次		
4	q_i：机械的产量指标	塔式起重机每个吊次平均需 36.67min，每个台班按 8h 考虑，可完成 14.05 次	2.98 台	选择 3 台塔式起重机主要吊装钢结构
5	T_i：某期间（机械施工）的天数	按 4.5d		
6	b_i：工作班次	按单班为 1，双班为 2		
7	K：不均衡系数	一般取 1.1~1.4，吊装（装卸）作业取 1.4		

由吊次分析计算，塔楼施工阶段拟选用 3 台动臂吊可满足施工要求。

在对吊次进行分析后，对所需吊重进行复核，复核计算如表 11-11 所示。

复核吊重　　　　　　　　　　　　　　　表 11-11

构件类型	单件最重质量 （kg）	单件最长长度 （m）	节数（节）	备注
核心筒钢骨柱	10598	14.5	13	每两层 56 根
钢梁	10000	—	—	
外框钢柱	10820	15.8	39	每两层 48 根

由吊重分析计算，结合所需塔式起重机的使用说明书，从而确定塔式起重机的型号，经计算分析，该项目塔楼布置 2 台 ZSL750 和 1 台 ZSL380 动臂吊可满足施工要求。

11.3 超高层建筑塔式起重机平面定位

11.3.1 内爬式塔式起重机

1) 交叉覆盖原则：利用塔式起重机进行材料的水平运输及垂直运输，以减少人工搬运，提高施工工效，保证每台塔式起重机的工作效率，既不闲置又能满足施工吊次要求。

2) 高效转运的原则：钢筋、钢结构及周转架料运量巨大，另外还有大量的施工材料需要转运。塔式起重机最大起重量能满足施工要求，塔式起重机吊重满足塔楼自爬式塔式起重机安装起重要求。

3) 避开地下室框架结构：工程单层面积大，为了满足材料运输的需要，塔式起重机均需要布置在地下室范围内，在布置的过程中尽量避开后浇带、框架梁、框架柱及承重剪力墙，以减少对结构的影响，同时为施工创造便利条件。

4) 避开水平内支撑：现场整体设置两道混凝土内支撑，塔式起重机布置时需避开。

5) 避让临建、供电设施及市政绿化，塔式起重机的设置应尽量避开上述设施，防止因塔式起重机安装造成的安全隐患。

6) 自立高度大的原则：地下室结构施工阶段，塔式起重机无法进行附着，因此塔式起重机的自立高度需要错开。由于现场塔式起重机排布较为密集，为错开塔式起重机高度，需选用自立高度大的塔式起重机。

7) 根据吊重、吊距选择双绳或四绳：由于塔式起重机双绳设置时，端部起重量大，提升速度快，可有效提高效率。采用四绳时，塔式起重机根部区域起重量大，可有效解决大直径钢筋小范围内的水平垂直运输。

以武汉某项目为例，充分考虑本标段基坑支护内支撑对塔式起重机布置的影响，经过塔式起重机布置定位可行性分析和多种塔式起重机布置方案对比，结合本工程的实际情况及工期要求，整个施工过程中共选用 3 台内爬式动臂塔式起重机可满足要求（含 2 台 ZSL750 和 1 台 ZSL380 动臂吊）。

内爬式塔式起重机与模架的关系有以下三种：

1. 塔式起重机在核心筒内部

该布置形式中，塔式起重机自重对核心筒剪力墙弯矩较小，从而对塔式起重机支撑体系的构件的截面要求小，支撑体系主要承担竖向荷载，重点考虑塔式起重机安装、爬升阶段的操作空间问题（图 11-3）。

2. 塔式起重机外附于核心筒外侧

该布置形式中，塔式起重机对核心筒剪力墙产生的弯矩较大，对支撑体系要求较高，通常需对支撑体系做上拉或下撑结构，其优点为外侧操作空间较大，吊装范围更广，对顶模模架影响较小（图 11-4）。

图 11-3　核心筒内爬式塔式起重机图示

图 11-4　核心筒外挂式塔式起重机图示

3. 塔式起重机集成于廻转平台

该布置形式的优点主要有两方面：一是塔式起重机可整体旋转，缩短与起吊点距离，从而降低塔式起重机设备型号。二是多台塔式起重机固定于廻转平台之上，在塔式起重机顶升时不用逐台安装附着框、逐台顶升，可实现一次整体顶升，大大缩短顶升时间，提高施工效率。

廻转式多吊机集成运行平台系统主要包括支承顶升系统、廻转驱动系统、钢平台系统、吊机等（图 11-5、图 11-6）。

11.3.2　外附式塔式起重机

外附式塔式起重机基础的定位包括水平和垂直两个方向（图 11-7）。水平方向指塔式起重机基础平面位置，垂直方向指塔式起重机基础的标高。

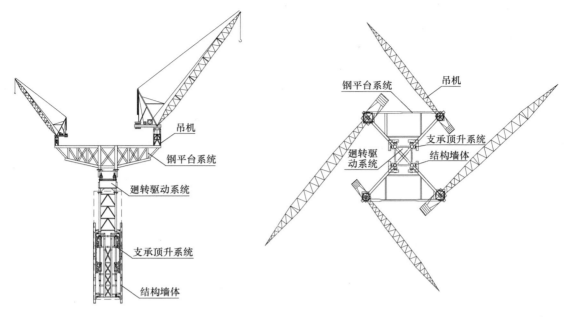

图 11-5　廻转平台塔式起重机示意图

图 11-6　廻转平台塔式起重机图示

图 11-7　外附式塔式起重机图示

1. 水平定位注意事项

1）应充分发挥塔式起重机的作用，尽可能使起重臂覆盖整个在建建筑物和作业现场。

2）在作业范围内，尽可能减少障碍物，以提高工作效率。如施工临时用电架空线离钢筋加工区较近会妨碍钢筋的吊运。

3）吊臂的覆盖范围尽可能避开高压线，满足《施工现场临时用电安全技术规范》JGJ 46—2005 所规定的安全距离。若小于安全距离，必须用毛竹或木杆搭设防护架，防止塔式起重机的吊索或吊物碰到高压线，同时在防护架一侧用钢筋网，设置接地进行屏蔽。

4）要考虑与建筑物的最佳距离，保证塔身不阻碍外脚手架的搭设和在降节时司机室等部位不与外挑的阳台、雨棚等相碰。

5）塔式起重机基础应与建筑物基础保持一定距离，避免相互影响。

6）自由高度超过说明书规定需要安装附墙时，还要考虑建筑物结构有无安装附墙的合适位置。

7）保证组拆装时必要的作业场地。

2. 垂直定位注意事项

1）根据地质勘察报告，如果地基承载能力不满足基础图要求时，应重新设计塔式起重机基础，扩大基础的边长，在保证基础抗冲切强度和地脚螺栓预埋深度的前提下，尽量降低基础的高度。

2）塔式起重机基础表层土的承载力较差时可考虑用砂石层换土的方法进行处理。

超高层建筑塔式起重机的定位除应从水平方向和垂直方向考虑外，还应结合工程项目的具体结构形式、总平面施工部署、施工进度计划等方面进行综合考虑。

11.4　超高层建筑塔式起重机的安装、爬升及拆除

11.4.1　超高层建筑塔式起重机安装技术

1. 内爬外挂塔式起重机安装关键技术

1）基本原理与流程

内爬外挂塔式起重机基本原理是经过计算分析，优化设计一个钢基座悬挂于核心筒外壁以承载塔式起重机，并设计一道抵抗水平力的附着框将塔式起重机固定于核心筒外壁，再加设一套周转框，使基座框、附着框相互转化，三道水平框及配套的受力杆件组成了循环组合挂架结构体系。该体系通过优化设计的超规预埋件悬挂于核心筒外壁，通过配置超强销轴连接，方便快捷施工。

2）外挂架支撑体系设计

本方法中塔式起重机以核心筒为依附结构，根据工程的实际情况，由于塔式起重机定位、建筑物结构形式及塔式起重机参数的不同，塔式起重机附着体系的设计会有所不同，但均可分为支撑体系结构设计、预埋件设计、连接节点设计三部分，并尽量采用销轴连接固定形式，以方便外挂架构件的拆卸周转。

（1）塔式起重机支撑体系设计包括整体结构设计、预埋件及连接部位的强度验算。

（2）塔式起重机依附于核心筒外侧，依据塔式起重机的实际工况，对其结构承载能力进行验算。

（3）对剪力墙混凝土局部承压强度进行验算。由于受施工进度和工期制约，通常情况下，不可能等混凝土达到100%设计强度后再进行塔式起重机挂架的安装和塔式起重机的爬升。因此，在进行验算时，应以实际强度进行验算，通常可取7d强度进行验算。

（4）支撑体系设计验算完成后绘制制作图及相关说明，并交原塔式起重机厂或相应厂家

进行加工制作。

内爬外挂塔式起重机支撑系统主要有四种形式，分别为压杆式、拉杆式、压杆＋拉杆式、水平梁式（图 11-8～图 11-10）。

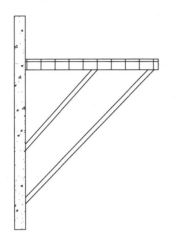

图 11-8　四压杆式图示

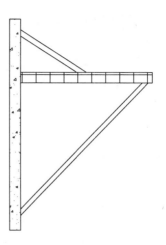

图 11-9　两拉杆＋两压杆式

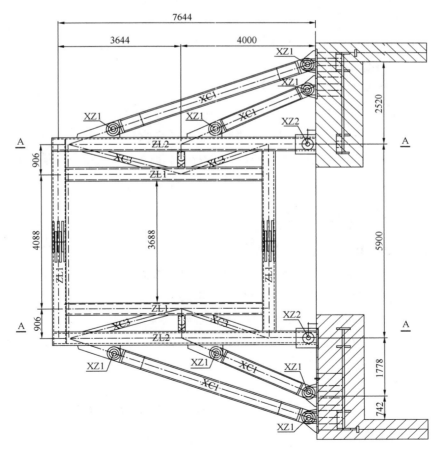

图 11-10　塔式起重机支撑平面布置图

3）塔式起重机附着点

塔式起重机外挂架支撑体系附着点的位置需根据塔式起重机原制造厂的参数确定，结合现场实际情况，可适当调整附着点位置，但两道水平支撑框架之间的距离必须小于厂家给出的最大间距。塔式起重机附着点按以下基本原则确定：核心筒施工至塔式起重机最大自由高度，此时需安装第三道水平支撑框架后方能继续爬升。根据核心筒内钢结构柱的分段长度及核心筒模架的空间位置，综合确定附着点，且水平构件的附着点应尽量设置在楼板标高处附近。

4）塔式起重机外挂架支撑体系安装

预埋件施工：塔式起重机预埋件随着核心筒的施工进度相应埋设即可，为防止在混凝土浇捣过程中预埋件发生移位，应采取相应的固定措施，预埋件部位的混凝土应振捣密实，塔式起重机的预埋件重量较大，需事先设置好吊耳，便于吊装。

牛腿焊接：预埋件埋设完成后，将连接外挂架构件的牛腿焊接到埋板上，牛腿焊接过程中应做到精确定位、合理施焊，尽量减少焊接变形，出现焊接变形须在焊后进行校正，确保后续构件安装一次到位。

安装下层水平支撑框架：安装下层水平支撑框架的支撑横梁、水平支撑、次梁及与支撑横梁连接的斜拉杆。按照支撑横梁→次梁→斜拉杆→水平支撑的顺序依次安装，构件拼装时只需精确对孔、打入销轴即可。

安装上层水平支撑框架：采用与下层水平支撑框架相同的安装方式进行安装，包括支撑横梁、水平支撑、斜撑杆及次梁。

2. 外附式塔式起重机安装要点分析

1）基本工艺流程

塔式起重机安装应遵循以下顺序：基础节→套架→塔身→平衡臂→部分配重→司机操作室→起重臂固定→其余配重→电源接通→吊绳穿接→标准节安装→安全装置调试。

2）外附式塔式起重机安装关键点分析

（1）基础安装

塔式起重机的基础应根据建筑物的布局决定铺设位置，地基基础必须夯实，能承受0.2MPa的载荷并确保在塔式起重机整个使用过程中不产生沉降特别是不产生局部沉降，这就必须做好基础的排水措施。塔式起重机底架有四种：预埋基节、单肢基础节、十字梁底架和压重式底架，根据实际需要选择不同的底架安装。无论采用哪种安装方式，在预埋螺栓组附近浇筑混凝土基础时使用的钢筋既不能切断也不能减少，基础节上平面的水平度≤1/1000。塔式起重机安装必须接地，接地线不得采用保险丝、开关或电缆芯代替，接地体引出铜导线截面积应≥25mm^2。

（2）顶升加节

自升式塔式起重机利用液压顶升系统工作，由起重吊钩吊起标准节送进引入架，把塔身标准节与下支座的8个M30连接螺栓松开，开动油泵使液压缸工作，顶起上部结构，操纵爬爪支撑上部重量，回收活塞，再次顶升，这样经过两次工作循环可安装一个标准节。应注意油缸顶升过程中必须用回转机构制动器将起重臂锁住，保证起重臂与引入塔身标准节的方向一致，严禁除油缸外的任何机构运转；若要连续加几个标准节，则每加完一节后，用塔式起重机自身起吊下一标准节前，不得减少回转下支座与标准节高强螺栓的连接数量；所有标准节的踏步必须与已有的标准节对准。

（3）支撑杆安装

依照《建筑施工塔式起重机安装、使用、拆卸安全技术规程》JGJ 196—2010 的有关规定，附着装置的构件和预埋件应由原制造厂家或具有相应能力的企业制作。对于这一点，大多数新购入的塔式起重机基本都可以做到。而出现的大多数问题则是在塔式起重机进行转场的过程中，受到原有场地条件的限制，塔身中心距建筑物距离超出了支撑杆的调节范围。如果距离太近，可将支撑杆裁短焊接牢固。但如果距离太远，往往采用不同材质的材料接长支撑杆，特别是用螺纹钢与原角铁的桁架结构，负责安装附着的工人不了解不同材质的特性，对焊接后可能产生的应力集中、脆断性没有认知，对其危害性认识不清，留下了严重的事故隐患。当发现隐患时，附着点以上的自由高度已达最大值，接长的支撑杆又在同一侧，整改时风险大。如果监督不力，工人很可能不降标准节而直接拆下支撑杆，其后果不堪设想。

（4）支撑杆预埋件安装

支撑杆预埋件的安装可以采用预埋以及通过穿墙螺杆进行固定等两种方式，预埋件的安装位置可以分为在楼层顶板上和墙体立面上安装两种。对于墙面上的预埋件，较容易出现各类问题而无法正常周转使用。对于这类预埋件，其需要有效地杜绝用螺纹钢制作墙内的连接钩，螺纹钢弯折 90°与预埋件钢板焊接后变脆，较易出现安全隐患，所以一定要严格按生产厂提供的图纸，用合格的原材料。用穿墙螺杆固定的预埋件，要在墙的后背面加一块钢板垫片，防止拉脱。螺纹头必须安装双螺母以防松动。安装在立面上的预埋件仅受拉力和压力，支撑杆的自重可忽略不计，但是安装特别是拆除时较困难。预埋件安装在楼层（或梁顶平面）上的，安拆时方便，但受弯矩最大，穿墙杆或预埋件钢筋钩制作时应多注意，钩子与板的焊接必须可靠。

（5）耳板

除了以上提到的几种情况，耳板也是经常出现问题的地方。最常见的是耳板钢材厚度不达标留下安全隐患；再次是耳板有时在工地制作，穿销子的孔用氧气切割而非钻孔。孔与销轴间隙配合，塔式起重机工作时，销轴在交变受力下滚动，由单一剪切受力，增加了弯曲应力，工况变得恶劣，而且塔身晃动，影响整机稳定性。严禁不使用耳板，把附墙支撑杆直接焊到预埋钢板上。同时，要把耳板孔径大于销轴的做法列为存有重大安全隐患的做法。所以耳板制作过程必须严格照图施工，确保孔径公差配合的精度。

11.4.2　超高层建筑塔式起重机爬升技术

1. 内爬式塔式起重机爬升技术

塔式起重机的爬升原理是通过塔式起重机自带的液压爬升装置与安装在上下爬升框架之

间的爬带两者之间的相对运动来实现的。

爬升机构由爬升节、爬升梁、爬升油缸、爬升爪、爬升框以及爬带组成。其中爬升节和爬升梁是整个机构的基础，其他装置按照功能要求安装在二者之上。爬升油缸是整个装置的动作执行机构，在控制阀的作用下，分别伸缸或缩缸实现塔式起重机整体的上升和爬升梁的提升，从而实现塔式起重机的整体爬升。

爬升节上的上支撑块和爬升梁上的下爬升爪在平时摆进爬升节和爬升梁，不和爬带接触。在爬升过程中根据需要可摆出。

爬升节上的固定爬升爪在爬升过程中摆进爬升节，在爬升结束时摆出，并支承在爬升框上，承担塔式起重机全部竖向载荷。

在塔式起重机两侧的爬升框下方平行悬挂着两条爬带，爬带上每间隔一定距离便有一台阶，是爬升过程中爬升爪支承的位置。

爬升时，当爬升梁上的下爬升爪摆出支撑在爬带台阶上后，控制油缸伸长可实现塔式起重机整体爬升。当爬升节上的上爬升爪越过爬带相应的台阶后，摆出该爬升爪，支撑在台阶上后收缸（此时下爬升爪应摆进），转换到下一个爬升行程。此后再次将下爬升爪摆出支承到爬带台阶上伸缸，周而复始，塔式起重机慢慢升高。

内爬动臂塔式起重机爬升步骤图解如表 11-12 所示。

内爬动臂塔式起重机爬升步骤 表 11-12

序号	示意图	说明
步骤一		安装第三套爬架，千斤顶开始顶升

序号	示意图	说明
步骤二		塔式起重机标准节固定在爬升梯孔内，千斤顶回缩
步骤三		千斤顶重复步骤一、二，塔式起重机标准节向上移动
步骤四		塔式起重机爬升到位，千斤顶缩回，爬升梯向上转移。完成一次爬升动作

2. 外附式塔式起重机爬升技术

外附式塔式起重机上部工作结构与顶升套架相连，顶升套架上安装有顶升千斤顶。千斤顶上横梁与顶升套架相连，下横梁有活动卡爪即下支点可落在塔身标准节的踏步上。顶升时，首先配平起重臂与平衡臂，然后解开顶升套架与标准节的连接，开动顶升系统，千斤顶就会将上部结构举升。

外附式塔式起重机顶升步骤：

1）将顶升横梁定在标准节踏步的圆弧槽内（要设专人负责观察，顶升横梁两端销轴都放入圆弧槽内），开动液压系统使活塞杆伸出，将顶升套架及其以上部分顶起，顶起略超过半节标准节高度后，使顶升套架的爬爪搁在标准节的上一级踏步上。

2）确认两个爬爪准确地挂在踏步顶端后，将油缸活塞全部缩回，提起顶升横梁，重新使顶升横梁顶在标准节的上一级踏步上。

3）再次伸出油缸，将塔式起重机上部结构再顶起略超过半节标准节高度，此时塔身上方恰好能有装入一个标准节的空间。

4）将顶升套架引进横梁的标准节引至塔身正上方，稍微缩回油缸，将新引进的标准节落在塔身顶部，并对正，卸下引进滚轮，用12件或8件M36的高强螺栓将上下标准节连接牢靠。

5）再次缩回油缸，降下支座落在新的塔身顶部，并对正，用8件M36的高强螺栓将下支座与塔身连接牢靠，每根高强螺栓必须有两个螺母，即完成一节标准节的加节工作。

6）若连续加几节标准节，则可按照以上步骤重复几次即可。

11.4.3 超高层建筑塔式起重机拆除技术

1. 超高层建筑塔式起重机拆除难点

超高层建筑塔式起重机拆除难度大：塔式起重机拆除场地狭窄，且拆除解体和垂直运输都在高空完成，受外装饰影响，需要远距离吊装运输。超高层建筑塔式起重机拆除安全隐患多：超高层建筑施工中，塔式起重机起重臂悬在百米，甚至几百米的高空，设置安全设施较困难，在此种条件下进行起重臂的拆卸，具有一定的危险性。超高层建筑塔式起重机拆除成本大：在保证安全性的前提下，如何降低塔式起重机拆除成本是制定塔式起重机拆除施工方案的重点。

2. 超高层建筑塔式起重机拆除技术

1）内爬式塔式起重机拆除技术

在工程施工后期，内爬式塔式起重机处于高层、超高层建筑物的顶部，拆卸困难，尤其是起重臂，由于吊装功能需要，起重臂超出了建筑物的顶部平面，高出地面几十米甚至几百米，即使在建筑物投影内的部分，因建筑功能和外形设计等因素，导致超高层建筑结构复杂，给内爬式塔式起重机的高空拆除、转运作业造成一定困难，超高层建筑内爬式塔式起重机拆除技术复杂、作业难度大。

拆卸内爬式塔式起重机的起重臂主要有以下三种方法。

（1）第一种方法：遵循"小塔拆除大塔"的拆除原则，在建筑物顶部逐次安装一台小型塔式起重机进行拆除，最终采用拔杆辅助人工拆除，并使用施工电梯将塔式起重机构件运至地面。

① 拆卸工艺原理

在建筑物顶部安装小型塔式起重机，拆卸大型塔式起重机，再安装更小型的塔式起重机，拆卸前一台塔式起重机，最后使用拔杆拆卸最后一台塔式起重机。

② 工艺特点及不足

该方法尽管相对较安全，但成本高、拆除周期长，同时由于建筑物顶部平面布置较复杂，有时不具备安装小型塔式起重机的条件，使该方法受到限制。

（2）第二种方法：搭设脚手架或钢塔辅助拆除塔式起重机，人工制造拆除作业面。

① 工艺原理

该方法是在屋面安装脚手架或钢塔，利用拔杆将塔式起重机拆卸到屋面解体后再转运到地面。

② 工艺特点及缺陷

该方法要求在拆卸前将大量的钢管运至建筑物顶部，拆卸完成后再运至地面，成本较高、工期长。有时建筑物顶部的高差较大，脚手架搭设高度高，且无附着，同时，其搭设位置往往在建筑物顶部平面的边缘，存在较大安全风险，对脚手架和钢塔的搭设要求较高。

（3）第三种方法：采用非标准起重机（如拔杆起重机等）拆卸法。

① 工艺原理

该方法是在塔式起重机起重臂端部后一标准节上安装一台小的人字桅杆起重机，用于拆卸起重臂的端部（外侧）臂节，再逐次后移人字桅杆起重机拆卸起重臂。

② 工艺特点及不足

该方法成本较低，但由于起重臂的相当一部分超出了建筑物顶部平面，悬在数十米甚至几百米的高空，设置安全设施较困难，该条件下拆卸起重臂及吊装作业危险性较大。随着拆卸进展，安装在起重臂上的小人字桅杆起重机需要后移，不仅施工人员有坠落风险，人字桅杆也有下落的风险，极易造成重大安全事故。

2）外附式塔式起重机拆除技术

利用塔式起重机自身起重性能进行降节，并降至合适的高度，再使用汽车式起重机或其他吊装机械辅助拆除。

拆除流程：塔式起重机降节（降至合适高度）→拆除平衡块（留下从平衡臂尾部往前数第三位置上一块配重）→平衡块→平衡臂→塔顶→驾驶室→回转机构→套架及标准节。

3. 超高层建筑塔式起重机拆除注意事项

1）拆塔的塔式起重机和屋面吊的支撑架系统，必须严格按照图纸和说明书进行安装。塔式起重机在安装前，应对所安装的支撑架进行检验，符合要求后，方可进行塔式起重机的安装。

2）塔式起重机安装拆卸必须由具备安拆资质的专业队伍进行，塔式起重机司机和指挥必须持证上岗，安装拆卸完毕后，须经在建各方联合验收合格后，方可投入使用。

3）安装拆卸塔式起重机过程中，吊具要良好，并根据起吊部位、重量选用适当长度的吊索。

4）在解体放置各部构件时，应按要求铺好枕木防止变形。

5）在安装和拆卸塔式起重机长构件时，要拴好缆风绳，拴牢安全绳，起吊要平稳慢速，作业人员应听从统一指挥，随时调整缆风绳的长度，防止晃动。

6）要确实装好并使用各种保护、安全装置。

7）所有参与作业的人员必须持证上岗，作业区要设警告标志，并有专职安全员值班，禁止非作业人员进入施工区。

8）作业前应对参与人员进行安全技术交底和施工方案的交底。

9）在作业前必须明确专人指挥，并统一信号。

10）所有作业人员必须戴好安全帽，穿好防滑鞋，高空作业人员必须系好安全带，使用的工具应挂好安全绳，防止高空坠落伤人。

11）严禁将构件从高空直接往下抛，所有小件均应装入箱中或袋中。

12）如遇四级以上大风、雨雪或构件上结冰等恶劣环境时，应立即停止作业，并将塔式起重机固定牢靠。

11.5 施工电梯运力分析

施工电梯数量的确定采用"预设复验"的方法，即先按经验公式初步计算所需施工电梯的总数，做平面及立面的具体规划后，再按估算的人数及材料量，详细复核施工电梯各阶段的运输能力。

现对塔楼施工运输阶段进行划分，大体分5个阶段。具体各阶段安排如下：

第1阶段：从塔楼结构施工至粗装修开始前的主体施工阶段，此阶段施工电梯主要为塔楼结构施工使用。

第2阶段：从粗装修开始至幕墙、精装修插入前的施工阶段，此阶段施工电梯主要为塔楼结构、粗装修施工使用。

第3阶段：幕墙、精装修插入施工至粗装修施工完成的施工阶段，此阶段施工电梯主要为塔楼结构、粗装修、幕墙、精装修施工使用。

第4阶段：幕墙、精装修施工至幕墙施工完成阶段，此阶段施工电梯主要为幕墙、精装修施工使用。在此期间安装正式电梯，幕墙施工收尾阶段完成外附施工电梯的拆除。

第5阶段：高层区精装修阶段，此阶段施工电梯主要为高层区精装修施工使用。

11.5.1 人员运输核算

根据施工经验统计发现，施工电梯的人员运输时间＝预计人数/（每梯人次×电梯数）×

（往返×高度/速度＋进出时间），计算时全部按照人员运送到最高点计算时间，进出时间按每梯次 2min 计，高峰期考虑每日 6h，人员运输五层一停。下面以某项目为例进行计算，见表 11-13。

人员运输时间计算　　　　　　　　　　　　　　　　表 11-13

阶段划分	施工电梯笼数	使用永久电梯数	高峰运输人数	平均运输高度（m）	所需时间（min）：人数/（每梯人次×电梯数）×（往返×高度/速度＋进出时间）	核算结果及措施
第 1 阶段	4	0	240	60	12	12min＜30min，满足
第 2 阶段	5	0	280	120	17	17min＜30min，满足
第 3 阶段	5	0	430	180	33	33/2min＝17min＜30min，2 班错峰
第 4 阶段	5	0	390	180	29	29min＜30min 满足
第 5 阶段	3	2	200	210	29	29min＜30min，满足

根据核算，该方案人员运输满足使用要求。但为减少使用压力及提升运输效率，使用过程中仍需考虑集中楼层上下、分段分时停靠、设置高层运输转运层等多种手段提升电梯运力，减少正式电梯使用频率。

11.5.2　材料运输核算

根据施工经验统计发现，施工电梯的材料月度运次＝月天数×（日工作小时×60min－运人时间×2）×运料笼数/（往返×高度/速度＋装卸时间），计算时装卸时间按每梯次 6min 计，每日工作时间为 20h，人员运送高峰期考虑每日 6h，高峰期每层停止运货，非高峰期时各区留一部梯作为客梯。下面以某项目为例进行计算，见表 11-14。

材料月度运次计算　　　　　　　　　　　　　　　　表 11-14

阶段划分	施工电梯笼数（运材料笼数）	正式电梯数	高峰需求运次	平均运输高度（m）	月度运次：月天数×（日工作小时×60min－运人时间×2）×运料笼数/（往返×高度/速度＋装卸时间）	核算结果及措施
第 2 阶段	5（4）	0	2200	80	6267	6267＞2200，满足
第 3 阶段	6（4）	0	2200	210	3012	3012＞2200，
			1000	100	1386	1386＞1000，满足
第 4 阶段	6（4）	0	3200	160	4657	4657＞3200，满足
第 5 阶段	4（3）	2	1800	230	2950	2950＞1800，满足

根据核算，该方案各阶段各区域计划运次均小于最大运次，材料运输满足使用要求。但为减少使用压力及提升运输效率，使用过程中仍需考虑集中楼层上下、分段分时停靠、设置高层运输转运层等多种手段提升电梯运力，减少正式电梯使用频率。

11.6 施工电梯布置总体方案

超高层建筑材料及人员的垂直运输主要依赖于塔式起重机和施工电梯，现阶段超高层建筑施工普遍具有工期紧、交叉作业多、高峰期作业人员多等特点，特别是在机电、幕墙、装饰装修等专业与主体结构交叉施工阶段，垂直运输效率对工程进度的影响尤为突出。

根据施工电梯常用布置形式，为了满足不同高度施工需求，施工电梯一般布置在核心筒电梯井内、穿结构楼板、外立面，按施工电梯安装形式分类，一般有三种主要形式：一是单塔双（单）笼施工电梯，一般安装在核心筒电梯井内、穿结构楼板、外立面；二是"通道塔"，即在建筑外侧设置一个施工电梯集中平台，施工电梯沿平台一圈布置；三是在外立面安装单塔多笼循环电梯。超高层建筑施工电梯是一种布置形式，也可以是某几种的组合布置形式。

11.6.1 单塔双（单）笼施工电梯布置

单塔双（单）笼施工电梯布置主要分为三种：一是全部安装在核心筒电梯井道内，属于电梯类型；二是全部安装在结构外侧，属于室外电梯类型；三是一部分安装在核心筒电梯井道内，一部分安装在结构外侧。施工电梯布置于核心筒内主要解决人员的上下，材料运输量相对较小；施工电梯布置于外框结构外侧，除了满足水平结构施工人员上下外，还可以运输大量的建筑材料，尤其是在装饰装修阶段。

1. 采用常规电梯布置有如下优点

1）室外电梯可以不占用永久电梯井道，能满足布置较大尺寸施工电梯所需空间要求，满足施工需要，布局非常灵活，对结构受力没有影响，而且不会占用永久电梯井布局空间，施工电梯与永久电梯的转换方便。

2）施工电梯可以直接和核心筒顶模系统进行连接，不会占用永久电梯井，而且在此基础上施工人员可以更加方便地将施工电梯转化为永久电梯。

2. 常规电梯附着

1）施工电梯在超长距离工况下的附着技术

对于单层面积变化比较大，立面下部大上部小的塔楼，外部电梯增加附墙钢结构，并搭设运输通道。标准的电梯附墙架最长 3.6m，最长可订做 4.1m 的附墙架，因此，当楼板与标准节距离超过 4.1m，需要增加附墙钢结构，并搭设运输通道。

2）施工电梯在顶模系统工况下的滑动附着技术

随着顶模技术的发展，顶模结构承载能力有了很大提高，足以满足施工电梯的附着需求。为了便于施工电梯能够直接上至顶模顶部，而且在顶模顶升过程中施工电梯仍然能够使用，目前诸多超高层建筑施工电梯均采用了滑动附着技术。该滑动附着技术应用详见图 11-11。

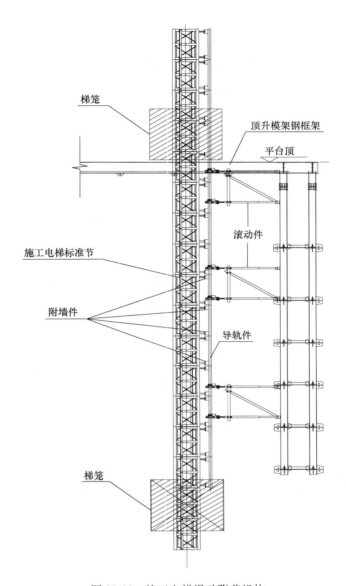

图 11-11 施工电梯滑动附着机构

11.6.2 通道塔布置

通道塔的应用就是把室外施工电梯集中起来，减少了室外施工电梯对施工的影响，有效提高了管理效率和运输效率。通道塔符合施工电梯支撑体系"轻量化、集中化、工业化"的发展新趋势。

1. 采用通道塔布置施工电梯有如下优点：

1）施工电梯布置方式集中，将垂直运输通道、路线集中起来，实现了施工人员、物料垂直运输的统一规划，节省了有限的施工现场用地，解决了建筑施工场地狭小且不利于垂直运输的问题。

2）采用独立于塔楼主体结构的电梯附着体系，解决了超高层建筑由于外立面变化带来的施工电梯超长附着难题。

3）克服了传统超高层建筑施工电梯分散布置时，对结构外立面大面积附着或占用正式电梯井带来的工序穿插及工期问题，最大限度地减少了施工电梯对电梯井道的占用及幕墙封闭的阻碍，使得后续正式电梯、幕墙、装修施工提前插入；同时通道塔总体附着面积较小，有利于幕墙工程的提前封闭安装，有效节约了工期。

通道塔已在香港环球贸易广场和天津117大厦使用。通道塔布置详见图11-12。

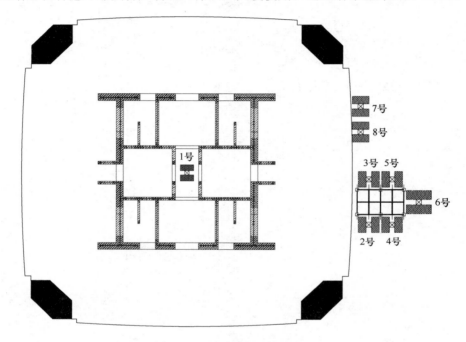

图 11-12 施工电梯通道塔布置

2. 通道塔附墙杆设计

在通道塔框架部分每隔两个结构层设置一层附墙杆，附墙杆两端分别连接于通道塔每层桁架的上弦节点处和主楼东面的楼板上，如图11-13所示。

附墙杆与主楼连接节点分为与主楼柱连接及与楼板连接两大类，与主楼柱连接时，直接在柱上焊接连接板，连接板焊接前需进行测量放线，确认精确位置后方可进行焊接连接。与楼层板连接时，需在楼层混凝土浇筑前预埋预埋件，连接板与预埋件分离，待混凝土强度达到设计要求后，附墙杆安装前进行连接板的测量放线，精确位置后进行连接板的安装，完成后再进行附墙杆的吊装施工。在楼层钢筋绑扎时进行附墙杆埋件及拉结筋的预埋，并将预埋件与拉结筋进行焊接连接，待楼层板混凝土浇筑完成且达到强度要求后方可进行附墙杆的吊装施工。

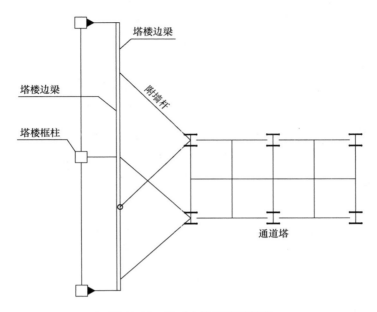

图 11-13　施工电梯通道塔附着

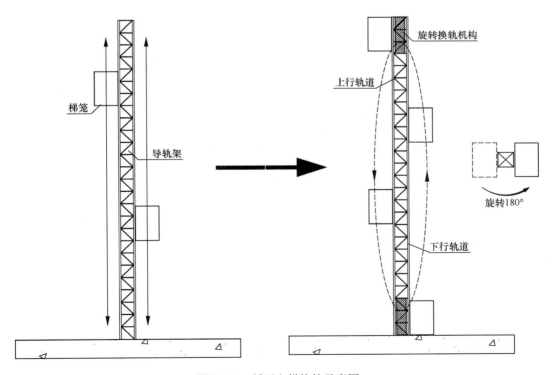

图 11-14　循环电梯换轨示意图

11.6.3 单塔多笼循环电梯布置

单塔多笼循环电梯整体原理：施工电梯梯笼在单根垂直的导轨架上的一侧轨道上只向上运行，在另一侧轨道上只向下运行，通过设置在导轨架的顶部、底部及其他需要的部位的旋转节，旋转180°变换导轨（从上行轨道变换到下行轨道或从下行轨道变换到上行轨道），实现循环运行，进而实现在单根垂直导轨架循环运行多部施工电梯梯笼（图11-14）。

在建筑物外围布置一台新型电梯，负责人员及货物的运输；电梯根据工程垂直运输的需要，合理布置梯笼的数量；在建筑物施工进度的不同阶段以及每天施工的不同时段，按需投入梯笼运行的数量；地下室空间作为储存"车站"以及检修"车间"，一方面用于梯笼的存放及修理保养，另一方面可以与地上正常运行区间隔开，互不干扰。

考虑到施工达到一定高度后，在精装、幕墙、电梯等单位插入后，会出现中间楼层的垂直运输需求较大，故在中部每隔一段距离安装旋转节，梯笼能在此换轨，提高运输效能。

11.7 施工电梯与正式电梯接驳

项目施工至一定阶段，现场为配合幕墙、机电等专业施工，需拆除施工电梯，为其他专业施工提供作业面，但拆除施工电梯后将对项目的垂直运输造成极为严重的影响，正式电梯的提前投入将会从很大程度上解决此问题。

11.7.1 正式电梯提前使用的选择

合理选择提前投入使用的正式电梯，将加速项目后期施工进展，正式电梯提前使用的一般原则如下：

1）根据施工进度，分别选择低区、中区、高区电梯并根据移交顺序依次进行安装；

2）选择的电梯井道需具备安装条件，在前期策划中对选定的井道进行施工调整，优先进行井道施工。

11.7.2 正式电梯与施工电梯的接驳

项目应结合施工电梯的拆除及垂直运输计划，选择永久电梯作为临时施工使用，待正式电梯安装检验合格后，临时电梯方可开始拆除。通过斜线图的使用，可以直观体现施工电梯的适宜拆除时间、临时使用正式电梯的安装调试时间，便于正式电梯接入时间测算和临时使用正式电梯的插入时间、施工节奏等的把控。施工电梯投入使用斜线图如图11-15所示。

正式电梯作为施工电梯使用时，应分区、分类管理。分区管理即电梯应在竖向按照高度分区运行，负责高区的电梯在中低区不设开启门，保障高区运输要求；分类管理即按照施工电梯的服务对象将电梯分类管理。

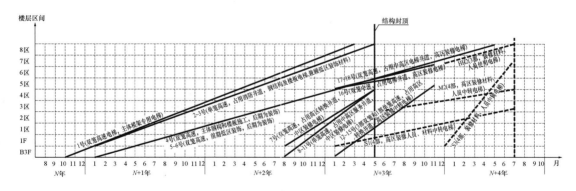

图 11-15　施工电梯投入使用斜线图

为确保正式电梯提前投入使用，电梯能正常运行，项目拟对提前运行的永久电梯采取以下措施：

1）在正式电梯作为施工电梯前需对电梯口防水及电梯机房的通风散热做重点策划，以保证正式电梯的使用。

2）永久电梯提前使用前，需取得相关使用的运行许可证，派专业操作人员对正式电梯进行操作，操作人员上岗前要进行该正式电梯使用的专项培训，掌握正式电梯的使用规程，考核合格后方可上岗，严禁非专业操作人员对电梯进行操作。电梯使用过程中电梯生产厂家派人进行日常维护，发现问题及时解决。

3）在永久电梯投入临时施工使用过程中，应对电梯的重点部位有针对性地采取保护措施，如电梯厅门、轿门、外呼按钮、外呼面板、操作面板、吊顶、门槛、轿厢面板、地面、电梯厅门等。

11.8　施工电梯管理

施工电梯是否能够实现高效运行，其运营管理是主要影响因素之一。结合国内超高层建筑施工电梯的使用管理情况，简单总结如下。

11.8.1　统一管理

施工电梯作为公共资源应由总承包单位统一管理，由总承包单位派遣人员每星期举办专题会议讨论使用过程中出现的问题并予以解决，在实际使用过程中实行计划单管理，根据计划单安排电梯使用。

11.8.2　分区管理

分区管理即施工电梯应在竖向按照高度分区运行，分为高、中、低三区运行，负责高区的施工电梯在中区、低区不设开启门，保障高区运输要求；分区管理可以有效控制施工电梯停靠次数，将高、中、低三区的人员及材料有组织地运输到相应楼层。

11.8.3　分专业管理

超高层建筑施工电梯的管理要根据专业来划分使用状况，通过此方法能够有效避免管理混乱的现象，根据专业内容进一步优化施工电梯的管理与使用。比如设置专门用来传输单元幕墙板块的运输电梯，以避免其他专业抢用施工电梯，使得施工电梯资源利用更加合理，避免了资源浪费的现象。

11.8.4　高峰期管理

施工人员上下班的时间是超高层建筑施工电梯的使用高峰阶段，期间会有大量的工作人员乘坐施工电梯。如果使用高峰期间不能够合理地疏散员工，则会导致施工电梯运行效率较低、运行速度较慢，甚至影响施工工作正常开展。因此，要强化上下班高峰期的管理，要求员工有序地使用施工电梯，尽量避免货物在该时间段的运输。

11.8.5　隔层停靠管理

为提升超高层建筑施工电梯的运输效率，可以减少施工电梯停靠的楼层。通过减少施工电梯停靠楼层，能够有效地改进和优化施工电梯的管理。施工电梯隔层停靠管理即在施工人员上下班高峰期时，施工电梯只停靠在指定的楼层，工作人员可以在相应楼层门口等待。例如，指定施工电梯在尾数是 0、3、5、8 的楼层停靠，电梯左笼停靠在尾数为 3、8 的楼层，电梯右笼停靠在尾数为 0、5 的楼层，这种情况下施工电梯停靠频率为 5 层/次，而且施工人员最多只需要走一层就可以到达施工电梯停靠的楼层。通过隔层停靠管理的方式能够有效减少施工电梯停靠时间，进一步提升超高层建筑施工电梯的运输效率。

第 12 章　建筑给水排水及采暖工程施工技术

12.1　给水排水系统组成

超高层建筑中常见的给水排水系统有给（饮用水）中水系统、排水系统、热水系统以及回收利用系统。

12.1.1　给中水系统

超高层建筑给中水系统在满足末端用户水量、水压和水质要求的前提下，通过加压给水设备将自来水加压输送到各用水点位。受供水设备压力及管道承压限制的影响，超高层建筑中的给中水系统一般采用分区供水的方式进行供水。分区供水的难点在于分区高度的确定，分区高度的高低影响着给中水系统的稳定及相关造价。分区高度过高会导致下层给水压力较大的问题，分区高度过低不仅会导致设备数量的增加还会导致土建部分工作内容的增加，从而导致造价增加。最低卫生器具处所承受的最大净水压力值是目前我国超高层建筑给中水系统竖向分区的重要决定因素。给中水系统的分区供水，是通过单独设置高位水箱和水泵来实现的，在一些特殊的环境中，也可能会采用高位水箱串联分区供水在末端设置减压阀的方式来实现分区供水的目的。高位水箱在早期会采用碳素钢板、钢筋混凝土、玻璃钢等材料，目前多为不锈钢材质。超高层建筑的地下室一般都会设置大型水池，为保证水池的水质一般会采用定期人工消毒或者采用砂滤、活性炭过滤以及紫外线消毒等方式进行消毒处理，保证自来水的水质。通过地下室的水泵，将水池中的水输送至高位水箱进而通过管网重力供水。

12.1.2　排水系统

排水系统可分为生活污水系统、生活废水系统和雨水系统，由雨水斗、地漏、存水弯、排水管道、通气管等组成。

排水系统的合流制或分流制是根据排水系统中废水污染情况、室外排水系统的设置以及水处理情况来决定的。

由于超高层建筑排水系统势能较高，一般会在设备层或避难层采取消能措施，同时采取乙字管、管道偏置或管线转向等措施。

为保护存水弯的水封不被破坏，减少排水管内空气的压力波动，超高层建筑排水系统一般都会单独设置通气立管，保证排水管道的水流畅通。

12.1.3 热水系统

超高层建筑热水供应系统的组成根据使用环境、用水需求、热源来源、设备种类、管网布置、循环方式以及运行管理条件等的不同而有所不同，基本要求是满足用户，得到能够满足用户需求的足量的热水。超高层建筑热水供应系统可分为局部热水供应系统和集中热水供应系统。

1. 局部热水供应系统

局部热水供应系统较为常见。一般通过电热水器、燃气热水器、蒸汽热水器等将冷水进行加热。局部热水供应系统常见于超高层建筑的酒店和公寓中。该系统安装较为简单，运营维护相对容易。局部热水供应系统在多人使用的情况下，会出现热水供应不足从而给使用者带来不便的问题。

2. 集中热水供应系统

集中热水供应系统中热源有市政直供和锅炉房加热两种。通过加压及循环设备将热水集中供应，不仅能够保证用户长时间用水的需求，还可以保证热水的温度、水质等。集中热水供应系统设备较为集中，便于日常的维护管理。但设备、系统复杂，一次投资大，需要专门维护管理人员，管网较长，热损失大，改、扩建较困难。

12.1.4 回收利用系统

超高层建筑中一般会设置雨水回收或污水回收系统，雨水或污水经过回收系统的处理进行二次利用。回收系统一般由回收管道、过滤装置、消毒装置、储水装置、用水点位组成。

储水装置一般设置在设备层或地下室。位于地下室的储水装置一般是用来收集裙楼和地面的雨污水；位于设备层的储水装置用来收集塔楼雨污水。无论储水装置是在地下室还是在设备层，均需考虑防淹没措施以及积水的排水措施。在地下室中，一般会设置污水提升泵来进行排水。在设备层中，溢流系统常规的设置方式有两种：一种是设置与屋面排水能力相同的排水管道；另一种是通过溢流管将过量的雨水等排至幕墙外，但会对建筑外立面产生较大的影响。

12.2 管道综合排布

在超高层建筑项目的施工中，给水排水系统设备多、管线异常复杂，管线综合布置难度大，给施工质量管理带来了不利因素。管线的综合布置是否合理、有序、整齐、美观，不仅影响工程项目的施工质量及以后的运行使用，而且也影响到工期进度及施工成本的控制。做好多管线综合布置管理，有利于提高施工质量和观感效果，特别是对创优项目质量的提升、创优成本的降低更加有利。

12.2.1　管线排布原则

具体如表 12-1 所示。

管线排布原则　　　　　　　　　　　　　　表 12-1

管线避让原则	管线纵向排布原则
小管径让大管径	气体上液体下
有压让无压	高压上低压下
给水让排水	保温上不保温下
金属管让非金属管	金属管道上非金属管道下

12.2.2　BIM 管线综合排布

1）校核建筑和结构模型；

2）绘制机电各专业管线模型：

3）初步完成管线综合排布图后，对其进行细化以便满足现场施工的要求；

4）在完成管线综合排布后，需对管线综合排布设置效果图；

5）完成以上工作后，需导出图纸信息，以细化图纸信息；

6）归档保存：按照要求对导出文件进行整理并归档保存。

12.3　管道安装

12.3.1　常用管道种类

1）给中水系统常用管道有：给水铸铁管、PP-R 管道、衬塑钢管、薄壁不锈钢管、薄壁铜管等。

2）排水系统常用管道有：UPVC 管、柔性接口铸铁管、高密度聚乙烯（HDPE）管等，其中，排水立管大多采用柔性接口铸铁管，高密度聚乙烯（HDPE）管主要用于虹吸雨水系统和同层排水系统。

3）热水系统常用管道有：不锈钢管、铜管、PP-R（热水）管道。

12.3.2　常用管道安装方法

热熔连接主要适用于 PP-R 管道及 HDPE 管道连接；粘结主要适用于 UPVC 管连接；法兰、丝接、沟槽连接主要适用于镀锌钢管、涂塑钢管和衬塑钢管的连接；这里重点介绍一下用于热水系统的铜管和不锈钢管的连接方式。

1. 铜管的连接

1）施工工艺流程

如图 12-1 所示。

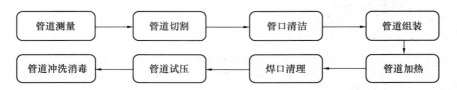

图 12-1 铜管连接的施工流程

2) 主要施工方法

在管道切割之前需做现场测量，与施工图纸做比对，如建筑尺寸无误，才可按图下料。薄壁硬态或半硬态紫铜管承插接口硬钎焊接安装步骤如表 12-2 所示。

安装步骤 表 12-2

序号	安装步骤	安装图片	安装说明
1	测量		准确度量铜管，对管道插入管件的深度进行划线
2	切割		使用旋转式切管机或使用每英寸至少 32 齿的钢锯进行切割
3	清理毛边		铜管插入接头部分的表面应清洁、无油污，一般使用细砂纸或不锈钢丝绒打光，使用含磨料的尼龙擦洗垫效果也很好
4	涂刷钎剂		根据需要取适量铜管接头专用钎剂加水拌成糊状，然后用小刷子或其他工具蘸取拌匀的钎剂，均匀地抹在铜管接头承口处和铜管插入接头部分

续表

序号	安装步骤	安装图片	安装说明
5	组装并加热铜管	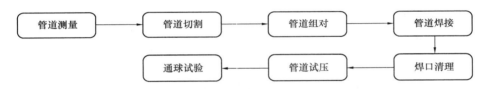	使用氧乙炔中性火焰加热铜焊条，使加热融化后的铜液均匀流入铜管接头承口部分，切勿用火焰直接加热钎料，毛细管作用产生的吸引力能使熔化后的液态钎料往缝内渗透

焊后处理：钎焊结束后，紫铜管件应用湿布冷却和擦拭连接部分，以稳定焊接部分，同时可去掉钎焊产生的熔渣。

2. 不锈钢管的连接

1）施工工艺流程

如图 12-2 所示。

管道测量 → 管道切割 → 管道组对 → 管道焊接

通球试验 ← 管道试压 ← 焊口清理 ← 管道焊接

图 12-2　不锈钢管连接施工流程

2）主要施工方法

管道对接焊口的中心线与支、吊架边缘的距离不应小于 50mm，管道两相邻对接焊口中心线间的距离应符合下列要求：公称直径小于 150mm 时，不应小于管道外径；公称直径大于或等于 150mm 时，不应小于 150mm。

焊件的切割口及坡口加工采用机械方法，坡口形式宜采用 V 形。

焊前应将坡口表面及坡口边缘内侧不小于 10mm 范围内的油、漆、垢、锈、毛刺等清除干净，并不得有裂纹、夹层等缺陷。

针对不锈钢管壁薄的特点，为保证焊接质量，采用成熟的"单面施焊，双面成形"的氩弧焊工艺。

不锈钢管道焊接可分为承插搭接焊和对接焊两种。

焊件组对时，点固焊选用的焊接材料及工艺措施应与正式焊接要求相同，管道对口的错口偏差不超过壁厚的 20%，且不超过 2mm，调整对口间隙，不得用加热张拉和扭曲管道的办法。不得在焊件上引弧或试验电流，管道表面不应有电弧擦伤等缺陷。焊接完毕后，应将焊缝表面熔渣及其两侧的飞溅物清理干净。

12.3.3 管道倒装法

在目前超高层建筑管井立管施工技术中，通常采用传统的正装法进行管井立管施工，其施工顺序为由下向上逐根连接安装，每层均要放置管道，并水平运输至管井处，此种方法大大增加了管道垂直及水平运输次数，降低施工效率，增加安全风险，并且在立管的对接施工中，将使上下管道对正与保持垂直度产生困难，对于空间狭小的管井，施工难度大，质量很难保证。

倒装法主要工艺原理是在超高层建筑管井立管施工中，其管井立管施工顺序采用管井立管倒装法逆作施工顺序，管井立管从上向下依次进行施工，对于管井一根立管先行施工最高一层管段立管，依次向下逐段施工，每根立管焊接连接的施工作业面固定，吊装工具吊点设置固定，确保了施工质量、安全，提高了施工效率。

这里以天津某工程为例，详细介绍一下倒装法施工过程。根据楼层高度分段设置卷扬机以及管道堆放地点，管道采取由下往上吊装，管道每连接一段，向上提升一段，到达预定楼层后进行固定安装。管道的连接过程可在指定楼层进行。

1. 施工工艺流程

如图 12-3 所示。

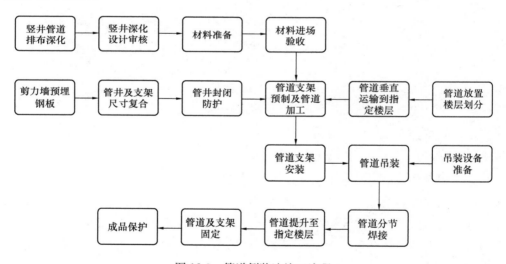

图 12-3　管道倒装法施工流程

2. 管道吊装方案

本工程 1～31 层楼层标高的分布条件为：1～5 层层高为 5.3～7.7m 不等；6 层、18 层、31 层为设备层，层高为 5m；9 层、13 层、17 层、22 层、26 层、30 层为交易层，层高为 5m 左右；其余楼层均为 4.32m。3 号管井 1～6 层最大管径为 DN500，到达 6 层后有 16 根管由此管井水平转出，原竖井中由 28 根管减少为 12 根，其中有 3 根到达 30 层，9 根到达 31 层，其中最大管径为 DN300，根据以上分析，若采用分段垂直吊装倒装法施工，管道分段和卷扬机设置情况如表 12-3 所示。

管道分段和卷扬机设置情况表 表 12-3

序号	楼层段	管道集中放置楼层	卷扬机设置楼层	管道连接操作楼层
1	1～6 层	1 层	6 层	2 层
2	6～18 层	6 层	18 层	7 层
3	18～31 层	18 层	31 层	19 层

具体施工步骤如表 12-4 所示（以 1～6 层为例）。

施工步骤 表 12-4

步骤	吊装安装示意图	步骤说明
步骤一		管道吊装时每条井道一组共 8 人，人员安排如下：2 名机械操作工在 6 层负责卷扬机的运行、维护工作，2 名起重工在 1 层负责管道吊运，2 名巡查员跟随管道提升或下放速度，隔层交叠检查吊运情况，另有 2 名管工在 2 层负责管道的连接固定。 根据管井中吊装管道的大小及长度选择合适的卷扬机，本层吊装中采用 8t 慢速卷扬机，通过设置滑轮组调节管道的提升速度，速度控制在 5m/min
步骤二		卷扬机在 5 层将吊钩下放至 1 层，位于一层的 2 名起重工将管道固定至吊钩上。卷扬机将固定好的第一根管起吊至 3 层。 在管道吊装开始后巡查员 A 在 1 层检查吊运情况，巡查员 B 在 2 层准备检查管道吊装情况，管道顺利通过 1 层井道后，巡查员 A 迅速到 3 层等待，巡查员 B 在检查完 2 层管道吊装情况后迅速到 4 层等待，依此方式进行交替跟随检查。在巡查过程中如发现异常情况，立即用对讲机与机械操作工联系，停止吊装，分析原因，排除故障后才能继续吊装工作

步骤	吊装安装示意图	步骤说明
步骤三	 巡查员2	在2层顶板设置4t手动葫芦一个。2名起重工再将一根管道用位于2层的手动葫芦起吊至2层，管工在2层开始连接管道
步骤四	 管道工1　管道工2 2F	管道连接好后，卷扬机将连接好的管道向上起吊，使管道下口位于2层方便操作的位置。再由2名起重工将1根管道吊起，管工连接。 管道吊运时负责管道连接固定的人员停止作业，并对管井做好及时封堵和围护，保证吊装工作安全、紧张有序地进行
步骤五	 3F 2F 1F	经过计算，当连接好3根管道后，为保证安全以及管道接头位置的施工质量，卷扬机将连接好的管段吊至6层进行固定安装。安装完成后，将卷扬机吊钩下放至1层进行第2管段施工，依此工序完成1～6层的管道安装（6～18层及18～31层施工与1～6层的施工方法相同）

12.3.4 预制组合立管法

预制组合立管施工工艺是将每个管井视为一个单元，经过对图纸的深化设计和结构荷载计算，将管井内的管道每 2～3 层整合为可整体制作、运输和安装的组合立管节，立管节在加工厂制作，整体运至现场安装，随结构同步攀升。

1. 施工工艺流程

如图 12-4 所示。

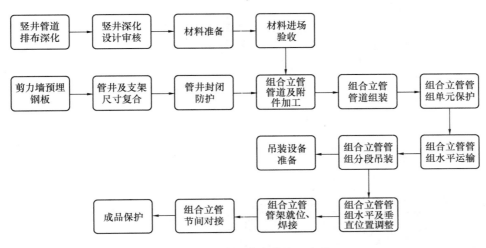

图 12-4　预制组合立管施工流程

2. 组合立管安装方法

如表 12-5 所示。

表 12-5

组合立管安装步骤

步骤	吊装安装示意图	步骤说明
步骤一：施工前准备及预制立管单元的检查		根据图纸要求，复核管井开口部的尺寸和划线，确定定位。 检查操作台、安全维护措施是否到位。确认等待场所、行驶路线、吊装位置。对操作人员教育、设备工具检查完成。 按照预定路线进行车辆引导，根据出厂单元进行检查：单元是否散开、螺母是否松开（特别是固定扁钢处），部件、部材是否脱落或者忘记安装。 对每一组立管单元进行试吊

续表

步骤	吊装安装示意图	步骤说明
步骤二：组合立管单元的水平吊运		管组单元水平吊运需分区负责1人，操作工1人，起重工2人，共4人。 利用塔式起重机以及汽车式起重机吊在车上挂钩、取货，吊钩位置、吊环安装方向要正确，塔式起重机以及汽车式起重机的挂钩分别固定在组合立管单元的两端
步骤三：组合立管单元的垂直吊运		组合立管单元水平吊运到指定位置后，准备开始垂直起吊。组合立管单元稳定后，解脱辅助吊钢丝绳。与楼层待命的负责人联络，指挥塔式起重机，使组合立管单元安全吊到核心筒内
步骤四：组合立管单元插入管井		组合立管单元垂直进入管井口后，操作工牵引单元，防止吊索及单元与钢梁接触，塔式起重机要以最慢速度下降。 组合立管单元按实际测量设置3层支架，最上层为承重支架，下面2层为导向支架，导向支架横担可动部件由一颗螺栓固定。 单元下放过程中，当支架距离钢梁1m时停止下放，横担旋转90°，与楼面平行，拧紧所有螺栓。确认所有螺栓拧紧后，再次慢速下降，将管架放在划线位置钢梁上。 确认钢绳的应力释放后，卸掉吊环，用吊环串好钢绳，系上辅助绳，释放塔式起重机，移向下一个管井口

续表

步骤	吊装安装示意图	步骤说明
步骤五：组合立管单元管架就位、上层管架及堵板的焊接		以划线位置为准，判断临时放置的管架位置是否正确，如若管架的位置有偏差，用滑轮、撬棍等工具将管架移向划线位置。注意不要将荷载加在套管上，不要破坏管组的单元保护。 位置调整完毕后进行上层管架的焊接，将管架的固定部件固定在钢结构的固定板（主体工程）上。 切断固定堵板的钢丝并取出堵板，将堵板放置在所定位置，堵板与钢结构焊接，焊接间距为 20～100mm
步骤六：组合立管单元节间对接		松开中下层管道的 U 形抱箍，将管架放置在准确的位置，采用捯链、撬棍或起重机下落就位。将管道缓缓下调，并与已经安装好的单元管道对口连接（管道之间的间隙按规范要求）。根据要求加装木托及橡皮，更换抱箍并紧固

12.4　管道支架（选型）

12.4.1　管道支、吊架的分类

如表 12-6 所示。

管道支、吊架分类　　　　　　　　　　　　表 12-6

序号	种类		特点
1	固定支架		将管子固定在支架上，不允许发生任何方向的位移，该支架的形式为固定支架
2	活动支架	滑动支架	滑动支架中管子与支架的相对运动称为滑动
		导向支架	在管道有轴向位移的支架中，两侧加装型钢挡块，使管道在轴向力的作用下不至于偏离管道轴向。所有水平和垂直管道在适当位置都应装设导向支架
3	吊架		将管道用型钢构件吊在空中的一种支架形式

12.4.2 管道支、吊架布置和安装原则

管道支架加工制作前，应根据管道的材质、管径大小等按标准图集进行选型。支架的高度应与其他专业进行协调后确定，防止施工过程中管道与其他专业的管线发生"碰撞"，对采用非标准形式的支架应进行核算；对于机房、管井内的大管径管道应将相应的技术参数提给结构专业，在结构专业允许的情况下方可施工。在每一个支、吊点的支架形式选择前，应仔细研究管道周围的建筑结构以及邻近的管道和设备，支、吊架必须支撑在可靠的建筑物上，且不影响设备检修和其他的管道安装。近似水平布置的管道应控制一定的支架间距，特别要考虑到法兰、阀门等部件的集中荷载的作用，以保证管道不产生过大的挠度、弯曲应力和剪切应力。在建筑结构负重允许的情况下，水平管道支、吊架应满足的条件见表12-7。

水平管道支、吊架应满足的条件 表 12-7

序号		需要满足的条件
1	强度条件	应控制管道自重产生的弯曲应力，使管道的持续外载当量应力控制在允许范围内。一般情况下管道的自重应力不宜大于16MPa
2	刚度条件	应控制管道自重产生的弯曲挠度，使管道在安全的范围内使用并能正常地疏、放水，管道的相对挠度应小于管道疏、放水时实际坡度的1/4，对于可能产生振动的管道，还应根据其振音来控制管道的弯曲挠度，使管道的固有频率值控制在适当的范围内，一般情况下钢管的弯曲挠度不宜大于2.5mm

符合上述条件的水平钢管支、吊架的最大间距见表12-8。

水平钢管支、吊架的最大间距 表 12-8

公称直径（mm）		15	20	25	32	40	50	70	80	100	125	150	200	250	300
支架的最大间距（m）	L_1	1.5	2.0	2.5	2.5	3.0	3.5	4.0	5.0	5.0	5.5	6.5	7.5	8.5	9.5
	L_2	2.5	3.0	3.5	4.0	4.5	5.0	6.0	6.5	6.5	7.5	7.5	9.0	9.5	10.5
		大于300mm的管道可参考300mm管道													

注：1. 适用于工作压力不大于2.0MPa，不保温或保温材料密度不大于200kg/m³ 的管道系统。
　　2. L_1 用于保温管道，L_2 用于不保温管道。

12.4.3 支、吊架设计载荷取值

支、吊架架构上的荷载，可分为下列三类：

1）永久荷载：在支、吊架结构使用期间，其值不随时间变化，或变化值与平均值相比可以忽略不计的荷载。

2）变化荷载：在支、吊架结构使用期间，其值随时间变化，且变化值与平均值相比不可忽略的荷载。

3）偶然荷载：在支、吊架结构使用期间不一定出现，一旦出现，其值很大且持续时间较短的荷载。

管道支、吊架在设计过程中，为保证支、吊架正常使用应充分考虑支、吊架能够承受管道和相关设备可能出现的各种工况下的各种载荷（表 12-9）。

管道支、吊架各种工况下的各种载荷 表 12-9

序号	载荷名称	载荷类型
1	管子、阀门、管件及保温材料的重力	永久载荷
2	管道支、吊架零部件的重力	永久载荷
3	管道内介质的重力	变化载荷
4	管道中的柔性管件（膨胀节、补偿器、金属软管等）由于内部压力产生的作用力	变化载荷
5	支、吊架约束管道的位移时所承受的约束反力和力矩	变化载荷
6	正常运行时由于种种原因引起的管道振动	变化载荷
7	管内流体动量瞬时突变（如水锤等）引起的瞬间作用力	偶然载荷
8	流体排放产生的反力	偶然载荷
9	地震等因素引起的载荷	偶然载荷

第 13 章　电气工程施工技术

13.1　超高层建筑电气工程特点

13.1.1　变配电系统特点

13.1.1.1　超高层建筑负荷

超高层建筑中最高等级的用电负荷一般为一级供电负荷。超高层建筑内的负荷根据消防、酒店、商业业态以及使用场所的要求而确定负荷的等级，并按规范要求提供电源（表 13-1、表 13-2）。

超高层建筑部分负荷供电要求　　　　　　　　　　　　　　　　　　　表 13-1

序号	用电负荷名称	供电负荷
1	消防控制室、火灾自动报警及联动控制装置、火灾应急照明及疏散指示标志、防烟及排烟设施、自动灭火系统、消防水泵、消防电梯及其排水泵、电动防火卷帘及门窗等消防用电	按该建筑物中最高负荷等级要求供电
2	建筑高度大于 250m 的公寓	负荷等级按高一级的要求供电
3	建筑高度大于 250m 的公共建筑包含如下负荷：通道照明用电、值班照明用电、警卫照明用电、障碍照明用电、主要业务和计算机系统用电、安防系统用电、电子信息设备机房用电、客体用电等	除市电外，需柴油发电机为其供电
4	柴油发电机组远置散热器系统的循环水泵、散热器风机、冷却塔、油泵电源等	除市电外，需柴油发电机为其供电
5	酒店中的重要负荷	按酒店管理公司的要求供电

超高层建筑中各类业态的电力负荷指标　　　　　　　　　　　　　　　　　　　表 13-2

序号	业态区域	负荷指标（W/m²）	序号	业态区域	负荷指标（W/m²）
1	普通办公区域租户	60～80	6	高级酒店客房	80～100
2	高档办公区域租户	80～100	7	中餐餐饮	200～400
3	一般公寓住户	50～70	8	西餐餐饮	400～600
4	高级公寓住户	70～90	9	公共走廊区域	20～40
5	一般酒店客房	60～80			

13.1.1.2　超高层建筑供电电源

1. 市电电源

根据当地的电源情况，一般为 10kV 市政电源供电，也有 35kV 供电的情况。如果采用 35kV 市政供电时，应优先考虑二次降压；当系统内没有 10kV 等级的用电负荷时，采用二次降压还是直降应作方案比选，在差异不明显时可以考虑直降。

市政提供的 35kV 或 10kV 高压电源，至少为两路电源同时供电，当一路电源发生故障停电时，另一路电源应保证全部的一、二级负荷的供电需求。高压侧如有条件应优先考虑手动联络，是否需要联络需与当地供电部门沟通。办公 10kV/0.4kV 变压器负荷率宜在 70%～80%，确保一、二级负荷的电源供电，酒店 10kV/0.4kV 变压器的负荷率应在 60%～70%，在确保一、二级负荷的电源供电的同时，还应考虑酒店管理的需求。

10kV/0.4kV 变压器宜等容量成对配置，低压侧单母线分段，设联络开关，具有自投自复、自投手复、自投停用三种方式。自投时设置一定的延时，当变压器低压侧总开关应过负荷或短路分闸时，不允许合上母联开关。

图 13-1 所示是主-分高压系统结构，主配变电所为 110kV 或 35kV 进线，分配变电所有一级高压配电。适用于规模大的超高层建筑。当主配变电所出线断路器能满足保护灵敏度要求时，分配变电所主进断路器可改为负荷开关或主进断路器取消保护功能。电源电压等级由设计确定。变压器容量和数量由设计确定。

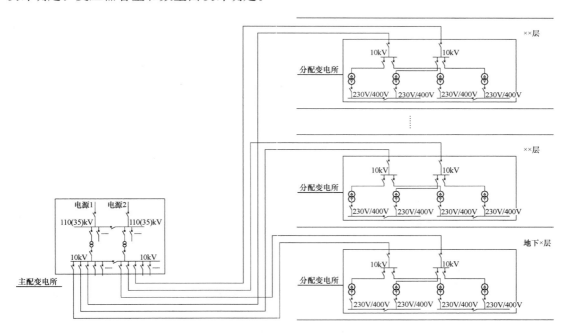

图 13-1　市政电源示意

35kV 或 10kV 变配电室一般设置在地下一层。变配电室应靠近负荷中心，以减少低压线路的供电距离。变配电所宜设置在地下层，但不宜设置在地下室最底层。

超高层建筑的低压供电半径超出 250m，或压降超出 5% 时，应考虑变压器上楼，在设备层或避难层设置变配电室，同时应考虑变压器的吊装运输通道，单台变压器的容量不宜过大。变压器一般采用树脂浇注干式变压器，高压柜一般采用真空开关手车式中置柜，低压柜采用抽出式开关柜或固定柜＋抽拔开关。高低压开关柜宜采用上进上出配线方式。

高压一般采用综合继电保护，信号上传至电能管理系统，低压主开关应具有单相接地保护功能。系统的继电保护要求，应遵循当地供电部门的要求，如 35kV 电源供电时，35kV 主变压器设置差动保护。

2. 备用电源

1）柴油发电机：超高层建筑一般设柴油发电机组作为备用电源，可根据一级负荷（消防负荷及必须确保负荷）选定发电机容量。在消防时联动切断非消防负荷。建筑高度超 200m 以上，宜采用电压等级为 10kV 的柴油发电机；当供电半径小于 250m，总容量不超出 4000kVA 的情况下，可通过方案比选后，确定发电机的电压等级为 0.4kV 还是 10kV。柴油发电机一般采用联动电启动方式，在市电中断后 10～15s 内完成启动，30s 内完成送电，在发电机数量较多时，须考虑分组启动以便迅速供电。

2）应急电源及不间断电源：消防应急安全疏散照明一般为集中式 EPS 应急电源供电；消防报警、安防机房、电话网络、收银等系统为 UPS 电源，可作为不间断备用电源。

3. 电能计量

一般当地供电部门的总表装设于高压侧，采用高压计量方式。

对于不同性质、独立运营的物业（如中央空调制冷设备、酒店等）用电量，在变压器低压侧装设计量分表。

在出租办公楼层及商业租户处设置内部综合数字计量表，其精度满足计费要求。

公寓的住户部分设置低压计量，计量表分层分区集中安装在每层强电井内，采用自动远传抄送系统。

对低压配电系统各出线回路及主要的二级配电回路，安装带电能计量功能的多功能数字仪表，冷热源、空调通风、水泵房、电梯机房、公共照明、商业、办公、公寓、酒店等各能耗环节进行独立分项计量，并上传至能源管理系统，利于分析建筑物各项能耗水平和能耗结构是否合理，为日后节能管理和决策提供依据。

能源计量管理软件需具有复费率计量功能。

4. 系统监控管理及谐波治理

高层建筑一般设置变配电自动监控系统，由微机综合继保设备、多功能数字仪表、通信线路、通信管理设备、监控电脑及后台管理软件等组成。系统采用基于现场总线技术的专业电力监控产品，对变配电系统进行监测和管理，监控主机设于变电所值班室。监测对象包括高、低压开关柜，变压器，直流/信号屏，发电机组等。

采用低压集中补偿方式，确保整个高压 35kV 侧的功率因数在任何时间不可少于 0.9。电容柜内带电抗器，作为谐波抑制用。

以单相照明负荷、插座为主的变压器，电抗值为电容器容抗值的 14% 左右，以抑制 3 次谐波为主；其他以三相负荷为主的变压器，电抗值为电容器容抗值的 6% 左右，以抑制 5 次谐波为主。所有动力设备的变频器控制器需自带谐波抑制装置。UPS 电源装置应配置有源滤波装置，EPS 需自带谐波抑制装置。有密集调光设备、大面积金卤灯场所，宜就近设置谐波抑制装置。

13.1.1.3　超高层建筑低压配电系统

对重要设备机房比如冷冻机房、水泵房、电梯机房等采用放射式供电，对一般设备采用树干式供电。按楼层功能分区设置楼层变电所，或按功能区进行供配电，层面的每个防火分区或楼层应设置配电间，面积约 5～10m²。

疏散楼梯间一般采用红外感应延时开关（消防时强制点亮），其他场所照明采用跷板式开关；一般场所的插座采用安全型，安装高度为距地 0.3m；地下室车库按实际需要设置，其安装高度为 1.5m，有工艺要求的视具体情况而定；凡落地式安装的配电柜等，下设 100mm 基座。

电机起动及控制方式（非消防设备）：大于或等于 22kW 及小于 55kW 的电机均可采用星三角降压起动或软起动；55kW 以上宜采用软启动器。

线路敷设：高压电缆应采用低烟无卤阻燃耐火型电缆；由变配电所配出的低压电缆中，一般回路采用 A 类低烟无卤阻燃型电缆；消防设备的供电干线及支干线路应采用矿物绝缘电缆。固定吊架（或托架）的间距一般为 1.5～2.0m，电缆桥架线槽应通长形成良好电气通路，桥架首尾端与接地装置可靠连接；过沉降缝处应做技术处理。

13.1.2　照明系统特点

13.1.2.1　照明功率密度指数

如表 13-3 所示。

主要场所照明种类及照度标准/功率密度指数　　　　　　　　　　表 13-3

照明场所	照度 （lx）	功率密度 （W/m²）	照明场所	照度 （lx）	功率密度 （W/m²）
普通办公室	300	9～11	普通营业厅	300	10～12
高档办公室	500	11～13	高档营业厅	500	16～19
会议室	300	9～11	起居室	100	6～7
卧室	75	6～7	公寓厨房	100	6～7
酒店客房	150～300	13～15	宴会厅	200～300	15～18
酒店餐厅	200	9～11	洗衣房	200	9～11
配电机房	200	7～8	车库	75	2～3
控制中心	500	11～13	其他场所	视具体情况而定	

13.1.2.2　灯具设备选择

一般所有气体放电灯配补偿电容器，补偿后功率因数大于 0.9。荧光灯管采用三基色荧光灯，配用电子镇流器，金属卤化物灯配节能型电感镇流器。

人员密集处的厅堂、安全出口、公共走道等均设疏散照明，其供电电源除常用电源和备用电源外，还应设就地应急电源 EPS 提供第三路电源，其供电时间不小于 30min，切换时间不大于 5s。

大堂、走道、电梯厅、地下车库、立面及室外等公共区域的照明系统采用总线式智能照明控制系统或 BA 楼宇控制系统，通过预设程序，定时自动控制，按建筑使用条件和天然采光状况采取分区、分组控制，以实现公共区域照明的节能控制和集中管理。其他出租、出售区域照明或小面积功能房间的照明就需手动控制或按内装要求进行。

13.1.2.3 航空障碍灯

高层建筑航空障碍灯的设置不仅按照国家航空行业标准《民用机场飞行区技术标准》MH 5001—2021 及《航空障碍灯》MH/T 6012—2015 的规定执行外，还应参照国际民航组织的有关标准执行。

高层建筑的航空障碍灯宜设置在屋顶和避难层，垂直间距为 45～52m，水平间距也可参照此标准。航空障碍灯的设置，应确保从各个角度都能看到建筑物的轮廓，采用自动通断电源的控制装置，设置为同时闪烁或分层闪烁，以达到整体警示和景观效果。对于 150m 以下建筑物，在屋顶上设置中光强 A 型障碍灯（频闪白光），在中间层设置中光强 B 型障碍灯（频闪红灯）；对于 150m 以上建筑物，在屋顶上设置高光强 A 型障碍灯（频闪白光），在中间层设置中光强 B 型障碍灯（频闪红灯）。建筑物中间层安装航空障碍灯时，应避免影响到用户室内环境。地处城市和居民区附近的建筑物中间层安装航空障碍灯时，应考虑避免干扰到居民生活，一般要求从地面只能看到散逸的光线。

13.1.3 防雷接地系统特点

13.1.3.1 防雷类别和信息系统防护等级

超高层建筑防雷类别根据建筑物规模和功能依照国家规范确定；信息系统雷电防护等级参照《建筑物电子信息系统防雷技术规范》GB 50343—2012，防护等级为 A 级。

13.1.3.2 防雷接地设计

直击雷防护设计根据建筑结构特点，直接利用其外筒钢结构和塔顶结构钢筋（或金属板楼面）构成"法拉第笼"，以达到良好防雷效果。采用共用接地，接地电阻不大于 1Ω，如工艺要求更小的则按最小值来确定；同时还应考虑等电位连接。楼层配电间应设置竖向接地母排，下端与接地装置及 MEB 连接，并于每层配电间设置 LEB。

13.1.3.3 防浪涌保护

一般的，电涌保护器设于以下配电柜、配电箱/盘：总低压进线柜/配电箱，楼层总配电箱，安装于室外的配电箱/盘，或配电箱/盘中有配电设备或馈电线路位于室外。配电箱/盘中的配电设备，有较多电子信息类设备，或其他弱电或低电压设备。电涌保护器的电压保护水平 Up 应大于电网最高运行电压，小于被保护设备的冲击耐受电压（8/20μs）。如进线端电涌保护器的 Up 与被保护设备的冲击耐受电压相比过高的话，则需在设备处加二级电涌保护器。电涌保护器与被保护设备的两端引线应尽可能短，需小于 0.5m，且越短越好。通常建议设置两级保护，一级保护能承受高电压和大电流，并应能快速灭弧，二级保护用来减少系统的残余电压。两级电涌保护器之间的距离应大于 10m。当电涌保护器与被保护电气设备之间的距离大于 30m 时，应在距离保护设备尽可能近的地方安装另一个电涌保护器。

需考虑电磁屏蔽等技术措施；强弱电接地线路自共用接地装置开始往后，应分开敷设。在泳池及有洗浴设施的卫生间内设置局部等电位连接。

13.2　超高层建筑电气施工技术

13.2.1　超高层建筑竖向封闭母线安装施工技术

13.2.1.1　竖向母线安装要求

以批准的深化施工图为依据，根据母线安装的路线，采用有效的测量工具准确地对母线线路进行实际测量。根据各段母线的不同标高，对各段母线的长度分别测定，并予以编号。依据测量的数据来确定各分段的尺寸以及弯头等配件的数量，制定记录表格，按不同敷设路线和不同规格加以分类。与设备连接的母线，应在设备安装完毕后，再进行安装（表 13-4、表 13-5）。

母线安装方法　　　　　　　　　　　　　　　　　　　　　　　表 13-4

序号	示意图	名称
1		母线槽在电气竖井中安装示意图

续表

序号	示意图	名称
2	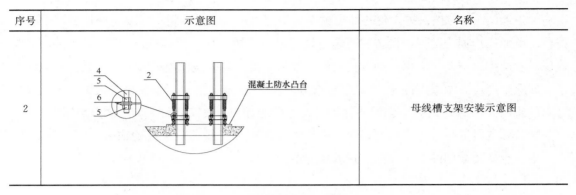	母线槽支架安装示意图

表 13-4 图中的序号说明　　　　　　　　　　　　表 13-5

序号	名称	型号及规格	备注
1	母线槽	—	成段母线槽，每段长 0.6~3.0m
2	母线槽支架	弹簧吊架	
3	插接箱	—	插接箱与母线槽配套
4	螺杆	M12	
5	螺母	M12	螺杆、螺母、垫片配套使用
6	弹簧垫圈	12	

　　根据设计和产品技术文件的规定并结合现场实际情况，确定数量及加工尺寸。支架的加工制作按选好的形式和测量好的尺寸下料制作，加工尺寸最大误差控制在 5mm。依据现场结构类型，水平安装的母线选用吊杆和热镀锌角钢组合支架，垂直安装的母线采用弹簧支架。

　　型钢支架用台钻钻孔，其开孔的孔径为大于固定螺栓直径 1.5mm 之内。吊杆采用热镀锌圆钢制作。封闭母线的拐弯处以及与设备连接处增加固定吊架。直线段母线支架的距离为 2m，拐弯处支架间距为 1.5m。支架应固定牢固，螺纹外露 2~4 扣，吊架用双螺母加平垫和弹簧垫夹紧。

13.2.1.2　竖向母线安装技术

　　母线紧固螺栓统一由厂家配套供应，选用力矩扳手紧固。插接式母线水平安装为悬挂吊装，吊杆直径与母线槽重量相适应。插接式母线每安装一节测试一次，保证该段母线的绝缘电阻符合规范及设计要求。插接式母线外壳接地跨接板的连接应牢固防止松动，严禁焊接；插接式母线外壳两端应与保护地线连接（表 13-6）。

母线安装技术示意　　　　　　　　　　　　　　　　表 13-6

序号	示意图	符号说明
1		1—封闭母线 2—母线固定支架 3—热镀锌槽钢 4—φ12 膨胀螺栓 5—结构楼板 6—防火封堵材料 7—防水台
2		1—墙体 2—防火封堵材料 3—封闭母线 4—防火隔板 5—固定螺栓

　　母线垂直安装：垂直安装的母线主要集中在电气竖井内，母线沿墙垂直安装时，固定支架的间距为 2.0m，过楼板处安装弹簧装置，并做防水台。

　　母线插接箱应进行可靠固定，垂直安装时，插接箱底口距地为 1.4m。母线穿越防火分区的墙、楼板时，采取防火隔离措施。

　　在插接式母线的端头装封闭罩，各段母线选用可拆卸的外壳，外壳间用 25mm² 软铜编织带作为跨接地线，封闭母线两端可靠接地。母线与设备连接均采用铜排。母线搭接长度、钻孔直径、螺栓规格应符合规范要求。插接式母线之间的接头对接要整齐严密，最大误差不得超过 5mm；力矩扳手的力矩值按厂家的技术要求执行。

　　对于超高层建筑，除使用弹簧吊架外，也可以使用橡胶吊架固定母线槽，以提高整体的抗震能力。

插接式母线在安装完毕后，进行绝缘测试和交流工频耐压试验。绝缘测试之前，应将母线与其两端连接电气设备断开，用兆欧表对母线相与相、相与地、相与零、零与地之间进行绝缘测试，绝缘电阻值应符合规范要求。低压母线的交流耐压试验电压为1kV，当绝缘电阻值大于10MΩ时，可采用2500V兆欧表，试验持续时间为1min，应无击穿闪络现象。确认母线支架和母线外壳接地完成，母线绝缘电阻测试和工频交流耐压试验合格后，进行通电试运行。

13.2.2 超高层建筑防雷接地施工技术

13.2.2.1 超高层建筑防雷措施

超高层建筑均按第二类防雷建筑物要求设置防雷装置。

沿屋顶周边设接闪带，其安装位置高出屋顶外沿。利用建筑物钢结构柱或混凝土梁，柱内2根直径不小于16mm（或4根直径不小于10mm）的钢筋作引下线，引下线不少于2处，平均间距不大于18m；屋面上所有金属管道、构件均与接闪带可靠连接。

防侧击雷：建筑物上部≥45m处的金属窗门框架、阳台金属栏杆、幕墙金属构架及面积较大的金属装饰物等就近与钢筋网或金属构架连接。

防闪电感应：将建筑物内的设备、管道等主要金属物就近接至防直击雷接地装置上；防闪电感应的接地干线与接地装置的连接不少于2处。

防闪电电涌侵入：所有进出建筑物的电缆金属外皮、保护钢管或金属槽盒及其他专业的金属管道，在入户处与防雷接地装置相连。

防雷击电磁脉冲：从建筑物总配电箱（柜）起始至本建筑物内的配电线路和分支线路采用TN-S系统，做好屏蔽、接地、总等电位连接，安装适宜的防浪涌保护器（SPD）。

13.2.2.2 超高层建筑防雷装置安装技术

超高层建筑的防雷措施如图13-2所示。

1. 引下线安装

利用建筑物的柱内钢筋（大于等于φ16采用2根，大于等于φ10采用4根）作为防雷引下线，沿建筑物四周均匀布置，其间距对于第二类防雷建筑物不应大于18m，其上部与屋面接闪带焊接连通，下部与基础接地装置焊接。具体做法如图13-3所示。

2. 接闪器安装

采用屋面设置接闪带与接闪棒相结合的方式作为接闪器（图13-4），屋面接闪带沿屋角、女儿墙等易受雷击的部位敷设，第二类防雷建筑物在整个屋面组成不大于10m×10m或12m×8m的网格。屋面所有避雷针应与接闪带相互连接。突出屋面的所有金属物体均与屋面防雷装置相连。如有金属屋面的，可利用金属屋面做接闪器。航空障碍灯避雷针安装如图13-5所示。

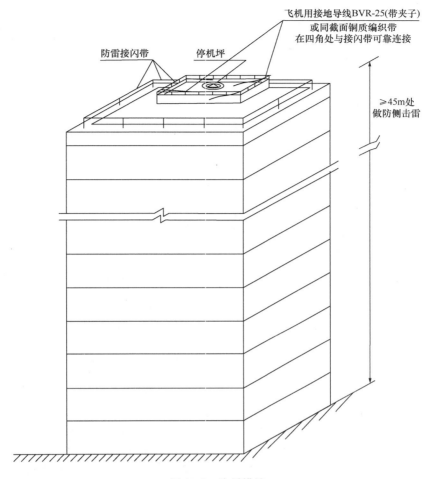

图 13-2　防雷措施

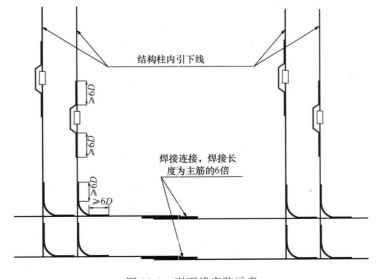

图 13-3　引下线安装示意

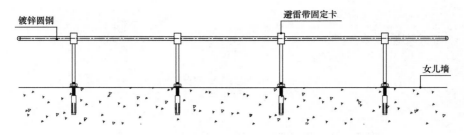

图 13-4   接闪器安装

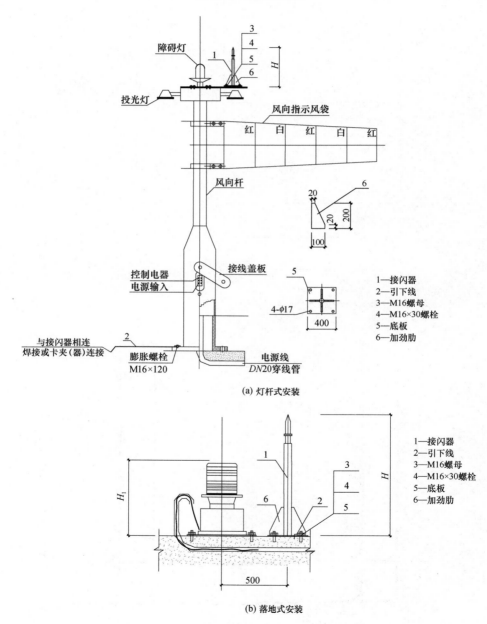

图 13-5   航空障碍灯避雷针安装

3. 接地测试

建筑物柱子凡利用其作引下线的均在其柱头＋500mm 处预埋测试点，在结构完成后，必须通过测试点测试接地电阻，若达不到设计要求，需另补加接地体，如图 13-6 所示。

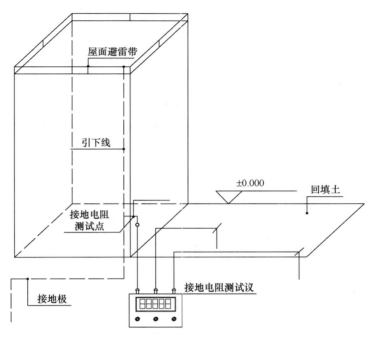

图 13-6　接地测试示意

13.2.3　超高层建筑垂直电缆敷设技术

检查电缆竖井通道，做好电缆敷设的准备工作。将电缆盘由首层运至相应的设备房。在各设备件所需位置分别设置卷扬机，固定好吊点，调整好位置。电缆从盘的上端引出，牵引钢丝绳夹紧后缓慢提升施放。电缆采用"从下往上"的方式敷设（图 13-7）。

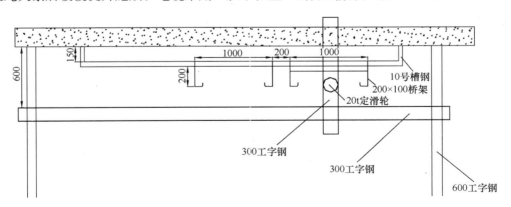

图 13-7　垂直电缆敷设

　　将电缆顶端用一个专用金属网套固定，通过回转接头同卷扬机钢丝绳连接；检查各个环节是否准备好，检查无误后点动卷扬机将电缆提升，在提升过程中，卷扬机只能是点动，底部电缆盘用人力转动，必须保证有足够的长度供卷扬机提升，电动卷扬机处和电缆放线架处必须有专人负责指挥，且人手一部对讲机，以便遇到危险时及时停止点动卷扬机。

　　卷扬机和电缆的布置：在电缆转弯时设导向滑轮，在每层的桥架预留洞口边设置防止电缆偏向的电缆导向滑轮，电缆敷设前，先对卷扬机等起重设施进行 120％ 负荷试验（图 13-8）。电缆敷设中，电缆每提升或下降一层，每层用钢丝绳与电缆专用的夹具将电缆与钢丝绳牢固地绑扎在一起，将电缆上的拉力均匀地分布到钢丝绳各段。电缆楼层安排工人看护，人员之间保持通信畅通。卷扬机亦与结构可靠固定。机械敷设电缆的速度控制在 15m/min。

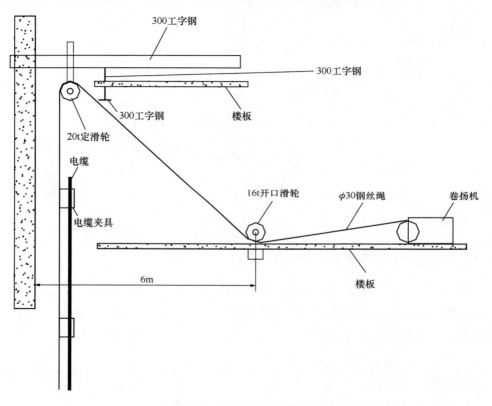

图 13-8　卷扬机和电缆的布置

第 14 章　通风与空调工程施工技术

14.1　施工特点

　　超高层建筑中空调系统多采用变风量系统；空调设备及风管井、水管井一般位于核心筒内，空间较小，超高楼层对空调水系统调试技术要求高，调试难度大。部分空调设备及管道外形尺寸大、重盘重，垂直运输吊装的难度高、风险控制难度大。设备层通风与空调系统设备较多，给垂直运输提出了很高的管理要求。

14.2　深化设计

　　机电工程多专业、多系统同时施工，管线多而复杂，在施工前应考虑各专业的交叉施工，如何对管线进行深化设计、综合布置，尽早发现设计存在的问题，以更好地指导现场施工等。

1. 布置原则

　　满足业主吊顶标高要求或尽可能在满足使用功能的前提下提高净空高度。

　　首先，应该定位排水管（无压管）的位置，一般情况下将其起点尽量贴近贴梁底，使其尽可能提高；然后定位风管及大管，尽量贴梁底布置；最后确定有压水管、桥架的位置。

　　管线交叉避让原则：尽量利用梁内空间；分支管路让主干管路，小管线让大管线；有压管让无压管，低压管道避让高压管道；冷水管道避让热水管道；附件少的管道避让附件多的管道，要为附件留出足够的空间；空气管道避让水管道。

　　管道间距考虑空调水管、风管的外壁及保温层的厚度；电气桥架、管道外壁离墙的距离最小为100mm，直管段风管距墙距离最小为150mm；管线布置时考虑无压管的坡度，不同专业管线间的距离，尽量满足现场施工规范要求。

　　机电末端空间：整个管线在布置过程中要考虑到之后的送回风口、灯具、烟感探头、喷洒头的安装，合理布置吊顶区域机电各末端在吊顶的分布，以及电气桥架安装后放线的操作空间及以后的维修空间，电缆布置的弯曲半径不小于电缆直径的1.5倍。

　　考虑设备、管线之间的安装操作和日后维修空间；设备、管线综合平衡深化设计时，均需预留一定的安装操作空间以及日后维护空间，如焊接操作、保温施工、阀门操作、敷设电缆、拆装维修等空间。

2. 深化设计流程

图纸会审、设计交底→结合现场情况、技术要求、业主要求、材料特性等编制深化原则细则→编制深化计划、分配深化任务→项目审批→监理（业主、设计）审批→图纸交底、现场施工。

3. 深化内容

熟悉合同及技术要求：熟悉合同质量、技术、进度、材料等要求，将要求反映至施工图纸中。

图纸处理：按制图标准，进行图纸图层、颜色、字体等处理。

系统深化：根据设计图纸及设计要求，对系统风量、风压、设备功率、扬程等进行核算。

预留预埋深化：绘制预留预埋线路图及孔洞图。

综合协调深化：协调各专业综合深化，合理利用空间，协调各专业交叉碰撞、空间布局、标高等问题。

专业平面深化：以综合图为基础，进行专业拆分，绘制更精细的专业图纸。

设备基础图：根据设备的尺寸、重量、规格、型号等参数，绘制设备基础详图。

大样图：完善综合管井、机房、卫生间等具体排布。

配合精装图：结合精装图更加精准地确定风口、喷头、灯具等位置。

4. 深化设计重点

1）设备机房管线综合排布

以制冷机房为例，原设计中无管线综合排布，虽然空调水专业绘制了剖面图并标注了尺寸，但未综合其他专业，如何调整设备、管线位置从而保证机房内美观、整齐是深化设计的重点。深化时重点注意以下事项：

保证设备摆放位置满足管道连接要求；保证同种设备成排成线，及其安装高度。

保证设备与设备、设备与墙之间有足够的空间，方便调试维修。

机房内管线结合机房外管线进行布置，保证机房内、外管道连接时顺畅。

2）支、吊架选型

支、吊架施工一般是按照常规经验，或是按照国家标准图集，但工程中的管线排布错综复杂。在标准图集中，既没有正在推广使用的组合支架，也没有统一的做法和标准，所以需要对组合支架和管线密集区域的支架进行设计并选型。

3）设计校核

机电工程最重要的是确保机电设计功能性的实现，因此设计参数、设备参数的校核是深化设计的重点，在深化设计过程中要仔细核对设备参数，避免出现水压、风压、风量不满足要求的情况。

14.3　工厂化预制现场组装技术

针对标准层比较多、施工场地狭小的特点，采用实物样板引路、工厂化预制现场组装技术，既提高了施工效率，质量、安全、文明施工等得到保障，又避免对施工现场造成环境影响，节省了场地。经过深化设计与施工现场实测尺寸相结合，预先绘制机电各系统安装装配图，在工厂完成构配件标准化加工制作，运输到现场组合装配式安装，实现加工工厂与施工现场的无缝对接。工厂化预制现场组装的有：锁锌板风管及其弯头、三通配件，强弱电桥架及其弯头、三通、来回弯等配件，塔楼标准层管线支、吊架，制冷机房管道与法兰、管道与阀部件焊接件等。

管井立管安装采用多管联合预制，模块化安装。采用 BIM 技术对管井进行深化，在工厂将多根立管预制成整体，并分段运至现场，将预制成整体的立管分段吊装至管井进行安装。

14.4　施工工艺

14.4.1　空调风系统

1. 金属风管

风管制作所用的板材、型材以及其他主要材料进场时应进行验收，质量应符合设计要求及国家现行标准的有关规定，并应提供出厂检验合格证明。工程中所选用的成品风管应提供产品合格证书或进行强度及严密性的现场复检。

微压、低压与中压系统风管法兰的螺栓及铆钉孔的孔距不得大于 150mm，高压系统风管不得大于 100mm。矩形风管法兰的四角部位应设有螺孔。

当风管穿过需要封闭的防火、防爆墙体或楼板时，必须设置厚度不小于 1.6mm 的钢制防护套管；风管与防护套管之间应采用不燃柔性材料封堵严密。

用于中压及以下压力系统风管的薄钢板法兰矩形风管的法兰高度，应大于或等于相同金属法兰风管的法兰高度。薄钢板法兰矩形风管不得用于高压风管。金属矩形风管法兰及螺栓规格如表 14-1 所示。

金属矩形风管法兰及螺栓规格　　　　　　　　　　　表 14-1

风管直径 D 或风管长边尺寸 B（mm）	法兰角钢规格（mm）	螺栓规格
D（B）≤630	25×3	M6
630＜D（B）≤1500	30×3	M8
1500＜D（B）≤2500	40×4	
2500＜D（B）≤4000	50×5	M10

镀锌钢板及含有各类复合保护层的钢板应采用咬口连接或铆接，不得采用焊接连接。

风管板材拼接的接缝应错开，不得有十字形拼接缝。

金属矩形风管用于排烟系统或边长大于等于 2000mm 时，宜采用法兰连接。非金属风管应按设计要求、材料说明及相关规范要求进行连接。

风管的密封应以板材连接的密封为主，也可采用密封胶嵌缝或其他方法。密封胶的性能应符合使用环境的要求，密封面宜设在风管的正压侧。

风管密封材料应按其输送介质及工作温度选用，当设计无要求时，通风与空调系统密封法兰垫料厚度宜为 3～5mm，可用橡胶板、密封胶带或其他弹性材料；排烟系统风管密封材料应为不燃材料。薄钢板（或组合式）法兰风管的法兰角件连接处应进行密封。

直咬缝圆形风管直径大于或等于 800mm，且管段长度大于 1250mm 或总表面积大于 4m^2 时，均应采取加固措施。用于高压系统的螺旋风管，直径大于 2000mm 时应采用加固措施。

矩形风管的边长大于 630mm，或矩形保温风管边长大于 800mm，管段长度大于 1250mm；或低压风管单边平面面积大于 1.2m^2，中、高压风管大于 1.0m^2，均应有加固措施。

金属风管主要分为外加固及内支撑两种加固形式（图 14-1、图 14-2）。外加固包括角钢加固、折角加固、Z 形加固、槽形加固等；内支撑包括螺杆内支撑、套管内支撑、扁钢内支撑等。金属风管加固形式如表 14-2 所示。

金属风管加固形式 表 14-2

加固形式			适用范围（a、b、L 分别为风管短边、长边、管段长度，单位为 mm）
外加固	角钢加固	角钢外加固	$B \leq 4000mm$ 的低压风管
			$b \leq 4000mm$ 且 $L \leq 1250mm$ 的中、高压风管
		角钢加固框	$b \leq 4000mm$ 且 $L > 1250mm$ 的中、高压风管
	折角加固		$b \leq 1600mm$ 的低、中压风管
	Z 形加固		$b \leq 2000mm$ 的低、中压风管
	槽形加固 1		$b \leq 1600mm$ 的低、中压风管
	槽形加固 2		$b \leq 2000mm$ 的低、中压风管
内支撑	螺杆内支撑		$b \leq 3000mm$ 的低压风管
	套管内支撑		$b \leq 3000mm$ 且 $L \leq 1250mm$ 的中、高压风管
	扁钢内支撑		（$a > 630mm$ 时，宜采用外加固形式）

注：当中、高压风管 $L > 1250mm$ 时，必须采用角钢加固框。

2. 非金属风管

复合材料风管的覆面材料必须采用不燃材料，内层的绝热材料应采用不燃或难燃且对人体无害的材料。

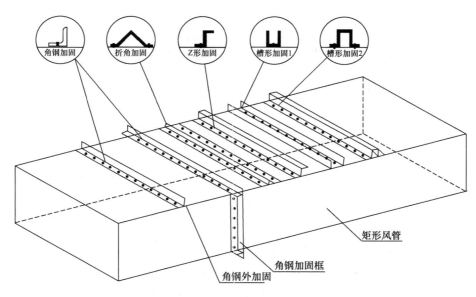

图 14-1　外加固大样图

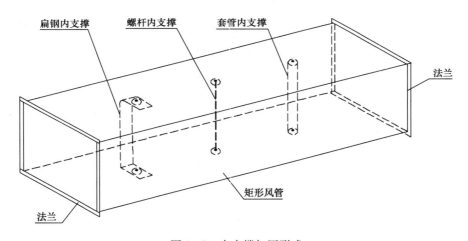

图 14-2　内支撑加固形式

用于支管安装的铝箔聚酯膜复合柔性风管长度宜小于 2m，超过 2m 的可在中间位置加装不大于 600mm 的金属直管段，总长度不应大于 5m。柔性风管与角钢法兰采用铆接的方式，采用厚度大于或等于 0.5mm 的镀锌钢板将风管与法兰铆接紧固。

3. 风管试验

风管系统安装完毕后，应按系统类别要求进行施工质量外观检验。外观检验合格后，应进行风管系统的严密性检验，严密性检验用漏风量试验进行，合格后方能交付下道工序。风管系统的严密性检验应以主、干管为主。

4. 风管系统支、吊架

预埋件位置应正确、牢固可靠，埋入部分应去除油污，且不得涂漆。

风管系统支、吊架的形式和规格应按工程实际情况选用。

风管直径大于2000mm或边长大于2500mm的风管支、吊架的安装，应符合设计要求。

金属风管水平安装，直径或边长小于等于400mm时，支、吊架的距离不应大于4m；大于400mm时，间距不应大于3m。螺旋风管的支、吊架间距可为5m与3.75m；薄钢板法兰风管的支、吊架间距不应大于3m。垂直安装时，应设置至少2个固定点，支架间距不应大于4m。

当水平悬吊的主、干风管长度超过20m时，应设置防止摆动的固定点，每个系统不应小于1个。

支、吊架不应设置在风口、检查口以及阀门、自控机构的操作部位，且距风口不应小于200mm。

支、吊架距风管末端不应大于1000mm，距水平弯头的起弯点间距不应大于500mm，设在支管上的支、吊架距干管不应大于1200mm。

消声弯头或边长直径大于1250mm的弯头、三通等应设置独立支、吊架。

变风量、定风量末端装置安装时，应设独立支、吊架，与风管连接前宜做动作试验。

5. 弯管管件

内外同心弧形矩形弯管，内弧的曲率半径 r 为 $0.5a$，外弧的曲率半径不宜小于 $1.5a$～$2.0a$。当平面边长大于500mm时，且内弧半径与弯管平面边长 a 之比小于或等于0.25时，应设置导流叶片。导流片的弧度应与弯管弧度相等，迎风边缘应光滑（图14-3）。

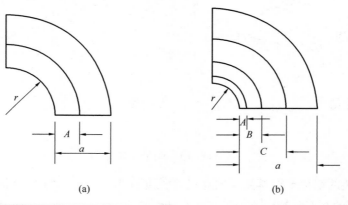

(a)   (b)

弯管平面边长 a (mm)	导流片数	导流片位置		
		A	B	C
$500 < a \leqslant 1000$	1	$0.33a$		
$1000 < a \leqslant 1500$	2	$0.25a$	$0.5a$	
$a > 1500$	3	$0.125a$	$0.33a$	$0.5a$

图14-3 内外弧形矩形弯管导流片片数及设置位置

对于内外直角形矩形弯管以及边长大于500mm的内弧外直角形、内斜线外直角形矩形风管，应设置导流叶片，如图14-3（a）（b）所示。导流片有单弧形和双弧形两种，它们在弯管内是按等距离设置的（图 14-4）。

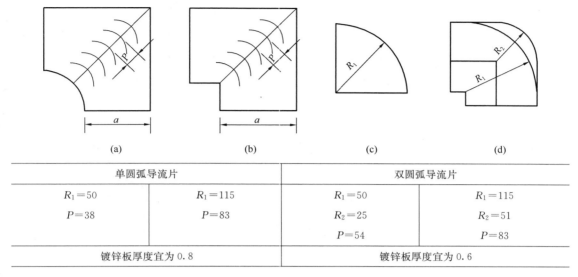

单圆弧导流片		双圆弧导流片	
$R_1=50$	$R_1=115$	$R_1=50$	$R_1=115$
$P=38$	$P=83$	$R_2=25$	$R_2=51$
		$P=54$	$P=83$
镀锌板厚度宜为 0.8		镀锌板厚度宜为 0.6	

图 14-4　单弧形或双弧形导流片圆弧半径及片距（mm）

风管变径应利于气流组织，制作时变径角度需控制在图 14-5 所列范围内。

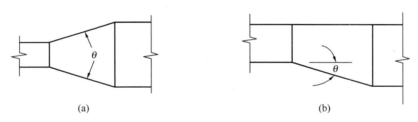

图 14-5　变径角度控制

（a）矩形双面偏变径：θ 宜小于 $60°$；（b）矩形单面偏变径：θ 宜小于 $30°$

6. 设备接管

变风量系统末端装置风管接管：末端装置进风支管应采用镀锌钢板制作，不应使用软接头，并按末端装置进风口尺寸确定支管管径。对于采用皮托管式风速传感器的末端装置，进风支管的直管长不应小于 4～5 倍运管直径。对于采用超声波式、热线热膜式等风速传感器的末端装置，进风支管的直管长度不应小于 2～4 倍支管直径。如采用风机动力型末端装置，在末端装置与主风管之间的连接支管上需设置软接头。为减小支风管与主风管连接处的局部阻力，圆形风管应设置 90°圆锥形接管；矩形风管应设置 45°弧形接管，不宜采用分流调节风阀或是固定挡风板。

风机动力型末端装置内置风机的出口噪声较大，一般在靠近末端装置出风口处采用一段离心玻璃棉板加防霉涂层作钢板风管的内衬，起到消声、隔声作用。

风机动力型末端装置与下游风管连接处应设置软接头。

末端装置出风管到送风口静压箱一般采用消声软管连接。

　　风管与风机的连接宜为柔性短管连接，当风机为防排烟系统时，宜采用法兰连接，或不燃材料柔性短管连接，若风机仅用于防烟、排烟时，不宜采用柔性连接。

　　风机连接分为吸入侧连接及压出侧连接，不良的连接方式对风机性能会产生较大的影响，其中吸入侧连接对风机性能影响较大。安装时一般需注意风机出风口变弯头方向应与风机旋转方向一致，在弯头处设置导流片等，风机吸入侧与压出侧接法如图 14-6、图 14-7 所示。

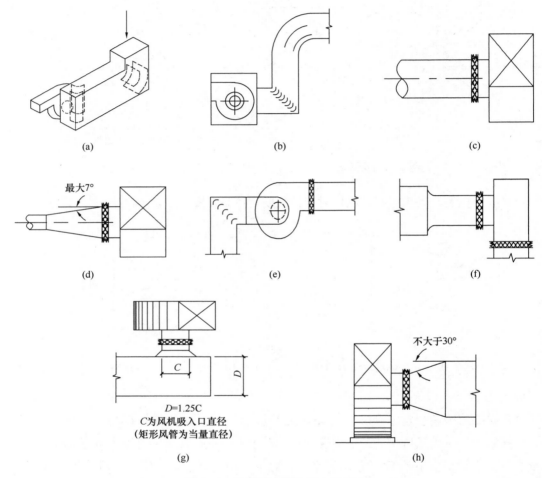

图 14-6　风机吸入侧连接一般做法

14.4.2　空调水系统

1. 管道

　　300m 级超高层建筑空调水系统，一般采用设备层多级转换的方式。由于楼层较高，管道承受压力较高，空调供回水管道材质一般选用钢管。

　　镀锌钢管及带有防腐涂层的钢管不得采用焊接连接，应采用螺纹连接。当管径大于 DN100 时，可采用卡箍或法兰连接。无防腐涂层钢管可采用焊接连接。

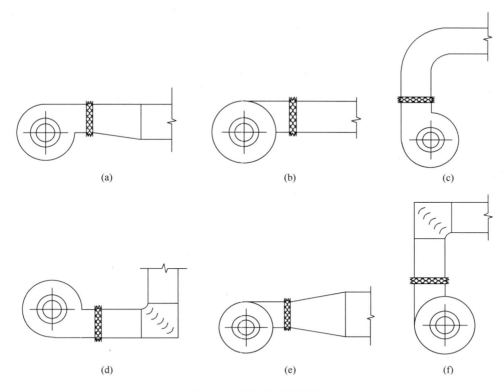

图 14-7 风机压出侧接法

管道与设备的固定焊口应远离设备，且不宜与设备口中心线相重合，管道的对接焊缝与支、吊架距离应大于 50mm。

螺纹管道连接应牢固，接口处的外露螺纹应为 2~3 扣，不应有外露填料。

法兰连接管道法兰面应与管道同心，连接螺栓长度应一致，方向相同，法兰衬垫的材料、规格与厚度应符合设计要求。

管道系统安装完毕，外观检验合格后，应按设计要求进行水压试验。当无设计要求时，按以下要求：

当工作压力小于或等于 1.0MPa 时，应为 1.5 倍工作压力，最低不应小于 0.6MPa；当工作压力大于 1.0MPa 时，应为工作压力加 0.5MPa。对于 300m 级超高层建筑，宜采用分区、分层试压，试验部位在试验压力下，应稳压 10min，压力不得下降，再将系统压力降至该部位的工作压力，在 60min 内压力不得下降，外观检查以无渗漏为合格。

各类耐压塑料管的强度试验压力应为 1.5 倍工作压力，且不应小于 0.9MPa，严密性试验压力应为 1.15 倍的设计工作压力。

2. 阀门

阀门安装前应进行外观检查，工作压力大于 1.0MPa 及在主干管上起切断作用和系统冷、热水运行转换调节功能的阀门和止回阀，应进行壳体强度及阀瓣严密性试验。强度试验压力为常温条件下公称压力的 1.5 倍，持续时间不应小于 5min，阀门的壳体、填料应无渗漏。严密性试验压力应为公称压力的 1.1 倍，在持续时间内保持压力不变，阀门的压力试验持续时间与允许泄漏量应符合表 14-3 的要求。

阀门的压力试验持续时间与允许泄漏量　　　　　　表 14-3

公称直径 D_n（mm）	最短试验持续时间（s）	
	严密性试验	
	止回阀	其他阀门
≤50	60	15
65～150	60	60
200～300	60	120
≥350	120	120
允许泄漏量	3 滴×$(D_n/25)$（min）	小于 D_n65 为 0 滴，其他为 2 滴×$(D_n/25)$（min）

注：压力试验的介质为洁净水。用于不锈钢阀门的试验水，氯离子含量不得高于 25mg/L。

安装在保温管道上的手动阀门的手柄不得朝向下。

补偿器的补偿量和安装位置应符合设计文件要求，并应根据设计计算的补偿量进行预拉伸和预压缩。

波纹管膨胀节或补偿器内套有焊接的一端，水平管路上应安装在水流的流入端，垂直管路上应安装在上端。

补偿器一端的管道应设置固定支架，结构形式与固定位置应符合设计要求，并应在补偿器的预拉伸或预压缩前固定。

滑支导向支架设置应符合设计与产品技术文件的要求，管道滑动轴心应与补偿器轴心相一致。

3. 支架

冷（热）水管道与支、吊架之间应设置衬垫。衬垫的厚度不应小于绝热层厚度，宽度应大于等于支、吊支承面的宽度。衬垫一般采用经防腐处理的木衬垫。

管道与设备连接处应设置独立支、吊架，当设备安装在减振基座上时，独立支架的固定点应为减振基座。

冷（热）水、冷却水、系统管道机房内总、干管的支、吊架应采用承重防晃管架，与设备连接的管道架宜采取减振措施。当水平支管的管架采用单杆吊架时，应在系统管道的起始点、阀门、三通、弯头处及长度每隔 15m 处设置承重防晃支、吊架。

无热位移的管道吊架的吊杆应垂直安装，有热位移的管道吊架的吊杆应向热膨胀（或冷缩）的反方向偏移安装。

竖井内的立管应每两层或三层设置滑动支架。水平安装管道支、吊架最大间距应符合表 14-4 的要求。

支架的最大间距　　　　　　　　　　　　表 14-4

公称直径（mm）		15	20	25	32	40	50	70	80	100	125	150	200	250	300
支架的最大间距	L_1	1.5	2.0	2.5	2.5	3.0	3.5	4.0	5.0	5.0	5.5	6.5	7.5	8.5	9.5
（m）	L_2	2.5	3.0	3.5	4.0	4.5	5.0	6.0	6.5	6.5	7.5	7.5	9.0	9.5	10.5

注：适用于工作压力不大于 2.0MPa，不保温或保温材料密度不大于 200kg/m³ 管道系统。

L_1 用于保温管道，L_2 用于不保温管道。

洁净区（室内）管道支架应采用镀锌或其他防腐措施。

公称直径大于 300mm 的管道，可参考公称直径为 300mm 的管道执行。

固定在建筑结构上的管道支、吊架不得影响结构体的安全。管道穿越墙体或楼板处应设钢套管，管道接口不得置于套管内，钢制套管应与墙体饰面或楼板底部平齐，上部应高出楼层面 20～50mm，且不得将套管作为管道支撑。当穿越防火分区时，应采用不燃材料进行防火封堵；保温管道与套管四周的缝隙应使用不燃材料填塞紧密。

4. 排气阀

闭式管路系统应在系统最高处及所有可能积聚空气的管段高点设置排气阀，在管路最低点应设有排水管及排水阀。

5. 设备管道

风机盘管及其他空调设备与管道的连接，应采用耐压值大于等于 1.5 倍工作压力的金属或非金属柔性接管。冷凝水排水管坡度符合设计要求，当无设计要求时，管道坡度宜大于等于 8‰，且应坡向出水口。设备与排水管的连接应采用软接。

并联水泵的出口管道进入总管应采用顺水流斜向插接的连接形式，夹角不应大于 60°。

系统管道与设备的连接应在设备安装完毕后进行。管道与水泵、制冷机组、冷却塔的接口应为柔性接管，且应为无应力状态，不得有强力扭曲、强制拉伸等现象。与其连接的管道应设置独立支架。

14.4.3　空调管道冲洗技术

1. 冲洗原理

主管水流速不小于 1.5m/s。

排水口排水管径原则上不小于冲洗管道管径的 60％。

目测排水口的水色和透明度与入口对比相近，无可见杂物，为冲洗合格。

冲洗水质合格后，再循环运行 2h 以上，且水质正常后才能与设备连接。

2. 冲洗方法

根据工程特点及进度，空调水管道冲洗分区域、分支干管进行；一般按空调水转换层进行冲洗区域划分。

干管利用系统高程产生的动能进行冲洗；管道内的脏物主要集聚在水平管道中，所以冲洗的重点是水平管道。

3. 水系统冲洗的难点及对策

1）水系统垂直距离大，冲洗时系统在一段时间内处于开式状态，系统最低处静压特别大。

对策：对垂直距离较大的系统重新进行划分。塔楼水系统在冲洗过程中按照设备层进行划分，水系统容量大，给水和排水量大。

2）空调水系统容量大，冲洗所需给水及排水量大。

对策：充分利用大楼正式给水和排水系统。塔楼区空调水系统冲洗时，给水系统、重力排水系统已完善并可提前投入使用。每一个冲洗系统均由给水系统和重力排水系统预留接口。

3）水系统内设备众多，冲洗时设备成品保护难度大。

对策：在系统冲洗前，设备供回水管间装设旁通，部分旁通设置时考虑冲洗完成后永久保留。

第15章 测试与调试

各系统在施工中应做各项测试以保证施工质量，做对各系统及设备进行调试，以达到系统设计工况，满足建筑物的功能性。

15.1 电气系统

具体如表15-1所示。

电气系统测试内容及依据 表 15-1

序号	调试与测试内容	规范依据	合格标准
1	接地电阻测试	《建筑电气工程施工质量验收规范》GB 50303—2015	符合规范
2	绝缘电阻测试		
3	接地故障回路阻抗测试		
4	剩余电流动作保护器测试		
5	电气设备空载试运行和负荷试运行		符合设计及规范
6	灯具固定装置及悬吊装置的载荷强度试验		符合本规范第18、19节
7	建筑照明通电试运行		符合本规范第21节
8	接闪线和接闪带固定支架的垂直拉力测试		符合设计及相关规范
9	接地（等电位）联结导通性测试		符合设计及规范

15.2 给水排水系统

给水排水系统测试内容及依据 表 15-2

序号	调试与测试内容	规范依据	合格标准
1	给水管道水压试验	《建筑给水排水及采暖工程施工质量验收规范》GB 50242—2002	符合本规范第4.2.1条
2	排水管道灌水试验		符合本规范第5.2.1条
3	排水管道通球试验		符合本规范第5.2.5条
4	管道通水试验		符合本规范相关规定
5	卫生器具满水及通水试验		符合本规范第7.2.2条
6	水箱满水试验		符合本规范第4.3.3条
7	水质检测	《生活饮用水卫生标准》GB 5749—2006	符合规范

15.3　通风与空调系统

通风与空调系统应做表 15-3 所列调试与测试。

通风与空调系统测试内容及依据　　　　　　　表 15-3

序号	调试与测试内容	规范依据	合格标准
1	风管强度及严密性试验	《通风与空调工程施工质量验收规范》 GB 50243—2016	符合本规范第 4.2.1 条
2	管道水压试验		符合本规范第 9.2.3 条
3	冷凝水管应做通水试验		符合本规范第 9.2.3 条
4	阀门强度与严密性试验		符合本规范第 9.2.4 条
5	设备单机试运转		符合本规范相关要求
6	系统压差调试		符合设计要求
7	系统水平衡调试		符合设计要求
8	系统风平衡调试		符合设计要求
9	非设计满负荷条件下的联合试运转		符合设计要求

15.4　电梯系统

如表 15-4 所示。

电梯系统测试内容与依据　　　　　　　表 15-4

序号	调试与测试内容	规范依据	合格标准
1	速度测试	《电梯安装验收规范》 GB/T 10060—2011	符合《电梯制造与安装安全规范　第 2 部分：电梯部件的设计原则、计算和检验》GB/T 7588.2—2020
2	平衡系数检测		0.4～0.5
3	起动加速度、制动减速度和 A95 加速度、A95 减速度试验		符合《电梯技术条件》GB/T 10058—2009 中 3.3.2 和 3.3.3 条
4	振动试验		符合《电梯技术条件》GB/T 10058—2009 中 3.3.5 条
5	开关门时间试验		符合《电梯技术条件》GB/T 10058—2009 中 3.3.4 条
6	平层准确度和平层保持精度检测		符合《电梯技术条件》GB/T 10058—2009 中 3.3.7 条
7	运行噪声测试		符合《电梯技术条件》GB/T 10058—2009 中 3.3.6 条

续表

序号	调试与测试内容	规范依据	合格标准
8	超载保护试验	《电梯安装验收规范》 GB/T 10060—2011	符合《电梯制造与安装安全规范　第 2 部分：电梯部件的设计原则、计算和检验》GB/T 7588.2—2020
9	制动系统试验		
10	曳引条件试验		
11	限速器与安全钳试验		
12	轿厢上行超速保护装置试验		符合规范
13	缓冲器试验		《电梯制造与安装安全规范　第 2 部分：电梯部件的设计原则、计算和检验》GB/T 7588.2—2020
14	层门与轿门联锁试验		符合《电梯试验方法》GB/T 10059—2009 中 4.1.5 条
15	极限开关动作试验		《电梯制造与安装安全规范　第 2 部分：电梯部件的设计原则、计算和检验》GB/T 7588.2—2020
16	运行试验		符合设计及规范

15.5　消防系统

　　消防系统包括消防弱电系统、消防水系统、气体灭火系统、防排烟系统、防火卷帘系统等，消防系统调试与验收包括以下内容：消防水系统及气体灭火系统在调试前应管网压力试验合格；各系统单机调试及试运转合格可进行单系统调试，单系统调试合格后进行联合调试。

第16章 总承包管理

16.1 总承包管理概述

16.1.1 总承包管理内涵与特点

1. 总承包管理内涵

超高层建筑总承包管理工作内容主要包括报批报建、设计、采购、施工、调试、验收和试运行全过程的质量、安全、成本、效益及进度等全方位的策划、组织实施、控制与收尾等。其一方面体现在对各分包商的管理、配合与协调；另一方面体现于建设单位、设计单位、监理单位、政府相关职能部门之间的配合、沟通与协调。总承包单位需要将设计、采购、施工等各环节相互融合，统筹各方资源，实行一体化管理，降低建设成本，提高工程实施效率，充分利用内部协调机制来实现项目各项目标。

2. 总承包管理特点

超高层建筑施工相比传统建筑施工，一般具有周期长、基坑深、建筑高、新技术与新材料应用种类多、工程量大等特点，其项目总承包管理工作具有专业分包多、工作面工序复杂、相互干扰大、冲突管理难度大、协调难度大等明显特征，同时超高层建筑项目在质量、安全、进度、成本、绿色施工等方面的要求均较高，因此，必须做好总承包管理工作。

16.1.2 总承包管理及协调范围

作为总承包商，必须充分依据承包合同的授权和约定的范围，对范围内的各分包商单位、各供货单位、施工现场及场地周边环境等进行管理及协调，全面对业主负责（表16-1）。

总承包管理及协调范围 表16-1

序号	具体管理及协调内容
1	针对工程整体合约规划及各分包商的合约与采购管理
2	针对工程各分包商的深化设计管理
3	针对工程总体包含各分包商的进度管理
4	针对工程总体包含各分包商的质量管理
5	针对工程总体包含各分包商的安全管理
6	针对工程总体包含各分包商的验收管理
7	针对工程各参建方的信息沟通及协调管理

续表

序号	具体管理及协调内容
8	与施工现场周围的居民和公众进行协调，解决扰民及民扰问题，以避免在正常情况下产生的不可避免的少量的施工噪声、空气污染、水污染、震动、强光等扰民因素导致居民投诉对工程进展造成影响
9	为所有分包商、独立承包商及市政配套部门提供必要的协调、配合等
10	配合市政管网接驳等协调及照管工作
11	与其他标段承包商的施工协调，审批其他标段承包商及其分包商进入其标段范围内施工，并协调因此而产生的管理及协调工作
12	负责承包范围内的综合机电管线图及综合土建预留图，以及 BIM 实施
13	修复、恢复因施工造成影响的道路和人行道路等市政基础设施
14	供水管及消防设备的干管网搬迁与接驳
15	地下排水系统搬迁与接驳
16	电气干管搬迁与接驳
17	煤气/天然气管搬迁与接驳
18	其他有关的市政配套搬迁与接驳
19	与各分包商及独立承包商协调，根据各分包商及独立承包商提供的资料提供协调妥当的综合机电管线图及综合土建预留图，并在不影响施工计划时限内提交业主审核
20	协调其他市政室外管线单位编制室外综合机电管线/管网图
21	主持召开与各分包商、业主独立承包商每周一次的技术例会，沟通协调与土建、机电、装饰之间的设计节点、工作界面等交叉关系
22	工地外施工需协调相关政府部门、公用设备部门及各单位，以得到审批或许可证
23	管理、统筹及协调所有机电设备系统施工

16.1.3　总承包管理原则

总承包商作为项目施工的总策划、总组织和总协调单位，依据总承包合同的授权范围，对分包商单位、各供货单位及相关独立承包商进行协调、管理和服务。在总承包管理中，公正是前提，科学是基础，服务是保证，控制是支撑，协调是灵魂，统一是目标，管理是核心。总承包管理是在公正的前提下，在科学方法的基础上建立的服务、协调与管理的统一。在总承包施工过程中需要遵循表 16-2 所列的以下原则。

总承包管理原则　　　　　　　　　　　　　表 16-2

原则名称	内容
"公正"原则	在总承包管理中，无论是在选择材料、管理分包商，还是在施工管理过程中面对各种问题，对自行施工范围和业主独立发包范围，都将以业主利益、工程利益为重，公正对待每一方，不偏袒任何一方，以确保整个工程在施工过程中能和谐、顺利进行
"科学"原则	总承包管理涉及的环节多、范围广，需要以严谨的态度，借助科学、先进的方法来进行管理协调，合理地调配组合，弥补各方不足，充分调动各方积极性，较好地实现管理目标，体现管理的质量与水平

原则名称	内容
"服务"原则	为保证"协调"指令顺利实施，总承包商需根据合同提供完善的配合服务，全面进行工程总体安排，确保责任范围内的各项服务工作按计划完成
"控制"原则	设置独立的总承包项目部门及人员，配备各种专业监督协调管理工程师，采用有效控制手段，对分包工程进行监督控制，确保控制原则得到深入的落实
"协调"原则	通过协调使各个分包商之间的交叉影响降至最低，将施工总承包管理目标实现的不利因素降至最低。在总承包管理中，协调能力是总承包管理水平、经验的具体体现，只有把协调工作做好，整个工程才能顺利完成
"统一"原则	对于整个工程的施工过程，将所有分包商纳入总承包管理体系，整个工程只统一于总承包商的管理，做到"目标明确，思想统一"，才能更好地运转，为工程优质、高效、安全、文明地完成创造良好的环境和条件
"管理"原则	在总承包协调管理过程中，有效地掌握各分包商的施工进度、质量、安全，对分包商进行严格的过程控制，以促使其融入项目整体运行，服务项目整体目标。配备各种专业管理工程师，对分包商进行专业管理，深入现场进行施工过程的全方位监控，最终确保各项管理目标得到深入的落实

16.1.4　总承包管理方法

作为总承包单位，需要采用目标管理、制度管理、跟踪管理、协调管理、重点管理等方法对工程进行管理（表 16-3）。

总承包管理方法　　　　　　　　　　　　　　　表 16-3

管理方法	内容
目标管理	在总承包管理过程中，对分包商提出总目标及阶段性目标，包括进度、质量、安全、文明施工等方面目标，在目标明确的前提下对各分包商进行管理和考评。 总承包商提出切实可行的目标，并经分包商确认。目标管理中强调目标确定与完成的严肃性，并以合同的方式加以明确、予以约束
制度管理	建立健全符合现场实际的总承包管理制度，包括：总承包配合服务工作协议，分包进退场管理制度，工作会例制度，后勤管理制度，总平面管理制度，分包质量管理制度，分包进度管理制度，现场文明施工、环保管理制度，分包安全管理制度，分包技术资料管理制度，分包成品保护制度，后期保修服务制度等
跟踪管理	各阶段目标分解后，采用跟踪管理手段，保证目标在完成过程中达到相应要求。在分包商施工过程中对质量、进度、安全、文明施工等进行跟踪检查，发现问题立即通知分包商进行整改，并及时进行复检，使问题解决在施工过程中，以免发生不必要的损失
协调管理	与各分包商通过合同及协议明确双方责任，以合同及协议作为施工总承包管理的依据，以总承包的总体工期网络计划为基准，合理安排各分包商的施工时间，组织工序穿插，并及时解决各分包商存在的技术、进度、质量、安全问题；通过每日的工程协调会和每周的工程例会解决总分包间及各分包间的各种矛盾，使整个工程施工顺利进行，实现各项目标
重点管理	管理实施过程中抓住重点，按照"轻、重、缓、急"将每月、每周、每日事件进行划分，使整个工程施工过程主次分明、条理清晰。充分利用以往的管理经验，运用敏锐的洞察力和预见性，预见工程在施工中可能发生的主要矛盾，并及时采取相应措施

16.1.5　总承包管理程序

严格执行项目管理程序，使每一个管理过程都体现计划、实施、检查、处理（PDCA）的持续改进过程。具体程序如表 16-4 所示。

总承包管理程序

表 16-4

阶段	内容		说明
P（Plan）计划	制定项目组织计划及相关施工作业方案	制定整体工程成本目标，制定财务收支管理计划	将其分解至各道工序和各分部分项工程，控制每个环节的实施成本
		制定各工种人员用工组织计划	确定工种、人数、进场时间和食宿安排
		制定材料计划	明确材料采购、进场时间，材料的堆放、保管和使用计划
		制定机械设备使用计划	企业自有设备、外部租赁设备的进场时间、使用周期、维护保养计划等
		制定安全生产计划	明确安全生产和管理的各项组织措施、实施细节
		制定质量实施计划	结合业主及监理方的要求将与项目有关的各环节各工种的相关国家质量文件及要求进行汇编；明确质量自检和报验的具体措施和细节；成立 QC 小组，确定 QC 小组成员的岗位职责
		制定变更签证管理计划	变更签证的签署、备案等具体实施措施
		制定文件管理计划	施工日志、会议纪要、往来文件等的整理汇编和保管
	制定各类进度计划		与施工组织设计相配套的工程总进度表和分部分项工程进度明细表
	重点、难点预测以及制定相应的规避和解决措施		分析预测施工过程中可能发生的技术难点及施工重点、外部因素的干扰等，提前制定组织措施和解决方案
D（Do）实施	按照 P 阶段计划中的各项要求以及质量手册中规定的标准、规范和流程开始施工		现场落实具体细节，确保准确执行计划内容
	设计人员分阶段参与施工过程		保证现场施工达到设计图纸的要求
C（Check）检查	施工人员对每道程序进行自检		确保符合质量标准规范
	QC 小组进行复检		进一步检查并提出整改意见直至合格
	技术管理部人员检验		确认达到设计标准和设计效果并提出整改意见直至合格
	向业主和监理人员报验		进行阶段性验收
	项目最后阶段进行三方总验收		提出整改直至合格

阶段	内容	说明
A（Action）处理	验收及所有施工档案文件汇编	提交业主和审计单位进行决算审计。在合同规定的时间范围内进行工程结算工作。工程进入质量保修阶段
	技术管理部根据档案文件出具全部竣工图纸	
	编制工程决算书	
	考核成本利润，编制财务报表	成功的经验加以标准化，补充到企业内部的相关操作手册中，为下一个项目的实施提供经验和范例。对于失败的教训也要加以总结，并且提出改进措施，为下一个项目提供经验和预警措施
	项目总结和评估	

16.2 总承包组织管理

16.2.1 组织机构及部门设置

超高层建筑涉及专业较多，设计与施工难度大，工程项目多处于城市商业中心，从项目组织设计角度考虑，组织机构及部门设置多采用矩阵式，以充分利用公司的资源。但在项目前期施工与收尾阶段，项目组织架构可采用直线职能式组织结构，可集中力量有效解决项目存在的突出问题。

根据超高层建筑不同施工阶段的工作内容和管理重点，对总承包管理架构进行优化设置和动态调整。总承包管理组织架构由三个层次组成，即企业保障层、总承包管理层和分包作业层。

1. 第一管理层次——企业保障层

该层次由企业总部、专业顾问团组成，并成立项目指挥部，企业主要负责人担任项目指挥长，协调项目资源调度。集团总部协调总部各管理部门，全面调配和组合人才、技术、资金、材料供应、机械设备、专业施工队伍等资源，使项目资源实现最优化配置，为工程顺利实施提供全力支持和保障。由业内知名的设计、技术、管理专家组成专家顾问团，为项目施工前的方案深化及施工过程中的问题处理提供一流的专家咨询、技术指导和设计协调。

2. 第二管理层次——总承包管理层

总承包管理层由总承包项目部项目经理为主的班子成员负责，下设技术管理部、深化设计部、BIM 与信息中心、商务合约部、物资设备采购部、计划部、生产协调部、机电管理部、安监部、财务部、综合办公室、品质保障部等 12 个职能部门，其岗位设置与管理人员完全独立，代表组织实施总承包管理与协调，为各分包商做好管理、协调、服务工作，对项目实施总体管理和目标控制。

3. 第三管理层次——分包作业层

分包作业层包括总承包自行施工内容、专业分包工程和独立承包工程等三个部分，是整个工程施工计划的具体执行者和实施者。

16.2.2　项目重要岗位及职责

如表 16-5 所示。

项目重要岗位及职责　　　　　　　　　　　　　表 16-5

序号	重要岗位	岗位职责
1	项目指挥长	（1）代表公司对项目实施进行决策。 （2）协调公司各部门为项目提供各类资源及技术支持。 （3）督导项目管理人员完成总承包管理工作。 （4）与业主、监理保持接触，积极处理好与项目所在地政府部门及周边的关系。 （5）负责项目管理人员的配备及调动工作
2	项目经理	（1）制定总承包规章制度，明确总承包项目部各部门和岗位的职责，领导总承包项目部开展工作。 （2）主持编制项目总承包管理方案，组织落实项目管理的目标与方针。批准各分专业、分包商实施方案与管理方案，并监督协调其实施行为。 （3）及时协调总承包与分包之间的关系，组织召开总承包与分包的各类协调会议，解决总承包与分包之间、各分包之间的矛盾和问题。 （4）与业主、监理保持经常接触，随时解决出现的各种问题。积极处理好与项目所在地政府部门及周边的关系。 （5）全面负责整个工程总承包的日常事务，对工程的质量、安全、进度、合约、资金等全面负责
3	项目总工程师	（1）领导技术、深化设计工作，负责总承包项目部的深化设计、技术管理及 BIM 与信息管理等工作。 （2）审核各分包商的施工组织设计与施工方案，并协调各分包商之间的技术问题。 （3）与设计、监理经常保持沟通，保证设计、监理的要求与指令在各分包商中贯彻实施。 （4）组织对本项目的关键技术难题进行科技攻关，进行新工艺、新技术的研究，确保本项目顺利进行；及时组织技术人员解决工程施工中出现的技术问题
4	项目副经理 （生产）	（1）负责项目自行施工部分的进度、质量、安全、成本管控及协调。 （2）负责项目整体计划管理，协调各分包商及作业队伍之间的进度矛盾及现场作业面协调，使各分包商之间的现场施工合理有序地进行。 （3）及时协调总承包与分包之间的关系，组织召开总承包与分包的各类协调会议，参加业主组织召开的协调会议。 （4）负责项目的安全生产活动，建立项目安全管理组织体系，确保安全文明施工管理和服务目标的实现
5	项目副经理 （钢结构）	管理项目钢结构生产进度，协调钢结构分包商的各项资源落实，审查钢结构施工组织设计、施工方案，参加业主组织召开的协调会议等
6	项目副经理 （机电）	（1）主管机电管理部，负责机电单位进场前机电预留预埋的施工管理与协调工作。 （2）协调机电施工有关的各分包商及作业队伍之间的进度矛盾及现场作业面协调，使各分包商之间的现场施工合理有序地进行。 （3）及时协调机电工程施工之间的关系，组织召开与机电工程施工有关的各类协调会议，参加业主组织召开的协调会议。 （4）管理项目机电工程生产进度，协调机电分包商的各项资源落实，审查机电工程各分包商施工组织设计、施工方案等

序号	重要岗位	岗位职责
7	项目副经理（装饰、幕墙）	管理项目幕墙、装饰等内容生产进度，协调幕墙、装饰分包商的各项资源落实，审查幕墙、装饰分包商的施工组织设计、施工方案，参加业主组织召开的协调会议等
8	项目副经理（商务）	（1）领导商务合约部工作，负责合约管理、成本控制，合同范围内各专业分包、物资招标采购等各项管理工作。 （2）监督各分包商的履约情况，控制工程造价和工程进度款的支付情况，确保投资控制目标的实现。 （3）审核各分包商制定的物资计划和设备计划，督促分包商及时采购所需的材料和设备，保证分包商的工程设备、材料的及时供应
9	项目副经理（安全）	（1）直接由公司总部委派，对工程施工安全具有一票否决权。 （2）贯彻国家及地方的有关工程安全与文明施工规范，确保工程总体安全与文明施工目标和阶段安全与文明施工目标的顺利实现
10	项目副经理（质量）	（1）直接由公司总部委派，对工程施工质量具有一票否决权；确保工程总体质量目标和阶段质量目标的实现。 （2）贯彻国家及地方的有关工程施工规范、工艺规程、质量标准，严格执行国家施工质量验收统一标准，确保项目总体质量目标和阶段质量目标的实现。 （3）负责组织编制项目质量计划并监督实施，将项目的质量目标进行分解落实，加强过程控制和日常管理，保证项目质量保证体系有效运行。 （4）负责实施项目过程中工程质量的质检工作，加强各分部分项工程的质量控制。 （5）加强对各分包商的质量检查和监督，确保各分包商的质量符合规范要求。 （6）负责工程创优和评奖的策划、组织、资料准备和日常管理工作。 （7）负责工程竣工后的竣工验收备案工作，在自检合格的基础上向业主提交工程质量合格证明书，并提请业主组织工程竣工验收
11	项目副经理（行政）	（1）负责外联公共关系协调管理工作。 （2）负责项目行政与影像宣传管理工作。 （3）负责项目的后勤服务管理及对所有分包商后勤的统筹协调。 （4）负责项目保卫管理。 （5）负责项目文书管理。 （6）负责报批报建，配合业主的相关组织工作

项目副经理（生产）作为项目的第一副经理，分管物资设备采购部、计划部和生产协调部，生产协调部下设部门副经理，根据各个施工阶段的变化，对部门管理重点进行动态调整。

16.2.3 部门职责

共设项目职能部门12个，分别为：技术管理部、深化设计部、BIM 与信息中心、商务合约部、物资设备采购部、计划部、生产协调部、机电管理部、安监部、财务部、综合办公室、品质保障部等（表16-6）。

部门管理职责 表 16-6

序号	职能部门	职能部门职责
1	技术管理部	(1) 负责项目技术标准与图纸的管理。 (2) 负责组织各类主要技术方案的编制和管理。 (3) 负责项目施工总平面的设计。 (4) 负责项目科技进步的管理。 (5) 负责测量、监测与计量的管理。 (6) 负责项目施工工况验算与分析。 (7) 参与相关分包商和供应商的选择工作。 (8) 负责拍摄项目施工进程、现场情况等有关资料照片、影视资料，并整理成档。 (9) 负责工程档案管理。 (10) 与质量控制部紧密配合，共同负责工程创优和评奖活动。 (11) 协助项目总工进行新技术、新材料、新工艺在项目中的推广和科技成果的总结工作
2	深化设计部	(1) 负责项目与设计方协调以及总承包商内部的深化设计工作。 (2) 负责与业主和设计方沟通，了解掌握设计意图，获取项目图纸供应计划。 (3) 完成总承包商自营范围内所有深化设计工作。 (4) 协调各分包商的深化设计工作，确保各分包商的深化设计相互协调。 (5) 在钢结构工程、机电工程、幕墙工程、装饰装修工程等专业分包商的深化设计过程中，参与并审核各专业深化设计，及时向业主报审，经批准后落实执行。 (6) 对各分包商进行深化设计图纸审核并呈报业主或设计审批。 (7) 向业主、监理和设计提出就设计方面的任何可能的合理化建议。 (8) 负责项目内部设计交底工作。 (9) 负责从业主和设计单位接收最新版设计阶段的建筑模型、结构模型，及时发放给相关分包进行设计深化；督促分包及供应商在设计阶段模型的基础上建立各自施工阶段 BIM 模型；并进行各专业深化设计，对各专业施工阶段模型整合，进行冲突和碰撞检测，优化分包设计方案；及时收集各分包及供应商提供的施工阶段 BIM 模型和数据，按时提交业主与设计单位；负责设计修改的及时确认与更新
3	BIM 与信息中心	(1) 负责在施工阶段建筑、结构、机电 BIM 模型上，采用 BIM 软件按预测工程进度和实际工程进度进行模型的建立，实时协调施工各方优化工序安排和施工进度控制。 (2) 负责在 BIM 系统运行过程中的各方协调，包括业主方、设计方、监理方、分包商、供应方等多渠道和多方位的协调；建立网上文件管理协同平台，并进行日常维护和管理；定期进行系统操作培训与检查；软件版本升级与有效性检查
4	商务合约部	(1) 配合财务编制开支预算和资金计划。 (2) 具体负责与业主和分包的结算工作，编制项目过程工程款申请文件、分包付款文件。 (3) 具体负责项目合同管理、造价确定以及二次经营等事务的日常工作。 (4) 与财务一道，负责准备竣工决算报告等其他与商务方面的工作。 (5) 具体负责项目预算成本的编制和成本控制工作
5	物资设备采购部	(1) 负责编制项目物资领用管理制度和日常管理工作。 (2) 负责物资进出库管理和仓储管理。 (3) 负责对材料的标识进行统一策划。 (4) 负责监督检查所有进场物资的质量，协助资料员做好技术资料的收集整理工作。 (5) 具体负责竣工时库存物资的善后处理。 (6) 参与项目分包招标文件的编制工作。 (7) 参与分包商、供应商的选择工作

序号	职能部门	职能部门职责
6	计划部	（1）编制总进度计划，并根据总进度计划有效、动态地对现场施工活动实施全方位、全过程管理。 （2）编制年、季、月、周施工进度计划，合理安排施工搭接，确保每道工序按技术要求施工，最终形成优质产品。 （3）落实项目进度计划，确保计划科学管理，并随工程实际情况不断调整具体实施计划安排，以保证总进度计划的落实。 （4）负责进度计划的监督、检查及考核，确保各工序管理严格实施，进度计划有效落实。 （5）负责各种资源计划的编制组织。 （6）负责项目各种产值报表的管理工作。 （7）负责各单位商场工作计划的监督管理
7	生产协调部	（1）负责自行施工的混凝土结构工程、粗装修工程、屋面工程等的施工组织，负责各专业分包商之间，包括业主独立分包商的现场施工方面的管理协调。 （2）负责现场塔式起重机等垂直运输设备的统筹协调。 （3）负责施工总平面的管理协调。 （4）负责作业面、工作面移交的管理与协调。 （5）负责成品保护的管理协调。 （6）负责大型施工机械的维修保养，确保施工机械使用正常。 （7）负责编制项目大型机械管理及实施计划。 （8）负责自行施工的主体及粗装修工程等的劳务、材料、设备协调。 （9）负责项目整体进城务工人员实名制管理
8	机电管理部	（1）负责机电安装工程的内部管理协调工作，包括电气工程、给水排水工程、暖通工程、建筑智能化等，包括与业主独立分包的接口协调。 （2）负责工程机电设备的检查和验收工作。 （3）参与编制施工组织设计和机电相关分项工程施工方案。 （4）负责机电预埋施工，与土建施工协调配合，保证机电预埋施工的顺利进行。 （5）负责电梯工程的管理与协调工作。 （6）负责机电安装工程的技术资料的收集整理和归档工作
9	安监部	（1）负责项目安全生产、文明施工、环境保护的监督管理工作。 （2）负责安全生产、文明施工、环境保护工作的日常检查、监督、消除隐患等管理工作。 （3）制定员工安全培训计划，并负责组织实施，负责管理人员和进场工人安全教育工作；负责安全技术审核把关和安全交底。 （4）负责每周的全员安全生产例会，与各分包商保持联络，定期主持召开安全工作会议。 （5）参与项目部施工方法、施工工艺的制定，研究项目部潜伏性危险及预防方法，预计所需安全措施费用。 （6）负责制定安全生产应急计划，一旦出现安全意外，保证能及时处理，并立即按规定逐级上报，保证项目施工生产的正常进行。 （7）在危急情况下有权向施工人员发出停工令，直至危险状况得到改善为止。 （8）负责安全生产日志和文明施工资料的收集和整理工作

序号	职能部门	职能部门职责
10	财务部	(1) 具体负责项目财务和税务事务。 (2) 具体负责项目资金计划和各类财务报表的编制工作。 (3) 配合业主财务安排，确保项目资金运作安全，满足工程需要。 (4) 制定项目的资金需用计划及财务曲线，按月填报实施动态管理。 (5) 具体负责本项目保函、保险、信用证的办理和日常管理。 (6) 参与分包商和供应商的选择工作。 (7) 具体负责联合体银行业务和合法纳税业务，包括协助物资采购部的进口纳税业务。 (8) 具体负责工程款的收支工作。 (9) 负责工资奖金发放工作。 (10) 配合成本控制工作和准备竣工决算报告
11	综合办公室	(1) 负责外联公共关系协调管理工作。 (2) 负责项目行政与影像宣传管理工作。 (3) 负责项目的后勤服务工作及对所有分包商相关工作的管理。 (4) 负责项目保卫工作。 (5) 负责项目文书管理
12	品质保障部	(1) 贯彻国家及地方有关工程施工规范、工艺标准、质量标准。 (2) 负责项目实施过程中工程质量的质检工作，并与政府质量监督单位的对接。 (3) 负责落实质量记录的整理存档工作，在项目副经理（质量）的领导下进行竣工资料的编制工作。 (4) 负责编制项目质量计划并负责监督实施、过程控制和日常管理。 (5) 负责项目全员质量保证体系和质量方针的培训教育工作。 (6) 负责分部分项工程工序质量检查和质量评定工作。 (7) 参与相关分包商和供应商的选择和日常管理工作。 (8) 负责质量目标的分解落实，编制质量奖惩制度并负责日常管理。 (9) 负责项目创优的策划、组织、资料准备和日常管理工作。 (10) 与技术管理部一道，共同负责项目竣工交验，负责竣工阶段交验技术资料和质量管控记录。 (11) 负责质量事故的预防和整改处理工作

16.2.4　项目总承包管理各阶段工作要求

如表 16-7 所示。

总承包管理各阶段工作要求 表 16-7

项目实施阶段	工作分项	工作内容	责任岗位
项目启动	组建项目部	任命项目管理人员，确认及签署项目目标责任书、廉洁责任书，制定项目部管理制度	项目经理
		落实现场办公、生活场所、设备等	项目副经理（行政）
	项目策划	组织编制项目策划书与项目实施计划书	项目经理
		组织编制项目总进度计划	项目经理

续表

项目实施阶段	工作分项	工作内容	责任岗位
项目审批	报建审批	协助业主进行项目报建、审批	项目副经理（行政）
采购管理	采购计划	编制分包招标、材料设备采购计划	项目副经理（商务）、项目经理
		负责项目合约包的划分	项目副经理（商务）、项目经理
	施工招标	资料收集整理和分析，编制资质要求文件、资格预审文件、招标清单、招标预算、招标文件（合同）等	项目副经理（商务）、项目分管相关专业的副经理
		完成问题澄清，组织技术标、资信标评审	项目副经理（商务）、项目分管相关专业的副经理
		组织签订专业分包合同	项目副经理（商务）、项目分管相关专业的副经理
	设备采购	资料收集整理和分析，编制资质要求文件、资格预审文件、招标清单、预算、招标文件	项目副经理（商务）、项目分管相关专业的副经理
		完成问题澄清，组织技术标、资信标评审	项目副经理（商务）、项目分管相关专业的副经理
		组织签订设备采购合同	项目副经理（商务）、项目分管相关专业的副经理
		货款支付、设备催交	项目副经理（商务）
		设备入场核查（必要时）	项目副经理（商务）、项目分管相关专业的副经理
		现场验货、交付保管	项目副经理（商务）、项目分管相关专业的副经理
施工管理	施工准备	协助业主办理施工许可证	项目副经理（行政）
		负责质量、安全监督的对接及协调	项目副经理（质量）、项目副经理（安全）
		确认及签署材料试验检测合同	项目分管相关专业的副经理、项目副经理（商务）
		协调施工总平面布置、施工道路、施工围墙文明施工措施等	项目副经理（生产）
		审核分包商施工组织设计	项目经理、项目总工程师、项目分管相关专业的副经理
		组织专项施工方案的专家评审	项目经理、项目总工程师、项目分管相关专业的副经理
		了解地下管线、市政管网的情况并向分包商交底，制定保护措施	项目副经理（生产）
		进行质量、技术、安全交底	项目分管相关专业的副经理、项目副经理（质量）、项目副经理（安全）

续表

项目实施阶段	工作分项	工作内容		责任岗位
施工管理	施工准备	负责各分包进场启动会		项目经理、项目分管相关专业的副经理
		检查施工准备、安全文明施工措施落实情况		项目分管相关专业的副经理、项目副经理（安全）
		组织规划部门定位放线并复核		项目副经理（生产）
	施工过程	协调各施工区间的施工界面、配合作业		项目副经理（生产）、项目分管相关专业的副经理
		进度管理	跟踪监督总进度计划	项目副经理（生产）
			审查分包施工进度计划	
			检查分包商周计划、月计划的执行情况	
			对比总体进度计划，监督分包商采取纠偏措施，并做好协调工作	
			协调总计划的调整	
		质量管理	督促和检查分包商建立质量管理体系	项目副经理（生产）、项目副经理（质量）
			进行质量全过程检查	
			审查实际封样样品、样板，材料进场检查、检测	
			质量事故处理和验收	
			组织施工工作面移交	项目副经理（生产）、项目分管相关专业的副经理
		费用管理	制定项目费用计划	项目副经理（商务）
			编制工程进度款申请支付报表，并督促支付工程款	
			每月统计汇总分包商完成的工程量，按照分包合同办理工程进度款支付手续	
			项目费用变更控制	
		HSE管理	制定项目 HSE 管理目标，建立 HSE 管理体系	项目副经理（安全）、项目经理
			检查分包商管理体系	
			进行 HSE 专项检查	
			督促分包商进行整改	
			HSE 事故处理、检查	
		施工资料管理		项目总工程师
		定期与业主沟通，汇报施工安全、进度、质量、费用等问题		项目经理、项目副经理（生产）

续表

项目实施阶段	工作分项	工作内容	责任岗位
施工管理	施工过程	协调解决施工过程中出现的难以预见的其他工作或问题（专项会议）	项目副经理（生产）、项目分管相关专业的副经理
	施工过程验收	组织分部分项验收：基础工程验收、主体结构验收	项目总工程师、项目分管相关专业副经理
项目验收移交	项目验收试运行	制定验收计划	项目总工程师、项目副经理（生产）、项目分管相关专业的副经理
		组织专项检测（节能保温、消防、防水、防雷、环保、电力、电梯、自来水、煤气、建筑面积等）	项目副经理（行政）、项目副经理（生产）、项目分管相关专业的副经理
		组织专项验收（消防、环保、水保、交通、市政、园林、白蚁等）	
		组织分包商进行验收前的自检	项目分管相关专业的副经理
		监督检查缺陷整改	
		项目试运行	项目经理、项目副经理（生产）、项目分管相关专业的副经理
		协助业主组织工程综合验收	项目经理
	项目移交	建筑物实体移交	项目经理
		竣工资料移交	项目经理、项目总工程师、项目分管相关专业的副经理
	项目收尾	工程收尾	项目副经理（生产）、项目分管相关专业的副经理
		收集分包商竣工资料，向业主提交完整的竣工验收资料及竣工验收报告	项目总工程师
		编制工程费用结算报告	项目副经理（商务）、项目分管相关专业的副经理
		协调分包商做好质保期内的保修与服务	项目副经理（生产）、项目分管相关专业的副经理

16.3　总承包管理体系

根据超高层建筑工程特点，建立图 16-1 所列总承包管理体系。

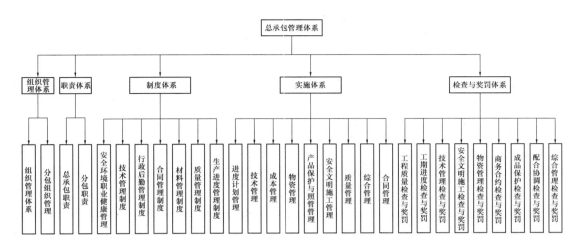

图 16-1　总承包管理体系示意图

16.3.1　组织管理体系

1. 总承包组织管理体系

如图 16-2 所示。

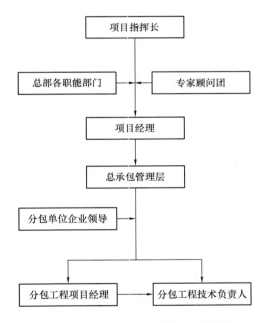

图 16-2　总承包管理组织体系流程图

2. 分包商组织管理体系

如图 16-3 所示。

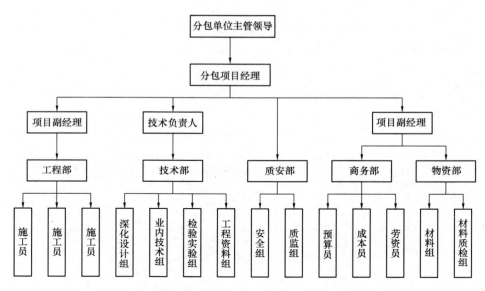

图 16-3　分包商组织管理体系流程图

16.3.2　总承包管理职责体系

1. 总承包商的职责

如表 16-8 所示。

总承包商的职责　　　　　　　　　　　　　　　　　表 16-8

序号	内容	责任及义务
1	人力资源保障	配备足够的工作经验丰富的技术人员、领导能力强的管理人员，运用熟练的技术工人
2	工地及生活区管理	进入现场参观需得到批准，进行登记、佩戴安全帽后可以进入；原则上不允许工人在现场留宿；做好施工现场安全看守工作
3	暴雨预防及排水排污	准备沙袋、水泵等必需的阻水、排水设施，保持工地没有积水，避免工地受雨水浸泡，竖向洞口做临时围挡；根据现场实际情况编制临时排污方案
4	塔式起重机等垂直运输管理	根据合同向分包商和独立承包商提供现有垂直运输机械和装置配合
5	分包商现场施工协调	安排有专业经验的相关人员负责协调及管理各分包商施工，组织召开工地协调会议协调工作面、工序交叉影响等事宜，监督各专业工程施工，保证分包工程的进度、质量控制情况能满足要求
6	施工场地管理	（1）各分包商进场施工前向总承包商提供其施工所需场地的面积、部位等要求，总承包商根据需求统一协调。 （2）统一规划、布置现场临时围挡、闸门、走道、栅栏等临建设施，对作业区现场文明施工情况进行管理，并接受监理工程师的监督。 （3）统一管理办公区及工人生活区内公共区域的治安、保卫、保洁等工作
7	施工临时道路管理	协调各分包工程施工顺序，设备、材料进场时间，控制场内车流量，保证现场施工道路畅通；负责施工临时道路的修筑和使用期间的维修和保养

续表

序号	内容	责任及义务
8	施工用水用电管理	（1）合理设置临时施工给水点，供各分包商接驳使用。 （2）合理设置二级配电箱位置及数量，必要的位置设置分配电箱。 （3）合理布置临时消防管理及设施。 （4）收取临时水电费用，并统一缴纳
9	垃圾清运管理	根据合同由各分包商将各自区域内的废弃物和垃圾进行整理并运送至总承包商指定地点，由总承包商统一外运
10	安全设施管理	（1）在施工临时道路入口处设置安全警示牌、限速带等，保证场内交通安全；在靠近场地的主要施工地段设置安全警示栏杆或标志。 （2）在"四口、五临边"位置按合同及省、市有关文件要求做好安全防护工作；分包商拆除需经过总承包商批转，并采取有效补救措施
11	轴线与标高及施工收口处理管理	为各分包商提供测量控制点、线，以便分包商施工定位使用；各分包商施工完毕后，由总承包商负责最后统一收口及清洁清理
12	项目保护和清洁管理	对成品工程进行保护，对造成的损坏协调进行修复
13	归档备案资料管理	对工程相关技术资料进行统一归档备案管理

2. 分包商的职责

如表 16-9 所示。

分包商的职责　　　　　　　　　　　　表 16-9

序号	内容	责任及义务
1	接受总承包商的管理	满足业主与总承包商所签订的主合同要求，在工期、质量、安全、现场文明施工等方面接受总承包商的管理和协调。独立承包商在安全、现场文明施工等方面配合总承包商的监督管理
2	进入现场施工需提供的必要资料文件	（1）提供中标通知书。 （2）提供企业营业执照及资质等级证书复印件。 （3）提供施工组织设计，内容包括： ① 专项工程简介； ② 分包工程施工进度计划； ③ 主要技术措施方案； ④ 劳动力进场计划； ⑤ 材料设备进场计划； ⑥ 质量保证措施； ⑦ 安全保证措施
3	质量管理	（1）对分包工程作业人员进行工艺技术交底，做好交底记录。 （2）实施有关质量检验的规定，并做好质量检验记录。 （3）对工序间的交接实行各方签字认可的制度交接程序。 （4）提供原材料、半成品、成品的产品合格证及质保书。 （5）对不合格品处理的记录及纠正和预防措施。 （6）加强成品、半成品保护。 （7）组织分包工程的验收交付。 （8）进行分包工程的回访保修。 （9）发生质量事故时及时报告，做出事故分析调查及善后处理

序号	内容	责任及义务
4	进度管理	（1）根据工程施工总进度计划编制各分包商施工进度计划，包括： ① 根据施工总体部署，明确施工分区、施工顺序、流水方式，明确施工方法和施工队伍的管理架构。 ② 编制科学可行的项目施工进度计划。 ③ 编制资源保障计划，包括物料供应计划、机械设备进场计划、劳务计划等。 ④ 编制深化设计计划、施工方案报审计划等。 （2）执行周、月报制度： ① 以月、周为单位，向总承包商报告专业工程实施情况。 ② 提交周、月施工进度计划。 ③ 提交各种资源及配合进度实施的保障计划。 （3）顾全大局，主动做好协调工作： ① 参加工地协调会议，配合总承包商进行工作协调。 ② 根据总承包商的工作安排调整自身工作安排。 ③ 及时对重大延误隐患向总承包商报告，并制定应对措施，取得总承包商的认可和支持。 ④向总承包商提出工程协调建议
5	安全生产、消防及现场标准化管理	（1）遵守各种安全生产规程与规定： ① 遵守国家、地方、合同及总承包商提出的安全生产管理规定。 ② 结合工程实际情况，识别和评价危险源，制定管理方案并做好落实。 ③ 接受总承包商的安全交底。 ④ 建立健全安全管理台账，强化安全资料管理工作。 ⑤ 开展安全教育，做好分部（分项）工程安全技术交底。 ⑥ 特殊工种持证上岗，复印件汇总后报总承包商检查备案。 ⑦ 保护现场各项安全、消防设施，如脚手架、临边护栏及消防器材等，不擅自拆除、移动或增加施工荷载。 ⑧ 接受总承包商的安全监督，参与工地各项安全、消防检查工作，落实有关整改事项。 ⑨ 发生安全事故时，及时向总承包商报告，进行事故分析调查及善后处理。 （2）做好消防与治安管理工作： ① 开展消防与治安的教育工作。 ② 配合总承包商做好消防与治安管理工作。 （3）做好现场标准化管理工作： ① 进场施工前根据与总承包商协商的场地位置、面积等情况，设计施工场地平面布置图，经总承包商审核同意后执行。 ② 根据总承包商要求做好场容场貌管理，对废弃物与垃圾应按要求整理并转运至指定位置。 ③ 维持工地卫生、文明，同时加强对员工、工人宿舍的消防安全检查
6	进场材料管理	（1）指定专人负责进场材料管理，服从总承包商关于材料管理方面的要求。 （2）提供材料进场总计划及月度材料进场计划。 （3）进场材料的流转程序：各种材料进场前提前申请，经总承包商批复后组织材料进场、验收、存放等
7	劳动力管理	（1）约束施工人员遵守政府部门发布的相关法律法规、业主和总承包商的各项规章制度，确保现场施工安全、文明、有序进行。 （2）将进入现场的施工人员姓名、照片、身份证复印件，特殊工种的相应操作证件、上岗证等汇总后向总承包商报备

16.3.3 总承包管理制度体系

如图 16-4 所示。

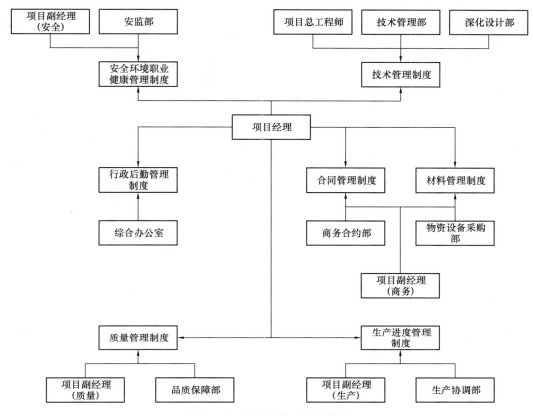

图 16-4 总承包管理制度体系

根据同类工程施工经验，相关管理制度如表 16-10 所示。

总承包管理制度　　　　　　　　　　　表 16-10

序号	制度类别	制度名称	
1	安全环境职业健康管理制度	(1) 安全生产责任制度	(2) 安全教育制度
		(3) 安全检查制度	(4) 安全巡视制度
		(5) 安全交底制度	(6) 安全生产例会制度
		(7) 安全生产值班制度	(8) 特种作业持证上岗制度
		(9) 安全生产班前讲话制度	(10) 安全生产活动制度
		(11) 安全奖罚制度	(12) 安全专项方案审批制度
		(13) 安全设施验收制度	(14) 安全设施管理制度
		(15) 临时照明系统管理制度	(16) 施工现场安全应急救援制度
		(17) 动火审批管理制度	(18) 安全标牌管理制度
		(19) 安全生产费用管理制度	(20) 安全专项资料管理制度
		(21) 施工现场消防及演练制度	(22) 安全整改制度
		(23) 安全物资采购验收制度	(24) 施工现场污水排放制度
		(25) 建筑垃圾分类堆放处理制度	(26) 施工现场卫生间管理制度
		(27) 安全事故报告制度	(28) 安全事故调查处理制度

续表

序号	制度类别	制度名称	
2	技术管理制度	（1）图纸会审制度	（2）施工组织设计编制审批制度
		（3）技术标准和规范使用制度	（4）图纸管理制度
		（5）技术交底制度	（6）档案资料收集管理制度
		（7）技术变更管理制度	（8）技术资料保密管理制度
		（9）材料报审制度	（10）信息化施工管理制度
3	材料管理制度	（1）早期强度检测及材料检验制度	（2）材料进场验收制度
		（3）材料见证取样制度	（4）材料储存保管制度
		（5）材料试件养护保管制度	（6）不合格材料处置制度
		（7）材料紧急放行制度	（8）材料招标采购制度
4	合同管理制度	（1）合同签订管理制度	（2）合同保管发放制度
		（3）合同变更管理制度	（4）合同信息平台评审制度
		（5）施工签证管理制度	（6）合同执行检查制度
5	质量管理制度	（1）隐蔽工程验收制度	（2）工程质量创优制度
		（3）质量监督检查制度	（4）样板引路制度
		（5）质量会议、会诊及讲评制度	（6）质量检测仪器管理制度
		（7）重大原材、设备质量跟踪制度	（8）质量回访保修制度
		（9）工程成品、半成品保护制度	（10）质量检测、标识制度
		（11）质量奖罚制度	（12）技术质量交底制度
		（13）三检制度	（14）质量预控制度
		（15）质量检试验及送检制度	（16）质量竣工验收制度
		（17）关键工序质量控制策划制度	（18）质量事故报告制度
		（19）质量报表制度	（20）质量验收程序和组织制度
		（21）质量整改制度	（22）质量教育培训制度
6	行政后勤管理制度	（1）宿舍管理制度	（2）食堂管理制度
		（3）生活区卫生管理制度	（4）卫生防疫制度
		（5）生活垃圾存放处理制度	（6）工人工资发放监管制度
		（7）门禁管理制度	（8）居民投诉处理制度
		（9）生活污水处理、排放制度	（10）行政文件处理制度
		（11）车辆出入管理制度	（12）宣传报道制度
		（13）工人退场管理制度	（14）参观接待制度
		（15）治安管理制度	（16）视频监控管理制度
7	生产管理制度	（1）生产例会制度	（2）临时堆场和仓库管理制度
		（3）进度计划编制和报审制度	（4）夜间施工管理制度
		（5）进度计划检查与奖罚制度	（6）垂直运输机械协调管理制度
		（7）施工总平面管理制度	（8）施工用水用电申请制度
		（9）塔式起重机使用申报审批制度	（10）工作面移交管理制度

16.3.4　总承包管理实施体系

如图 16-5～图 16-9 所示。

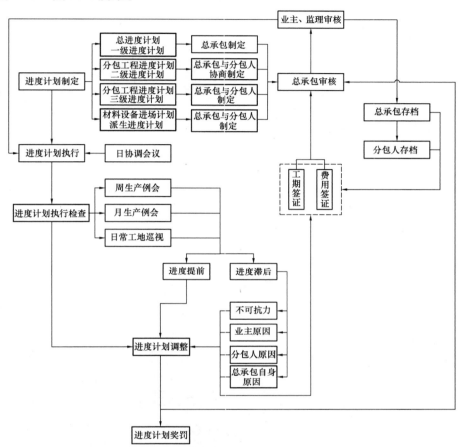

图 16-5　进度计划管理实施流程图

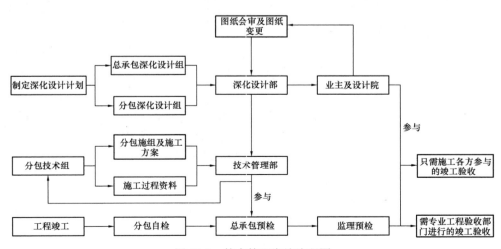

图 16-6　技术管理实施流程图

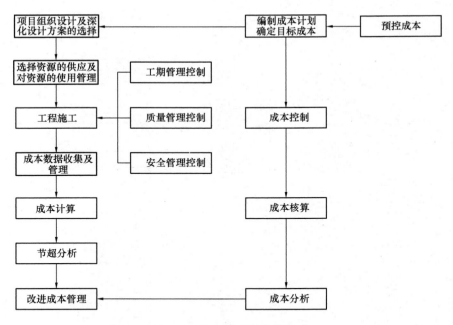

图 16-7　成本管理实施流程图

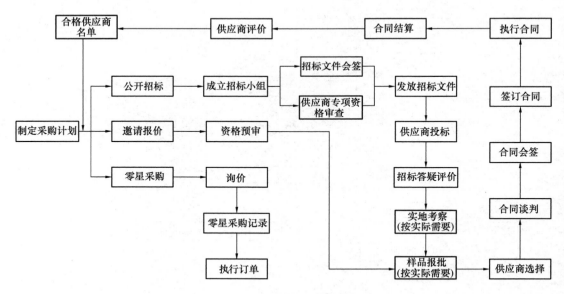

图 16-8　物资管理实施流程图

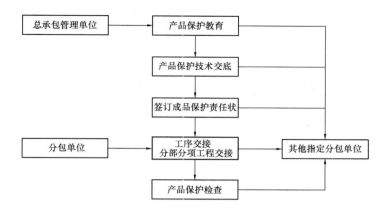

图 16-9　成品保护与照管管理实施流程图

分包合同及材料买卖合同管理要点如表 16-11、图 16-10～图 16-13 所示。

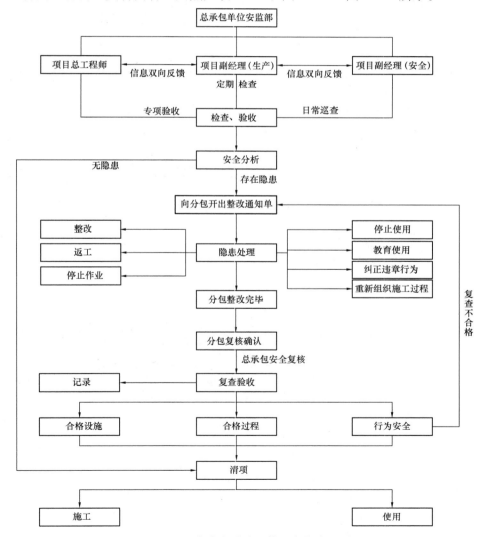

图 16-10　安全文明施工管理实施流程图

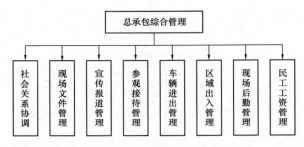

图 16-11　综合管理实施流程图

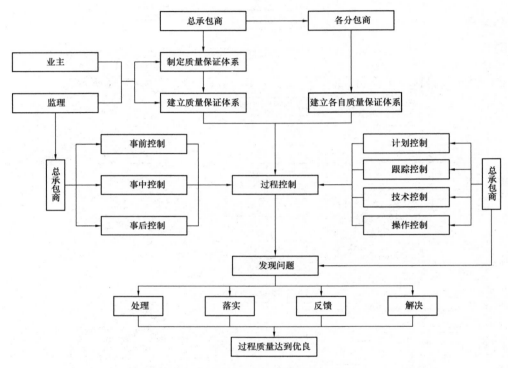

图 16-12　质量管理实施流程图

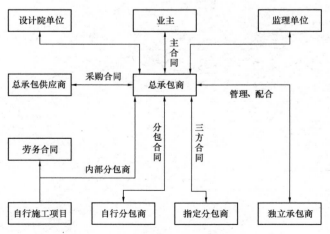

图 16-13　合同管理实施流程图

分包合同及材料买卖合同管理要点　　　　　　　　　　　　表 16-11

分包合同管理	（1）总承包自行分包部分由总承包负责主导有关招标工作。 （2）独立分包工程由业主、总承包商及分包商签订三方合同，总承包商负责对分包商进行协调与管理
材料买卖 合同管理	总承包商与中标的材料供应商根据材料采购招标文件、合同条件的要求，与材料供应商签订具体材料买卖合同

16.3.5　检查与奖罚体系

1. 检查

在现场施工过程中，总承包商定期组织人员对现场进行关于工程质量、工期进度、技术管理、安全生产、文明施工、物资管理、商务合约、成品保护、配合协调、综合管理等方面的检查，及时发现问题，及时解决（表 16-12）。对于问题严重的情况，经监理及业主核实后，对分包商或独立分包商发出停工令。

总承包管理检查体系　　　　　　　　　　　　表 16-12

检查项目	检查内容	检查方法
工程质量	质量策划、质量目标分级表、与各分包商的质量管理协议、质量过程控制、施工及质量验收资料、检查整改反馈、实测实量等	检查审核有关技术和质量文件及报告；现场检查
工期进度	各分包商进度计划及执行情况、定期的施工情况报表、进度协调会议及进度保障措施落实情况	对进度计划与实施进度比较
技术管理	各分包商技术策划及执行情况、文件清单、记录清单、技术标准更新情况、施工组织设计和分部分项施工方案的编制交底及实施情况、图纸会审、设计变更、洽商记录、深化设计、BIM运用、资料收集整理归档、科技目标分解及实施情况、科技成果总结情况	主要检查资料，并检查现场执行情况是否与资料相符
安全生产及文明施工	各分包安全管理组织体系、花名册、证件、培训教育情况、重大安全危险源检查情况（脚手架、模板支架、安全防护、临电、设备管理、平面布置、环境、消防管理）	检查安全管理资料、日常巡查记录、现场检查
物资管理	各分包材料设备资源采购计划、进场检验及进出工地记录	对物资采购与现场管理情况进行检查，检查资料完整性
商务合约	各分包商合同范围内工作的执行情况	对照合同条款，结合现场实际，对合同重点关注点进行检查
成品保护	各分包成品保护措施执行情况	主要检查现场
配合协调	总承包及各分包工程资源计划及组织、场地及交叉作业协调、大型机械设备使用、各分包工序穿插协调、工作面移交、问题协调解决的及时性	检查资源的计划性，资料齐全、完整，例会反映的问题及时协调
综合管理	工作计划贯彻执行、制度管理、职责分工、办公设备管理、车辆管理、会议管理、员工管理、文件管理、检查整改反馈、信息化建设管理、公共关系管理、后勤保卫管理、工资发放监督管理	主要检查资料

2. 奖罚

在现场施工过程中，总承包商根据与分包商签订的分包合同，制定针对工程质量、工期进度、技术管理、安全生产文明施工、物资管理、商务合约、成品保护、配合协调、综合管理等方面的奖罚实施细则，形成一整套完整的检查与奖罚体系。对于工程实施过程中按照要求组织实施的分包进行奖励，对于不能按照要求组织实施的分包进行处罚，通过奖罚制度激励鞭策各分包商高质高效完成施工任务。

定期对工程各方面的管理按上述检查内容进行检查，制定相应的考核评分细则，将排名情况公示，并告知各分包商公司领导层。对排名靠前的分包商给予奖励，相关负责人进行通报表扬，对于排名靠后的分包商给予处罚，相关负责人进行通报批评。

16.4 总承包的配合与协调管理

16.4.1 各专业交叉施工工作面的协调与管理

如表 16-13 所示。

各专业交叉施工工作面的协调与管理 表 16-13

序号	协调管理项	协调管理内容
1	交叉作业面管理的基本原则	（1）保证施工作业面的施工安全。 （2）保证各交叉施工方能够正常施工。 （3）保证各交叉施工方施工作业有序流水施工。 （4）做好各专业之间成品保护协调工作
2	重点交叉作业面的管理	（1）加强对交叉作业的安全管理，明确权责，消除安全隐患。安排专人对交叉作业施工工作面进行巡视，对于存在安全隐患的情况及时提出整改意见并督促相关方及时整改。 （2）交叉作业前施工各方编制"交叉作业安全施工方案"，并报送审核。 （3）施工作业前对施工人员进行技术交底，并检查完善现场安全设施。 （4）交叉作业施工前各分包单位提前沟通，明确各自施工内容及范围，减少施工过程中的矛盾。 （5）对施工现场各交叉施工方的顺序进行协调，保证施工作业有序进行。 （6）向各交叉施工方提供必要的配合措施

16.4.2 与业主、设计、顾问及监理公司等协调配合

1. 与业主关系的协调

如表 16-14 所示。

与业主关系的协调 表 16-14

序号	协调措施
1	根据总体进度计划安排，对分包商的考察时间、进退场时间等作出部署，制定各分包工程的招标及进场计划
2	根据施工进度需要，编制图纸需求计划，提前与业主、监理、设计进行沟通；指导和协助幕墙、弱电、精装修等专业分包进行专业图纸深化设计，防止因图纸问题耽误施工

续表

序号	协调措施
3	对业主提供的材料设备提前编制进场计划
4	结合经验向业主提出各专业配合的合理化建议，满足业主提出的各种合理要求
5	做好图纸会审、洽商管理，优化设计、施工方案，从而降低造价、控制投资
6	根据合同为业主提供其他配合服务

2. 与监理关系的协调

如表 16-15 所示。

与监理关系的协调　　　　　　　　　　　　　　　　　　　　表 16-15

序号	协调措施
1	学习监理管理要求，服从监理单位的监理
2	与监理配合执行"三让"原则，即总承包商与监理方案不一致，但效果相同时，总承包商意见让位于监理；总承包商与监理要求不一致，但监理要求有利于使用功能时，总承包商意见让位于监理；总承包商与监理要求不一致，但监理要求高于标准或规范时，总承包商意见让位于监理
3	向监理提供所要求的各种方案、计划、报表等
4	在施工过程中，按照经业主和监理批准的施工方案、施工组织设计等进行质量管理。各分部分项工程在经总承包商检查合格的基础上，请监理检查验收，并按照要求予以整改
5	各分包商均按照总承包商要求建立质量管理、检查验收等体系流程，总承包商对自身分包商的工程质量负责，分包商工作的失职、失误均视为总承包商的工作失误，杜绝现场施工分包商不服从监理工作的现象发生，使监理的指令得到全面执行
6	向监理提交现场使用的成品、半成品、设备、材料、器具等产品合格证或质量证明书，配合监理见证取样，对使用前需进行复试的材料主动递交检测报告
7	分部、分项工程质量的检验，严格执行"上道工序不合格，下道工序不施工"的准则，对可能出现的工作意见不一致的情况，遵循"先执行监理的指导，后予以磋商统一"的原则，维护监理的权威性
8	建立积极的沟通渠道，如会议制度、报表制度等，交换工程信息，解决存在的问题
9	与监理意见不能达成一致时，与业主三方协商，本着对工程有利的原则妥善处理
10	按合同为监理提供其他配合服务

3. 与设计、顾问关系的协调

如表 16-16 所示。

与设计、顾问关系的协调　　　　　　　　　　　　　　　　　表 16-16

序号	协调措施
1	管理专项工程深化设计工作
2	参与不同专业间的综合图纸会审，指出各专业图纸的接口、协调等问题，组织编制组合管线平衡图，向业主提出合理化建议
3	参加各专业工程的图纸会审，提出相关建议
4	及时掌握每个专业工程的变更情况，从施工角度评价其影响，及时提出相关建议
5	严格按照设计图纸施工，施工中的任何变更都要经过设计或顾问同意
6	根据合同为现场设计代表提供其他配合

16.4.3 总承包商对幕墙单位的配合服务措施

如表 16-17 所示。

总承包商对幕墙单位的配合服务措施   表 16-17

配合工作名称		总承包配合服务措施
施工前期准备配合	配合幕墙深化设计工作	设置幕墙管理团队，管理幕墙深化设计进度及质量，协调幕墙工程与其他专业工程的设计界面、设计提资等
	幕墙材料堆场和加工场准备	幕墙工程的材料堆场和加工场需求面积较大，在幕墙施工插入前，合理布置现场总平面，为幕墙施工提供材料堆场和加工场
	工作面移交	按照计划要求及现场实际进度情况分段移交工作面给幕墙分包商
施工过程中的配合	质量控制技术指导	设置幕墙施工经验丰富的工程技术人员对幕墙施工进行全过程的总承包管理职责范围内的质量控制，对幕墙施工过程中可能出现的质量问题进行技术指导
	测量配合服务	幕墙开始安装前，为幕墙分包商提供各楼层标高线和轴线
	垂直运输	垂直运输工具以满足主体结构施工为前提，同时合理地对各分包商的运输需求进行配合
	安全设施的拆除	配合幕墙施工，对妨碍幕墙安装的安全设施进行临时拆除并及时恢复
竣工验收阶段配合	配合预验收	幕墙施工完毕后组织工程人员进行幕墙工程质量、工程资料预验收，完毕后及时上报业主单位，协调业主单位及时组织专项工程验收
	竣工资料	设置专人负责指导幕墙工程资料的编写、整理，统一组织幕墙工程施工资料收集、组卷和移交

16.4.4 总承包商对机电单位的配合服务措施

如表 16-18 所示。

总承包商对机电单位的配合服务措施   表 16-18

配合工作名称		总承包配合服务措施
施工准备期间的配合	业主目标的细化	在整个工程施工准备期间，指派专业机电工程施工管理人员与业主沟通，对各个系统的功能目标进行具体化，确保各个功能目标切实可行
	深化设计	统筹机电深化设计，将机电管线综合图纸与其他专业深化设计相结合
	基准点	为机电单位提供定位和标高基准点，在现场墙柱结构标记施工控制线
	工作面移交计划	依据土建、机电和装饰装修工程的进度安排，组织各系统分包商制定详细的工作面移交计划表，以便于各系统分包商进行施工准备和组织
施工过程的配合	工作面动态协调	施工界面管理的中心内容是弱电系统工程施工、机电设备安装工程和装修工程施工在其工程施工内容界面上的划分和协调；通过组织各子系统工程负责人开调度会的方式进行管理，建立文件报告制度，一切以书面方式进行记录、修改、协调等
	施工过程管理	负责协调管道洞口预留封堵与管道安装施工工艺，协调排水系统与装修土建机电工艺设计关系，负责机房临时门制作及安装
	联合调试	协调土建、钢结构分包商配合机电分包商进行各子系统的联合调试，对联合调试中出现的问题，组织设计、系统集成、弱电等专家研讨解决

续表

配合工作名称		总承包配合服务措施
验收交付阶段的配合	配合验收	及时指派工程质量验收人员，参与各机电系统的验收
	资料的收集	依据资料验收要求，提供弱电工程资料专项目录，包括各弱电子系统的施工图纸、设计说明、技术标准、产品说明书、各子系统的调试大纲、验收规范、机电集成系统的功能要求及验收的标准等，配合各系统施工单位建立技术文件收发、复制、修改、审批归案、保管、借用和保密等一系列的规章制度，以确保工程资料最终能满足存档要求
	使用培训	组织业主单位、后勤管理人员对各个系统的运行、使用和维护做专题培训，确保各个系统功能得到有效的使用，发挥其管理效益

16.4.5　总承包商对电梯安装单位的配合服务措施

如表 16-19 所示。

总承包商对电梯安装单位的配合服务措施　　　　　表 16-19

配合工作名称		总承包配合服务措施
施工准备期间的配合	技术复核	核对业主提供的施工图和电梯厂家安装图，对其中的井道、井坑和预留孔洞的位置、标高和尺寸等复核，确保问题在电梯井施工前解决
	进度安排	根据工程总进度计划提出电梯进场计划
结构施工期间预留预埋	结构施工时预留预埋电梯的孔洞等	电梯井道施工时采用全站仪精确测量法控制电梯井道尺寸和垂直度
		机房预留孔洞及电梯外厅门洞、安全门洞、机房顶吊钩等按图预留
		在机房楼板预留洞口供吊装机房设备使用，吊装完毕后封闭
		为各层电梯门做临时安全封闭
		结构施工完毕后测出所有电梯井全高的垂直度、电梯井道实际的准确尺寸、所有预留洞口位置和尺寸等数据，为电梯安装提供依据
电梯安装期间配合	厅门标高控制	电梯安装前，组织装饰施工单位按照电梯厅完成面的位置在各电梯厅门口处设置水平线，作为安装厅门地槛的基准，配合电梯的安装
	多厅门的平面度控制	对同一墙面有多个电梯门的电梯厅，组织装饰施工单位按电梯井全高铅垂线和墙面装饰层的厚度在电梯门相应的墙面找出完成面标志，使各电梯的厅门和门套在同一平面上
	厅门位置控制	组织装饰施工单位根据电梯井全高的实际垂直度情况确定一个最合理的电梯中心线，以此确定电梯门中心线，并提供给电梯安装单位
	安全保障配合	在电梯安装前，全面清理电梯井道内杂物；对工人进行安全教育，设置明显的安全警示标志；全面检查电梯门及机房内预留洞的安全防护措施并书面移交给电梯安装单位使用；当电梯安装作业时，电梯井道内有足够的照明
	提供电梯施工电源	提供专线作为电梯安装所需的施工电源
	提供电梯正式运行电源	加强对供电工程的进度控制，保证在电梯安装结束之前，提供正式电
	配合制作支墩	机房中的主机安装完后，配合制作支墩，并将承重梁两端封闭

续表

配合工作名称		总承包配合服务措施
电梯安装期间配合	电梯底坑的防水处理	在井道脚手架拆除后，对底坑做防水处理
	电梯地槛、门套、门梁与结构之间缝隙处理	各层厅门安装完毕后，督促装饰施工单位将电梯地槛、门套、门梁与结构之间的缝隙封堵
	成品保护	对完工的电梯部位做成品保护，如厅门、门套、轿厢、外呼键等
		防止明水进入电梯坑道内出现设备浸泡现象
	工序组织	电梯机房及时进行装修施工和门窗洞口封闭
	接地	电梯井道内的接地敷设到位，将接地电阻测试记录对电梯单位交底

16.4.6 总承包商对精装修单位的配合服务措施

如表 16-20 所示。

总承包商对精装修单位的配合服务措施　　　　　　表 16-20

工作名称		服务措施
施工前期准备	组织精装修深化设计	配备专门的装饰设计师，审查、确定各种装饰面板材的排版、灯具定位、安装，以及工程末端（空调出风口、消防喷头等）位置等
	工作面移交配合	根据施工段的划分，分段移交工作面给精装修工程
	装饰施工方案制定	针对精装修工程组织编制装饰施工方案并对其审核，经业主、监理同意后开始实施
施工过程中	样板确认	精装修单位进场后立即组织进行装饰样板施工，提前确定施工样板所有精装修材料及颜色
	现场交底	进行现场隐蔽交底，防止精装修施工对已完工隐蔽工程破坏
	工程质量监督检查	选派精装修经验丰富的工程质量人员，对精装修质量监督
	标高控制	控制地面装饰厚度，确保精装房间与普通房间地面标高一致
	技术复核	施工前对结构进行技术复核，保证装饰施工顺利进行，为装饰工程质量的保证奠定基础
	施工穿插	组织工序穿插施工，保证工作面忙而不乱
	成品保护	在已装修好的楼层实行出入管理制度、专人看管制度
竣工验收阶段	配合预验收	施工完毕，及时组织工程人员进行精装修工程质量、工程资料预验收，完毕后及时上报业主，配合组织消防专项验收和工程竣工验收，以及精装修工程的交付
	竣工资料	设置专人负责指导精装修工程资料的编写、整理，统一组织精装修工程施工资料收集、组卷和移交

16.4.7 总承包商对燃气、空调、电气等分包商的专项配合服务措施

如表 16-21 所示。

总承包商对其他分包商的配合服务措施　　　　表 16-21

序号	配合服务单位	总承包配合服务措施
1	燃气系统单位	与燃气公司协调双方的交接驳口按指定图纸施工，并按工地情况议定准确的位置及双方的工作界面
2	空调暖通分包商	按合同提供相关供水系统；与空调暖通分包商协调工作内容，并就双方的交接驳口议定准确的位置及双方的工作界面
3	电气及弱电分包商	提供所有设备的耗电量、用电点位置等数据以配合电源供应
		与电气、弱电分包商协调工作内容，并就双方的交接驳口议定准确的位置及双方的工作界面
4	消防分包商	按合同提供相关供水系统，并确保有关系统达到当地政府部门的验收要求。与消防分包商协调工作内容，并就双方的交接驳口议定准确的位置及双方的工作界面
5	景观及园林分包商	协调景观及园林分包商所需要提供的给水排水配置及装置
		与景观及园林分包商协调议定确定的安装位置及工作界面
		供应临时用水以灌溉植物，直至业主接收园林绿化工程
6	铝门窗供应及安装分包商	按照图纸提供安装工作面
		监督分包商提供及保养吊升机械或垂直运输设备以完成铝门窗安装工程，并随后拆卸移离现场
		供应临时用水以进行铝门窗的闭水测试及清洗
		采用图纸指示材料回填铝框与墙体之间的空隙
7	防火卷帘分包商	与防火卷帘分包单位协调双方的交接驳口，按指定图纸施工，并按工地情况议定准确的位置及双方的工作界面
8	其他分包商	提交深化设计图及施工方案等给业主及监理审批，经批准后实施
		检查工程安装的设备、材料品牌、型号、规格等与设计相符
		协调有关机电系统的调试及运行工作
		协调等电位接地系统的安装

16.4.8　与政府管理部门及相关单位的配合

如表 16-22 所示。

与政府管理部门及相关单位的配合　　　　表 16-22

序号	政府主管部门及其他机构	协调内容
1	建委	优良样板工程的检查、评比
2	质量监督站	(1) 建设工程质量报监。 (2) 日常、分部分项节点部位、单位工程施工的监督工作的对接，以及工程竣工验收过程监督工作的对接。 (3) 工程创优检查、指导与推荐。 (4) 工程施工过程中质量管理突发事件的协调处理。 (5) 建设工程安全报监。 (6) 建设工程日常安全监督检查接待，节点部位安全监督检查，工程竣工安全评估。 (7) 文明样板工程的检查、评选。 (8) 工程施工过程中安全突发事件的协调处理

序号	政府主管部门及其他机构	协调内容
3	城市建设档案馆	(1) 施工过程中档案的资料收集整理的指导和检查。 (2) 工程竣工时建设工程竣工档案资料的预验收。 (3) 工程竣工验收后建设工程档案的移交
4	规划局	开工时规划验线、施工过程中规划验收、竣工规划验收，核发"建设工程规划验收合格证"
5	消防大队	(1) 消防报监、施工过程中消防检查、系统验收。 (2) 竣工后进行消防验收，签发"建设工程消防验收意见书"
6	建筑业协会	优良样板工程、建设项目结构优良样板工程、安全生产、文明施工样板工地的检查、评比
7	质量技术监督局	大型机械设备和计量器具的检定工作
8	安全生产监督管理局	(1) 施工现场日常安全检查和专项检查，安全突发事件的处理。 (2) 工程安全生产条件和有关设备的检测检验、安全评估和咨询
9	城市管理综合执法纠察大队	(1) 施工现场周边环境卫生、综合治理的组织协调。 (2) 建筑施工渣土申报和运输的检查、协调
10	公安交通管理局	施工现场日常交通路线的协调，大体积混凝土浇筑过程中的交通协调，大型构件、设备运输协调
11	公安局	(1) 施工现场综合治理检查、突发事件处理。 (2) 施工现场工人办理暂住证等其他相关证件
12	环境保护局	开工污水排放的申请、施工过程中渣土外运审批、淤泥渣土排放证核发、日常市容环境的检查

16.5 总承包设计与技术管理

16.5.1 总承包设计管理

16.5.1.1 设计交底与图纸会审管理

在工程准备阶段，在业主的主持下，由设计单位向总承包单位、监理单位、建设单位及主要参建单位进行交底，主要交代建筑物的功能与特点、设计意图与施工过程控制要求等，主要内容如表 16-23 所示。

设计交底的主要内容　　　　　　　　　　　表 16-23

序号	内容
1	施工现场的自然条件、工程地质及水文地质条件等
2	设计主导思想、建设要求与构思，使用的规范
3	设计抗震设防烈度的确定

续表

序号	内容
4	基础设计、主体结构设计、装修设计、设备设计（设备选型）等
5	对基础、结构及装修施工的要求
6	对建材的要求，对使用新材料、新技术、新工艺的要求
7	施工中应特别注意的事项等
8	设计单位对监理单位和承包单位提出的施工图纸中的问题的答复

施工图是施工的主要依据，施工前组织技术专业人员认真熟悉、理解图纸，对图中不理解的问题书面提供给业主，以便业主在组织图纸会审前参考，将图纸中不明确的问题解决在施工之前。

超高层建筑由于其工程体量大，结构复杂，设计交底和图纸会审可分段进行。

16.5.1.2　工程洽商及变更管理

超高层建筑工程存在众多专业分包商，其管理体系和管理组织各不相同，为此总承包商的技术责任工程师及商务人员对工程的全部变更及洽商进行统一管理。设计变更由总承包商统一接受并及时下发至分包商，并对其是否共同按照变更的要求调整等工作进行评议处理。同时，各家分包商的工程洽商以及在深化图中所反映的设计变更，也需由总承包商汇总、审核后上报，工程师批准后由总承包商统一下发通知各分包商。工程变更管理过程中，总承包商负责对变更实施跟踪核查，一方面杜绝个别专业发生变更，相关专业不能及时掌握并调整，造成返工、拆改的事件发生；另一方面还要监督核实工程变更造成的返工损失，合理控制分包商因设计变更引起的成本增加。

其变更、洽商流程如图 16-14 所示。

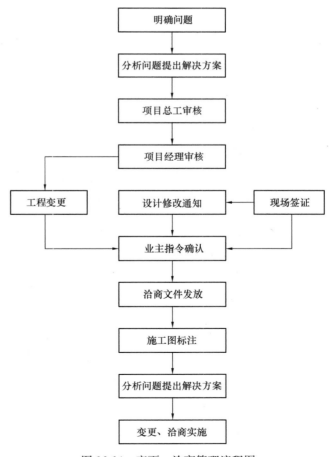

图 16-14　变更、洽商管理流程图

16.5.1.3　专项设计与深化设计管理

超高层建筑工程开工前期，业主通常仅提供基坑、建筑、结构及机电安装设计图纸，总承包单位进场后需依据合同配合业主或自行完成精装修、幕墙、景观工程等专项设计，同时需在开工前完成钢结构、机电等专业的深化设计工作，具体详见表 16-24。

专项设计与深化设计内容　　　　　　　　　　　　　　　　　表 16-24

序号	专项/深化设计内容	设计单位	审批单位
1	幕墙设计	幕墙设计单位	原建筑设计单位、规划审查机构
2	园林景观设计	园林景观设计单位	原建筑设计单位、规划与消防审查机构
3	泛光照明系统深化设计	泛光照明设计单位	原建筑设计单位、城管局
4	精装修设计	精装修设计单位	原建筑设计单位、消防审查机构
5	弱电智能化设计	弱电设计单位	原建筑设计单位、消防审查机构
6	标识标牌深化设计	专业设计单位	原建筑设计单位、城管局
7	燃气系统设计	燃气设计单位	原建筑设计单位、燃气公司
8	电力系统设计	电力设计单位	原建筑设计单位、电力公司
9	水务系统设计	水务设计单位	原建筑设计单位、自来水公司
10	厨房系统设计	厨房设计单位	原建筑设计单位、规划与消防审查机构
11	钢结构深化设计	钢结构施工单位	原建筑设计单位
12	楼承板深化设计	楼承板施工单位	原建筑设计单位
13	电梯深化设计	电梯施工单位	原建筑设计单位
14	擦窗机深化设计	擦窗机施工单位	原建筑设计单位、幕墙设计单位
15	机房深化设计	机电施工单位与设备厂家	原建筑设计单位
16	太阳能深化设计	太阳能施工单位	原建筑设计单位
17	综合管线排布深化设计	总承包单位	原建筑设计单位
18	精装修排版深化设计 （含机电点位深化）	总承包单位	原建筑设计单位

16.5.2　总承包技术管理

16.5.2.1　对分包技术管理的主要内容

如表 16-25 所示。

对分包技术管理的主要内容　　　　　　　　　　　　　　　　表 16-25

序号	主要内容
1	除按照合同严格管理各分包商之外，要协助、指导各分包商深化设计和详图设计工作，负责安排分包商绘制和报批必要的加工图、大样图、安装图，并贯彻设计意图，保证设计图纸的质量，督促设计进度满足工程进度的要求
2	对分包施工进行技术支持及技术把关。同时，总承包商也将对分包商的深化设计给予足够的技术支持

续表

序号	主要内容
3	由总承包组织各分包商绘制安装综合总图，包括安装综合平面图、立面图、剖面图，在不违反设计意图情况下对各专业的管路、设备进行综合布置，以清楚表示所有安装工程各系统（包括分包商工程）的标高、宽度定位以及与结构、装饰之间的关系。确定各专业正确的施工次序，解决各专业相互冲突的情况
4	协调各分包商与设计人的关系，及时有效地解决与工程设计和技术相关的问题

16.5.2.2　施工组织设计及专项方案管理

施工组织设计、专项方案的审批、审核对工程的规范化管理有着重要的意义，所有专项方案及专业施工组织设计按编制责任由各方自行编制，统一由总承包商负责输入信息平台。

1. 总承包商施工组织设计及专项方案编审

由总承包商编制及组织编制的施工组织设计及主要专项方案编制计划及审批、审核、变更流程如图 16-15、图 16-16 所示。

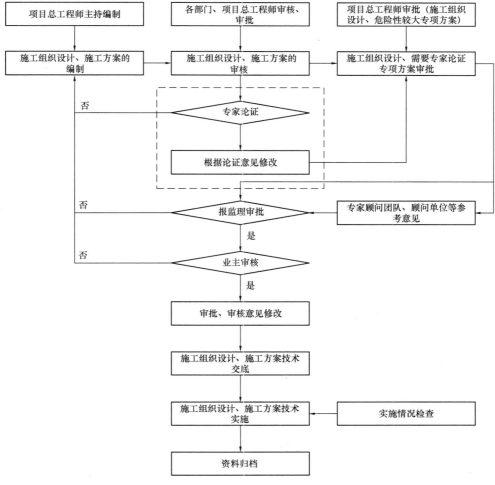

图 16-15　总承包商施工组织设计及专项方案编审

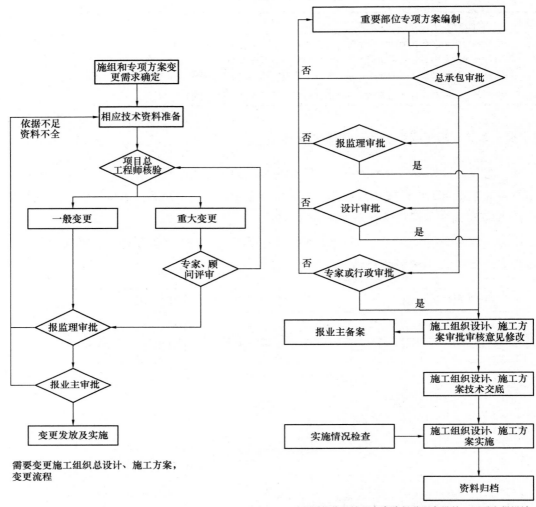

图 16-16　总承包商施工组织设计、施工方案的审批管理流程

2. 专业分包商分项施工组织设计、施工方案的管理要求

专业施工组织设计、专业施工方案是专业工程实施的重要技术文件，对专业施工组织设计及专业施工方案的管理，是总承包商对专业工程技术管理、协调的一个相当重要的工作内容。根据总承包商的总体施工进度计划及施工部署，各标段专业主承包、分包商组织技术力量进行专项施工组织设计及专业施工方案的编制工作。在编制完成后，需要依据总承包商技术管理流程进行相应的审批、审核，最终审核文件将作为业主、监理、总承包商对各标段专业主承包、分包商的施工工艺检查的依据。

超高层建筑工程对专业分包商分项施工组织设计、施工方案的编制要求及审批管理流程如表 16-26 所示。

专业分包商分项施工组织设计、施工方案的管理要求　　　表 16-26

拟要求编写方案名称	审批流程
机电预留预埋施工方案	
综合管线专项方案	
强电工程专项方案	
给水排水专项方案	
防雷接地系统安装方案	
通风空调系统专项方案	
监控巡更系统专项方案	
自控系统专项方案	
大型设备吊装专项方案	
机电系统单项调试方案	
联合调试专项方案	
钢结构制作加工方案	
钢构件运输方案	
幕墙预埋件专项方案	
幕墙施工组织专项方案	
幕墙检测专项方案	
吊篮施工专项方案	
电梯工程专项方案	
装饰专项方案	
室外园林工程专项方案	

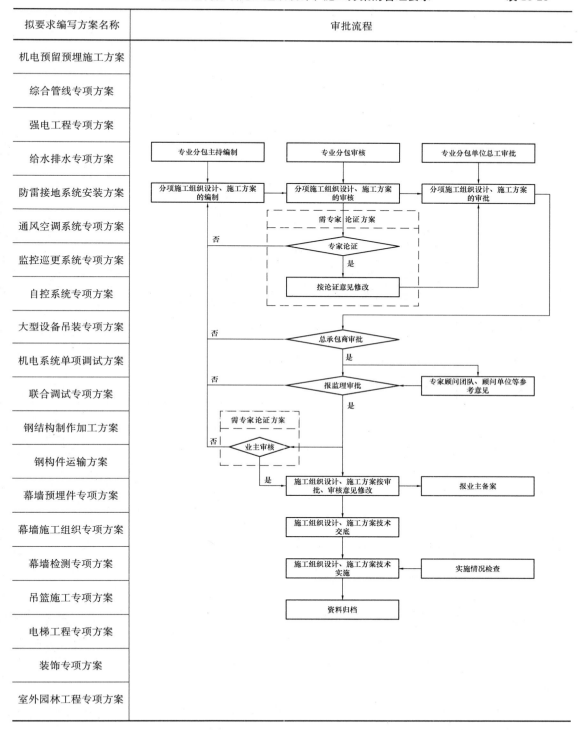

3. 独立分包商分项施工组织设计、施工方案的管理要求

如表 16-27 所示。

独立分包商分项施工组织设计、施工方案的管理要求　　　　表 16-27

方案名称	审批流程
电信工程专项方案	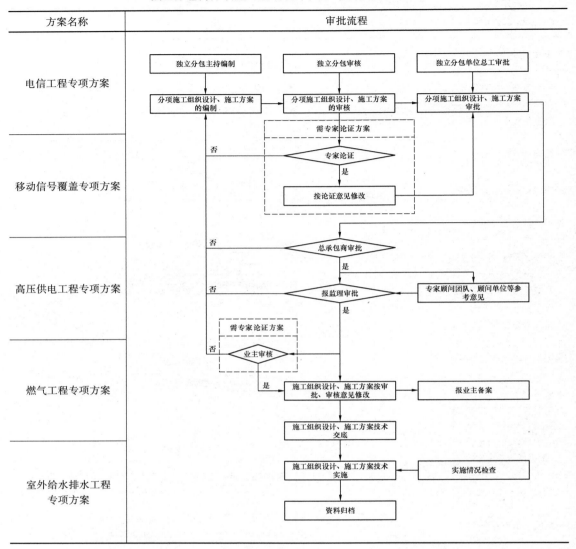
移动信号覆盖专项方案	
高压供电工程专项方案	
燃气工程专项方案	
室外给水排水工程专项方案	

16.5.2.3　总承包商技术支持与协调

总承包商技术协调是总承包商技术管理的关键：总承包商根据工程总体目标，确定不同时段、不同区域的主导专业，其他专业围绕主导专业展开各项工作。在超高层建筑工程技术协调过程中将充分利用 BIM 模型进行关键过程的虚拟建造模拟、工况计算，其结果作为技术协调的重要依据。

超高层建筑工程的技术协调工作，依托项目管理平台进行日常技术工作协调，重要问题召开专题技术协调会议。

1. 技术支持

为了保证工程的顺利实施，一般需要组建包含钢结构、幕墙、节能、土建、机电安装等工程的专家顾问团队为工程提供专业的过程指导。

2. 技术协调

超高层建筑工程总承包商技术协调内容如表 16-28 所示。

技术协调内容　　　　　　　　　　　　　表 16-28

序号	协调内容	协调措施
1	提供测量和试验支持	在工程施工过程中，总承包商负责对所有分包提供测量基准线，如每层的轴线、每层标高基准线等，并且负责分包测量放线的校核。 各分包工程施工中的材料试验，总承包商将负责现场的试验管理，提供现场试验条件，对试验取样进行全程监督，必要时进行录像监督备案，在见证取样中配合监理进行试验全程监督。总承包商对分包的试验结果进行审核检查和备案，并报监理审核检查
2	对分包技术管理进行过程监控	总承包商按照分包编制，并经过总承包商、监理审核审批的施工方案，对分包施工过程进行监督和检查，保证分包施工过程与施工方案一致，并与分包共同解决现场遇到的技术问题
3	对分包提供资料管理和支持	施工过程中的资料是工程中重要内容，总承包商将对工程资料充分重视，安排有类似工程资料管理经验的专人进行资料管理，总承包商对分包的资料将统一要求，使分包的施工资料符合资料档案整理的要求。总承包商将按施工进度对分包资料进行检查、整理、汇总，督促分包及时整理资料，保证资料随工程进度及时整理和汇总。 工程资料的封面、卷内目录、案卷目录、案卷盒都由总承包商项目经理部统一确定，对资料的分类编号，采用计算机编号系统进行统一编码，以便查询和调阅。在工程结束时，在规定时间内要求各分包将整理的工程资料移交给总承包商，由总承包商把所有工程资料进行分类、整理、汇总，并负责工程资料向业主和档案馆移交
4	隐蔽工程验收与管理协调	工程施工过程中，各分包商应按照国家和地方有关规定，对隐蔽工程验收项目进行规划，并在专项施工方案中予以明确，使项目经理部和监理工程师对隐蔽工程验收项目做到心中有数。对隐蔽工程验收，分包商先将报验计划、报验资料送项目经理部质量部，经质量部检查复核后报监理工程师审定。未经监理复核审定不得进入下道工序。可将按照下图所示流程实施对隐蔽工程的组织验收，重点加强对协调准备、检查验收两环节的组织控制

16.5.2.4 技术管理的主要措施

技术管理工作的主要任务是运用管理的职能和科学的方法，建立技术管理体系，完善技术管理制度，卓有成效地开展技术开发创新和技术考核工作。只有将技术管理纳入总承包商项目管理中，才能不断提高施工技能和技术管理水平，接近或领先于国内同行业技术水平，有效促进总承包管理水平的持续快速发展。主要采取的措施如下：

1）建立技术组织机构，明确技术管理的职责；

2）加大投入，实现绿色材料采购；

3）加强工程技术资料的管理；

4）运用信息化技术；

5）注重施工后期的技术管理；

6）改变观念，引进国外先进技术。

16.6 总承包采购与合同管理

16.6.1 采购管理概述

项目采购控制管理工作是项目管理中的核心内容，直接关系到整个工程项目建设的投资控制。分包计划就是项目采购控制管理的基石，其制定的基本原则包括有利于实现长周期供应设备的及时供应；有利于提前展开部分工程施工工作，以争取到宝贵的可利用时间；有利于实现最大限度地降低工程造价的愿望；与目前国内承包商、供应商的实际能力相适应；有利于现场施工的协调和控制；方便运行维护（售后服务）的管理。

根据上述原则，在项目初期总承包商同业主一起进行分包计划的制定，并随着项目的实施动态调整。在分包计划基础上，总承包商项目副经理（商务）制定相应的采购流程、合同管理办法，即项目采购控制管理实施性文件。总承包商项目副经理（商务）依据此计划配合协助业主商务团队执行实施，保证分包计划的有效推进、合理实施。总承包商项目副经理（商务）制定的采购流程、合同管理全过程要在项目经理、业主商务受控下进行。

16.6.2 目标控制

实施分包计划并确保采购程序符合法规和业主要求，确保所采购设备材料等在质量、进场时间、后期维护服务、降低成本等方面满足规范及业主和实际工程进展的要求。合同内容考虑全面，避免纠纷及索赔。

16.6.3 采购基本流程

1. 资料收集整理和分析、资格预审

总承包商商务根据资质要求和资格预审条件，进行资料收集整理和分析，将潜在承包商长名单分析情况报业主商务。承包商长名单主要来源分为三个部分：一是业主以往了解的优秀承包商；二是总承包商提供的优秀承包商；三是业主商务调研提供的市场上有过类似项目成功经历的分包商。

2. 编制招标文件（合同）及招标须知、合约包技术文件、招标清单、招标预算

总承包商项目副经理（商务）完成招标文件（合同）及招标须知的拟定。招标文件应当包括投标格式、对投标人资格审查的标准、投标报价要求和评标标准等所有实质性要求和条件，以及合同标准文本与附件。设计单位向总承包商提交技术规格书及招标图纸，总承包商总工程师组织审查后交总承包商务。总承包商项目副经理（商务）完成招标清单、招标预算，设计单位进行配合。总承包商商务汇总招标文件（合同）及招标须知、合约包招标范围、技术规格书、招标图纸、招标清单、招标预算，并提交业主商务进行审核。

3. 发标会、招标邀请、开标会

发标会、招标邀请、开标会由业主主导，总承包商进行配合。

4. 踏勘现场、问题澄清

根据具体情况，业主可以组织潜在投标人踏勘项目现场，总承包商进行配合。潜在投标人依据招标人介绍的情况做出的判断和决策，由投标人自行负责。业主对已发出的招标文件进行必要的澄清或修改，该澄清或修改的内容为招标文件的组成部分，总承包商进行配合。

5. 评标

开标全过程由业主主导，总承包商参与技术标、资信标评标。

6. 商务谈判

商务谈判阶段总承包商不再参与，由业主主导完成。

7. 确定中标人

中标人由业主招标委员会确定。业主发放中标通知书，总承包商进行配合。

8. 合同签订

总承包商协助业主编制承包合同文件和合同谈判，并确定分包商的工作范围和责任。

项目采购流程如图 16-17 所示。

16.6.4　采购设备材料入场核查、到货验收、移交

1. 采购设备材料入场核查工作内容

为确保采购设备材料的工期、性能满足合同的要求，需对重要的设备材料进行入场核查。入场核查根据采购设备材料的制造阶段分为：制造过程中的核查及制造完成后的核查。

1）设备材料制造过程中的检查：制造过程中的核查为随机检查，是否进行制造过程中的检查视供应商对制造过程的报告情况、施工工期对产品到货时间的紧迫性的情况而定。如果有供应商报告制造进度有延迟或不能给出进度的报告、产品交期无任何延迟的机会或需要

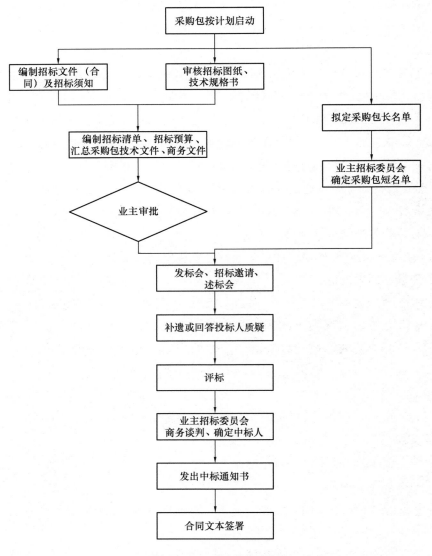

图 16-17　项目采购流程

有提前供货的要求、其他导致业主对如期交货产生疑问的情形，则及时安排制造过程中的核查。

设备材料制造过程中的核查重点包括核实供应商报告的制造进度信息是否属实，与制造商商讨如期完工或提前完工的方案和计划，制造商材料准备情况和生产线生产情况，检查制造商的试车台和质量管理体系。此项工作由总承包商商务组织，业主派人参与。核查完成后形成检查报告，报告留存总承包商。如果检查报告指出在制造环节有进度和质量方面的重大隐患，总承包商需提高检查的频率和检查人员的级别，与供应商沟通协调，以消除隐患。

2）设备材料制造完成后的核查：制造完成后的核查亦即发货前检测。目的是进行商务性质的核实工作（如果有发货前货款支付条款）；进行发货前的外观检查和性能检测，以便及时发现问题，避免货到现场或调试运行时才发现问题而对项目带来重大影响。发货前检测的主要方式是对拟出厂产品进行随机抽检，利用供应商的试车台进行产品的性能测试，并与设计要求和产品国家标准进行比对。此项工作由总承包商务组织，业主派人员参与。检测完成后形成检查报告，报告留存总承包商。如果检查发现性能存在不满足的情况，总承包商项目经理立即组织业主、项目副经理（商务）、项目总工程师与供应商召开紧急会议，以确定此种性能不满足的情况能否通过调整满足要求以及能否接受由此带来的产品延误交付工期，此种性能不满足的情况能否接收以及商务上如何处理。

2. 采购设备材料到货检查、移交工作内容

业主采购供货到场接收移交应做到：货物检查通过后，需办理接收移交工作的，由总承包商商务组织，总承包商、业主、业主商务、监理单位、供应商、承包商六方进行移交完成"甲供材料（设备）接收移交单"（检查表由总承包商负责准备）；此表由业主、总承包商、监理单位、供应商、承包商六方签字，原件存总承包商，其余各方留存复印件。

16.6.5　项目合同体系及合同文本的形成

1. 项目合同体系

根据工程项目的特点和项目管理内容，总承包商应协助业主制定合理的合同结构模式。以业主商务提供的合同文本为基础，并作为招标文件的组成部分经业主审核后确定为合同标准文本。

2. 项目合同的履行

总承包商按《合同法》要求对工程承包合同的执行情况进行监督、检查，发现问题及时提出意见。在合同履行过程中，总承包商应配合业主商务对合同履行进行有效监控，遇有妨碍合同正常履行的情况，应及时汇报、及时处理，积极消除不利因素。

16.6.6　合同管理流程

1. 业主合同

如图 16-18 所示。

2. 指定分包合同

如图 16-19 所示。

3. 独立分包合同

如图 16-20 所示。

4. 自行分包合同

如图 16-21 所示。

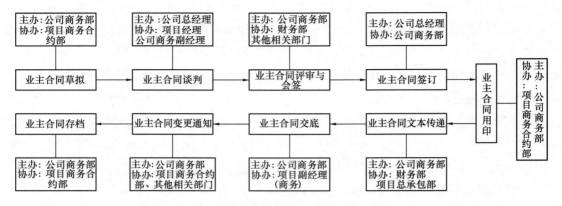

图 16-18　业主合同管理流程图

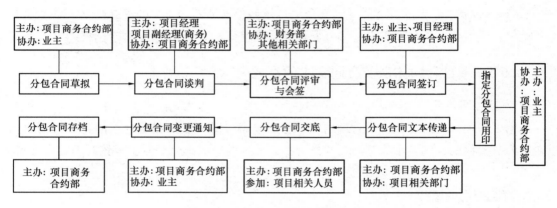

图 16-19　指定分包合同管理流程图

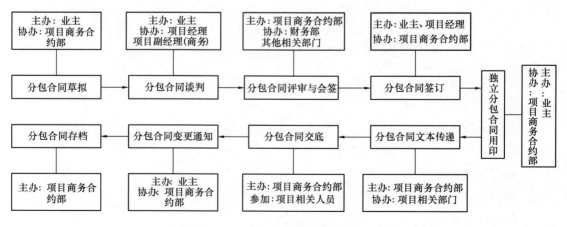

图 16-20　独立分包合同管理流程图

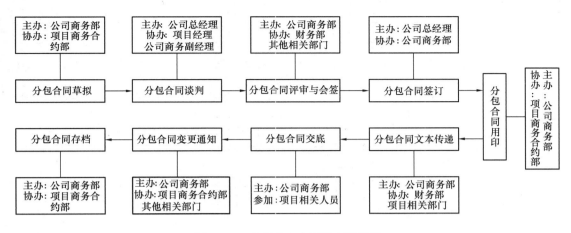

图 16-21 自行分包合同管理流程图

5. 材料设备采购合同

如图 16-22 所示。

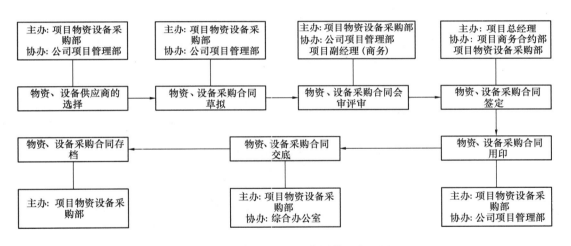

图 16-22 材料设备采购合同管理流程图

16.6.7 合同管理措施

如表 16-29 所示。

合同管理措施　　　　　　　　　　　　　　　　　表 16-29

序号	管理项	内容
1	合同管理内容	对工程签署的所有合同（以下简称"合同"），包括但不限于总承包合同及补充协议、分包合同、物资采购合同、设备租赁合同、借款合同、担保合同等进行标准化程序管理，使总承包商能够进行有效的管理、协调，确保工程施工顺利进行

序号	管理项	内容
2	合同草拟	公司市场与总承包商负责制定各类合同的标准合同文本，项目商务部在办理相关业务时应使用公司合同标准文本，并视实际情况在标准合同文本基础上进行完善。 合同文本包含通用条款与专用条款两部分。通用条款由项目商务部拟订，合同草拟人不得增加、删减、更改；合同草拟人可根据实际情况对专用条款部分做相应调整。 公司未就相关业务发布标准分包、采购合同文本时，项目商务部的主办人应与物资部协商确定业务要点（必要时公司市场与总承包商应参与谈判），由商务部根据实际情况草拟合同文本，保证文本的有效和适用
3	合同评审与会签审批	合同评审可以视评审合同的复杂性，采用传阅、书面评审方式和会议评审方式，并由参加评审的人员填写"合同评审表"
4	合同签订	所有合同（除初始业主合同外）必须经项目经理审批后方能签订
5	合同文本传递	业主合同签订后，由商务部保存正本，并负责向公司财务资金部、总承包项目部及合同中相关各方传递合同副本，如遇副本不足情形，即采用复印文本传递。 分包合同签订后，由项目副经理（商务）负责向商务部传递合同正本，并由项目商务部向公司财务资金部传递合同副本，如遇副本不足情形，即采用复印文本传递。 物资、设备采购、租赁合同以及临建设施合同等签订完毕后，采购部门保存合同文本原件，并负责向公司财务部传递合同副本，如遇副本不足情形，可采用复印文本
6	合同交底	业主合同由商务部组织向项目经理、项目副经理（商务）、项目现场管理人员、项目财务人员等进行交底。分包合同由项目副经理（商务）组织向项目经理、项目商务人员、项目现场管理人员、项目财务人员等进行交底。物资、设备采购、租赁合同以及临建设施合同由采购部门组织向项目经理、项目商务人员、现场管理人员、项目财务人员等进行交底。 合同交底应采用书面方式进行，并不得少于以下十个方面内容：项目投标背景，签约双方合同负责人、参与人职权范围，合同造价条款缺陷，工程目标的约定，合同变更方式约定，竣工验收与移交约定，合同结算期限与结算工程款支付约定，合同保修金以及保修金返还约定，争议解决约定，其他合同缺陷约定
7	合同变更	当设计变更、工程变更、洽商内容超出合同约定工程范围和造价范围时，项目副经理（商务）应组织项目相关人员，针对变更进行评审会签，并完成合同修订（变更）评审记录。业主合同变更会签填写"合同变更会签单"，报公司总经理审批后方可变更
8	合同文本保管	合同文本包括中标通知书、各类合同、合同变更、合同会签单、合同会签文本、用印申请单等文件。 商务部负责公司合同文本（除物资采购合同以外）的保管工作并汇总台账，采购部门负责建立物资采购合同台账和采购合同文本的保管。台账内容应至少包括：合同类别、项目名称、合同名称、工程范围、合同金额、签订日期、履行效力期间等。 物资采购、设备采购合同的原件正本由采购部门保管，合同会签单以及会签合同文本的复印件由商务部保管。采购合同变更文本由物资及设备部门负责保管正本。 项目副经理（商务）负责项目有关全部合同文件的保管和合同台账的建立、维护和更新

16.7　总承包施工管理

16.7.1　总承包进度管理

16.7.1.1　概述

超高层建筑由于采用各种新技术，如钢板剪力墙、钢管混凝土、型钢混凝土等，加上设计上工种之间的协调以及质量要求高等因素，结构施工工期比一般建筑结构施工工期长。针对 200～300m 级超高层建筑总承包进度管理，应以设计管理和技术管理为前提进行周密策划，以资源计划和工作计划为保障，实现进度管理的高效实施和各类资源均衡投入。

16.7.1.2　进度控制的原理

1. 系统原理

系统原理主要包括四个方面的内容：①进度管理过程中应按管理主体和工程建设阶段的不同分别编制计划；②参加单位必须建立不同管理层次的进度控制系统；③自编制项目施工进度计划开始，经过对计划实施过程的跟踪检查、发现偏差、分析原因、寻找解决办法、调整或优化计划等一系列环节，再回到对原计划的执行或调整，形成一个封闭的循环系统；④信息反馈是施工项目进度控制的一个主要环节，施工实际进度通过信息反馈到总承包管理层，对所反馈的信息严格执行量化管理，确保总承包商能根据反馈信息作出决策并及时调整计划。

2. 动态控制原理

施工项目进度控制是一个不断进行的动态控制，也是一个循环进行的过程，总承包方对工程中的各项施工计划执行情况进行监控，当工程进度与既定总进度控制计划发生偏差时，及时向参建的各相关方提出预警，并与之联合制定对策，实施纠偏(图 16-23)。

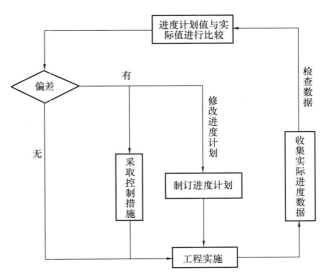

图 16-23　进度计划动态控制原理图

16.7.1.3　施工进度计划的编制与审查

总进度计划的编制主要依据与业主签订的主合同，以整个工程为对象，综合考虑各方面的情况，对施工过程做出战略性部署，确定主要施工阶段的开始时间及关键线路、工序，明确主要方向。超高层建筑的总进度计划一般可采用横道图法、网络计划法、斜线图法等。

分包商根据总进度计划要求，编制相应专业的分部、分项工程进度计划，在工序的安排上服从总进度计划的要求和规定，时间上合理，便于实现目标。分包商进度计划的编制与审查具体详见图 16-24。

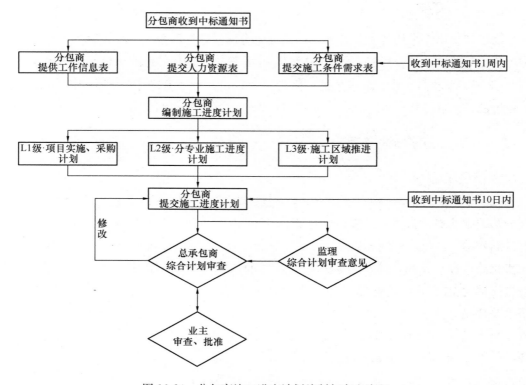

图 16-24　分包商施工进度计划编制与审查流程

16.7.1.4　施工进度计划的变更、优化

如确因不可抗力等原因导致工期拖延，需要变更原定施工计划，分包商必须以书面形式提出申请并经总承包商项目副经理（生产）审核，经由业主批准方可变更；根据工程施工情况，在施工进度计划实行过程中，对影响总工期的部分工序采取合理措施，实施优化。尚未开始施工的各分包的分项工程，工期不允许变更。已经开始施工的，如果发生计划变更，且影响到施工主控计划的工期，则承包商应至少在原计划完成节点前两周提出变更申请。

16.7.1.5　施工进度计划的跟踪与检查

分包商严格按照目标计划进行施工，并对照目标计划检查每天的进度、机械及人力的配置、节点工期完成情况报表，交总承包商项目副经理（生产）检查审定。分包商应按期及时提交周报、月报及相关的各类资料，交总承包商项目副经理（生产）根据现场实际情况对上报的资料进行审核，确保资料真实、准确。总承包商项目副经理（生产）应采取定期及不定期的检查方式检查表 16-30 所列内容。

分包商进度检查内容　　　　　　　　　　　　　　　　　　　表 16-30

序号	检查内容
1	检查期内实际完成和累计完成工程量
2	实际参加施工的人力、机械数量及生产效率
3	窝工人数、窝工机械台班数及其原因分析
4	进度偏差情况
5	进度管理情况
6	影响进度的特殊原因及分析

　　根据各分包商进度计划情况，协调各分包商间交接工作面的移交。要求交接双方在现场签字确认。如发生施工进度计划延误，应根据延误的情况通知不同层级的管理责任主体，根据合约采取不同的处罚措施（图 16-25）。

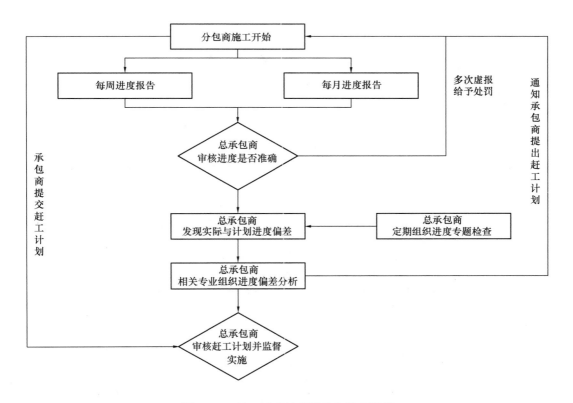

图 16-25　施工进度计划跟踪与检查流程

16.7.2 总承包质量管理

16.7.2.1 概述

超高层建筑结构复杂，复杂结构体系导致施工难度的增加，其质量管理相比一般建筑更加困难。因此，超高层建筑工程施工必须保持高标准、严要求的态度，加强过程的质量管理和控制，才能将施工的各个环节落到实处，确保工程施工质量。

16.7.2.2 工程质量管理的原则与常用理论

1. 原则

1）现场专业工程师在项目副经理（质量）的领导下应执行"质量第一、预防为主"的方针，坚持"计划、执行、检查、处理"的工作程序，并从"人、机、料、法、环"五大要素和"图纸、方案"方面进行严格控制，开展现场施工过程的质量监控工作，巡视、跟踪、检验和控制各项目、各工序的施工质量。

2）落实"过程精品"的思想。

3）分包商应对施工过程质量进行连续地、全面地、有效地控制，总承包商负责监督检查。

4）总承包商的质量监控对分包商有质量确认和质量否决权，由项目经理或项目副经理（质量）实施。

2. 常用管理理论

如表 16-31 所示。

常用管理理论 表 16-31

序号	名称	说明
1	PDCA 循环原理	PDCA 循环原理是工程项目质量管理的基本理论，主要包括计划、执行、检查和处置几个阶段，以计划和目标控制为基础，通过不断循环，使质量得到持续改进
2	三段控制原理	三段控制主要分布在三个阶段，即事前、事中和事后控制。通过建立质量的三段控制，形成严格的质量控制体系，进而确保优异的工程质量
3	三全管理	三全管理指企业的质量管理应是全面控制、全过程控制和全员参与的控制过程。它贯穿于质量标准体系中，是对全面质量管理的实践

16.7.2.3 质量管理保证体系与管理重点

1. 保证体系

质量管理在建设过程的各个阶段，总承包商通过组织保证、工作保证和制度保证，形成完整质量保证体系，如图 16-26 所示。

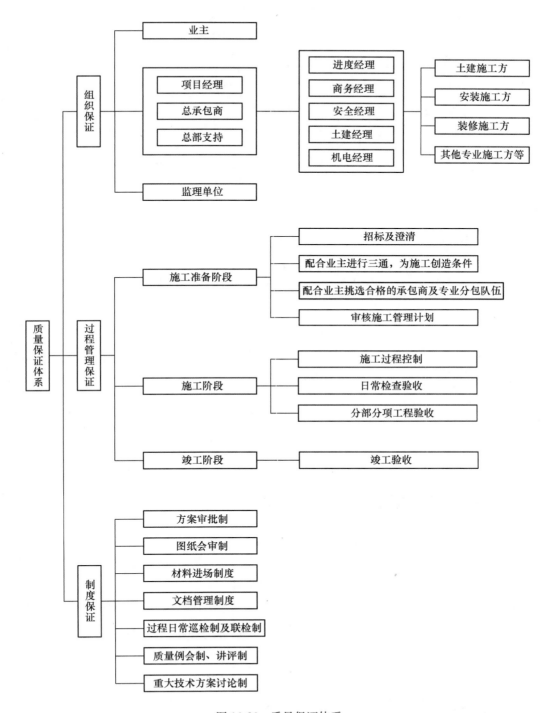

图 16-26　质量保证体系

2. 质量管理重点工作

如表 16-32 所示。

质量管理重点工作 表 16-32

序号	工程所处阶段	重点工作
1	前期决策阶段	1. 明确工程项目的质量目标 2. 做好工程项目质量管理的全局规划 3. 建立工程项目质量控制的系统网络 4. 制定工程项目质量控制的总体措施
2	勘察设计阶段	1. 勘查阶段的质量控制 2. 设计阶段的质量控制
3	施工准备阶段	1. 设计交底与图纸会审 2. 施工组织设计与施工方案 3. 分包商的选择与物资、设备采购 4. 质量策划与创优计划 5. 总承包质量管理体系的建立
4	施工阶段	1. 进场材料的验收、试验 2. 施工工序监控 3. 过程质量验收 4. 重视设计变更管理 5. 施工技术质量交底 6. 成品保护 7. 施工资料的收集与归档 8. 施工测量 9. 信息化技术
5	竣工验收交付 阶段	1. 坚持验收标准 2. 预验收与现场整改 3. 竣工资料收集与移交
6	工程保修阶段	1. 沉降观测 2. 防水工程 3. 供热、供冷、电气、给水排水系统等 4. 改造工程

16.7.2.4 施工阶段质量管理主要控制措施

影响施工质量的因素主要有五大方面，即：人、机械、材料、方法和环境（图 16-27）。事前对这五方面的因素严加控制，是保证工程质量的关键。

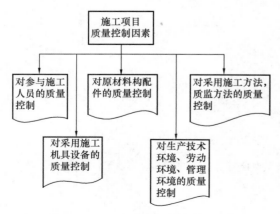

图 16-27 施工过程质量控制因素

施工工序质量控制的主要程序是检查各工序是否按程序操作，检查测量定位是否准确，检查"自检、互检、交接检"是否真实，检查承包商提交的"分项工程质量验收记录表"是否符合实际情况，检查隐蔽工程验收是否按程序进行，检查特殊过程是否按作业指导书进行施工。

过程控制的主要程序：一是进行全过程

监控。总承包商派出质量工程师，对分包商的施工质量开展全过程监督，凡达不到质量标准的不予确认，并责令限期整改。二是抓住关键过程进行质量控制。根据施工进度节点，突出重点，抓住关键过程进行质量控制。为了控制关键过程的工程质量，要求分包商编制施工方案、组织质量技术交底、下达作业指导书。监理单位对施工全过程实施质量跟踪检查，对突出重点、关键部位施工过程进行旁站。总承包商加强对关键过程的抽查和监督，使关键过程施工质量始终处于受控状态。

16.7.2.5　施工阶段主要质量管理制度

材料品牌报审报验程序：分包商所用的材料品牌、厂家的资料及相关合格证明文件，由总承包商、业主审核合格后，允许分包商采购；采用品牌报审单的形式报审，签字确认后的品牌报审单转发各单位。

现场材料检验制度：所有的材料进场前，由业主、总承包商、监理工程师共同检验，合格则允许进场施工，不合格禁止进场，监理表单由监理单位负责（表 16-33）。除了正常监理资料外，还需要在材料检验单上签字确认（图 16-28）。

进场重要材料及检查部位表　　　　　　　　　　　　　　　　表 16-33

序号	项目描述	序号	项目描述	序号	项目描述
1	钢筋	7	楼层板隐蔽	13	墙板、吊顶板
2	钢结构	8	高支模	14	电缆、配电箱、桥架
3	混凝土	9	装饰吊顶隐蔽	15	水泵、水管道
4	管道	10	墙体隐蔽工程	16	风管、电气管道、灯具
5	动力设备	11	单机及系统调试	17	门、窗、幕墙
6	格构梁	12	屋面防水	18	砖、砂浆

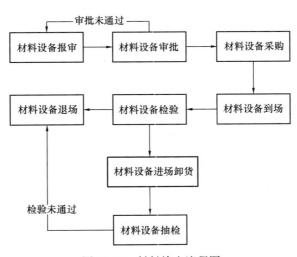

图 16-28　材料检查流程图

施工检验批检验制度：施工检验批应由分包商完成自检后上报监理单位检查，监理单位检查合格后再会同业主共同检验，合格后允许进入下道工序，不合格整改，直到继续整改合格；对各控制点的完成质量情况进行检查、记录，对没有达到质量要求的应跟踪检查记录。

隐蔽工程验收制度：所有的隐蔽工程验收，在分包商完成自检后上报监理单位检查，监理单位检查合格后再会同业主共同检验，合格后允许进入下道工序，不合格整改，直到继续整改合格。

16.7.3 总承包安全、环境与职业健康管理

16.7.3.1 概述

200~300m 级超高层建筑结构高、规模大、功能多、系统复杂、建设标准高，其施工过程具有鲜明的特点，深基坑施工、基础大底板施工、垂直运输、施工测量、脚手架工程、高支模体系、楼层防护体系、钢结构安装、机电设备安装及幕墙施工都是技术难点。从环境影响层面分析，超高层建筑高度更高，24h 施工昼夜温差大，上部施工受风、日照、雨雪等天气环境因素影响大。为此，由于超高层建筑自身的特殊性，其安全、文明施工、环境与职业健康难度相比一般建筑困难许多。

16.7.3.2 管理组织架构及职责

1. 组织架构

如图 16-29 所示。

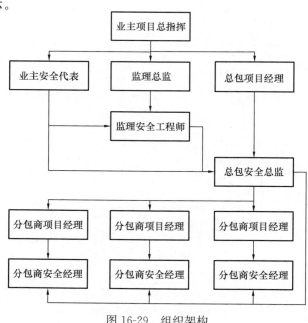

图 16-29 组织架构

2. 各方岗位职责

1) 业主职责如表 16-34 所示。

业主管理职责

表 16-34

序号	职责
1	业主应向施工单位提供施工现场及毗邻区域内供水、排水、供电、供气、供热、通信广播电视等地下管线资料，气象和水文观测资料，相邻建筑物和构筑物地下工程有关资料，并保证资料的真实准确完整
2	建设单位不得对勘察、设计、施工、工程监理等单位提出不符合建设工程安全生产法律法规和强制性标准规定的要求，不得压缩合同约定的工期
3	建设单位在编制工程概算时应当确定建设工程安全作业环境及安全施工措施所需费用
4	建设单位负责申请领取施工许可证，并在建设主管部门和相关单位备案
5	建设单位应组织项目安全生产管理机构监督、参与编制项目安全生产规章制度和应急救援预案
6	督促落实本项目重大危险源的安全管理措施
7	检查本项目安全生产状况，及时组织排查安全隐患、安全生产事故隐患，并提出改进安全生产管理的建议
8	负责项目建设过程中与政府部门的对接等相关工作（如安监站、城管、派出所、卫生等）
9	监督安全生产资金的落实使用情况，承担法律规定的建设单位安全职责

2) 监理单位职责如表 16-35 所示。

监理单位职责

表 16-35

序号	职责
1	应编制监理规划和实施细则，明确对项目安全管理的细化内容
2	应当审查施工组织设计中的安全技术措施或者专项施工方案是否符合工程建设强制性标准
3	工程监理单位在实施监理过程中，监督施工单位安全工作是否符合国家相关安全生产管理制度规定，如存在安全事故隐患的，应当要求施工单位立即整改并记录；情况严重的，应当要求施工单位暂时停止施工，并及时报告建设单位
4	按照规定要求逐步落实项目分部分项工程验收（比如脚手架工程、模板工程、塔式起重机等），签字后施工单位方可进行施工，严格落实安全监理职责和义务
5	按照项目建设所在地要求完善安全监理资料，并监督总承包商、分包商完善安全资料
6	审查施工单位人员的资质，严格按照规范要求检查验收大型机械、危险性较大分部分项工程安全措施
7	协助组织项目高危分部分项工程的安全研讨会，提供专业意见和建议，寻找安全高效的施工防范措施，避免安全事故发生
8	工程监理单位和监理工程师应当按照法律法规和工程建设强制性标准实施监理，并对建设工程安全生产承担监理责任

3) 总承包项目部职责如表 16-36 所示。

总承包商职责

表 16-36

序号	职责
1	作为总承包商，对业主负责，接受业主和监理的全程监督
2	全权代表业主，指导现场安全生产，监督分包商落实安全生产
3	组织或者参与拟订项目安全生产规章制度、操作规程和生产安全事故应急救援预案

序号	职责
4	组织或者参与项目安全生产教育和培训，如实记录安全生产教育和培训情况
5	督促落实项目重大危险源的安全管理措施
6	组织或者参与项目应急救援演练
7	检查项目的安全生产状况，及时排查生产安全事故隐患，提出改进安全生产管理的建议
8	制止和纠正违章指挥、强令冒险作业、违反操作规程的行为
9	督促落实项目安全生产整改措施
10	落实项目安全奖罚制度，负责管理项目安全奖罚资金，定期公布接受监督
11	协助业主方管理安全保卫体系，对施工单位管理人员和施工人员提供专项安全培训
12	根据工程经验提供预防性安全措施，及时组织制定高危作业安全措施

4）分包商职责如表 16-37 所示。

分包商职责 表 16-37

序号	职责
1	分包商应当服从总承包单位的安全生产管理，分包商不服从管理导致生产安全事故的由分包商承担主要责任
2	总承包单位依法将建设工程分包给其他单位的分包合同中应当明确各自的安全生产方面的权利义务，总承包单位和分包商对分包工程的安全生产承担连带责任
3	分包商应当具备国家规定的注册资本、专业技术人员、技术装备和安全生产等条件
4	分包商的项目负责人应当由取得相应执业资格的人员担任，对建设工程项目的安全施工负责，落实安全生产责任制度、安全生产规章制度和操作规程，确保安全生产费用的有效使用，并根据工程的特点组织制定安全施工措施，消除安全事故隐患，及时、如实报告生产安全事故
5	分包商应当设立安全生产管理机构，配备专职安全生产管理人员
6	分包商应按照规定设置临时用电、机械机具和消防管理专职人员或组织，并且应具有相应的执业资格，落实相关的日常巡查和维护，纳入安全管理体系运行
7	垂直运输机械作业人员、安装拆卸工、爆破作业人员、起重信号工、登高架设作业人员等特种作业人员必须按照国家有关规定经过专门的安全作业培训并取得特种作业操作资格证
8	分包商应当在施工组织设计中编制安全技术措施和施工现场临时用电方案，对达到一定规模的危险性较大的分部分项工程编制专项施工方案，并附具安全验算结果经分包商技术负责人、总监理工程师签字后实施，由专职安全生产管理人员进行现场监督
9	建设工程施工前分包商负责项目管理的技术人员应当对有关安全施工的技术要求向施工作业班组人员进行详细说明，并由双方签字确认，并应邀请业主、监理、总承包商进行现场监督、旁听
10	分包商对因建设工程施工可能造成损害的毗邻建筑物、构筑物和地下管线等，应当采取专项防护措施，并应当遵守有关环境保护法律法规的规定，在施工现场采取措施，防止或者减少粉尘、废气、废水、固体废物、噪声、振动和施工照明对人和环境的危害和污染
11	分包商应当在施工现场建立消防安全责任制度，确定消防安全责任人，制定用火、用电、使用易燃易爆材料等各项消防安全管理制度和操作规程，设置消防通道、消防水源，配备消防设施和灭火器材，并在施工现场入口处设置明显标志
12	分包商应当向作业人员提供安全防护用具和安全防护服装，并书面告知危险岗位的操作规程和违章操作的危害

续表

序号	职责
13	分包商采购、租赁的安全防护用具、机械设备、施工机具及配件，应当具有生产（制造）许可证、产品合格证，并在进入施工现场前进行查验
14	分包商在使用施工起重机械和整体提升脚手架、模板等自升式架设设施前，应当组织有关单位进行验收，也可以委托具有相应资质的检验检测机构进行验收；使用承租的机械设备和施工机具及配件的，由施工总承包单位、分包商、出租单位和安装单位共同进行验收，验收合格的方可使用
15	分包商的主要负责人、项目负责人、专职安全生产管理人员应当经建设行政主管部门或者其他有关部门考核合格后任职
16	分包商应当为施工现场从事危险作业的人员办理意外伤害保险
17	规划总平面布置，对现场文明施工负责，负责清运施工垃圾、道路清洁和区域规划

16.7.3.3　安全管理

1. 安全管理总体要求

如表 16-38 所示。

安全管理制度总体要求　　　　　　　　　　　　表 16-38

序号	总体要求
1	建筑施工单位应有相应的施工资质和安全生产许可证
2	专业技术人员有相应执业许可证
3	有安全生产管理结构和人员，并且持证上岗
4	项目安全生产责任制和安全管理制度
5	施工组织设计及专项施工方案符合现场实际，经过评审后可作为施工依据
6	项目应进行自主安全管理，并留有相关管理记录
7	各单位应具有各自的安全生产应急救援体系，但应在项目统一应急救援体系下建立，并开展演练
8	安全教育公司级、项目级均不少于 15 学时，班组级不少于 20 学时；并且针对特殊工种、高危作业人员进行定期专项培训；应进行消防、用电、环保、卫生等方面的培训学习
9	根据国家相关规定要求配备相应专职安全管理人员，并且配备专职管理机械、临时用电和消防的人员，人数符合现场需求
10	设置施工区消防巡查人员，不间断巡视施工现场、消防重点部位、动火点等
11	分部分项作业前必须由专业技术人员进行安全技术交底工作，并留有书面记录和影像资料，作业前由业主、监理、总承包商进行核查
12	安全管理的资料符合工程建设所在地统一格式，填写标准、工整存档备查，业主、监理、总承包商有检查安全内业资料的义务和责任
13	施工单位应自行组织应急救援演练，总承包商负责项目综合应急救援演练和实施
14	发生事故必须第一时间在项目安全管理微信群进行告知（事件、说明、处理方式、后续追踪等内容），并在 24h 内提交书面安全事故报告和改善报告，并以 PPT 形式在次日下午项目安全碰头会进行检讨；每周安全例会开设安全专题会议。如分包商对于事故隐瞒不报，经查明事故事实，将给予重罚
15	做好安全知识宣传教育工作，从人本原则出发，提高员工识别安全风险和防护能力安全素养

2. 分包商进场安全管理流程

施工单位开工前提前 3～7d 进场，流程如图 16-30 及表 16-39 所示。

图 16-30　分包商进场流程

分包商进场事项表　　　　　　　　　　　　　　　　表 16-39

序号	重点	阶段	事项	内容
1	重点检查现场安全技术、安全物资准备	施工准备	项目启动会	主要管理人员到岗
2			施工组织方案	包含组织架构、安全技术、应急管理、危险源辨识、周期计划等
3			安全协议签订	签订安全生产协议书
4			人员培训	总承包商三级教育卡：组织公司内部、项目、班组三级安全教育 分包商培训：组织相关作业人员安全教育
5			证件办理	培训完成→提交资料（协议书、特种作业登记证、保险、入场工作证申请表、身份证、施工组织方案）→办理证件
6	重点检查安全措施、现场管理检查整改	施工过程	施工申请	一般施工申请：分包商申请→总承包商→监理 高风险作业申请：分包商申请→总承包商→监理→业主
7			施工安全监督检查	承包商安全员自检：现场安全员自检着装、劳保佩戴、施工工具、安全管理状况； 总承包商/监理每天监督检查：监督管理施工安全状况； 每天复查：检查施工安全管理状况、问题追踪整改状况、违规依据协议书进行罚款
8			卫生文明施工	材料堆放、定期清理、人车动线分流；倡导文明施工，布置卫生文明标识
9			安全保卫	材料堆放、定期清理、人车动线分流；倡导文明施工，布置卫生文明标识。 人员进出管理：施工单位办理识别证，按规定区域进出，临时施工申请登记进入。 物品进出管理：原则上车辆空车出场，物品出场由业主审批放行

3. 安全管理制度

1）安全教育制度

如表 16-40 所示。

安全教育制度　　　　　　　　　　　　　　　　表 16-40

序号	教育类型	参与人员	培训时间	培训单位	颁发证件	备注
1	三级教育	全体员工	入场前	总承包单位	入场证	考核后发证
2	专项教育	特殊工种高危作业	进场前作业前	分包商	培训标签	作业前核查申请单核查
3	安全技术交底	施工人员	分部分项工程施工前	分包商	交底记录	监理签字确认
4	项目培训	领证人员	入场前	总承包单位	入场证	发放工作证
5	阶段性教育	全体	适时	总承包单位	教育记录	提交记录存档
6	宣传教育	全体	适时	总承包单位	教育记录	安全活动

2）安全检查制度

（1）分包商自行安排内部安全检查；

（2）每日早上安全巡检，参加人为业主安全负责人、总承包商项目副经理（安全）、监理单位项目总监代表、分包商项目副经理（安全）；

（3）每周星期六安全联合大巡检，形成检查记录；参加人为业主厂务、安全负责人，总承包商项目经理、项目副经理（安全），监理单位项目总监，分包商项目经理及项目副经理（安全）；

（4）专项检查，根据安全分析适时安排特定作业、区域、工种的专项检查；

（5）季节性、节前检查等，根据季节、节假日安排进行检查，消除安全隐患。

3）安全会议制度

如表 16-41 所示。

安全会议制度

表 16-41

序号	会议类型	参与人员	召开时间	会议内容	备注
1	分包进出启动会	业主、总承包商和分包商主要负责人	中标通知书发出后七日内	总承包商提出安全管理要求，分包商提出安全管理规划	总承包商组织
2	安全管理例会	参建单位项目经理、现场经理、项目副经理（安全）等	每周三	各分包商汇报本周安全工作、安全利弊，提出下周工作计划	总承包商组织
3	安委会会议	业主、总承包商、监理、各分包商项目副经理（安全）	每两个月第一周安全例会时间	汇报两个月安全工作，分析下月安全隐患，提出管理方案，评比表彰	总承包商组织
4	安全专题会	业主、总承包商、监理、各分包商项目副经理（安全）及项目经理	高危作业前	听取高危作业安全管理方案和防范措施，提出安全目标	重大危险源管控
5	约谈会	业主、总承包商、监理、各分包商项目副经理（安全）及项目经理	适时	安全体系不完整，安全隐患较多，安全管理缺乏力度，评比屡次靠后	征得业主要领导同意
6	交通调度会	车辆进出单位	车辆进场前一天	安全吊装顺序、车辆进出顺序和车辆占道	专业负责

4）安全奖惩制度

（1）制定安全月度评比细则、HSE 管理处罚细则，对违反细则的行为依规处罚。

（2）通过安全检查发现落实安全防护措施、遵章守纪、举报安全隐患等的优秀个人，发放礼品券；根据举报安全隐患严重程度，奖金可适当增加。

（3）对敬业守信、兢兢业业积极推动项目安全管理工作的先进工作人员，每月根据安全评比方案评比结果，在安委会会议发放奖旗、奖金。

5）安全保卫制度

（1）项目安全体系由业主安保和总承包商安保联合组成，各司其职；

（2）项目整体安保、人流、物流、交通以业主安保为主，其他单位配合执行；

（3）总承包商应配置适量人员负责门禁、物流、消防巡查和交通疏导等，配合业主，接受业主监督管理；

（4）分包商办公区、生活区、材料堆放（含业主采购材料）、机具存放、加工区等由分包商自行负责安保；

（5）安保岗位设置及职责：安保岗位分为六级，各级的职责划分如表16-42所示。

安保岗位各级职责 表16-42

序号	岗位分类	职责
1	一级岗位	（1）负责监督进入人员是否佩戴工作证，安全帽、工作服穿戴是否符合项目要求； （2）监督带入的机械工具是否经过验收，验收者签名处是否为规定人签字，签字字样是否符合样本； （3）临时性进入参观学习的人员是否由业主或管理单位人员带入，进行身份登记、收发放临时入场证； （4）检查进入办公区车辆是否有车辆通行证，一般不允许其他运输车辆进入； （5）其他机动性任务
2	二级岗位	（1）检查入场车辆入场申请单和占道申请，指引停放在等待区或进入现场； （2）按内部交通疏导员通知引导指定车辆进入现场指定区域； （3）教育入场司乘人员，让其签署"入场须知"，发放临时入场证； （4）正常情况下不许放行，必须检查出场放行单，核验出场物品
3	三级岗位	（1）检查出场车辆放行单，放行物品是否与放行单吻合，放行签字是否为规定字样； （2）按照交通规划，指引车辆； （3）收回临时入场证
4	四级岗位	（1）指挥车辆进入等候区排队等候或进入现场； （2）监督车辆按顺序按位置停放
5	五级岗位	（1）作为交通运输的核心，主要职责为机动指挥车辆通行，避免场区出现交通拥堵，按照交通协调会决议指挥车辆停靠、占道、吊装、装卸； （2）按照交通协调会决议指挥车辆停靠等候，指挥运货车辆按照入场顺序进入现场指定的停靠区域； （3）夜间为治安防盗巡查，巡查项目红线内是否出现车辆随意停靠、偷盗等； （4）根据任务需要及时增加人员和机动车辆
6	六级岗位	（1）负责办公区车辆出入证核查，人员佩戴工作证进入，访客由相关人员带入； （2）检查搬出的大件物品是否开具放行单。 注：具体岗位根据实际情况和具体事项及时进行调整，安保规划不作为各施工单位的安保范围，各施工单位根据需要应自行配备

16.7.3.4　文明施工管理

1. 文明施工管理总体要求

如表 16-43 所示。

文明施工总体要求　　　　　　　　　　　表 16-43

序号	内容
1	所有进入现场人员着各公司统一工作服，管理人员佩戴白色安全帽，工人佩戴黄色安全帽，特殊工种佩戴蓝色安全帽，安全管理人员佩戴红色安全帽，安全帽上贴各公司标识和编号
2	总承包商进场后应编制 CI（企业标识的缩写）规划方案，按照 CI 规划进行标准化建设，达到工程所在地的相关标准及总承包单位的企业标准
3	设立围挡，按照业主规划的人流、物流通行，围挡由总承包商进行美化和宣传处理
4	项目实行实名刷卡进出制度，参观人员应签署"入场须知"，发放临时入场证方可进入
5	应设置车辆冲洗设施，并由保卫人员检查出入车辆尘土保护措施
6	项目现场应由总承包商统一设置足够的厕所、休息区和吸烟室
7	项目现场由业主和总承包商进行总平面规划，包含消防系统、临电系统、环境保护系统，设置排水沟、噪声监测点；清晰划分施工区、材料存放区和临时加工区
8	路面整洁、材料堆放整齐应常态化保持，确保随时能迎接参观检查
9	办公、生活区的临时建筑物构件、板材应达到消防 A 级防火等级，应有限电措施和防火措施，并给员工提供饮水、洗浴、防蚊虫、降温等措施
10	临时板房的间距、层数、分布符合消防规范要求，并配有相应专职管理人员
11	生活区、办公区、施工现场等应按照消防规范要求设置消防水系统和灭火器系统，有专职人员负责消防管理工作
12	生活区设置的食堂、小卖铺均应有营业执照和卫生许可证，所有餐厨人员均应有食品卫生健康证；规范食材采购，做好防四害措施

2. 入场工作证管理

为统一现场安全生产管理，搞好现场安全生产标准建设，达到安全生产文明施工优秀工作的要求，由业主统一进行现场安全保卫管理，负责大门的物流、人流管理，由总承包商统一组织，按照工程当地要求由物业统一办理入场工作证和门禁磁卡，进出人员必须随时佩戴以便核查，不得涂改、转借、冒用、自制工件。

3. PPE 与 CI

根据行业规则和安全规划，项目统一规划人员安全帽便于现场检查，各分包商在相应颜色的安全帽上张贴所属公司的 LOGO；根据施工作业的需要佩戴相应合格的劳保用品（图 16-31）。

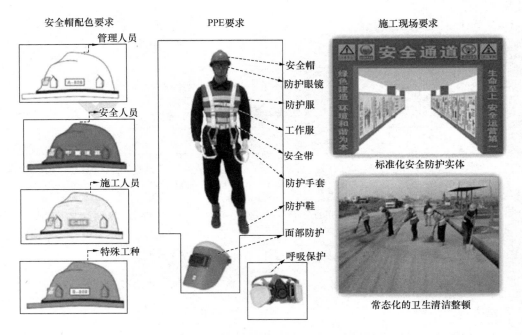

图 16-31　安全帽、防护用具、防护设施等要求

　　施工现场和施工区域是由总承包商和各分包商进行 CI 规划，对现场进行美化并做好安全文化宣传，要求达到建设所在地双优工程评选标准，不得张贴广告。并根据施工进度和施工面积的变化常态化保持现场的美观。

　　标识类、标牌类告示牌等必须按总承包商统一要求使用。

16.7.3.5　环境与职业健康管理

　　为做好超高层建筑工程项目中的环境与职业健康管理工作，保护环境与全体员工的身体健康，预防职业病危害事故的发生，依据有关规定，在有职业危害与环境污染的施工作业中，均应对劳动者进行职业健康与周边环境检查，建立职业健康档案，加强职业病防治安全教育，采用有效的安全技术措施，提供符合职业病要求的职业防护设施和个人使用职业病防护用品，改善劳动条件，以确保劳动者的身体健康安全与环境。

1.建立管理体系

　　建立以总承包方为首的安全生产保证体系，设立专职管理员，对项目的环境与职业卫生健康管理具体负责，分包商设立不脱产安全员，做好各分包的环境与职业卫生健康管理工作，层层签订安全生产责任制，落实到人，形成横向到边、纵向到底的管理网络，定期及不定期对现场的各种设施、机具设备、工作环境等进行全面检查，发现隐患及时解决，坚决杜绝不安全因素。

2.环境保护措施

　　如表 16-44 所示。

环境保护措施　　　　　　　　　　　　　表 16-44

序号	内容	主要措施
1	水	(1) 施工单位应编制防治环境污染的方案； (2) 在建设工程项目的工区、办公区、生活区应设置排水系统，并硬化处理，设置静置过滤装置，不得将泥沙、垃圾、固体废弃物等直接排入市政管网； (3) 混凝土、砂浆、石灰等应有收集池，废料经有效处理后方可排入管网； (4) 生产过程中产生的油漆、油污、化学品等能改变土质、水质污染物，应有回收装置，并由专业处理公司进行处理； (5) 用水必须有节水措施，龙头、阀门等损坏应及时维修，避免水浪费； (6) 饮用水必须经过有效处理
2	噪声	(1) 施工单位编制施工方案应充分考虑施工时段和降噪措施；符合《建筑施工场界环境噪声排放标准》； (2) 在工区四周至少设立 4 个噪声测试点，超过噪声排放限值，应立即停止相关施工活动：昼间 8：00～22：00≤70dB(A)，夜间 22：00～8：00≤55dB(A)； (3) 总承包商单位办理夜间施工许可证，各分包商配合执行； (4) 总承包商单位负责监控现场施工噪声排放，造成扰民纠纷的由总承包商单位出面协调
3	大气污染	(1) 在总平面规划中，充分考虑土地使用情况，避免出现土壤直接裸露暴晒； (2) 裸露的土地应有防风防扬尘措施，或种植绿化； (3) 工区、水渠、道路上不得有积尘，道路上应经常性清洁和洒水，防止造成扬尘； (4) 土方、打磨等施工过程应有降尘除尘措施，防止空气污染或中毒； (5) 各种挥发性化学试剂应密封妥善保存，在规定区域使用，使用者必须有防护措施
4	光污染	项目建设施工使用的照明灯具应加防护罩，透光范围集中在施工工地范围内
5	固体废弃物	各施工单位住宿区和生产区的垃圾应堆放于业主的指定区域

3. 超高层项目职业病危害因素识别与控制措施

如表 16-45 所示。

某超高层项目职业病危害因素及控制清单　　　　　　　　表 16-45

序号	工种		主要职业病危害因素	可能引起的法定职业病	主要防护措施
1	土石方施工人员	凿岩工	粉尘、噪声、高温、局部振动、电离辐射	尘肺、噪声聋、中暑、手臂振动病、放射性疾病	防尘口罩、护耳器、热辐射防护服、防振手套
		爆破工	噪声、粉尘、高温、氮氧化物、一氧化碳、三硝基甲苯	噪声聋、尘肺、中暑、氮氧化物中毒、一氧化碳中毒、三硝基甲苯中毒、三硝基甲苯白内障	护耳器、防尘防毒口罩、热辐射防护服
		挖掘机、推土机、铲运机驾驶员	噪声、粉尘、高温、全身振动	噪声聋、尘肺、中暑	驾驶室密闭、设置空调、减振处理；护耳器、防尘口罩、热辐射防护服
		打桩工	粉尘、噪声、高温	尘肺、噪声聋、中暑	防尘口罩、护耳器、热辐射防护服

序号	工种		主要职业病危害因素	可能引起的法定职业病	主要防护措施
2	砌筑人员	砌筑工	高温、高处作业	中暑	热辐射防护服
		石工	粉尘、高温	尘肺、中暑	防尘口罩、热辐射防护服
3	混凝土配制及制品加工人员	混凝土工	噪声、局部振动、高温	噪声聋、手臂振动病、中暑	护耳器、防震手套、热辐射防护服
		混凝土制品模具工	粉尘、噪声、高温	尘肺、噪声聋、中暑	防尘口罩、护耳器、热辐射防护服
		混凝土搅拌机械操作工	噪声、高温、粉尘、沥青烟	噪声聋、中暑、尘肺、接触性皮炎、痤疮	护耳器、热辐射防护服、防尘防毒口罩
4	钢筋加工	钢筋工	噪声、金属粉尘、高温、高处作业	噪声聋、尘肺、中暑	护耳器、防尘口罩、热辐射防护服
5	施工架子搭设人员	架子工	高温、高处作业	中暑	热辐射防护服
6	工程防水人员	防水工	高温、沥青烟、煤焦油、甲苯、二甲苯、汽油等有机溶剂、石棉	甲苯中毒、二甲苯中毒、接触性皮炎、痤疮、中暑	防毒口罩、防护手套、防护工作服
		防渗墙工	噪声、高温、局部振动	噪声聋、中暑、手臂振动病	护耳器、热辐射防护服、防振手套
7	装饰装修人员	抹灰工	粉尘、高温、高处作业	尘肺、中暑	防尘口罩、热辐射防护服
		金属门窗工	噪声、金属粉尘、高温、高处作业	噪声聋、尘肺、中暑	护耳器、防尘口罩、热辐射防护服
		油漆工	有机溶剂、铅、汞、镉、铬、甲醛、甲苯二异氰酸酯、粉尘、高温	苯中毒、甲苯中毒、二甲苯中毒、铅及其化合物中毒、汞及其化合物中毒、镉及其化合物中毒、甲醛中毒、苯致白血病、接触性皮炎、尘肺、中暑	通风、防毒防尘口罩、防护手套、防护工作服
		室内成套设施装饰工	噪声、高温	噪声聋、中暑	护耳器、热辐射防护服
8	工程设备安装工	机械设备安装工	噪声、高温、高处作业	噪声聋、中暑	护耳器、热辐射防护服
		电气设备安装工	噪声、高温、高处作业、工频电场、工频磁场	噪声聋、中暑	护耳器、热辐射防护服、工频电磁场防护服
		管工	噪声、高温、粉尘	噪声聋、中暑、尘肺	护耳器、热辐射防护服、防尘口罩
9	中小型施工机械操作工	卷扬机操作工	噪声、高温、全身振动	噪声聋、中暑	护耳器、热辐射防护服
		平地机操作工	粉尘、噪声、高温、全身振动	尘肺、噪声聋、中暑	操作室密闭、设置空调、减振处理；防尘口罩、护耳器、热辐射防护服

续表

序号	工种		主要职业病危害因素	可能引起的法定职业病	主要防护措施
10	其他	电焊工	电焊烟尘、锰及其化合物、一氧化碳、氮氧化物、臭氧、紫外线、红外线、高温、高处作业	电焊工尘肺、金属烟热、锰及其化合物中毒、一氧化碳中毒、氮氧化物中毒、电光性眼炎、电光性皮炎、中暑	防尘防毒口罩、护目镜、防护面罩、热辐射防护服
		起重机操作工	噪声、高温	噪声聋、中暑	空调、护耳器、热辐射防护服
		木工	粉尘、噪声、高温、甲醛	尘肺、噪声聋、中暑、甲醛中毒	防尘防毒口罩、护耳器、热辐射防护服
		探伤工	X 射线、γ 射线、超声波	放射性疾病	放射防护
		防腐工	噪声、高温、苯、甲苯、二甲苯、铅、汞、汽油、沥青烟	噪声聋、中暑、苯中毒、甲苯中毒、二甲苯中毒、汽油中毒、铅及其化合物中毒、汞及其化合物中毒、苯致白血病、接触性皮炎、痤疮	护耳器、热辐射防护服、通风、防毒口罩、护目镜、防护手套

16.7.4　总承包公共资源管理

16.7.4.1　平面及场地协调管理

如表 16-46 所示。

平面及场地协调管理　　　　　　　　　　　　　　表 16-46

序号	协调项目		协调内容
1	临建平面布置协调	在施工作业区	各分包商和独立承包商进场施工前，应向总承包商提供其施工条件所需场地的面积、部位等要求，以便于总承包商合理安排施工作业区场地。对于作业区内临建设施，总承包商将统一规划、统一布置，对作业区现场容貌进行管理，不得私自乱搭乱建。总承包商负责施工作业区文明施工、安全生产管理，并自觉接受监理工程师的监督
2		办公区、工人生活区	各分包商和独立承包商则需要向总承包商提供各阶段施工人数，以便总承包商合理布置临建设施，统一安排办公及生活区域，项目部内公共区域的防盗保安、门卫、日常保洁、卫生清洁等工作亦统一由总承包商管理
3	各施工阶段平面协调管理		施工总平面的规划和管理是工程现场管理中的一个重要组成部分，需根据施工进度为施工总平面布置的依托，分阶段合理布置施工总平面图，做好各施工阶段平面协调管理工作

16.7.4.2　施工临时用水、临时用电协调管理

如表 16-47 所示。

施工临时用水、临时用电协调管理　　　　　　　表 16-47

序号	协调项目	协调内容
1	临时用水的协调管理	（1）总承包商按业主提供的可用水量和施工组织总设计、总平面布置要求，在现场布置施工用水总管线（平面、立面）和生活用水总管线，并报监理工程师和业主批准。施工用水和生活用水分开布置；主管道要有明显的保护标志，以防意外损坏。 （2）总承包商对工地用水设置总、分表，实行统一管理。 （3）各分包商和独立承包商用水必须向总承包商提出申请，并按总承包商指定的位置接驳，并负责各自的用水计量。 （4）总承包商对总用水管线进行日常维护管理，保证正常、连续、足量供应，保证正常施工。 （5）总承包商做好各分包商和独立承包商用水计量管理、水费管理，各分包商和独立承包商现场使用的施工、生活用水费由各分包商和独立承包商负责。 （6）总承包商在施工区域设置数量足够的临时蓄水池以保证施工及消防需求，塔楼上部区域应利用避难层水泵房设置临时转换蓄水池；每层设置一个施工给水排水点，其他区域提供给水排水点至专业承包商工作面 30m 内。 （7）现场排水系统畅通是保证现场文明施工的重要工作，总承包商对整个现场排水系统统一规划并进行管理，现场设沉淀池、隔油池、化粪池，污水经沉淀后，排入市政污水管网。定期对各分包商、独立承包商施工区域和生活的排水（污）进行检查，保证排水（污）系统畅通，保护环境，防止造成污染
2	临时用电的协调管理	（1）总承包商负责施工用电管理，在建筑物内每层设置一个二级配电箱，必要的位置设置分配电箱，同时提供二级配电箱到任何分包工作面 30m 内，以提供分包商和独立承包商施工用电接驳，分包商和独立承包商负责用电管理配合工作。 （2）提供现场临时照明系统，根据不同施工阶段对临时用电和照明系统进行调整。 （3）各分包商和独立承包商向总承包商提出用电申请，并按总承包商指定位置接驳，负责各自的用电计量；不得随意乱拉乱接。 （4）总承包商对施工用电线路进行安保、检查、日常维修管理工作，保证现场正常用电。 （5）总承包商对各分包商和独立承包商的用电进行计量管理、电费管理，分包和独立承包商现场使用的施工、生活用电费由分包和独立承包商负责。 （6）总承包商定期对现场用电进行检查，杜绝不安全事故（隐患）的发生，杜绝乱拉乱接的现象。 （7）为确保现场正常施工，总承包商在现场设置临时照明应急装置，满足人员疏散和工地临时消防系统

16.7.5　大型设备及垂直运输设备的协调管理

如表 16-48 所示。

大型设备及垂直运输设备的协调管理　　　　　　　表 16-48

序号	单位名称	内容
1	总承包商	（1）总承包商成立专门垂直运输机械管理小组，及时了解各分包资源运输要求，每日制定大型设备使用计划及近一周的大型设备使用计划，并提前进行公示，以便整个场区材料、设备全面调运。 （2）总承包商编制垂直运输机械设备的安拆方案和应急救援预案，提供大型垂直运输机械进出场、预埋、基础、组装、调试、维护、检查、保养等工作，以保证大型垂直机械的正常使用和施工安全。 （3）塔式起重机等大型设备拆除前，与钢结构、幕墙、擦窗机、机电、装修等单位进行沟通，避免分包商未施工完毕就将设备拆除
2	各分包商	（1）各分包商根据施工总进度计划，编制各区域材料、设备调运计划报至总承包商。 （2）需使用塔式起重机等垂直运输机械的各分包商，提前 24h 向总承包商提出书面申请。 （3）各分包商根据施工进度计划，了解垂直运输设备的拆除时间，尽快完成施工范围内工程，避免因自身原因影响设备的拆除推迟，导致工期延误

16.8　总承包信息与沟通管理

16.8.1　概述

总承包项目部应建立项目信息与沟通管理体系，制定相应的程序与制度，对工程全过程所产生的各种信息进行管理。项目信息与沟通管理一般由项目总工程师牵头，设置专职信息工程师，并编制"项目信息与沟通管理计划"。

其主要目的是明确项目相关方（包含业主、监理、总承包商、政府、分包商）的需求，规范各方的沟通形式及沟通流程。

16.8.2　信息与沟通的主要形式

主要包括：函件、会议、报告及其他口头、书面或电子邮件、通信软件等形式，其中函件与会议沟通形式为总承包管理中最为重要的信息沟通形式，其沟通效果最为有效。

16.8.2.1　函件管理

项目函件类型主要包括业主函件、总承包函件、设计函件、分包商函件及其他函件。

1）各方往来应以书面形式为准，双方往来函件统一由双方指定人员收发登记，明确签收的具体时间并建立好收发台账。

2）业主发函须盖公章或技术章方为有效，对外报审需业主盖章的有效图纸，资料盖业主公章或技术专用章为有效，业主需存档一份盖章资料。

3）收到函文 7 个工作日内给出由相关部门及工程副总签字的回复意见，7 个工作日内传阅完成并签署意见（对报备函文在 7 个工作日内传阅完成并签署意见），7 个工作日未回复，视为同意。

16.8.2.2　会议管理

项目会议类型主要分为业主例会、监理例会、周例会、生产例会、计划协调会及其他会议。

16.8.3　文件管理

项目所有报批文件、材料依据、所发函文、图纸资料等合同约定内容均须注明报审、报备属性，其主要包含设计文件、报批报建文件、材料设备采购与样板文件、进度与验收文件、施工组织设计与方案以及其他工程相关的文件。

16.8.4　信息化技术在总承包管理中的应用

在总承包管理中，采用信息集成平台，实现以进度管理为主线，以质量管理、安全绿色文明施工管理、成本管理、总平面管理、文档管理等为主要内容的施工过程综合管理。通过将项目管理信息与 BIM 信息集成，实现海量施工信息的集成和三维可视化查询，辅助施工过程管理，提高工程管理水平，保证工程的高效优质完成。信息化技术在总承包管理中的主要应用如表 16-49 所示。

信息化技术在总承包管理中的应用 表 16-49

序号	应用点	应用点说明
1	进度管理	在进度管理过程中，将 BIM 模型与施工进度计划进行关联，通过可视化的 BIM 模拟，分析与优化建筑、钢结构、机电及其他专业协同施工，通过 BIM 模型展示形象进度
2	质量管理	在质量管理过程中，通过移动应用和 BIM 信息集成平台，可建立施工质量问题过程管控平台，实现对施工过程质量问题的跟踪和监控
3	成本管理	在成本管理过程中，BIM 模型可以实现按进度、按流水段等多维度工程量统计功能，为施工过程的成本管理提供可靠数据支撑，为项目的施工作业人员安排、材料采购进场安排等提供分析手段
4	安全绿色文明施工管理	在安全绿色文明施工管理中，应用 BIM 模型安全漫游、BIM 动画等技术进行安全技术交底。在施工过程中动态地识别危险源，加强安全策划工作，减少施工中不安全行为的发生
5	总平面管理	应用 BIM 技术，通过可视化模拟的方式辅助处理标段内的场地布置问题，包含核心区内的场内运输、大型设备的进场及调运、钢构件进场及拼装场地等各专业协调问题
6	基于云的文档管理	结合云技术，采用云文档管理系统对项目的各类工程文档进行管理，解决工程文档资料存储分散、版本管理难、文件丢失、检索查询费时费力等难题